面向"十二五"高职高专土木与建筑规划教材

土力学与地基基础
(第2版)

刘福臣　张家松　刘光程　主　编

贾宝力　张重阳　王国华　邢文强　潘　仪　副主编

清华大学出版社

北　京

内 容 简 介

本书突出高职高专教学特点，注重理论联系实际，案例丰富，内容简要，实用性强。全书共分为 13 章，分别介绍了土的物理性质及工程分类、土的击实性及渗透性、土中应力计算、地基沉降量计算、土的抗剪强度、土压力及挡土墙设计、地基承载力、边坡稳定分析、浅基础、桩基础、地基处理、特殊土地基、岩土工程勘察等内容。

本书可作为高职高专水利水电工程、建筑工程技术、道路与桥梁工程等专业的教材，也可供工程勘察、设计、监理、施工、检测等工程技术人员参考。

图书在版编目(CIP)数据

土力学与地基基础/刘福臣，张家松，刘光程主编. —2 版. —北京：清华大学出版社，2018(2021.1重印)

(面向"十二五"高职高专土木与建筑规划教材)

ISBN 978-7-302-48845-3

Ⅰ. ①土… Ⅱ. ①刘… ②张… ③刘… Ⅲ. ①土力学—高等职业教育—教材 ②地基—基础(工程)—高等职业教育—教材 Ⅳ. ①TU4

中国版本图书馆 CIP 数据核字(2017)第 284743 号

责任编辑：桑任松
封面设计：刘孝琼
责任校对：吴春华
责任印制：沈　露

出版发行：清华大学出版社

网　　址：http://www.tup.com.cn, http://www.wqbook.com

地　　址：北京清华大学学研大厦 A 座　　邮　编：100084

社 总 机：010-62770175　　邮　购：010-62786544

投稿与读者服务：010-62776969, c-service@tup.tsinghua.edu.cn

质量反馈：010-62772015, zhiliang@tup.tsinghua.edu.cn

课件下载：http://www.tup.com.cn, 010-62791865

印 装 者：北京嘉实印刷有限公司

经　　销：全国新华书店

开　　本：185mm×260mm　　印　张：23.75　　字　数：574 千字

版　　次：2013 年 1 月第 1 版　2018 年 2 月第 2 版　　印　次：2021 年 1 月第 4 次印刷

定　　价：49.00 元

产品编号：075619-01

第 2 版前言

地基基础工程的质量直接关系到整个建筑物的安全。由于我国地质条件复杂，基础形式多样，施工及管理水平的差异，同时地基基础工程具有高度隐蔽性，从而使得地基基础工程施工比上部结构更为复杂，更容易存在质量隐患。大量事实证明，建筑工程质量问题多与地基基础工程有关，如何保证地基基础工程设计、施工质量尤为关键。

《土力学与地基基础》第 1 版自 2013 年正式发行以来，受到广大读者的关注，得到了社会广泛好评。随着《建筑地基设计规范》(GB 50007—2011)、《建筑地基处理技术规范》(JGJ 79—2012)、《膨胀土地区建筑技术规范》(GB 50112—2013)的颁布实施，原教材已不能适应当前的需要，为保证本书能够及时反映地基基础领域的新技术、新工艺，进一步满足广大读者的需求，决定在原书的基础上进行全面修订、补充和完善。

本书注重理论联系实际，突出学生技能培养，实用性强，同时给出了大量案例、例题和知识拓展的"小贴士"，供学习时参考。

本书由从事土力学地基基础教学、设计、施工的教师、工程技术人员集体编写。刘福臣、张家松、刘光程担任主编，贾宝力、张重阳、王国华、邢文强、潘仪担任副主编。具体编写分工如下：山东水利职业学院刘福臣编写绪论、第 1 章，山东省临沂市水利勘测设计院张家松编写第 4 章、第 7 章，淮南职业技术学院刘光程编写第 3 章、第 5 章，山东水利建设集团有限公司贾宝力编写第 9 章，天津市建筑设计院张重阳编写第 10 章、第 11 章，山东省即墨市建筑工程管理处王国华编写第 12 章、第 13 章，济宁市水利工程施工公司邢文强编写第 8 章，山东省水利工程局有限公司潘仪编写 2 章、第 6 章，全书由刘福臣负责统稿。

在编写过程中，本书参考和引用了其他兄弟院校和专家的一些著作和教材，在此一并表示衷心的感谢。

限于编者的水平，本书如有不当之处，恳请读者批评指正。

编　者

第 1 版前言

地基基础工程的质量直接关系到整个建筑物的安全。由于我国地质条件复杂，地基基础形式多样，施工及管理水平存在差异，同时地基基础工程具有高度隐蔽性，从而使得地基基础工程施工比上部结构更为复杂，更容易存在质量隐患。大量事实证明，建筑工程质量问题多与地基基础工程有关，因此保证地基基础工程设计、施工质量尤为关键。

本书根据《建筑地基基础设计规范》(GB 50007—2002)、《岩土工程勘察规范》(GB 50021—2001)、《建筑地基处理技术规范》(JGJ 79—2002)、《建筑桩基技术规范》(JGJ 94—2008)等规范编写，注重理论联系实际，突出学生技能培养，实用性强。本书共分为 13 章，系统介绍了土的物理性质及工程分类、土的击实性及渗透性、土中应力计算、地基沉降量计算、土的抗剪强度、土压力及挡土墙设计、地基承载力、边坡稳定分析、浅基础、桩基础、地基处理、特殊土地基、岩土工程勘察等内容。此外，书中给出了大量案例、例题，并在适当位置给出了知识拓展的"小贴士"，供学习时参考。

本书由从事土力学地基基础教学、科研、生产经验丰富的教师、注册岩土工程师集体编写。刘福臣、刘光程担任主编，张伟担任副主编。具体编写分工如下：刘福臣编写绪论、第 1 章和第 2 章，刘光程编写第 3 章和第 4 章，张伟编写第 5 章至第 9 章，赵红利编写第 10 章至第 13 章。全书由刘福臣负责统稿。

限于编者的水平，本书难免存在不当之处，恳请广大读者批评指正。

编　者

目　　录

绪论 1

0.1　土力学、地基、基础的概念 1

0.2　本学科的发展概况 3

0.3　本课程的内容、特点及学习要求 5

思考题 7

第1章　土的物理性质及工程分类 9

1.1　土的形成与成因类型 10

　　1.1.1　土的形成 10

　　1.1.2　土的成因类型 10

1.2　土的三相组成 13

　　1.2.1　土的固体颗粒 13

　　1.2.2　土中水 15

　　1.2.3　土中气体 16

1.3　土的结构和构造 16

　　1.3.1　土的结构 17

　　1.3.2　土的构造 18

1.4　土的物理性质指标 18

　　1.4.1　土的三个基本指标 19

　　1.4.2　土的推算指标 21

1.5　土的物理状态指标 24

　　1.5.1　无黏性土的密实度 24

　　1.5.2　黏性土的物理状态 26

　　1.5.3　黏性土的灵敏度和触变性 28

1.6　土的工程分类 29

思考题与习题 32

第2章　土的击实性及渗透性 35

2.1　土的击实性 36

　　2.1.1　击实试验 36

　　2.1.2　黏性土的击实特性 36

　　2.1.3　无黏性土的击实特性 37

　　2.1.4　影响土的击实效果的因素 37

　　2.1.5　土的压实度 38

2.2　土的渗透性 39

　　2.2.1　达西定律 39

　　2.2.2　渗透系数的测定 40

　　2.2.3　影响土的渗透性的因素 41

　　2.2.4　渗透力与渗透变形破坏 43

思考题与习题 46

第3章　土中应力计算 47

3.1　概述 48

　　3.1.1　土中应力计算的目的

　　　　　及方法 48

　　3.1.2　土中应力的类型 48

3.2　土的自重应力 49

　　3.2.1　竖向自重应力 49

　　3.2.2　水平自重应力 51

3.3　基底压力与基底附加应力 52

　　3.3.1　基底压力 52

　　3.3.2　基底附加应力 55

3.4　地基中的附加应力 57

　　3.4.1　集中荷载作用下的地基

　　　　　附加应力 57

　　3.4.2　矩形基础地基附加应力 58

　　3.4.3　圆形基础竖向均布荷载 64

　　3.4.4　条形基础地基附加应力 65

思考题与习题 67

第4章　地基沉降量计算 69

4.1　侧限压缩试验 70

4.1.1　土的压缩性 70

4.1.2　侧限压缩试验 70

4.1.3　试验结果的表达方法 71

4.1.4　压缩指标 72

4.2　土的固结状态 74

4.2.1　土的压缩曲线、回弹曲线及
　　　　再压缩曲线 74

4.2.2　土的固结状态 75

4.2.3　先期固结压力 p_c 的确定 76

4.3　地基最终沉降量的计算 77

4.3.1　分层总和法 77

4.3.2　规范法 81

4.4　地基变形与时间的关系 86

4.4.1　有效应力原理 86

4.4.2　饱和土的单向固结理论 87

思考题与习题 90

第 5 章　土的抗剪强度 93

5.1　概述 94

5.2　莫尔-库仑强度理论 95

5.2.1　强度理论表达式 95

5.2.2　土抗剪强度指标 96

5.3　土的极限平衡条件 97

5.3.1　土中一点应力状态及
　　　　莫尔应力圆 97

5.3.2　极限平衡条件 98

5.4　土的剪切试验 99

5.4.1　直接剪切试验 100

5.4.2　三轴剪切试验 101

5.4.3　无侧限抗压强度试验 103

5.4.4　十字板剪切试验 104

思考题与习题 106

第 6 章　土压力及挡土墙设计 109

6.1　挡土墙的土压力 110

6.1.1　土压力的类型 110

6.1.2　静止土压力的计算 111

6.2　朗肯土压力理论 112

6.2.1　主动土压力 113

6.2.2　被动土压力 114

6.3　库仑土压力理论 117

6.3.1　主动土压力 117

6.3.2　被动土压力 120

6.3.3　黏性土的土压力 121

6.4　工程上土压力的计算 122

6.4.1　填土面均布荷载 122

6.4.2　分层填土 124

6.4.3　地下水 125

6.5　挡土墙设计 127

6.5.1　挡土墙的类型 127

6.5.2　挡土墙的计算 128

思考题与习题 131

第 7 章　地基承载力 135

7.1　地基破坏的模式 136

7.1.1　地基变形阶段 136

7.1.2　地基破坏的模式 136

7.1.3　地基承载力及其确定方法 137

7.2　地基的临塑荷载和塑性荷载 140

7.2.1　临塑荷载 140

7.2.2　塑性荷载 142

7.3　地基的极限承载力 143

7.3.1　普朗德尔极限荷载 143

7.3.2　太沙基极限荷载 145

7.4　《建筑地基基础设计规范》推荐的
　　　计算公式 147

7.4.1　地基承载力特征值 147

7.4.2　抗剪强度标准值 148

7.4.3　岩石地基承载力特征值 149

7.5　地基土的静载荷试验 150

7.5.1 浅层平板载荷试验 150

7.5.2 深层平板载荷试验 152

7.5.3 复合地基载荷试验 152

7.6 通过其他原位测试试验确定

承载力 154

7.6.1 根据动力触探锤击数确定

地基承载力 154

7.6.2 根据标贯击数确定地基

承载力 154

7.6.3 根据静力触探试验结果确定

地基承载力 155

7.7 地基承载力特征值的修正 155

7.7.1 地基承载力的深度、宽度

修正 155

7.7.2 地基承载力修正的

几个问题 157

思考题与习题 158

第8章 边坡稳定分析 159

8.1 边坡失稳的形式和原因 160

8.2 无黏性土边坡稳定分析 161

8.2.1 一般情况下的无黏性

土边坡 161

8.2.2 有水作用时的无黏性

土边坡 161

8.3 黏性土边坡稳定性分析 162

8.3.1 条分法 162

8.3.2 泰勒图表法 165

思考题与习题 165

第9章 浅基础 167

9.1 概述 168

9.1.1 地基基础设计等级 168

9.1.2 地基基础设计规定 168

9.1.3 地基基础设计荷载效应

组合 169

9.2 浅基础的类型 169

9.2.1 按基础的埋深分类 169

9.2.2 按基础的受力特点分类 170

9.2.3 按构成基础的材料分类 172

9.3 基础的埋置深度 174

9.3.1 建筑物的类型和用途 174

9.3.2 建筑物的荷载大小和

性质 174

9.3.3 工程地质条件 174

9.3.4 水文地质条件 175

9.3.5 相邻基础的影响 176

9.3.6 地基土的冻胀和融陷的

影响 176

9.4 基础尺寸设计 177

9.4.1 基础底面积的确定 177

9.4.2 地基软弱下卧层验算 179

9.5 刚性基础设计 181

9.5.1 基础高度确定 181

9.5.2 几种刚性基础设计 183

9.6 墙下钢筋混凝土条形基础 185

9.6.1 构造要求 185

9.6.2 基础高度确定 186

9.6.3 基础底板配筋 187

9.7 柱下钢筋混凝土独立基础 188

9.7.1 构造要求 188

9.7.2 基础高度确定 191

9.7.3 基础底板配筋计算 193

9.8 柱下条形基础及十字交叉基础 195

9.8.1 柱下条形基础 195

9.8.2 十字交叉基础 197

9.9 筏形基础和箱形基础 198

9.9.1 筏形基础 198

9.9.2 箱形基础 200

9.10 减少地基不均匀沉降的措施 201

9.10.1 建筑措施 201

9.10.2　结构措施................................203

9.10.3　地基和基础措施...............204

9.10.4　施工措施.........................204

思考题与习题..205

第 10 章　桩基础........................207

10.1　桩基础类型...............................208

10.1.1　桩基础的组成与作用...........208

10.1.2　桩基础的适用性................208

10.1.3　桩基设计原则................208

10.1.4　桩基础类型................209

10.2　单桩竖向极限承载力标准值............213

10.2.1　单桩静载荷试验................213

10.2.2　静力触探法................217

10.2.3　经验参数法................219

10.3　桩基水平承载力...............224

10.3.1　单桩水平载荷试验............225

10.3.2　水平承载力特征值............227

10.3.3　桩基水平承载力验算............230

10.4　桩的负摩阻力...............231

10.4.1　负摩阻力产生的原因............231

10.4.2　中性点及其位置的确定............232

10.4.3　负摩阻力计算............232

10.4.4　负摩阻力验算............233

10.4.5　降低或克服负摩阻力的措施............234

10.5　桩基沉降计算...............235

10.5.1　桩基变形的控制指标............235

10.5.2　桩基沉降量计算............236

10.6　桩基计算...............241

10.6.1　桩顶作用效应计算............241

10.6.2　桩基竖向承载力计算............242

10.6.3　桩基软弱下卧层验算............244

10.6.4　抗拔承载力验算............245

思考题与习题..248

第 11 章　地基处理...............251

11.1　换填垫层与褥垫法...............252

11.1.1　换填垫层的作用............252

11.1.2　换垫材料............252

11.1.3　换填垫层设计............253

11.1.4　垫层施工............256

11.1.5　褥垫法............257

11.2　预 压 地 基...............258

11.2.1　堆载预压地基............258

11.2.2　真空预压地基............263

11.2.3　真空、堆载联合预压地基...265

11.3　压实地基和夯实地基...............265

11.3.1　压实地基............265

11.3.2　夯实地基............267

11.4　复合地基理论...............270

11.4.1　复合地基的概念............270

11.4.2　复合地基破坏模式............270

11.4.3　复合地基承载力............271

11.4.4　复合地基变形计算............272

11.5　振冲碎石桩和沉管砂石桩复合地基............273

11.5.1　振冲碎石桩和沉管砂石桩原理............273

11.5.2　复合地基设计要点............274

11.5.3　施工工艺............276

11.6　水泥土搅拌桩复合地基............276

11.6.1　水泥土搅拌桩加固机理......276

11.6.2　水泥土搅拌桩复合地基设计要点............277

11.6.3　水泥土搅拌法的施工工艺...280

11.7　旋喷桩复合地基............280

11.7.1　旋喷桩的原理............280

11.7.2　高压喷射注浆法设计要点...281

11.7.3　施工工艺............282

11.8 灰土挤密桩和土挤密桩复合地基....283
  11.8.1 灰土挤密桩和土挤密桩
    原理....................283
  11.8.2 设计要点..............284
  11.8.3 灰土挤密桩法和土挤密
    桩法的施工工艺........285
11.9 夯实水泥土桩复合地基..........286
  11.9.1 夯实水泥土桩复合地基的
    概念..................286
  11.9.2 夯实水泥土桩设计要点....287
  11.9.3 夯实水泥土桩的施工工艺....287
11.10 水泥粉煤灰碎石桩复合地基....288
  11.10.1 水泥粉煤灰碎石桩原理....288
  11.10.2 水泥粉煤灰碎石桩的
    设计要点.............289
  11.10.3 水泥粉煤灰碎石桩复合地
    基施工工艺........290
11.11 柱锤冲扩桩复合地基..........291
  11.11.1 柱锤冲扩桩的原理及
    适用范围...........291
  11.11.2 柱锤冲扩桩的设计要点....291
  11.11.3 柱锤冲扩桩法施工工艺....292
11.12 多桩型复合地基..............293
  11.12.1 多桩型复合地基设计
    原则................293
  11.12.2 布桩..............294
  11.12.3 复合地基垫层..........294
  11.12.4 多桩型复合地基承载力
    特征值..............294
  11.12.5 复合地基变形计算........295
11.13 石灰桩法..................296
  11.13.1 石灰桩法原理..........296
  11.13.2 石灰桩的设计要点........298
11.14 注浆加固..................300
  11.14.1 注浆加固的类型........300

11.14.2 单液硅化法和碱液法........302
思考题与习题...................303

第12章 特殊土地基................305
12.1 软土地基...................306
  12.1.1 软弱土的特征...........306
  12.1.2 软弱土对建筑物的影响及
    危害................307
12.2 湿陷性黄土地基..............307
  12.2.1 湿陷性黄土的特征和分布...307
  12.2.2 黄土湿陷性评价.........309
  12.2.3 湿陷性黄土地基承载力.....312
  12.2.4 黄土地基沉降量........313
12.3 膨胀土地基.................313
  12.3.1 膨胀土的特性..........314
  12.3.2 膨胀土的胀缩性指标......315
  12.3.3 膨胀土地基变形量.......316
  12.3.4 膨胀土地基评价........317
12.4 饱和砂土和饱和粉土地基......318
  12.4.1 饱和砂土和饱和粉土的
    液化................318
  12.4.2 液化性判别...........319
12.5 冻土地基...................321
  12.5.1 冻土及冻土类别........321
  12.5.2 冻土的冻胀性指标.......322
12.6 盐渍土地基.................324
  12.6.1 盐渍土的分类及腐蚀性....324
  12.6.2 盐渍土的融陷性........324
12.7 山区地基...................325
  12.7.1 土岩组合地基..........325
  12.7.2 岩石地基...........327
  12.7.3 岩溶...............327
  12.7.4 土洞.............329
12.8 地震区的地基基础...........330
  12.8.1 地震的基本知识........330

12.8.2 房屋建筑抗震设防类别、
建筑场地选择............332
12.8.3 土层的等效剪切波速与
建筑场地类别............334
12.8.4 地基强度抗震验算............335
思考题与习题............337

第 13 章 岩土工程勘察............339

13.1 工程地质基本知识............340
13.1.1 岩石............340
13.1.2 地形地貌............340
13.1.3 地质构造............342
13.1.4 地下水............343
13.2 岩土工程勘察的目的............345
13.2.1 岩土工程勘察等级............345
13.2.2 岩土工程勘察阶段............346
13.3 岩土工程勘察方法............348
13.3.1 坑探............348
13.3.2 钻探............349
13.3.3 岩土取样............350

13.3.4 地球物理勘探............350
13.4 原位测试............351
13.4.1 圆锥动力触探试验............351
13.4.2 标准贯入试验............354
13.4.3 静力触探试验............357
13.4.4 波速试验............359
13.5 岩土工程勘察报告的编写............360
13.5.1 岩土工程勘察报告的编
写要求............360
13.5.2 岩土工程勘察报告的
编写内容............361
13.5.3 工程地质报告的编写格式...361
13.5.4 岩土工程勘察报告的附件...362
13.6 地基验槽............363
13.6.1 验槽内容............363
13.6.2 验槽方法............363
13.6.3 基槽的局部处理............365
思考题............366

参考文献............367

绪　　论

0.1　土力学、地基、基础的概念

1. 土力学

土力学的研究对象是土，是研究土的物理力学性质和土的渗透、变形、强度、稳定特性的一门学科。土力学是力学的一个分支，它的研究领域很广，现在已形成许多分支，如土动力学、计算土力学、海洋土力学、冻土力学。

土是在第四纪地质历史时期地壳表层母岩经受强烈风化作用后所形成的大小不等的颗粒状堆积物，是覆盖于地壳最表面的一种松散的或松软的物质。土是由固体颗粒、液体水和气体组成的一种三相体。固体颗粒之间没有联结强度或联结强度远小于颗粒本身的强度是土有别于其他连续介质的一大特点。土的颗粒之间存在有大量的孔隙，因此土具有碎散性、压实性、土粒之间的相对移动性和透水性。

在工程建设中，土往往作为不同的研究对象。例如，在土层上修建房屋、桥梁、道路、堤坝时，土用来支承建筑物传来的荷载，这时在土层内一定范围的应力状态发生变化。应力状态发生变化的这部分土体称为建筑物的地基，建筑物的地下部分称为基础。对于路堤、土坝等土工构筑物，土用作建筑材料；对于挡土墙、隧洞及地下建筑等，土又是建筑物周围的介质，土压力的大小、类型将直接影响到建筑物的稳定和安全。因此，土的性质对建筑物具有直接而重大的影响。

土体是散状体，对于砂性土，土体颗粒之间无联结能力；对于黏性土，其联结能力较差，因此土的抗剪强度很低。在荷载作用下，容易产生剪切破坏。例如，土坝滑坡、地基的失稳破坏、挡土墙的倾倒与滑动，都是由于土中的剪应力超过土的抗剪强度而产生的剪切破坏。

由于土具有多孔性，故易于产生压缩变形。土作为建筑物地基时，在荷载作用下易产生压缩变形，引起建筑物沉降。当地基土不均匀或上部荷载为偏心受压时，很容易产生不均匀沉降，导致建筑物开裂、倾斜甚至倒塌。当荷载较大时，上部荷载超过了地基的承载力时，地基产生剪切破坏，建筑物发生破坏，引起重大质量事故。

土又是一种透水性很强的材料，土的渗透性影响到工程造价大小和质量安全。在基坑开挖过程中，大量的地下水涌进基坑，造成施工困难；在水利工程中，对于闸坝地基，在上、

下游水头差的作用下,在地基和坝体内产生渗流和渗透变形破坏。土的渗流性,一方面增大了渗流量,影响到水库蓄水效益;另一方面,渗流也会产生流沙、管涌等现象,引起堤坝破坏。

另外,土的种类众多,不同种类的土,其工程性质相差很大。我国幅员辽阔,由于地域条件不同、土的沉积环境不同,产生了许多区域性土,这些土除了具有一般土的性质外,还具有一些特殊的工程性质,因此又称为特殊性土,如淤泥、饱和砂土和饱和粉土、湿陷性黄土、膨胀土、红黏土、冻土等。饱和砂土和饱和粉土在震动荷载的作用下,孔隙水压力上升,引起土的有效应力降低,土体产生流动,形成液化,土的液化将直接影响到建筑物的安全与稳定;黄土遇水后发生湿陷变形称为土的湿陷性,湿陷性将引起地基产生附加变形,引起建筑物开裂、裂缝,甚至发生倒塌;膨胀土是工程上常遇的特殊性土,它具有遇水膨胀、失水收缩的特点。修建在膨胀土地基上的轻型建筑物,如民房、道路、机场跑道,在反复的胀缩性作用下,建筑物产生裂缝、开裂,影响建筑物的使用和安全。因此,必须研究土的这些性质,并提出各种防治措施,必要时应进行地基处理。

综上所述,为保证各类建筑物的正常使用、安全与经济,不发生各类质量事故,必须全面分析研究土的物理性质和工程特性,要求作用在地基上的荷载强度不超过地基的承载力,控制基础的沉降量不超过变形的允许值,并控制渗流,以确保建筑物不产生渗透变形破坏。

2. 地基基础

由于建筑物的修建使一定范围内地层的应力状态发生变化,这一范围内的地层称为地基。所以,地基就是承担建筑物荷重的土体或岩体。与地基接触的建筑物下部结构称为基础。一般建筑物由上部结构和基础两部分组成。建筑物的上部结构荷载通过具有一定埋深的基础传递扩散到土中间去。基础一般埋在地面以下,起着承上启下传递荷载的作用。图 0-1 表示了上部结构、基础和地基三者的关系。

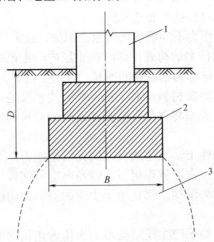

图 0-1　上部结构、基础和地基示意图

1—上部结构;2—基础;3—地基

1) 基础

基础的结构形式很多,具体设计时应该选择既能适应上部结构、符合建筑物使用要求,又能满足地基强度和变形要求,经济合理、技术可行的基础结构方案。通常把埋置深度不

大(一般不超过 5m)，只需经过挖槽、排水等普通施工工序就可以建造起来的基础称为浅基础；而把埋置深度较大(一般不小于 5m)并需要借助一些特殊的施工方法来完成的各种类型基础称为深基础。

2) 地基

当地层条件较好、地基土的力学性能较好、能满足地基基础设计对地基的要求时，建筑物的基础被直接设置在天然地层上，这样的地基被称为天然地基；而当地层条件较差，地基土强度指标较低，无法满足地基基础设计对地基的承载力和变形要求时，常需要对基础底面以下一定深度范围内的地基土体进行加固或处理，这种部分经过人工改造的地基称为人工地基。

在工程设计中，建筑物的地基基础一般应满足以下要求。

(1) 地基有足够的强度，在荷载作用下，地基土不发生剪切破坏或失稳。

(2) 不使地基产生过大的沉降或不均匀沉降，保证建筑物正常使用。

(3) 基础结构本身应有足够的强度和刚度，在地基反力作用下不会产生过大的强度破坏，并具有改善沉降与不均匀沉降的能力。

为满足上述要求，从基础设计角度，通常将基础底面适当扩大，以满足地基承载力、变形和稳定性的要求。尽量选择承载力强、压缩性低的良好地基；若受场地条件限制，遇到软弱地基，则需要考虑地基处理。

地基和基础是建筑物的根基，又属于隐蔽工程，它的勘察、设计和施工质量直接关系着建筑物的安危。工程实践表明，建筑物的事故很多都与地基及基础问题有关，而且一旦发生地基及基础事故，往往后果严重，补救十分困难，有些即使可以补救，其加固修复工程所需费用也十分高昂。

0.2 本学科的发展概况

土力学与地基基础是一项古老的建筑工程技术。早在史前的人类建筑活动中，地基基础作为一项工程技术就被应用，我国西安市半坡村新石器时代遗址中的土台和石础就是先祖应用这一工程技术的见证。秦朝修建的万里长城；始凿于春秋末期，后经隋、元等朝代扩建的京杭运河；隋朝大业年间李春设计建造的河北赵州安济桥；我国著名的古代水利工程之一，战国时期李冰领导修建的都江堰；遍布于我国各地的巍巍高塔，宏伟壮丽的宫殿、庙宇和寺院；举世闻名的古埃及金字塔等，都是由于修建在牢固的地基基础之上才能逾千百年而留存于今。据报道，建于唐代的西安小雁塔其下为巨大的船形灰土基础，这使小雁塔经历数次大地震而留存于今。上述一切证明，人类在其建筑工程实践中积累了丰富的基础工程设计、施工经验和知识，但是由于受到当时的生产实践规模和知识水平限制，在相当长的历史时期内，地基基础仅作为一项建筑工程技术而停留在经验积累和感性认识阶段。

18 世纪工业革命的兴起，大规模的城市建设及水利、铁路的兴建，遇到了与土有关的力学问题，积累了许多成功的经验，也遇到了失败的教训。它促使人们对土的研究寻求理论上的解释。

1773 年库仑(Coulomb)根据试验建立了库仑强度理论，随后发展了库仑土压力理论。接着库仑于 1776 年又提出了土的抗剪强度理论，指出无黏性土的强度取决于粒间摩擦力，黏性土的强度由黏聚力和摩擦力两部分组成，以上统称为库仑理论。

1856 年法国工程师达西(H. Darcy)在研究砂土透水性的基础上，提出了著名的达西定律。同时期，斯笃克(G. G. Stoks)研究了固体颗粒在液体中的沉降规律。

1857 年英国工程师朗肯(W. J. K. Rankine)假定挡土墙后土体为均匀的半无限空间体，应用塑性理论来解决土压力问题。

1885 年布辛奈斯克(J. Boussinesq)在研究半无限空间体表面作用有集中力的情况下，提出了土中应力的解析解，称为布辛奈斯克课题，它是各种竖直分布荷载下应力计算的基础。

1916 年瑞典彼得森(K. E. Petter-Son)首先提出，继而由美国泰勒(D. W. Tayker)和瑞典费伦纽斯(W. Fellenius)等进一步发展了圆弧滑动法。该方法被广泛用于土坡稳定性问题的分析。

1920 年法国普朗特尔(L. Praudtl)发表了地基滑动面计算的数学公式，至今仍是计算地基承载力的基本方法。

1925 年土力学才真正成为一门独立学科，太沙基(K. Terzaghi)著名的教科书《Eoubakmeceanik》的出版，被公认为是近代土力学的开始。他在总结实践经验和大量试验的基础上提出了很多独特的见解，其中土的有效应力原理和固结理论是对土力学学科的突出贡献。

20 世纪 50—60 年代，基本上处于对土力学理论和技术的完善与发展阶段。1955 年毕肖普(A. W. Bishop)提出土坡稳定计算中考虑竖向条间力的方法，应用有效强度指标计算土坡稳定。50 年代后期，詹布(N. Jaabu)与摩根斯坦(N. R. Morgenslern)等相继提出了考虑条间力、滑动面取任意形状的土坡稳定计算方法，在强度理论、强度计算等方面进一步发展了莫尔-库仑准则。

随着电子计算机的问世和应用，土力学也进入了全新的发展阶段。新的非线性应力-应变关系和应力-应变模型(如邓肯-张模型、剑桥模型)的建立，标志着土力学进入了计算机模拟阶段。

从 1936 年开始，每 4 年一次的国际土力学与基础工程会议一直延续至今。各大洲区域性的土力学会议 2~4 年召开一次，国际性的土工刊物《岩土工程》(Geotechanique)已创刊多年。美国土木工程学会(ASCE)编写的《土力学与基础工程》已改名为《岩土技术》(Gemechnical)杂志。这些会议和期刊的创办，较大程度地推动了学科的交流和发展。

新中国成立后，我国进行了大规模的工程建设，成功地处理了许多大型的基础工程。例如，武汉长江大桥、南京长江大桥、葛洲坝水利枢纽工程、上海宝山钢铁厂、三峡工程以及众多的高层建筑都为验证土力学的理论积累了丰富的经验，也为本学科的应用提供了广阔的基地。我国有不少学者对土力学理论的发展有所建树。例如，陈宗基教授对土流变学和黏土结构模式的研究、黄文熙教授对砂土振动液化和地基沉降的研究等，都对现代土力学发展做出了突出的贡献。近年来，我国在室内及原位测试、地基处理技术、新设备、新工艺、新材料的研究及应用等领域取得很大进展。《地基基础和地下空间工程技术》部分介绍了 16 项新技术，分别是灌注桩后注浆技术、长螺旋钻孔压灌桩技术、水泥粉煤灰碎石桩(CFG 桩)复合地基技术、真空预压法加固软土地基技术、土工合成材料应用技术、复合土钉墙支护技术、型钢水泥土复合搅拌桩支护结构技术、工具式组合内支撑技术、逆作法施工技术、爆破挤淤法技术、高边坡防护技术、非开挖埋管技术、大断面矩形地下通道掘进施工技术、复杂盾构法施工技术、智能化气压沉箱施工技术、双聚能预裂与光面爆破综合技术，这些新技术的应用对地基基础理论和实践起到了很大的促进作用，取得了显著的社会效益和经济效益。

0.3   本课程的内容、特点及学习要求

1. 本课程的研究内容

本课程共分 13 章，主要介绍土的物理性质及工程分类，土的击实性及渗透性，土中应力计算，地基沉降量计算，土的抗剪强度，土压力及挡土墙设计，地基承载力，边坡稳定分析，浅基础设计，桩基础，地基处理技术，特殊土地基，岩土工程勘察等基本理论。

第 1 章讲述土的物理性质与工程分类，是土力学的基础部分，主要介绍土的三相组成，土的结构和构造，土的物理性质和土的物理状态指标的定义、物理概念、计算公式，液塑限测定，土的工程分类与现场鉴别等内容。

第 2 章讲述土的击实性及渗透性，主要介绍土的击实试验，最优含水率，土的渗透规律，渗透试验，渗透力及渗透变形破坏形式等内容。

第 3 章讲述土中应力计算，主要介绍自重应力，基底压力，基底附加应力，地基附加应力的计算等内容。

第 4 章讲述地基沉降量的计算，主要介绍土的压缩性指标的测定方法，土的固结状态，地基沉降量不同的计算方法，饱和土的单向固结理论和地基沉降与时间的关系等内容。

第 5 章讲述土的抗剪强度，主要介绍莫尔-库仑强度理论，土的极限平衡条件，土的各种剪切试验等内容。

第 6 章讲述土压力及挡土墙设计，主要介绍土压力类型，朗肯与库仑土压力理论，工程上土压力计算，挡土墙的设计等内容。

第 7 章讲述地基承载力，主要介绍地基破坏模式，临塑荷载，临界荷载，极限荷载，利用原位测试、规范法确定地基承载力，地基承载力修正等内容。

第 8 章讲述边坡稳定分析，主要介绍无黏性土边坡稳定分析方法，黏性土边坡稳定分析方法，折线边坡稳定分析等内容。

第 9 章讲述浅基础设计，主要介绍基础埋深确定，基础底面尺寸设计，基础类型，刚性基础、扩展基础、柱下十字交叉基础、筏形基础、箱形基础构造和设计，减少地基不均匀沉降措施等内容。

第 10 章讲述桩基础，主要介绍桩基础的类型，单桩垂直、水平承载力计算，桩负摩阻力验算，桩基抗拔验算，桩基沉降量计算等内容。

第 11 章讲述地基处理技术，主要介绍工程常见的地基处理方法，包括换土垫层与褥垫法，预压地基，压实地基和夯实地基，振冲碎石桩和沉管砂石桩复合地基，水泥土搅拌桩复合地基，旋喷桩复合地基，灰土挤密桩和土挤密桩复合地基，夯实水泥土桩复合地基，水泥粉煤灰碎石桩复合地基，柱锤冲扩桩复合地基，多桩型复合地基，石灰桩法，注浆加固法。

第 12 章讲述特殊土地基，主要介绍软弱土、湿陷性黄土、膨胀土、饱和砂土和饱和粉土、红黏土、冻土、盐渍土、山区地基等内容。

第 13 章讲述岩土工程勘察，主要介绍岩土工程勘察等级、地基等级的划分，岩土工程勘察方法和手段，地球物理勘探，标准贯入试验、动力触探试验、静力触探试验、波速测

试等原位测试，岩土工程勘察报告编写，地基验槽等内容。

2. 本课程的特点

"土力学与地基基础"是建筑工程技术、土木工程、水利水电工程等专业的一门技术基础课，涉及的自然学科范围很广，涉及地质学、材料力学、结构力学、水力学等学科。该课程具有理论公式多、概念抽象、系统性差、计算工作量大、实践性强等特点。

1) 理论性与实践性

土力学地基基础的设计与计算，大都离不开计算。本课程的计算公式很多，计算量大，计算过程复杂，如土的物理性质指标计算、附加应力计算、沉降量计算、土压力计算、基础尺寸设计、桩基承载力计算等。同时，该课程具有强烈的实践性，如土的压实质量控制、地基处理等内容，都必须在工程现场进行。

2) 复杂性

土最主要的特点是复杂性，由于成土母岩不同和风化作用的历史不同，在自然界中，土的种类繁多，分布复杂，性质各异，甚至在同一地区、同一地点，地基土的类型和性质都有可能相差很大，所遇到的地基基础问题具有复杂性。

3) 易变性

由于环境的改变，如地下水水位、温度、湿度、压力等因素，土的性质随之发生显著变化，因而会影响到设计和施工。例如，地下水位上升会产生水压力、浮托力，土的抗剪强度相应地降低，对地基基础产生不良影响；地下水位下降，土的自重应力增加，会引起地面沉降。又如，在黏性土中打桩时，桩侧土的结构受到破坏而强度降低，但停止施工后，土的强度逐渐恢复，桩的承载力逐渐增大，因此应充分利用土的触变性，把握施工进度，这样既能保证施工质量，又可提高桩基承载力。

4) 隐蔽性

建筑物的基础是建筑物的下部结构，通常被埋置在地下，而地基土更是埋于基础以下，两者均属于隐蔽工程。地基与基础一旦出现事故，将很难弥补。

5) 区域性

我国幅员辽阔，由于地域条件不同、土的沉积环境不同，产生了许多特殊性土，如淤泥、饱和砂土和饱和粉土、湿陷性黄土、膨胀土、红黏土、冻土等，这些土具有不同的特征和工程性质，由此地基与基础的选择与施工必须考虑区域性。在山区，地形起伏大，地基土颗粒较粗，甚至含有大量碎石，因此挖(钻)灌注桩用得较多；而在平原地区，地基土多为细粒土，预制桩用得较多。石料丰富的山区多用毛石混凝土基础，而在石料缺乏的平原地区多用灰土基础、三合土基础或素混凝土基础。

3. 本课程的学习要求

综上所述，土力学与地基基础的上述特点给地基基础工程设计、施工带来了困难。因此，要求学习者在学习中理论联系实际，掌握原理，搞清概念，加强实践，提高分析问题、解决问题的能力。

1) 强化基本概念、基本理论的掌握

对于土力学部分的某些基本理论、基本概念，要牢固地掌握，并熟练地应用到实际工程中。例如，土的物理性质指标的计算，始终贯穿于土力学课程之中，只要掌握了土的物理性质指标的概念及计算方法，对于后面的内容如地基应力计算、地基沉降量计算便可迎

刃而解；又如，土压力计算、地基承载力计算、土坡稳定分析这三章内容，表面上看三者没有任何联系，但在计算中都要用到土的内摩擦角、黏聚力两个抗剪强度指标，因此只要熟练掌握土的抗剪强度试验，加深对土的内摩擦角、黏聚力的理解，在学习中就可以相互联系、融会贯通。

2) 加强案例学习，提高理论联系实际的能力

土力学与地基基础课程中的许多内容就是一个工程实例。学生应加强案例学习，逐步提高理论联系实际的能力。例如，地基沉降量计算、土压力计算及挡土墙设计、土坡稳定分析、地基承载力计算等内容，都是工程设计中的常见设计内容，学生在走向工作岗位后都可能遇到这些课题。要求学生在校期间学会看懂书中的案例，并独立完成教师布置的作业。有条件的学校可以开设一周的课程设计，以提高学生的综合能力。

3) 重视土工试验，提高动手操作能力

土力学地基基础是一门理论性和实践性较强的课程，在讲授基本理论和基本知识的同时，必须重视试验课教学，其目的是通过学生亲手操作试验，使学生获得试验可测试工作的初步训练，验证和巩固课堂教学的基本内容。试验课要求学生学习基本技能，明确试验的基本原理，掌握试验的具体操作过程和试验结果的分析与资料整理。有条件的学校，可以组织学生参加教师承担的土工试验生产任务，让学生亲身感受土样从取样、包装、运输、保存、室内试验到资料整理等全过程，独立完成土工试验项目。

4) 积极参与工程实践活动

随着工程建设规模的日益扩大，我们身边到处都是建筑工地，要求学生利用身边的每一处工地，积极参与到工程中去。例如，在有岩土工程的勘察现场，可以观察钻孔、取样、岩芯编录、原位测试等；看到基坑开挖时，可以现场观察土的湿度、黏性、软硬状态，大致判断土的名称，有条件的可以参与当地组织的验槽工作，可以大大提高学生发现问题、解决问题的能力；如周围有地基处理工程，可以观看处理现场，向技术人员请教地基处理方法，加深该内容的理解，增强感性认识。

5) 尽可能掌握土力学的相关计算软件

目前各种地基基础软件很多，如北京理正系列软件(土工试验、勘察、地基基础设计、基坑支护等)、南京华宁系列软件等，有条件时教师可以适当引导学生学习，对学生掌握土力学与地基基础各种概念、提高计算能力大有益处。

思 考 题

0-1 土与其他建筑材料相比有哪些特点？

0-2 何谓土力学？地基与基础有何联系和区别？

0-3 什么是天然地基？什么是人工地基？

第1章 土的物理性质及工程分类

【学习要点及目标】

◆ 了解土的生成与成因类型。

◆ 掌握土的颗粒分析试验及颗粒级配曲线的应用。

◆ 了解土的三相组成及土中水的类型。

◆ 了解土的结构及构造类型。

◆ 掌握土的物理性质指标的定义及计算。

◆ 掌握土的液限、塑限测定及塑性指数、液性指数的计算。

◆ 掌握砂土密实度的判别方法。

◆ 掌握土的工程分类。

【核心概念】

级配曲线、不均匀系数、曲率系数、含水率、密度、饱和密度、有效密度、干密度、孔隙比、孔隙率、饱和度、相对密度、液限、塑限、塑性指数、液性指数等。

【引导案例】

在地基基础的各种计算中，经常要用到土的各种物理性质指标。土的物理性质指标的测定与计算是土力学与地基基础最重要的内容之一，本章主要介绍土的各种物理性质的测定及计算、土的工程分类等内容。

1.1 土的形成与成因类型

1.1.1 土的形成

自然界中的岩石在风化作用下形成大小不等、形状各异的碎屑,这些碎屑颗粒经过风或水的搬运沉积下来(或者原地堆积),形成松散沉积物,即工程上所称的土。由此可见,土是由碎屑颗粒堆积而成,土粒之间没有联结,或者联结力较弱,而且土粒之间存有大量的孔隙,这就是土的散体性和多孔性。这些特性决定了土与一般的固体材料相比较,具有压缩性大、强度低及透水性强等特点。

1. 物理风化

岩石受风霜雨雪的侵蚀,以及温度、湿度的变化,产生不均匀膨胀与收缩,出现裂隙,崩解为碎块。这种风化作用只改变颗粒的大小与形状,而不改变原来的矿物成分,称为物理风化。由物理风化生成的土为粗颗粒土,如块石、碎石、砾石、砂土等,这种土呈松散状态,总称为无黏性土。

2. 化学风化

岩石的碎屑与水、氧气和二氧化碳等物质相接触,将发生化学变化,并改变了原来组成矿物的成分,产生一种次生矿物。这类风化称为化学风化。经化学风化生成的土为细粒土,具有黏结力,如黏土与粉质黏土,总称为黏性土。

3. 生物风化

由动物、植物和人类活动所引起岩体的破坏称为生物风化。例如,生长在岩石缝隙中的树,因树根生长使岩石缝隙扩展开裂;人类开采矿山、打隧道、劈山修路等活动形成的土,其矿物成分没有变化。自然界的土形成过程十分复杂,天然土绝大多数是由地表岩石在漫长的地质历史年代经风化作用形成的。

物理风化使岩石产生量的变化,而化学风化则使岩石产生质的变化,这两种风化作用同时或交替进行。所以,任何一种天然土的形成,通常既有物理风化的作用,又有化学风化的作用。

土的沉积年代不同,其工程性质将有很大区别,了解土的沉积年代的知识,对正确判断土的工程性质是有实际意义的。大多数土是在第四纪地质年代沉积形成的,这一地质历史时期是距今较近的时间段(大约 100 万年)。第四纪包括早更新世(用符号 Q_1 表示)、中更新世(用符号 Q_2 表示)、晚更新世(用符号 Q_3 表示)和全新世(用符号 Q_4 表示)。由于沉积年代不同、地质作用不同以及岩石成分不同,各种沉积土的工程性质相差很大。

1.1.2 土的成因类型

土在地表分布极广,成因类型也很复杂。不同成因类型的沉积物,各具有一定的分布规律、地形形态及工程性质,下面简单介绍几种主要类型的土。

1. 残积土

地表岩石经过风化、剥蚀以后，残留在原地的碎屑物称为残积土(用 Q^{el} 表示，见图 1-1)。它的分布受地形的控制。在宽广的分水岭上，由于地表水流速很小，风化产物能够留在原地，形成一定的厚度；在平缓的山坡或低洼地带也常有残积土分布。

残积土中残留着碎屑的矿物成分，在很大程度上与下卧基岩一致，这是它区别于其他沉积土的主要特征。例如，砂岩风化剥蚀后生成的残积土多为砂岩碎块。由于残积土未经搬运，其颗粒大小未经分选和磨圆，故其颗粒大小混杂、均质性差，土的物理力学性质各处不一，且其厚度变化大。因此，在进行工程建设时，要注意残积土地基的不均匀性，防止建筑物的不均匀沉降。我国南部地区的某些残积土，还具有一些特殊的工程性质。例如，由石灰岩风化而成的残积红黏土，虽然其孔隙比较大、含水率高，但因其结构性强，因而承载能力高。又如，由花岗岩风化而成的残积土，虽室内测定的压缩模量较低，孔隙也比较大，但其承载力并不低。

2. 坡积土

高处的岩石风化产物，由于受到雨水、融雪水流的搬运，或由于重力的作用而沉积在较平缓的山坡上，这种沉积物称为坡积土(用 Q^{dl} 表示，见图 1-2)。它一般分布在坡腰或坡脚，其上部与残积土相接。

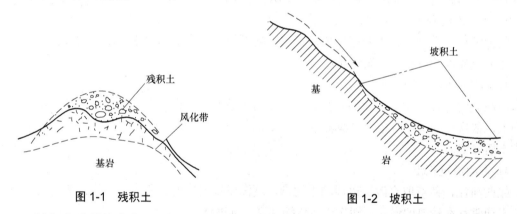

图 1-1　残积土　　　　　　　图 1-2　坡积土

坡积土随着斜坡自上而下逐渐变缓，呈现由粗而细的分选现象，但层理(层理是由于沉积物的物质成分、颜色、颗粒大小不同而在垂直方向上表现出来的成层现象)不明显。其矿物成分与下卧基岩没有直接关系，这是它与残积土的明显区别。坡积土底部的倾斜度取决于下卧基岩面的倾斜程度，而其表面倾斜度则与生成的时间有关。时间越长，搬运沉积在山坡下部的物质越厚，表面倾斜度也越小。在斜坡较陡地段的坡积土通常较薄，而在坡脚地段的坡积土则较厚。由于坡积土形成于山坡，故较易沿下卧基岩倾斜面发生滑动。因此，在坡积土上进行工程建设时，要考虑坡积土本身的稳定性和施工开挖后边坡的稳定性。

3. 洪积土

由暴雨或大量融雪骤然集聚而成的暂时性山洪急流，将大量的基岩风化产物或基岩剥蚀、搬运、堆积于山谷冲沟出口或山前倾斜平原而形成洪积土(用 Q^{pl} 表示，见图 1-3)。由于山洪流出沟谷口后，流速骤减，被搬运的粗碎屑物质先堆积下来，离山渐远，颗粒随之变细，其分布范围也逐渐扩大。

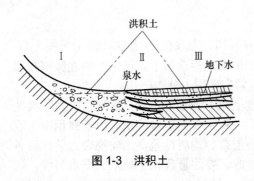

图 1-3　洪积土

从工程观点可把洪积土分为三个部分：靠近山区(见图 1-3 中Ⅰ地段)的洪积土，颗粒较粗，所处的地势较高，而地下水位低，且地基承载力较高，常为良好的天然地基；离山区较远地段(见图 1-3 中Ⅲ地段)洪积土多由粉粒、黏粒组成，由于形成过程受到周期性干旱作用，土体被析出的可溶盐胶结且较坚硬密实，承载力较高；中间过渡地段(见图 1-3 中Ⅱ地段)常常由于地下水溢出地表而造成宽广的沼泽地，土质较弱且承载力较低。

4. 冲积土

由河流的水流将岩屑搬运、沉积在河床较平缓地带，所形成的沉积物称为冲积土(用 Q^{al} 表示)。河流冲积土在地表的分布很广，主要包括河床沉积土、河漫滩沉积土、河流阶地沉积土、古河道沉积土、三角洲沉积土。

1) 河床沉积土

上游河床沉积土的颗粒粗，下游河床沉积土的颗粒细。因岩屑经长距离搬运，所以颗粒具有一定的磨圆度。河床沉积土中粗砂与砾石的密度较大，为良好的天然地基。

2) 河漫滩沉积土

此种沉积土常为上、下两层结构，下层为粗颗粒土，上层为洪水泛滥时的细粒土，并且往往夹有局部的有机土、淤泥和泥炭。

3) 河流阶地沉积土

由地壳的升降运动与河流的侵蚀、沉积作用形成的狭长台地，称为河流阶地。由河漫滩向上，依次称为一级阶地、二级阶地、三级阶地。阶地的位置越高，它的形成年代越早，通常土质较好。

4) 古河道沉积土

蛇曲河流，截弯取直改道以后的牛轭湖，逐渐淤塞而成的土称为古河道沉积土。这种沉积土通常存在较厚的淤泥、泥炭土，压缩性高、强度低。

5) 三角洲沉积土

河流搬运的大量泥沙，在河口沉积而成三角洲沉积土，其厚度可达数百米以上，面积也很大。水上部分为砂土或黏性土，水下部分与海、湖堆积物混合组成。此种沉积土为新近沉积土，天然含水率大，孔隙比大，压缩性高，承载力低，为软弱地基。

5. 湖积土

湖积土可分为湖边沉积土和湖心沉积土两种。湖边沉积土主要由湖浪冲蚀湖岸、破坏岸壁形成的碎屑物质组成。在近岸带沉积的多数是粗颗粒的卵石、圆砾和砂土，远岸带沉积的则是细颗粒的砂土和黏性土。湖边沉积土具有明显的斜层理构造。作为地基时，近岸带有较高的承载力，远岸带则差些；湖心沉积土是由河流和湖流夹带的细小悬浮颗粒到达湖心后沉积形成的，主要是黏土和淤泥，常夹有细砂、粉砂薄层，称为带状黏土，这种黏土压缩性高、强度低。

6. 风成黄土

风成黄土是一种灰黄色、棕黄色的粉砂及尘土的风积物。风成黄土形成于第四纪，矿物成分主要为石英、长石、碳酸盐矿物，SiO_2 含量大于 60%，这种土一般具有湿陷性，又称为湿陷性黄土(将在第 12 章讲述)。

小贴士：

在工程勘察中经常要用到各种土的代号，一般按下列规定：土的代号用 Q 表示，上标表示土的成因，下标表示土的地质年代。例如，土有两种成因，可以在上标中同时表达出来，如 Q_3^{al+pl} 表示晚更新统冲洪积土，Q_4^{el+dl} 表示全新统残坡积土。

1.2　土的三相组成

土是由固体颗粒、水和气体三部分组成的，通常称为土的三相组成，随着三相物质的质量和体积的比例不同，土的性质也就不同。土中孔隙全部由气体填充时为干土，此时黏土呈坚硬状态，砂土呈松散状态；当土中孔隙由液态水和气体填充时为湿土；当土中孔隙全部由液态水填充时为饱和土。饱和土和干土都是两相体系，湿土为三相体系。因此，必须研究土的三相组成。

1.2.1　土的固体颗粒

土中固体颗粒的大小、形状、矿物成分及粒径大小的搭配情况，是决定土的物理力学性质的主要因素。

1. 土的矿物成分

1) 原生矿物

岩石经物理风化作用形成的碎屑物，其成分与母岩相同，如石英、长石、云母、角闪石及辉石等。

2) 次生矿物

岩石经过化学风化作用形成新的矿物成分，成为一种颗粒很细的新矿物，主要是黏土矿物。黏土矿物的粒径小于 0.005mm，肉眼看不清，用电子显微镜观察为鳞片状。常见的黏土矿物有高岭石、蒙脱石、伊利石。

3) 有机质

岩石在风化以及风化产物搬运、沉积过程中，常有动植物残骸及其分解物质参与沉积，成为土中有机质。如果土中有机质含量过多，土的压缩性就会增大。注意：对于土中有机质含量超过 3%～5%的土应予注明，这类土不宜作为填筑材料。

2. 土的粒组划分

自然界中土的颗粒都是由大小不同的土粒所组成，土的粒径发生变化，其主要性质也发生相应变化。土的粒径从大到小,可塑性从无到有,黏性从无到有,透水性从大到小,毛细水从无到有,工程上将各种不同的土粒按性质相近的原则划分成若干粒组,如表1-1所示。

表1-1 土粒粒组的划分

粒组统称	粒组名称		粒组范围/mm
巨粒	漂石(块石)粒组		>200
	卵石(碎石)粒组		200~60
粗粒	砾粒	粗砾	60~20
		细砾	20~2
	砂粒		2~0.075
细粒	粉粒		0.075~0.005
	黏粒		≤0.005

颗粒大小不同的土,它们的工程性质也不相同。同一粒组土的工程性质相似,通常粗粒土的压缩性低、强度高、渗透性大。至于颗粒的形状,带棱角土粒的表面粗糙不易滑动,其强度要比表面圆滑的土粒强度高。

3. 土的颗粒级配

天然土常常是由不同粒组混合而成,土的颗粒有粗有细,为了表示土中各粒组的搭配情况,工程中常用各粒组的相对含量来表示,即用土中各粒组的质量占土粒总质量的百分数来表示,称为土的颗粒级配。土的颗粒级配是决定无黏性土工程性质的主要因素,以此作为土的分类定名的标准。工程中常用颗粒分析试验方法确定各粒组的相对含量,常用的试验方法有两种,即筛分法和密度计法,两种方法互相配合使用。

1) 筛分法

筛分法适用于土颗粒直径为60~0.075mm的土。筛分法的主要设备为一套标准分析筛,筛子孔径分别为60mm、40mm、20mm、10mm、5mm、2mm、1mm、0.5mm、0.25mm、0.075mm。其方法如下:将一套孔径不同的标准筛,按从上至下筛孔逐渐减小放置,称取一定质量(粒径$d<10$mm,可取500g;$d<2$mm,可取200g)的烘干土样倒入标准筛,盖严上盖,置于筛析机上振筛10~15min,由上而下顺序称出各级筛上及盘内试样的质量,即可求出占土粒总质量的百分数。

2) 密度计法

密度计法适用于土颗粒粒径小于0.075mm的土。密度计法的主要仪器为密度计和容积为1000mL的量筒。根据土粒粒径大小不同、土粒在水中下沉速度也不同的特性,将密度计放入悬液中进行测定分析。

根据颗粒分析试验结果,绘制土的颗粒级配曲线,如图1-4所示,图中纵坐标表示小于(或大于)某粒径的土占总质量的百分数,横坐标表示土的粒径。由于土体中粒径往往相差很大,为便于绘制,将粒径坐标取为对数坐标表示。

从图1-4中的级配曲线a和b可以看出,曲线a较平缓,所代表的土样所含土粒粒径范围广,粒径大小相差悬殊;而曲线b较陡,所代表的土样所含土粒粒径范围窄,粒径较均匀。当土粒粒径大小相差悬殊时,较大颗粒间的孔隙被较小的颗粒所填充,土的密实度较好,称为级配良好的土;粒径相差不大、较均匀时,称为级配不良的土。

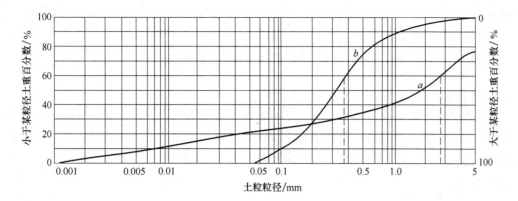

图1-4 土的粒径级配曲线

为了定量反映土的级配特征，工程上常用不均匀系数和曲率系数两个级配指标来描述。其中，不均匀系数为

$$C_u = \frac{d_{60}}{d_{10}} \tag{1-1}$$

而曲率系数为

$$C_c = \frac{d_{30}^2}{d_{10}d_{60}} \tag{1-2}$$

式中：d_{10} 为有效粒径，小于某粒径的土粒质量占总质量的 10%时相应的粒径；d_{60} 为限定粒径，小于某粒径的土粒质量占总质量的 60%时相应的粒径；d_{30} 为小于某粒径的土粒质量占总质量的 30%时相应的粒径。

不均匀系数 C_u 反映大小不同粒组的分布情况，$C_u < 5$ 的土称为匀粒土，级配不良；C_u 越大，表示粒组分布范围越广，$C_u > 5$ 的土级配良好。但如果 C_u 过大，表示可能缺失中间粒径，属不连续级配，故需同时用曲率系数来评价。曲率系数 C_c 则是描述累计曲线整体形状的指标。《土工试验方法标准》(GB/T 50123—1999)中规定：对于纯净的砾、砂，当 $C_u \geqslant 5$ 且 $C_c = 1 \sim 3$ 时，级配良好；若不能同时满足上述条件则级配不良。

1.2.2　土中水

土中水是溶解着各种离子的溶液，土中水按其形态可分为液态水、固态水、气态水。固态水是指土中水在温度降至 0℃以下时结成的冰。水结冰后体积增大，使土体产生冻胀，破坏土的结构，冻土融化后使土体强度大大降低。气态水是指土中的水蒸气，一般对土的性质影响不大。液态水除结晶水紧紧吸附于固体颗粒的晶格内部外，还存在结合水和自由水两大类。

1. 结合水

根据水与土颗粒表面结合的紧密程度又可分为吸着水(强结合水)和薄膜水(弱结合水)。

1) 吸着水

试验表明，极细的黏粒表面带有负电荷，由于水分子为极性分子，即一端显正电荷(H⁺)，一端显负电荷(O^2),水分子就被颗粒表面电荷引力牢固地吸附,在其周围形成很薄的一层水,这种水就称为吸着水。其性质接近于固态,不冻结,相对密度大于 1,具有很强的黏滞性,受外力不转移。这种水的冰点很低,沸点较高,-78℃才冻结,在 105℃以上才蒸发。吸着水不传递静水压力。

2) 薄膜水

薄膜水是位于吸着水以外,但仍受土颗粒表面电荷吸引的一层水膜。显然,距土粒表面越远,水分子引力就越小。薄膜水也不能流动,含薄膜水的土具有塑性。它不传递水压力,冻结温度低,已冻结的薄膜水在不太大的负温下就能融化。

2. 自由水

自由水是不受土粒电场吸引的水,其性质与普通水相同,分重力水和毛细水两类。

1) 重力水

重力水存在于地下水位以下的土孔隙中,它能在重力或压力差的作用下流动,能传递水压力,对土粒有浮力作用。

2) 毛细水

毛细水不仅受到重力的作用,还受到表面张力的支配,能沿着土的细孔隙从潜水面上升到一定的高度。毛细水存在于地下水位以上的土孔隙中,由于水和空气交界处弯液面上产生的表面张力作用,土中自由水从地下水位通过毛细管(土粒间的孔隙贯通,形成无数不规则的毛细管)逐渐上升,形成毛细水。由土壤物理学理论可知,毛细管直径越小,毛细水的上升高度越高,故粉粒土中毛细水上升高度比砂类土高。工程建设中,在寒冷地区要注意地基土的冻胀影响,地下室受毛细水影响要采取防潮措施。

1.2.3 土中气体

在土的固体颗粒之间,没有被水充填的部分都充满气体,土中气体可分为自由气体和封闭气体两种。

1. 自由气体

自由气体是指土中气体与大气连通,土层受压力作用时土中气体能够从孔隙中挤出,对土的性质影响不大,工程建设中不予考虑。

2. 封闭气体

封闭气体是指土中气体与大气隔绝,存在于黏性土中,土层受压力作用时气体被压缩或溶解于水中,压力减小时又能有所复原。封闭气体的存在增大了土的弹性和压缩性,对土的性质有较大影响,如透水性减小、变形稳定的时间延长等。

1.3 土的结构和构造

在漫长的地质年代里,由各种物理的、化学的、物理-化学的及生物的因素综合作用形成土的各种结构，使得土具有各种各样的工程特征。

1.3.1 土的结构

土的结构是指土粒(或团粒)的大小、形状、互相排列及联结的特征。根据土颗粒的排列和联结，土的结构一般可以分为单粒结构、蜂窝结构和絮状结构三种基本类型。

1. 单粒结构

这是碎石土和砂土的结构特征。因其颗粒较大，在重力作用下落到较为稳定的状态，土粒间的分子引力相对很小，所以颗粒之间几乎没有联结。单粒结构土粒排列可以是疏松的，也可以是密实的(见图1-5)。呈密实状态单粒结构的土，强度较高，压缩性较小，是较为良好的天然地基。具有疏松单粒结构的土，土粒间的空隙较大，其骨架是不稳定的，当受到振动及其他外力作用时，土粒容易发生相对移动，引起很大的变形。因此，这种土层如未经处理一般不宜作为建筑物地基。

(a) 疏松排列的单粒结构　　　　　(b) 密实排列的单粒结构

图1-5 土的单粒结构

2. 蜂窝结构

蜂窝结构是以粉粒为主的土的结构特征，粒径在 0.075～0.005mm 之间的土粒在水中沉积时，基本上是单个颗粒下沉，在下沉过程中碰上已沉积的土粒时，如土粒间的引力相对于自重而言已经足够大，则此颗粒就停留在最初的接触位置而不再下沉，形成大孔隙的蜂窝状结构(见图1-6)。

3. 絮状结构

絮状结构也称为绒絮结构，这是黏土颗粒特有的结构，悬浮在水中的黏土颗粒当介质发生变化时，土粒互相聚合，以边-边、面-边的接触方式形成絮状物下沉，沉积为大孔隙的絮状结构(见图1-7)。

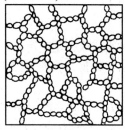 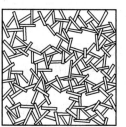

图1-6 土的蜂窝结构　　　　　图1-7 土的絮状结构

具有蜂窝结构和絮状结构的土，其土粒之间有着大量的孔隙，结构不稳定，当其天然结构被破坏后，土的压缩性增大而强度降低，故也称为有结构性土。

土的结构形成以后，当外界条件发生变化时，土的结构会产生相应变化。例如，土层在上覆土层作用下压密固结时，结构会趋于更紧密的排列；卸载时土体的膨胀(如钻探取土时土样的膨胀或基坑开挖时基底的隆起)会松动土的结构；当土层失水干缩或介质变化时，盐类结晶胶结能增强土粒间的联结；在外力作用下(如施工时对土的扰动或剪应力的长期作用)会弱化土的结构，破坏土粒原来的排列方式和土粒间的联结，使絮状结构变为平行的重塑结构，降低土的强度，增大压缩性。因此，在土工试验或施工过程中都必须尽量减少对土的扰动，避免破坏土的原状结构。

1.3.2　土的构造

同一土层中，土颗粒之间相互关系的特征称为土的构造。常见的土的构造包括层状构造、分散构造、结核状构造和裂隙状构造。

1. 层状构造

层状构造的土层由不同颜色或不同粒径的土组成层理，一层一层互相平行。这种层状构造反映不同年代、不同搬运条件形成的土层，为细粒土的一个重要特征。

2. 分散构造

分散构造的土层中土粒分布均匀，性质相近，如砂与卵石层就是分散构造。

3. 结核状构造

结核状构造是在细粒土中混有粗颗粒或各种结核，如含姜石的粉质黏土、含砾石的冰碛黏土等，均属结核状构造。

4. 裂隙状构造

土体中有很多不连续的小裂隙，某些硬塑或坚硬状态的黏土为此种构造。

通常分散构造的土其工程性质最好。结核状构造的土工程性质的好坏取决于细粒土部分。裂隙状构造的土中，因裂隙强度低、渗透性大，所以工程性质差。

1.4　土的物理性质指标

如前所述，土是由固体颗粒、水和气体所组成，并且各种组成成分是交错分布的。三相物质在体积上和质量上的比例关系可以用来描述土的干湿、疏密、轻重、软硬等物理性质。所谓土的物理性质指标就是表示三相比例关系的一些物理量。

为了推导土的物理性质指标，通常把在土体中实际上是处于分散状态的三相物质理想化地分别集中在一起，构成如图 1-8 所示的三相图。图中右边为各相的体积，左边为各相的质量。土样的体积 V 为土中空气的体积 V_a、水的体积 V_w 和土粒的体积 V_s 之和，孔隙体积 V_v 为空气的

体积 V_a 与水的体积 V_w 之和；土样的质量 m 为土中空气的质量 m_a、水的质量 m_w 和土粒的质量 m_s 之和，通常认为空气的质量 m_a 可以忽略，则土样的质量就为水和土粒质量之和，即

$$V = V_s + V_w + V_a = V_s + V_v$$

$$m = m_a + m_w + m_s = m_w + m_s$$

土的物理性质指标可以分为两种：一种是基本指标；另一种是推算指标。

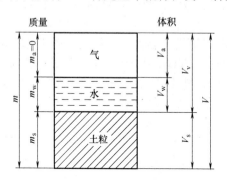

图 1-8 土的三相图

1.4.1 土的三个基本指标

1. 天然密度

在天然状态下，单位体积土的质量称为土的天然密度，用公式表示为

$$\rho = \frac{m}{V} \tag{1-3}$$

在天然状态下，单位体积土所受的重力称为土的天然重度，用公式表示为

$$\gamma = \frac{G}{V} = \frac{mg}{V} = \rho g \approx 10\rho \quad \text{kN/m}^3 \tag{1-4}$$

天然状态下土的密度变化范围较大，一般黏性土的密度 $\rho = 1.8 \sim 2.0\text{g/cm}^3$，砂土的密度 $\rho = 1.6 \sim 2.0\text{g/cm}^3$，腐殖土的密度 $\rho = 1.5 \sim 1.7\text{g/cm}^3$。

室内密度测定一般采用环刀法。将一定容积的不锈钢圆环刀(刀刃向下)放在削平的原状土样面上，徐徐削去环刀外围的土，边削边压，保持天然状态的土样压满环刀内，上、下修平，称得环刀内土样质量计算而得。其适用于黏性土、粉土的密度测定。

小贴士：

> 砂土、砾石土等不易取出原状样的土，可在现场挖坑用灌砂法、灌水法测定土的原位密度。灌水法就是在现场开挖试坑，将挖出的试样装入容器，称其质量，再用塑料薄膜袋平铺于试坑内，注水入薄膜袋直至袋内水与坑口平齐，注入的水量即为试坑的体积；灌砂法就是利用粒径为 0.25～0.50mm、清洁干净的均匀砂，从一定高度自由下落到试坑内，按其单位重不变的原理来测量试坑的容积，从而测定试样的天然密度。灌水法、灌砂法适用于卵石、砾石、砂土的原位密度测定。

2. 天然含水率

在天然状态下，土中水的质量与土粒质量之比称为土的天然含水率，用公式表示为

$$\omega = \frac{m_{w}}{m_{s}} \times 100\% \tag{1-5}$$

天然含水率通常以百分数表示。含水率的测定有多种方法，工程上常用的有以下几种。

1) 烘干法

烘干法属于常规性试验，适用于黏性土、粉土与砂土含水量的测定。试验时取代表性黏性土试样15～20g，砂性土与有机质土50g，装入称量盒内称其质量，然后放入烘箱内，在105～110℃的恒温下烘干(黏性土须耗时8h以上，砂性土须耗时6h以上)，取出烘干的土样冷却后称其质量，由计算得到天然含水率。

2) 红外线法

红外线法适用于少量土样试验。此方法类似于烘箱法，不同之处在于用红外线灯箱代替烘箱，一个红外线灯泡下只能放3或4个试样，烘干时间约为30min即可。

3) 酒精燃烧法

酒精燃烧法适用于少量试样快速测定。将称完质量的试样盒放在耐热桌面上，倒入酒精至试样表面齐平，点燃酒精燃烧，熄灭后仔细搅拌试样，重复倒入酒精燃烧3次，冷却后称其质量，由计算得到天然含水率。该方法操作简便，可在施工现场试验。对于有机质土不宜用该方法测定。

4) 铁锅炒干法

铁锅炒干法适用于卵石或砂夹卵石。取代表性试样3～5kg，称完质量后倒入铁锅炒干，至不冒水汽为止，冷却后再称量质量，由计算得到天然含水率。

3. 土粒比重

土粒质量与同体积4℃时水的质量之比称为土粒比重，用公式表示为

$$G_{s} = \frac{m_{s}}{V_{s}\rho_{w}} \tag{1-6}$$

土粒比重常用比重瓶法测定。通常将烘干试样15g装入容积为100mL玻璃制的比重瓶，用0.001g精度的天平称瓶加干土质量。注入半瓶水后煮沸1h左右以排除土中气体，冷却后将纯水注满比重瓶，再称总质量并测量瓶内水温，计算得土粒比重。此法适用粒径小于5mm的土，对于粒径大于等于5mm的土，可用浮称法和虹吸筒法测定，具体方法详见《土工试验方法标准》(GB/T 50123—1999)。土粒比重的数值大小主要取决于土的矿物成分，一般土的土粒比重参考值见表1-2。

表1-2 土粒比重参考值

土的类别	砂 土	粉 土	黏 性 土	
			粉质黏土	黏土
土粒比重	2.65～2.69	2.70～2.71	2.72～2.73	2.73～2.74

上述三个物理性质指标 ρ、ω、G_{s} 是直接用试验方法测定的，通常又称为室内土工试验指标，根据这三个基本指标，可以求出以下其他推算指标。

1.4.2　土的推算指标

1. 干密度

土的单位体积内的土粒质量称为土的干密度，用公式表示为

$$\rho_d = \frac{m_s}{V} \tag{1-7}$$

干密度越大，土越密实，强度越高。干密度通常作为填土密实度的施工控制指标。如果已知土的天然密度 ρ 和天然含水率 ω，就可以得到计算干密度的推导公式，即

$$\rho_d = \frac{m_s}{V} = \frac{m_s}{\dfrac{m}{\rho}} = \frac{m_s \rho}{m_s + m_w} = \frac{\rho}{1 + \dfrac{m_w}{m_s}} = \frac{\rho}{1 + \omega} \tag{1-8}$$

相应地，土的单位体积内土粒所受的重力称为干重度，$\gamma_d = \rho_d g$ (kN/m^3)。

2. 饱和密度

土中孔隙完全被水充满时土的密度称为土的饱和密度，即全部充满孔隙的水的质量与固相质量之和与土的总体积之比，用公式表示为

$$\rho_{sat} = \frac{m_w + m_s}{V} = \frac{\rho_w V_v + m_s}{V} \tag{1-9}$$

相应地，土中孔隙完全被水充满时土的重度称为饱和重度，$\gamma_{sat} = \rho_{sat} g$ (kN/m^3)。

3. 有效密度

土的有效密度是指土粒质量与同体积水的质量之差和土的总体积之比，也称为浮密度，用公式表示为

$$\rho' = \frac{m_s - \rho_w V_s}{V} \tag{1-10}$$

如果已知土的饱和密度 ρ_{sat}，就可以得到计算有效密度的推导公式，即

$$\rho' = \frac{m_s - \rho_w V_s}{V} = \frac{m_s - \rho_w (V - V_v)}{V} = \frac{m_s + \rho_w V_v - \rho_w V}{V} = \rho_{sat} - \rho_w \tag{1-11}$$

当土体浸没在水中时，土的固相要受到水的浮力作用。在计算地下水位以下土层的自重应力时，应考虑浮力的作用，采用有效重度。扣除浮力以后的固相重力与土的总体积之比称为有效重度，也称为浮重度，$\gamma' = \rho' g = (\rho_{sat} - \rho_w) g = \gamma_{sat} - \gamma_w$，其中 γ_w 为水的重度，$\gamma_w = 10$ kN/m^3。

小贴士：

　　土的四个不同重度指标在工程中有不同的用途。在自重应力、基底压力、土压力、地基承载力的计算中，要用到土的天然重度、有效重度、饱和重度，地下水位以上用天然重度 γ，地下水位以下用有效重度 γ'，在土压力水土分算时，要用到土的饱和重度 γ_{sat}；γ_d 是衡量填土碾压质量的主要指标，主要用于填土压实的控制。四个重度有以下大小关系：$\gamma_{sat} > \gamma > \gamma_d > \gamma'$。

4. 孔隙比

土中孔隙体积与土粒体积之比称为孔隙比，用公式表示为

$$e = \frac{V_v}{V_s} \tag{1-12}$$

孔隙比是反映土的密实程度的物理指标，用小数来表示。一般来说，$e<0.6$ 的土是密实的低压缩性土；$e>1$ 的土是疏松的高压缩性土。

如果已知土粒比重 G_s、土的天然含水率 ω 和天然密度 ρ，就可以得到计算孔隙比的推导公式，即

$$e = \frac{V_v}{V_s} = \frac{V - V_s}{V_s} = \frac{G_s \rho_w (1+\omega)}{\rho} - 1 \tag{1-13}$$

5. 孔隙率

土中孔隙体积与土的总体积之比称为孔隙率，用公式表示为

$$n = \frac{V_v}{V} \times 100\% \tag{1-14}$$

孔隙率一般用百分数表示。通过推导，可得孔隙率与孔隙比的关系，即

$$n = \frac{V_v}{V} = \frac{V_v}{V_v + V_s} = \frac{e}{1+e} \tag{1-15}$$

6. 饱和度

土中孔隙水的体积与孔隙体积之比称为饱和度，用公式表示为

$$S_r = \frac{V_w}{V_v} \times 100\% \tag{1-16}$$

饱和度是衡量土体潮湿程度的物理指标，用百分数来表示。若 $S_r=100\%$，则土中孔隙全部充满水，土体处于饱和状态；若 $S_r=0$，则土中孔隙无水，土体处于干燥状态。

为了便于查阅，现归纳出各物理性质指标之间的关系，如表1-3所示。

表1-3　土的三相比例指标换算公式

名　称	符号	基本公式	常用的换算公式	单位	常见的数值范围
天然含水率	ω	$\omega = \frac{m_w}{m_s} \times 100\%$	$\omega = \frac{S_r e}{d_s}$，$\omega = \frac{\rho}{\rho_d} - 1$	%	20～60
土粒比重	G_s	$G_s = \frac{\rho_s}{\rho_w}$	$G_s = \frac{S_r e}{w}$		黏性土：2.72～2.75；粉土：2.70～2.71；砂土：2.65～2.69
天然密度	ρ	$\rho = \frac{m}{V}$	$\rho = \rho_d(1+\omega)$　$\rho = \frac{G_s(1+\omega)}{1+e}\rho_w$	g/cm³ 或 t/m³	1.6～2.0

续表

名　称	符号	基本公式	常用的换算公式	单位	常见的数值范围
孔隙比	e	$e = \dfrac{V_v}{V_s}$	$e = \dfrac{G_s \rho_w}{\rho_d} - 1 = \dfrac{G_s \rho_w (1+\omega)}{\rho} - 1$		黏性土和粉土：0.4～1.2； 砂土：0.3～0.9
干密度	ρ_d	$\rho_d = \dfrac{m_s}{V}$	$\rho_d = \dfrac{\rho}{1+\omega} = \dfrac{G_s}{1+e}\rho_w$	g/cm³ 或 t/m³	1.3～1.8
饱和密度	ρ_{sat}	$\rho_{sat} = \dfrac{\rho_w V_v + m_s}{V}$	$\rho_{sat} = \dfrac{G_s + e}{1+e}\rho_w$	g/cm³ 或 t/m³	1.8～2.3
有效密度	ρ'	$\rho' = \dfrac{m_s - \rho_w V_s}{V}$	$\rho' = \rho_{sat} - \rho_w$；$\rho' = \dfrac{G_s - 1}{1+e}\rho_w$	g/cm³ 或 t/m³	0.8～1.3
孔隙率	n	$n = \dfrac{V_v}{V} \times 100\%$	$n = \dfrac{e}{1+e} = 1 - \dfrac{\rho_d}{G_s \rho_w}$	%	黏性土和粉土：30～60； 砂土：25～45
饱和度	S_r	$S_r = \dfrac{V_w}{V_v} \times 100\%$	$S_r = \dfrac{\omega G_s}{e} = \dfrac{\omega \rho_d}{n \rho_w}$	%	0～100

小贴士：

在利用表 1-3 中的公式计算时，根据土的含水率、重度、比重三个试验指标，首先求出土的孔隙比 e，然后根据孔隙比依次求得孔隙率 n、饱和度 S_r、饱和密度 ρ_{sat}、有效密度 ρ'、干密度 ρ_d 等推算指标，可以大大加快计算速度。

【例 1-1】某一原状土样，经试验测得的基本指标如下：密度 $\rho = 1.67$g/cm³，含水量 $\omega = 12.9\%$，土粒比重 $G_s = 2.67$。试求土的孔隙比 e、孔隙率 n、饱和度 S_r、干密度 ρ_d、饱和密度 ρ_{sat} 以及有效密度 ρ'。

解　(1) 孔隙比 $e = \dfrac{G_s \rho_w (1+\omega)}{\rho} - 1 = \dfrac{2.67 \times 1 \times (1+0.129)}{1.67} - 1 = 0.805$。

(2) 孔隙率 $n = \dfrac{e}{1+e} = \dfrac{0.805}{1+0.805} = 44.6\%$。

(3) 饱和度 $S_r = \dfrac{\omega G_s}{e} = \dfrac{0.129 \times 2.67}{0.805} = 42.8\%$。

(4) 干密度 $\rho_d = \dfrac{\rho}{1+\omega} = \dfrac{1.67}{1+0.129} = 1.48$(g/cm³)。

(5) 饱和密度 $\rho_{sat} = \dfrac{G_s + e}{1+e}\rho_w = \dfrac{2.67 + 0.805}{1+0.805} \times 1 = 1.93$(g/cm³)。

(6) 有效密度 $\rho' = \rho_{sat} - \rho_w = 1.93 - 1 = 0.93$ (g/cm³)。

1.5　土的物理状态指标

土的物理状态指标主要用于反映土的松密程度和软硬程度，对于无黏性土，其主要的物理状态指标是密实度；对于黏性土，其主要的物理状态指标是稠度(软硬程度)。

1.5.1　无黏性土的密实度

无黏性土主要包括砂土和碎石土。这类土中缺乏黏土矿物，呈单粒结构，土的密实度对其工程性质具有重要的影响。当为松散状态时，尤其是饱和的松散砂土，其压缩性与透水性较高，强度较低，容易产生流沙、液化等工程事故；当为密实状态时，具有较高的强度和较低的压缩性，为良好的建筑物地基。

1. 砂土的密实度

1) 天然孔隙比法

孔隙比反映了土的孔隙大小，对于同一种土，土的天然孔隙比越大，土越松散；反之，则越密实。根据孔隙比 e 的大小，将砂土划分为密实、中密、稍密、松散四类，如表1-4所示。

表1-4　砂土的密实度

砂土种类 ＼ 密实度	密　实	中　密	稍　密	松　散
砾砂、粗砂、中砂	$e<0.60$	$0.60\leq e\leq0.75$	$0.75<e\leq0.85$	$e>0.85$
细砂、粉砂	$e<0.70$	$0.70\leq e\leq0.85$	$0.85<e\leq0.95$	$e>0.95$

天然孔隙比判别土的密实度方法简单，没有考虑土的级配情况影响。对于两种土，孔隙比相同，其密实度不一定相同，孔隙比大的土其密实度反而较好。为了同时考虑孔隙比和级配的影响，引入砂土相对密实度的概念。

2) 相对密度法

砂土相对密度的表达式为

$$D_r = \frac{e_{max} - e}{e_{max} - e_{min}} \tag{1-17}$$

式中：e_{max} 为砂土处于最疏松状态时的孔隙比，称为最大孔隙比；e_{min} 为砂土处于最密实状态时的孔隙比，称为最小孔隙比；e 为砂土的天然孔隙比。

从式(1-17)可以看出，当砂土的天然孔隙比接近于最小孔隙比时，相对密度 D_r 接近于1，表明砂土接近于最密实的状态；而当天然孔隙比接近于最大孔隙比时，则表明砂土处于最松散的状态，其相对密度接近于0。根据砂土的相对密度，可以将砂土划分为密实、中密、和松散三种密实度，如表1-5所示。

表 1-5 砂土的密实度

密实度	密实	中密	松散
相对密度	1.0～0.67	0.67～0.33	0.33～0

砂的相对密度是通过砂的最大干密度、最小干密度试验测定的。砂的最小干密度测定是将松散的风干砂样，通过长颈漏斗轻轻地倒入容器，求出最小干密度 $\rho_{d\min}$；砂的最大干密度是采用振动锤击法测定，求出最大干密度 $\rho_{d\max}$，$e_{\max}$、$e_{\min}$ 的计算公式为

$$\begin{cases} e_{\max} = \dfrac{\rho_w G_s}{\rho_{d\min}} - 1 \\ e_{\min} = \dfrac{\rho_w G_s}{\rho_{d\max}} - 1 \end{cases} \tag{1-18}$$

小贴士：

砂的最大干密度、最小干密度试验是在实验室进行的，用的试样为松散的风干砂样，是扰动土样；而天然孔隙比的确定必须现场取样，测定土的含水率、天然密度、比重三个指标，然后计算出天然孔隙比。

【例 1-2】 某砂土天然状态下的密度为 1.8g/cm^3，含水率为 20%，土的比重为 2.65，最大干密度 $\rho_{d\max} = 1.7\text{g/cm}^3$，最小干密度 $\rho_{d\min} = 1.42\text{g/cm}^3$。试求相对密度并判别密实度。

解 (1) 砂土的天然孔隙比 $e = \dfrac{G_s \rho_w (1+\omega)}{\rho} - 1 = \dfrac{2.65 \times 1 \times (1+0.20)}{1.8} - 1 = 0.767$。

(2) 最大孔隙比 $e_{\max} = \dfrac{\rho_w G_s}{\rho_{d\min}} - 1 = \dfrac{1 \times 2.65}{1.42} - 1 = 0.866$。

(3) 最小孔隙比 $e_{\min} = \dfrac{\rho_w G_s}{\rho_{d\max}} - 1 = \dfrac{1 \times 2.65}{1.7} - 1 = 0.559$。

(4) 相对密度 $D_r = \dfrac{e_{\max} - e}{e_{\max} - e_{\min}} = \dfrac{0.866 - 0.767}{0.866 - 0.559} = 0.322 < 0.33$。由此可知，该砂样处于松散状态。

3) 标准贯入试验法

虽然相对密度法从理论上能反映颗粒级配、颗粒形状等因素，但对于砂土很难取得原状样，故天然孔隙比不易测准，又鉴于 $e_{\max}$、$e_{\min}$ 的测定方法尚无统一标准，因此《建筑地基基础设计规范》(GB 50007—2011)用标准贯入试验锤击数 N 划分砂土的密实度。标准贯入试验是用标准的锤重(63.5kg)，以一定落距(76cm)自由下落，将一标准贯入器打入土中，记录贯入器入土 30cm 的锤击数 N。锤击数的大小反映了土层的密实程度，具体划分标准如表 1-6 所示。

表 1-6 砂土的密实度

密实度	松散	稍密	中密	密实
标准贯入击数 N	$N \leqslant 10$	$10 < N \leqslant 15$	$15 < N \leqslant 30$	$N > 30$

2. 碎石土的密实度

碎石土颗粒较粗，不易取得原状土样，也很难将贯入器打入土中。对这类土可在现场观察，根据土的骨架含量、排列、可挖性及可钻性综合鉴别。因此，可将碎石土分为密实、中密、稍密三种，如表 1-7 所示。

表 1-7 碎石土密实度野外鉴别方法

密 实 度	骨架颗粒含量与排列	可 挖 性	可 钻 性
密实	骨架颗粒含量大于总重的 70%，呈交错排列，连续接触	锹、镐挖掘困难，用撬棍方能松动；井壁一般较稳定	钻进极困难，冲击钻进时，钻杆、吊锤跳动剧烈；孔壁较稳定
中密	骨架颗粒含量等于总重的 60%～70%，呈交错排列，大部分接触	锹、镐可挖掘，井壁有掉块现象，从井壁上取出大颗粒后，能保持颗粒凹面形状	钻进较困难，冲击钻进时，钻杆、吊锤跳动不剧烈；孔壁有坍塌现象
稍密	骨架颗粒含量小于总重的 60%，排列混乱，大部分不接触	锹可以挖掘，井壁易坍塌；从井壁上取出大颗粒后，填充物砂土立即坍塌	钻进较容易，冲击钻进时，钻杆稍有跳动；孔壁易坍塌

1.5.2 黏性土的物理状态

1. 黏性土的状态

随着含水率的改变，黏性土将经历不同的物理状态。当含水率很大时，土是一种黏滞流动的液体，即泥浆，称为流动状态；随着含水率的逐渐减少，黏滞流动的特点渐渐消失而显示出塑性(注：塑性就是指可以塑成任何形状而不产生裂缝，并在外力解除以后能保持已有的形状而不恢复原状的性质)，称为可塑状态；当含水率继续减少时，土的可塑性逐渐消失，从可塑状态变为半固体状态；当含水率很小时，土的体积不再随含水率的减少而减小，这种状态称为固体状态。

2. 界限含水率

黏性土从一种状态变到另一种状态的含水率分界点称为界限含水率。土的界限含水率主要有液限、塑限和缩限三种，它对黏性土的分类和工程性质的评价有重要意义。

1) 液限

黏性土由可塑状态转到流动状态的界限含水率称为液限，测定方法主要有以下几种。

(1) 锥式液限仪。

锥式液限仪的平衡锥重 76g，锥尖顶角为 30°。试验时先将土样调制成均匀膏状，装入土杯内，刮平表面，放在底座上。平衡锥置于土样中心，在自重下沉入土中，5s 入土深度为 10mm 时的含水率即为液限。如果液限仪沉入土中时锥体刻度高于或低于土面，则表明土样的含水率低于或高于液限，此时应将土取出，加少量水或反复搅拌使土样水分蒸发再测试，直到锥尖入土深度达到 10mm 为止。

(2) 碟式液限仪。

美国、日本等国家采用碟式液限仪测定液限。将制备好的土样铺在铜碟前半部，用调土刀刮平表面，用切槽器在土中划开成 V 形槽，以 2r/s 的速度转动摇柄，使铜碟反复起落，

连续下落 25 次后，如土槽合拢长度为 13mm，这时试样的含水率就是液限。

(3) 液塑限联合测定仪。

为克服手动放锥误差大、土样反复操作等缺点，近年来采用电动放锥液塑限联合测定仪法来测定液限。试验时取具有代表性的试样，加不同数量的水，调成三种不同稠度状态的试样。一般情况下，三个试样含水率分别接近液限、塑限和两者之间。用 76g 的平衡锥分别测定三个试样的入土深度和相应的含水率，以含水率为横坐标，入土深度为纵坐标，绘于双对数纸上，将测得的三点连成直线，由含水率与圆锥下沉深度曲线上查出 10mm 对应的含水率即为液限 ω_L；2mm 对应的含水率即为塑限 ω_P。

小贴士：

做土的液、塑限试验时，不同规范对平衡锥的质量和入土深度有不同的规定。因此《建筑地基基础设计规范》(GB 50007—2011)规定，平衡锥的质量为 76g，液限有两种，分别为圆锥入土深度 10mm 液限、17 mm 液限；《公路桥涵地基基础设计规范》(JTG D63—2007)规定平衡锥的质量为 100g，圆锥入土深度 20mm 对应的含水率为液限，在实际工作中应区别对待。

2) 塑限

黏性土由半固态转到可塑状态的界限含水率称为塑限。其测定方法主要有以下几种。

(1) 搓条法。

取略高于塑限含水率的试样 8～10g，放在毛玻璃板上用手搓条，在缓慢的、单方向的搓动过程中土膏内的水分渐渐蒸发，如搓到土条的直径为 3mm 产生裂缝并开始断裂，则此时的含水率即为塑限 ω_P。

(2) 液塑限联合测定仪。

试验方法同液限测定方法。

3) 缩限

随着黏性土呈半固态不断蒸发水分，体积不断缩小，直到体积不再变化时土的界限含水率称为缩限。对于胀缩性比较大的膨胀土，应测定其缩限。其试验原理、试验步骤详见《土工试验方法标准》(GB/T 50123—1999)。

3. 塑性指数、液性指数

1) 塑性指数

可塑性是黏性土区别于砂土的重要特征。可塑性的大小用土处在塑性状态的含水率变化范围来衡量，从液限到塑限含水率的变化范围越大，土的可塑性越好，这个范围称为塑性指数 I_P。

$$I_P = \omega_L - \omega_P \tag{1-19}$$

塑性指数习惯上用不带%的数值来表示。塑性指数是黏性土最基本、最重要的物理指标之一，它综合反映了黏性土的物质组成，工程上常用它对黏性土进行分类。

2) 液性指数

液性指数 I_L 是表示天然含水率与界限含水率相对关系的指标，其表达式为

$$I_L = \frac{\omega - \omega_P}{\omega_L - \omega_P} \tag{1-20}$$

可塑状态的土的液性指数在 0～1 之间，液性指数越大，表示土越软；液性指数大于 1 的土处于流动状态，小于 0 的土则处于固体状态或半固体状态。

根据液性指数的大小，将黏性土分为坚硬、硬塑、可塑、软塑和流塑 5 种状态，如表 1-8 所示。

表 1-8　黏性土的状态

I_L 值	$I_L \leqslant 0$	$0 < I_L \leqslant 0.25$	$0.25 < I_L \leqslant 0.75$	$0.75 < I_L \leqslant 1.0$	$I_L > 1.0$
状态	坚硬	硬塑	可塑	软塑	流塑

1.5.3　黏性土的灵敏度和触变性

1. 灵敏度

天然状态下的黏性土通常具有一定的结构性，当受到外来因素的扰动时，土粒间的胶粒物质以及土粒、离子、水分子所组成的结构体系受到破坏，土的强度随之降低，压缩性增大。土的结构性对强度的影响一般用灵敏度来表示，表达式为

$$S_t = \frac{q_u}{q_u'} \tag{1-21}$$

式中：q_u 为原状土的无侧限抗压强度；q_u' 为重塑土的无侧限抗压强度(重塑试样具有与原状试样相同的尺寸、密度和含水量，但应破坏其结构)。

根据灵敏度可将饱和黏土分为低灵敏($S_t \leqslant 2$)、中灵敏($2 < S_t \leqslant 4$)、高灵敏($S_t > 4$)三类。土的灵敏度越高，其结构性越强，受扰动后土的强度降低越大。所以，在基础施工过程中，应注意保护基槽，防止雨水浸泡、暴晒和人为践踏，以免破坏土的结构及降低地基强度。

2. 触变性

饱和黏性土的结构受到扰动后，会导致土的强度降低，但当扰动停止后，土的强度又随时间逐渐增大，这种性质称为土的触变性。其原因在于，停止扰动后，黏性土中的土粒、离子、水分子体系随时间延长而逐渐形成新的平衡。例如，在黏性土中打桩时，桩侧土的结构受到破坏而强度降低，但停止施工后，土的强度逐渐恢复，桩的承载力逐渐增大。因此《建筑地基基础设计规范》(GB 50007—2011)规定：单桩竖向静载荷试验在预制桩打入黏性土时，开始试验的时间视土的强度恢复而定，一般不得少于 15d，对于饱和软黏土不得少于 25d。因此，应充分利用土的触变性，把握施工进度，这样既能保证施工质量，又可提高桩基承载力。

小贴士：

土的各种试验指标一般分为两类：一类是土的固有指标；另一类是土的非固有指标。这两类不同的试验指标，从试验取样、资料分析上都不尽相同，必须区别对待。

1. 固有指标

固有指标即土的指标是固定的，不随环境的变化而变化，可以采用扰动样进行试验，

如土的比重、液限、塑限、最大孔隙比、最小孔隙比、颗粒分析试验等。从理论上讲，这类土的指标，无论在哪个实验室做、在什么时间做、由谁来做，其试验结果都是不变的。误差主要来源于试验过程中仪器、人员操作等因素，属系统误差，是可以避免的。

2. 非固有指标

这类指标不是固定不变的，随环境因素的变化而改变，是动态的，如含水率、重度、压缩系数、压缩模量、渗透系数等，必须通过原状土样进行测定。在使用这些指标时，必须注意这些指标当时测定的环境和条件，如当时岩土工程勘察在旱季进行，地下水位较低，土的含水率、压缩系数偏小；随着雨季的到来，地下水位上升，这些指标会发生相应的变化。

特定地区、特定成因种类的土，通过大量的土工试验，可以建立起比重、液限、塑限等固有指标的经验值，可以大大减少工作量，使用方便；对于非固有指标，试图建立含水率、密度、压缩系数地区经验值的做法，在某些地区确实出现过，这是一个概念性的错误，应尽量避免这类错误。

1.6 土的工程分类

自然界中岩土种类繁多、工程性质各异，土的分类就是依据它们的工程性质和力学性能将土划分为一定类别，目的是便于认识和评价土的工程特性。

地基岩土的分类方法很多，我国不同行业根据其用途对土采用各自的分类方法。因此《建筑地基基础设计规范》(GB 50007—2011)将作为地基的岩土划分为岩石、碎石土、砂土、粉土、黏性土和人工填土六类。

1. 岩石

岩石是指颗粒间牢固连接，呈整体或具有节理裂隙的岩体。其坚硬程度根据岩块的饱和单轴抗压强度划分为坚硬岩、较硬岩、较软岩、软岩和极软岩五类，如表 1-9 所示。其完整程度划分为完整、较完整、较破碎、破碎和极破碎五类，如表 1-10 所示。

表 1-9 岩石坚硬程度的划分

坚硬程度类别	坚硬岩	较硬岩	较软岩	软岩	极软岩
饱和单轴抗压强度标准值 f_{rk} /MPa	$f_{rk} > 60$	$30 < f_{rk} \leqslant 60$	$15 < f_{rk} \leqslant 30$	$5 < f_{rk} \leqslant 15$	$f_{rk} \leqslant 5$

表 1-10 岩石完整程度的划分

完整程度类别	完整	较完整	较破碎	破碎	极破碎
完整性指数	>0.75	0.75~0.55	0.55~0.35	0.35~0.15	<0.15

注：完整性指数为岩体纵波波速与岩块纵波波速之比的平方。选定岩体、岩块测定波速时应有代表性。

当缺乏试验资料时，可在现场通过观察定性划分，划分标准如表 1-11 和表 1-12 所示。

表 1-11 岩石坚硬程度的定性划分

名 称		定性鉴别	代表性岩石
硬质岩	坚硬岩	锤击声清脆,有回弹,振手,难击碎;基本无吸水反应	未风化或微风化的花岗岩、闪长岩、辉绿岩、玄武岩、安山岩、片麻岩、石英岩、硅质砾岩、石英砂岩、硅质石灰岩等
硬质岩	较硬岩	锤击声较清脆,有轻微回弹,稍振手,较难击碎;有轻微吸水反应	(1) 微风化的坚硬岩; (2) 未风化或微风化的大理岩、板岩、石灰岩、钙质砂岩等
软质岩	较软岩	锤击声不清脆,无回弹,较易击碎;指甲可刻出印痕	(1) 中风化的坚硬岩和较硬岩; (2) 未风化或微风化的凝灰岩、千枚岩、砂质泥岩、泥灰岩等
软质岩	软岩	锤击声哑,无回弹,有凹痕,易击碎;浸水后可捏成团	(1) 强风化的坚硬岩和较硬岩; (2) 中风化的较软岩; (3) 未风化或微风化的泥质砂岩、泥岩等
极软岩		锤击声哑,无回弹,有较深凹痕,手可捏碎;浸水后可捏成团	(1) 风化的软岩; (2) 全风化的各种岩石; (3) 各种半成岩

注:岩石的风化程度可分为未风化、微风化、中风化、强风化和全风化五类。

表 1-12 岩石完整程度的定性划分

名 称	结构面组数	控制性结构面平均间距/m	代表性结构类型
完整	1~2	>1.0	整状结构
较完整	2~3	0.4~1.0	块状结构
较破碎	>3	0.2~04	镶嵌状结构
破碎	>3	<0.2	碎裂状结构
极破碎	无序	—	散体状结构

2. 碎石土

碎石土是指粒径大于 2 mm 的颗粒含量超过总质量 50%的土,按粒径和颗粒形状可进一步划分为漂石、块石、卵石、碎石、圆砾和角砾,具体划分如表 1-13 所示。

表 1-13 碎石土的分类

土的名称	颗粒形状	粒组含量
漂石	圆形及亚圆形为主	粒径大于 200mm 的颗粒超过总质量的 50%
块石	棱角形为主	
卵石	圆形及亚圆形为主	粒径大于 20mm 的颗粒超过总质量的 50%
碎石	棱角形为主	
圆砾	圆形及亚圆形为主	粒径大于 2mm 的颗粒超过总质量的 50%
角砾	棱角形为主	

注:分类时,应根据粒组含量栏从上到下以最先符合者确定。

3. 砂土

砂土是指粒径大于 2 mm 的颗粒含量不超过总质量的 50%，且粒径大于 0.075mm 的颗粒含量超过总质量的 50%的土。砂土可再划分为 5 个亚类，即砾砂、粗砂、中砂、细砂和粉砂，具体划分如表 1-14 所示。

表 1-14　砂土的分类

土的名称	粒组含量
砾砂	粒径大于 2mm 的颗粒占总质量的 25%~50%
粗砂	粒径大于 0.5mm 的颗粒超过总质量的 50%
中砂	粒径大于 0.25mm 的颗粒超过总质量的 50%
细砂	粒径大于 0.075mm 的颗粒超过总质量的 85%
粉砂	粒径大于 0.075mm 的颗粒超过总质量的 50%

注：分类时，应根据粒组含量栏从上到下以最先符合者确定。

4. 粉土

粉土是指粒径大于 0.075mm 的颗粒含量不超过总质量的 50%，且塑性指数不大于 10 的土。粉土是介于砂土和黏性土之间的过渡性土类，它具有砂土和黏性土的某些特征，根据黏粒含量可以将粉土再划分为砂质粉土和黏质粉土。

5. 黏性土

黏性土的工程性质与土的成因、年代的关系密切，不同成因和年代的黏性土，尽管其某些物理性质指标可能很接近，但工程性质可能相差悬殊，所以黏性土按沉积年代、塑性指数分类。

1) 按沉积年代分类

黏性土按沉积年代可分为老黏性土、一般黏性土和新近沉积黏性土。

(1) 老黏性土。第四纪晚更新世(Q_3)以前沉积的黏性土称为老黏性土。它是一种沉积年代久、工程性质较好的黏性土，一般具有较高的强度和较低的压缩性。

(2) 一般黏性土。第四纪晚更新世(Q_3)以后、全新世(Q_4)文化期以前沉积的黏性土称为一般黏性土。其分布面积最广，工程性质变化很大。

(3) 新近沉积黏性土。全新世(Q_4)文化期以后形成的土称为新近沉积黏性土。这种土属欠固结状态，一般强度较低，压缩性大，工程性质较差，属于不良地基。

2) 按塑性指数分类

根据塑性指数大小，黏性土可再划分为粉质黏土和黏土两个亚类，当 $10 < I_p \leqslant 17$ 时为粉质黏土，当 $I_p > 17$ 时为黏土。

6. 人工填土

人工填土是指人类活动而堆填的土，其物质成分复杂、均匀性差。根据物质组成和成因，填土分为素填土、压实填土、杂填土和冲填土。

素填土是由碎石土、砂土、粉土、黏性土等组成的填土，其中不含杂质或含杂质较少。

压实填土是经过压实或夯实的素填土。

杂填土是由建筑垃圾、工业垃圾和生活垃圾组成的填土。

冲填土是由水力冲填泥沙形成的填土。

人工填土按堆填的时间分为老填土和新填土。超过 10 年的黏性土或超过 5 年的粉土称为老填土，不超过 10 年的黏性土或不超过 5 年的粉土称为新填土。

7. 特殊性土

特殊性土是指淤泥、淤泥质土、红黏土、膨胀土和湿陷性黄土等，具体内容参见第 12 章。

小贴士：

在地基基础施工中，常按土开挖的难易程度对地基土进行分类。按照地基土开挖难易程度将土分为松软土、普通土、坚土、沙砾坚土、软石、次坚石、坚石、特坚硬石八类。松软土和普通土可直接用铁锹开挖，或用铲运机、推土机、挖掘机施工；坚土、沙砾坚土和软石要用镐、撬棍开挖，或预先松土，部分用爆破的方法施工；次坚石、坚石、特坚硬石一般要用爆破方法施工。不同类别的土，其密度、坚实系数不同，由低到高对应开挖难易程度大小，将影响到定额套用，最终影响到工程投资。

思考题与习题

1-1 土由哪几部分组成？土中水分为哪几类？其特征如何？对土的工程性质影响如何？

1-2 土的不均匀系数 C_u 及曲率系数 C_c 的定义是什么？如何从土的颗粒级配曲线形态、C_u 及 C_c 数值上评价土的工程性质？

1-3 说明土的天然重度 γ、饱和重度 γ_{sat}、浮重度 γ' 和干重度 γ_d 的物理概念和相互关系，并比较同一种土各重度数值的大小。

1-4 什么是土的结构？土的结构可分为哪几种？各是怎样形成的？

1-5 地基土分为哪几大类？划分各类土的依据是什么？

1-6 简述在野外对土样的可塑状态、潮湿状态、干强度、韧性、摇振等性质作简易鉴别的方法。

1-7 某土样颗粒分析结果如表 1-15 所示，试绘出颗粒级配曲线，确定该土的 C_u 和 C_c，定名并评价土的级配情况。

表 1-15　习题 1-7 中的土样颗粒分析结果表

粒径/mm	>2	2～0.5	0.5～0.25	0.25～0.075	0.075～0.005	<0.005
粒组含量/%	9	27	28	19	8	9

1-8 某砂土的颗粒级配曲线，$d_{10} = 0.07$mm，$d_{30} = 0.2$mm，$d_{60} = 0.45$mm，求不均匀系数和曲率系数，并判别土的级配。

1-9　某土样湿土重 120g，烘干至恒重为 100g，土粒比重 G_s =2.74，天然重度 γ =18kN/m^3，求土的 6 个推算指标。

1-10　用体积为 72cm^3 的环刀取得某原状土样重 132g，烘干后土重 122g，G_s =2.72。试计算该土样的 ω、e、S_r、γ、γ_{sat}、γ'、γ_d，并比较各重度的大小。

1-11　某土样处于完全饱和状态，土粒比重为 2.68，含水率为 32.0%。试求该土样的孔隙比 e 和重度 γ。

1-12　某完全饱和的土样，经测得其含水率 ω =30%，土粒比重 G_s =2.72。试求该土的孔隙比 e、密度 ρ 和干密度 ρ_d。

1-13　某干砂试样密度 ρ =1.66g / cm^3，土粒比重 G_s =2.69，置于雨中，若砂样体积不变，饱和度增至 40% 时，此砂在雨中的含水率 ω 为多少？

1-14　某原状土，ω =32%，ω_L =30%，ω_P =18%。试确定土的名称与物理状态。

1-15　某土样土工试验成果如下：大于 0.075mm 累加含量为 40%，ω_L =27%，ω_P =19%，ω =22%，G_s =2.7，γ =18kN/m^3。试确定土的名称及状态。

第 2 章　土的击实性及渗透性

【学习要点及目标】

◆ 学会土的击实试验方法，绘制击实曲线，确定最优含水率和最大干密度。

◆ 掌握黏性土、无黏性土的击实机理。

◆ 掌握达西定律的含义、适用范围。

◆ 掌握渗透系数测定方法。

◆ 了解影响土的渗透性的因素。

◆ 了解各种渗透变形破坏的类型。

◆ 掌握渗透力的计算公式。

【核心概念】

最优含水率、最大干密度、渗透系数、渗透力、流土、管涌、临界水力坡降等。

【引导案例】

在填土工程中，为了提高填土的强度、增加土的密实度、减小压缩性和渗透性，一般都要经过压实，需要确定土的最优含水率和最大干密度，以指导施工；为了计算地基的渗漏量，防止发生渗透变形破坏，需要确定土的渗透系数。本章主要介绍土的击实性和渗透性等内容。

2.1 土的击实性

在工程建设中，常用土料填筑土堤、土坝、路基和地基等，为了提高填土的强度，增加土的密实度，减小压缩性和渗透性，一般都要经过压实。压实的方法很多，可归结为碾压、夯实和振动三类。大量的实践证明，在对黏性土进行压实时，土太湿或太干都不能被较好压实，只有当含水率控制为某一适宜值时，压实效果才能达到最佳。黏性土在一定的压实功能下达到的最密实的含水率称为最优含水率，用 ω_{op} 表示；与其对应的干密度则称为最大干密度，用 ρ_{dmax} 表示。因此，为了既经济又可靠地对土体进行碾压或夯实，必须要研究土的这种压实特性，即土的击实性。

2.1.1 击实试验

室内击实试验是把某一含水率的试样分三层放入击实筒内，每放一层用击实锤击打至一定击数，对每一层土所做的击实功为锤体重量、锤体落距和击打次数三者的乘积，将土层分层击实至满筒后(试验时，使击实土稍超出筒高，然后将多余部分削去)，测定击实后土的含水率和湿密度，计算出干密度。用同样的方法将 5 个以上不同含水率的土样击实，每一土样均可得到击实后的含水率与干密度，以含水率为横坐标、干密度为纵坐标绘出这些数据点，连接各点绘出的曲线，即为土的击实曲线，如图 2-1 所示。

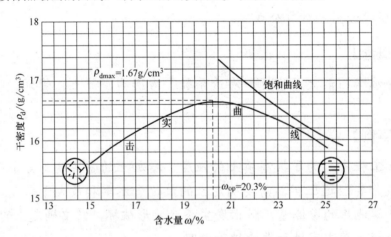

图 2-1 土的击实曲线

2.1.2 黏性土的击实特性

由图 2-1 可知，当含水率较低时，土的干密度较小，随着含水率的增加，土的干密度也逐渐增大，表明压实效果逐步提高；当含水率超过某一限量 ω_{op} 时，干密度则随着含水率的增大而减小，即压密效果下降。这说明土的压实效果随着含水率而变化，并在击实曲线上出现一个峰值，与这个峰值对应的含水率就是最优含水率。据研究，黏性土的最优含水率与塑限有关，大致为 $\omega_{op} = \omega_p \pm 2\%$。

小贴士：

对于大型工程或重要工程，土的最优含水率应根据击实试验确定，对于小型工程或者粗估土的最优含水率时，可根据经验判别，用八个字描述即"手握成团、落地开花"，将一把土握在手中能成团，摔在地上散开，基本上为土的最优含水率。

黏性土的击实机理：当含水率较小时，土中水主要是强结合水，土粒周围的水膜很薄，颗粒间具有很大的分子引力，阻止颗粒移动，受到外力作用时不易改变原来位置，因此压实就比较困难。当含水率适当增大时，土中结合水膜变厚，土粒间的连接力减弱而使土粒易于移动，压实效果就变好。但当含水率继续增大时，土中水膜变厚，以致土中出现了自由水，击实时由于土样受力时间较短，孔隙中过多的水分不易立即排出，势必阻止土粒的靠拢，所以击实效果下降。

2.1.3　无黏性土的击实特性

无黏性土颗粒较粗，颗粒之间没有或只有很小的黏聚力，不具有可塑性，多呈单粒结构，压缩性小、透水性高、抗剪强度较大，且含水率的变化对它的性质影响不显著。因此，无黏性土的击实特性与黏性土相比有显著差异。

用无黏性土的击实试验数据绘出的击实曲线如图 2-2 所示。由图可以看出，在风干和饱和状态下，击实都能得出较好的效果。其机理是在这两种状态时不存在假黏聚力。在这两种状态之间时，受假黏聚力的影响，击实效果最差。

工程实践证明，对于无黏性土的压实，应该有一定静荷载与动荷载联合作用，才能达到较好的压实度。所以，对于不同性质的无黏性土，振动碾是最为理想的压实工具。

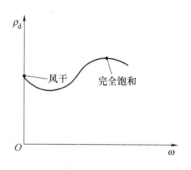

图 2-2　无黏性土的击实曲线

2.1.4　影响土的击实效果的因素

影响土的击实效果的因素有很多，但最重要的是含水率、击实功能和土的性质。

1. 含水率

由前可知，土太湿或太干都不能被较好压实，只有当含水率控制为某一适宜值即最优含水率时，土才能得到充分压实，得到土的最大干密度。实践表明，当压实土达到最大干密度时，其强度并非最大，当含水率小于最优含水率时，土的抗剪强度均比最优含水率时高，但将其浸水饱和后，则强度损失很大，只有在最优含水率时浸水饱和后的强度损失最小，压实土的稳定性最好。

2. 击实功能

夯击的击实功能与夯锤的质量、落高、夯击次数等有关。碾压的压实功能则与碾压机具的质量、接触面积、碾压遍数等有关。对于同一土料，击实功能小，则所能达到的最大干密度也小；击实功能大，所能达到的最大干密度也大。而最优含水率正好相反，即击实功能小，最优含水率大；击实功能大，则最优含水率小。但是应当指出，击实效果增大的幅度是随着击实功能的增大而降低的。企图单纯用增大击实功能的办法来提高土的干密度是不经济的。

3. 土粒级配和土的类别

在相同的击实功能条件下，级配不同的土，击实效果也不同。一般来说，粗粒含量多、级配良好的土，最大干密度较大，最优含水率较小。砂土的击实性与黏性土不同，一般在完全干燥或充分洒水饱和的状态下，容易击实到较大的干密度；而在潮湿状态下，由于毛细水的作用，填土不易击实。所以，粗粒土一般不做击实试验，在压实时，只要对其充分洒水使土料接近饱和，就可得到较大的干密度。

2.1.5　土的压实度

在工程实践中，常用土的压实度来直接控制填土的工程质量。压实度的定义是：工地压实时要求达到的干密度 ρ_d 与室内击实试验所得到的最大干密度 $\rho_{d\max}$ 的比值，即

$$\lambda = \frac{\rho_d}{\rho_{d\max}} \tag{2-1}$$

可见，λ 值越接近 1，表示对压实质量的要求越高。在建筑、公路等填方工程中，一般要求 $\lambda > 0.95$；对于一些次要工程，λ 值可适当取小些。

【例 2-1】 某土料场的土料为粉质黏土，天然含水率 $\omega = 21\%$，土粒比重 $G_s = 2.70$，室内标准击实试验得到最大干密度 $\rho_{d\max} = 1.85\text{g/cm}^3$。设计时取压实度 $\lambda = 0.95$，并要求压实后土的饱和度 $S_r \leqslant 90\%$，问土料的天然含水率是否适于填筑？碾压时土料应控制为多大的含水率？

解　(1) 求压实后土的孔隙体积。

填土的干密度 $\rho_d = \rho_{d\max}\lambda = 1.85 \times 0.95 = 1.76\text{g/cm}^3$，绘制土的三相图(见图 2-3)，并设 $V_s = 1\text{cm}^3$。

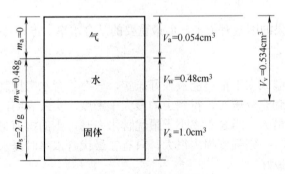

图 2-3　例 2-1 三相图

由 $G_s = \dfrac{m_s}{V_s \rho_w}$，得到 $m_s = G_s V_s \rho_w = 2.70 \times 1 \times 1 = 2.7 (\mathrm{g})$。

由 $\rho_d = \dfrac{m_s}{V}$，则 $V = \dfrac{m_s}{\rho_d} = \dfrac{2.7}{1.76} = 1.534\ (\mathrm{cm}^3)$，$V_v = V - V_s = 1.534 - 1 = 0.534 (\mathrm{cm}^3)$。

(2) 求压实时的含水率。

根据题意，按饱和度 $S_r = 0.9$ 控制含水率，则由 $S_r = \dfrac{V_w}{V_v}$，$V_w = S_r V_v = 0.9 \times 0.534 = 0.48 (\mathrm{cm}^3)$，$m_w = \rho_w V_w = 0.48\mathrm{g}$，得压实时的含水率为

$$\omega = \frac{m_w}{m_s} \times 100\% = \frac{0.48}{2.70} \times 100\% = 17.8\% < 21\%$$

即碾压时的含水率应控制在 18% 左右，而料场土料的含水率为 21%，高出 3%，不适于直接填筑，应进行翻晒处理。

2.2　土的渗透性

土是一种松散的固体颗粒集合体，土体内具有相互连通的孔隙。在水头差作用下，水会从水位高的一侧流向水位低的一侧，这种现象就是水在土体中的渗流现象，而土允许水透过的性能称为土的渗透性。

渗流将引起渗漏和渗透变形两方面的问题。渗漏造成水量损失，如挡水土坝的坝体和坝基的渗水、闸基的渗漏等，直接影响闸坝蓄水的工程效益；渗透变形将引起土体内部应力状态发生变化，从而改变其稳定条件，使土体产生变形破坏，甚至危及建筑物的安全稳定。例如，在 2003 年 7 月上海的地铁事故中，施工中的上海轨道交通 4 号线(浦东南路—南浦大桥)区间隧道浦西联络通道发生渗水，随后出现大量流沙涌入，引起地面大幅沉降，地面建筑物中山南路 847 号 8 层楼房发生倾斜，其主楼裙房部分倒塌；2004 年 1 月 21 日农历除夕，位于新疆生产建设兵团的八一水库发生了管涌事故，管涌直径超过 8m，估计流量为 80m³/s，事故受灾人口接近 2 万；在 1998 年的大洪水中，长江大堤的多处险情也都是由于渗流造成的。因此，工程中必须研究土的渗透性及渗流的运动规律，为工程的设计、施工提供必要的资料和依据。根据我国和其他国家的调查资料表明，由于渗流冲刷破坏失事的土坝高达 40%，而与渗流密切相关的滑坡破坏也占 15% 左右。由此可见，渗流对建筑物的影响作用很大。

2.2.1　达西定律

由于土体中孔隙的形状和大小极不规则，因而水在其中的渗透是一种十分复杂的水流现象。人们用与真实水流属于同一流体的、充满整个含水层(包括全部的孔隙和土颗粒所占据的空间)的假想水流代替在孔隙中流动的真实水流来研究水的渗透规律，这种假想水流具有以下性质。

(1) 它通过任意断面的流量与真实水流通过同一断面的流量相等。

(2) 它在某一断面上的水头应等于真实水流的水头(注：可将水头理解为以液柱高度表示的单位质量液体的机械能)。

(3) 它在土体体积内所受到的阻力应等于真实水流所受到的阻力。

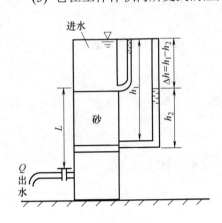

图 2-4 达西渗透试验装置

1856 年，法国工程师达西(Darcy)利用图 2-4 所示的试验装置对均质砂土进行了大量的试验研究，得出了层流条件下的渗透规律：水在土中的渗透速度与试样两端面间的水头损失成正比，而与渗径长度成反比，即

$$V = \frac{q}{A} = Ki = K\frac{\Delta h}{L} \qquad (2-2)$$

式中：V 为断面平均渗透流速(cm/s)；q 为单位时间的渗出水量(cm^3/s)；A 为垂直于渗流方向试样的截面积(cm^2)；K 为反映土的渗透性大小的比例常数，称为土的渗透系数(cm/s)；i 为水力梯度或水力坡降，表示沿渗流方向单位长度上的水头损失，无量纲；Δh 为试样上、下两断面间的水头损失(cm)；L 为渗径长度(cm)。

2.2.2 渗透系数的测定

渗透系数是反映土的透水性能强弱的一个重要指标，常用它来计算堤坝和地基的渗流量，分析堤防和基坑开挖边坡出逸点的渗透稳定，以及作为透水性能强弱的标准和选择坝体填筑土料的依据。渗透系数只能通过试验直接测定。试验可在实验室或现场进行。一般来说，现场试验比室内试验得到的结果要准确些。因此，对于重要工程常需进行现场测定。

实验室常用的方法有常水头法和变水头法，前者适用于粗粒土(砂质土)，后者适用于细粒土(黏质土和粉质土)。

1. 常水头法

常水头法是在整个试验过程中，使水头保持不变，其试验装置如图 2-4 所示。设试样的厚度即渗径长度为 L，截面积为 A，试验时的水头差为 Δh，这三者在试验前可以直接量出或控制。试验中只要用量筒和秒表测出在某一时段 t 内流经试样的水量 Q，即可求出该时段单位时间内通过土体的流量 q，将 q 代入达西公式(2-2)中，可得到土的渗透系数，即

$$K = \frac{QL}{A\Delta ht} \qquad (2-3)$$

2. 变水头法

黏性土由于渗透系数很小，流经试样的水量很少，难以直接准确量测，因此采用变水头法。此法是指在整个试验过程中，水头是随着时间而变化的，其试验装置如图 2-5 所示。试样的一端与玻璃管相连，在试验过程中测出某一时段 t 内($t=t_2-t_1$)细玻璃管中水位的变化，便可根据达西定律求出土的渗透系数，即

$$K = 2.3\frac{aL}{At}\lg\frac{h_1}{h_2} \qquad (2-4)$$

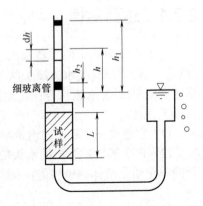

图 2-5 变水头法的试验装置

式中：a 为细玻璃管内部的截面积；h_1、h_2 为时刻 t_1、t_2 对应的水头差。

试验时只需测出某一时段 t 两端点对应的水位即可求出渗透系数。

3. 现场抽水试验

对于粗粒土或成层土，室内试验时不易取到原状样，或者土样不能反映天然土层的层次或土颗粒的排列情况，这时现场试验得到的渗透系数将比室内试验准确。具体的试验原理和方法参阅水文地质方面的有关书籍。

小贴士：

工程上经常会遇到成层土的渗透系数计算，需要计算水平向流动、垂直向流动的渗透系数。

1. 水平向流动

(1) 水流沿着水平方向流动，则水平向平均渗透系数为

$$K_{xm} = \frac{\sum\limits_{i=1}^{n} K_{xi} h_i}{\sum\limits_{i=1}^{n} h_i}$$

(2) 如果各土层的厚度大致相近，而渗透性却相差悬殊时，与层面平行的平均渗透系数 K_{xm} 将取决于最透水土层的厚度和渗透性，并可近似地表示为

$$K_{xm} = \frac{K'H'}{H}$$

式中：K'、H' 分别为最透水土层的渗透系数和厚度；H 为土层总厚度，$H = \sum\limits_{i=1}^{n} h_i$。

2. 垂直向流动

如水流沿着垂直方向流动，垂直向平均渗透系数为

$$K_{zm} = \frac{\sum\limits_{i=1}^{n} h_i}{\sum\limits_{i=1}^{n} \dfrac{h_i}{K_{zi}}}$$

与层面垂直的平均渗透系数 K_{zm} 将取决于最不透水土层的厚度和渗透性，并可近似地表示为

$$K_{zm} = \frac{K''H}{H''}$$

式中：K''、H'' 分别为最不透水土层的渗透系数和厚度。

成层土与层面平行的平均渗透系数 K_{xm} 总是大于与层面垂直的平均渗透系数 K_{zm}，K_{xm} 主要由透水性强的土层控制，K_{zm} 主要由透水性弱的土层控制。

2.2.3 影响土的渗透性的因素

影响土体渗透性的因素很多，主要有土的粒度成分及矿物成分、土的结构构造和土中气体等。

1. 土的粒度成分及矿物成分的影响

土的颗粒大小、形状及级配影响土中孔隙大小及其形状，因而影响土的渗透性。土粒

越细、越浑圆、越均匀时，渗透性就越大。砂土中含有较多粉土或黏性土颗粒时，其渗透性就会大大降低。土中含有亲水性较大的黏土矿物或有机质时，因为结合水膜厚度较厚，会阻塞土的孔隙，土的渗透性降低。土的渗透性还和水中交换阳离子的性质有关系。

2. 土的结构构造的影响

天然土层通常不是各向同性的，因此不同方向土的渗透性也不同。例如，黄土具有竖向大孔隙，所以竖向渗透系数要比水平向大得多。在黏性土中，如果夹有薄的粉砂层，它在水平方向的渗透系数要比竖向大得多。

3. 土中气体的影响

当土中孔隙存在密闭气泡时，会阻塞水的渗流，从而降低土的渗透性。这种密闭气泡有时是由于溶解于水中的气体分离出来而形成的，故水的含气量也影响土的渗透性。

4. 水的温度

水温对土的渗透性也有影响，水温越高，水的动力黏滞系数 η 越小，渗透系数 K 值越大。试验时某一温度下测定的渗透系数，应按式(2-5)换算为标准温度 20℃下的渗透系数，即

$$K_{20} = K_T \frac{\eta_T}{\eta_{20}} \tag{2-5}$$

式中：K_T、K_{20} 分别为 T℃和 20℃时土的渗透系数；η_T、η_{20} 分别为 T℃和 20℃时水的动力黏滞系数，见《土工试验方法标准》(GB/T 50123—1999)。

总之，对于粗粒土，主要因素是颗粒大小、级配、密度、孔隙比以及土中封闭气泡的存在；对于黏性土，则更为复杂。黏性土中所含矿物、有机质以及黏土颗粒的形状、排列方式等都影响其渗透性。几种土的渗透系数如表 2-1 所示。

表 2-1　不同土的渗透系数变化范围

土的类别	渗透系数 K		土的类别	渗透系数 K	
	m/d	cm/s		m/d	cm/s
黏土	<0.005	$<6×10^{-6}$	细　砂	1.0～5	$1×10^{-3}～6×10^{-3}$
粉质黏土	0.05～0.1	$6×10^{-6}～1×10^{-4}$	中　砂	5～20	$6×10^{-3}～2×10^{-2}$
粉土	0.1～0.5	$1×10^{-4}～6×10^{-4}$	粗　砂	20～50	$2×10^{-2}～6×10^{-2}$
黄土	0.25～0.5	$3×10^{-4}～6×10^{-4}$	圆　砾	50～100	$6×10^{-2}～1×10^{-1}$
粉砂	0.5～1.0	$6×10^{-4}～1×10^{-3}$	卵　石	100～500	$1×10^{-1}～6×10^{-1}$

【例 2-2】 变水头渗透试验的黏土试样的截面积 A 为 30cm²，厚度为 4cm，渗透仪细玻璃管的内径为 0.4cm，试验开始时的水头差为 165cm，经过时段 5min 25s 观察的水头差为 150cm，试验时的水温为 20℃，试求试样的渗透系数。

解　细玻璃管的截面积 $a = \dfrac{\pi d^2}{4} = \dfrac{3.14 × 0.4^2}{4} = 0.1256(cm^2)$，$A=30cm^2$，$L=4cm$，$t=5×60+25=325(s)$，$h_1=165cm$，$h_2=150cm$，将以上数据代入式(2-4)中，得

$$K = 2.3 \frac{aL}{At} \lg \frac{h_1}{h_2} = 2.3 × \frac{0.1256 × 4}{30 × 325} × \lg \frac{165}{150} = 4.91 × 10^{-6}(cm/s)$$

所以试样在 20℃时的渗透系数为 4.91×10^{-6} cm/s。

2.2.4　渗透力与渗透变形破坏

水在土体中的渗流将引起土体内部应力状态的变化，从而改变水工建筑物地基或土坝的稳定条件。因此，对于水工建筑物来讲，如何确保在有渗流作用时的稳定性是一个非常重要的课题。

渗流所引起的稳定问题一般可归结为两类。一类是土体的局部稳定问题。这是由渗透水流将土体中的细颗粒冲出、带走或局部土体产生移动，导致土体变形而引起的。因此，这类问题常称为渗透变形问题。此类问题如不及时加以纠正，同样会酿成整个建筑物的破坏。另一类是整体稳定问题。这是在渗流作用下，整个土体发生滑动或坍塌。土坝(堤)在水位降落时引起的滑动、雨后的山体滑坡、泥石流是这类破坏的典型案例。

1. 渗透力

由前面的渗流试验可知，水在土体中流动时会引起水头损失。这表明水在土中流动会引起能量的损失，这是由于水在土体孔隙中流动时，力图带动土颗粒而引起的能量消耗。根据作用力与反作用力，土颗粒阻碍水流流动，给水流以作用力，那么水流也必然给土颗粒以某种拖曳力，通常将渗透水流施加于单位土体内土粒上的拖曳力称为渗透力。

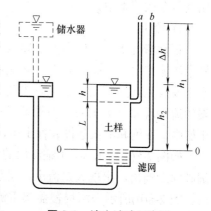

为了验证渗透力的存在，首先观察以下现象：
图 2-6 中圆筒形容器的滤网上装有均匀的砂土，其厚度为 L，面积为 A，土样两端各安装一测压管，其测压管水头相对于 0—0 基准面分别为 h_1、h_2。当 $h_1 = h_2$，即当左边的储水器如图中实线所示时，土中的水处于静止状态，无渗流发生。若将左边的储水器逐渐提升，使 $h_1 > h_2$，则由于水头差的存在，土中将产生向上的渗流。当储水器提升到某一高度时，可以看到砂面出现沸腾的现象，这种现象称为流土。

上述现象的发生，说明水在土体孔隙中流动时，确有促使土粒沿水流方向移动的拖曳力存在，这就是渗透力，以符号 j 表示。当两个测压管的水面高差为 Δh 时，

图 2-6　流土试验示意图

表示水从进口面流过 L 厚度的土样到流出水面时，必须克服整个土样内土粒骨架对水流的阻力。若以消耗的水头损失 Δh 表示其阻力，那么土粒骨架对水流的阻力应为 $F = \gamma_{\mathrm{w}} \Delta h A$。

由于土中渗流速度一般极小，流动水体的惯性力可以忽略不计，此时根据土粒骨架受力的平衡条件，渗流作用于土样的总渗透力 J 应和土样中土粒骨架对水流的阻力 F 大小相等而方向相反，即 $J = F = \gamma_{\mathrm{w}} \Delta h A$，而渗流作用于土骨架上单位体积的力，即渗透力为

$$j = \frac{J}{V} = \frac{\gamma_{\mathrm{w}} \Delta h A}{AL} = \gamma_{\mathrm{w}} \frac{\Delta h}{L} = \gamma_{\mathrm{w}} i \tag{2-6}$$

由式(2-6)可知，渗透力的大小与水力坡降成正比，其作用方向与渗流(或流线)方向一致，是一种体积力，常以 kN/m³ 计。

由上述分析可知，在有渗流的情况下，由于渗透力的存在，将使土体内部受力情况(包

括大小和方向)发生变化。一般来说，这种变化对土体的整体稳定是不利的。但是，对于渗流中的具体部位应作具体分析。由于渗透力的方向与渗流作用方向一致，它对土体的稳定性有很大的影响。

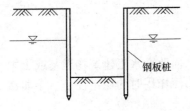

图 2-7　基坑支护板桩截水

如图 2-7 所示的基坑支护板桩，在两侧水头差的作用下，地下水从高处向低处流动，在土体内产生渗透力。在渗流进口处(基坑外)，渗流自上而下，渗透力与土重方向一致，渗透力起增大重力作用，对土体稳定有利；在渗流的逸出口(基坑内)，渗透力方向自下而上，与土重方向相反，渗透力起减轻土的有效重力的作用，土体极可能失去稳定，发生渗透破坏，这就是引起渗透变形的根本原因。渗透力越大，渗流对土体稳定性的影响就越大。因此，在闸坝地基、土坝和基坑开挖过程中，必须考虑渗透力的影响。

2. 渗透变形破坏形式

从前面对渗流的分析可知，地基或某些结构物(如土坝等)的土体中发生渗流后，土中的应力状态将发生变化，建筑物的稳定条件也将发生变化。由渗流作用而引起的变形破坏形式，根据土的颗粒级配和特性、水力条件、水流方向和地质情况等因素，通常包括流土、管涌、接触流失和接触冲刷四种形式。流土和管涌发生在同一土层中，接触流失和接触冲刷发生在成层土中。

1) 流土

正常情况下，土体中各个颗粒之间都是相互紧密结合的，并具有较强的制约力。但在向上渗流作用下，局部土体表面会隆起或颗粒群同时发生移动而流失，这种现象称为流土。它主要发生在地基或土坝下游渗流逸出处，而不发生于土体内部。基坑或渠道开挖时所出现的流沙现象是流土的一种常见形式，流土常发生在颗粒级配均匀的细砂、粉砂和粉土等土层中，在饱和的低塑性黏性土中，当受到扰动时也会发生流土。

如图 2-8(a)所示，由于细砂层的承压水作用，当基坑开挖至细砂层时，在渗透力作用下，细砂向上涌出，出现大量流土，引起房屋地基不均匀变形，上部结构开裂，影响了正常使用。图 2-8(b)所示为河堤覆盖层下流沙涌出的现象，由于覆盖层下有一强透水砂层，当堤内外水头差较大时，弱透水层薄弱处则被冲溃，大量砂土涌出，危及河堤的安全。

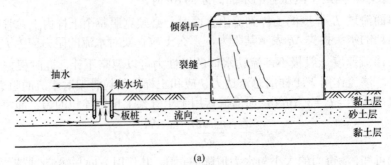

(a)

图 2-8　流土危害

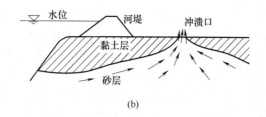

(b)

图 2-8 流土危害(续)

由流土的定义可知,流土多发生在向上的渗流情况下,而此时渗透力的方向与渗流方向一致。由受力分析可知,一旦 $j > \gamma'$,流土就会发生。而 $j = \gamma'$,土体处于流土的临界状态,此时的水力坡降定义为临界水力坡降,以 i_{cr} 表示。

竖直向上的渗透力 $j = \gamma_w i$,单位土体本身的有效重量 $\gamma' = \gamma_{sat} - \gamma_w$,当土体处于临界状态时, $j = \gamma'$,则由以上条件可得

$$i_{cr} = \frac{\gamma'}{\gamma_w} = \frac{\gamma_{sat} - \gamma_w}{\gamma_w} = \frac{\gamma_{sat}}{\gamma_w} - 1 \tag{2-7}$$

根据土的物理性质指标的关系,式(2-7)可表示为

$$i_{cr} = (G_s - 1)(1 - n) = \frac{G_s - 1}{1 + e} \tag{2-8}$$

流土一般发生在渗流的逸出处,因此,只要将渗流逸出处的水力坡降即逸出坡降 i 求出,就可判别流土的可能性:当 $i < i_{cr}$ 时,土处于稳定状态;当 $i = i_{cr}$ 时,土处于临界状态;当 $i > i_{cr}$,土处于流土状态。在设计时,为保证建筑物的安全,通常将逸出坡降限制在允许坡降 $[i]$ 之内,即

$$i < [i] = \frac{i_{cr}}{F_s} \tag{2-9}$$

式中: F_s 为安全系数,常取 1.5~2.0。

2) 管涌

在渗流力的作用下,土中的细颗粒在粗颗粒形成的孔隙中被移去并被带出,在土体内形成贯通的渗流管道,这种现象称为管涌。开始土体中的细颗粒沿渗流方向移动并不断流失,继而较粗颗粒发生移动,从而在土体内部形成管状通道,带走大量砂粒,最后堤坝被破坏。管涌发生的部位可以在渗流逸出处,也可以在土体内部。它主要发生在沙砾中,必须具备两个条件:一个条件是几何条件,土中粗颗粒所形成的孔隙必须大于细颗粒的直径,一般不均匀系数 $C_u > 10$ 的土才会发生管涌,这是必要条件;另一个条件是水力条件,渗流力大到能够带动细颗粒在粗颗粒形成的孔隙中运动,可用管涌的临界水力坡降来表示,它标志着土体中的细粒开始流失,表明水工建筑物或地基某处出现了薄弱环节。

3) 接触流失

渗流垂直于渗透系数相差较大的两层土的接触面流动时,把其中一层的颗粒带出,并通过另一层土孔隙冲走的现象称为接触流失。例如,土石坝黏性土的防渗体与保护层的接触面上发生黏性土的湿化崩解、剥离,从而在渗流作用下通过保护层的较大孔隙而发生接触流失。这是因为保护层的粒径与防渗体层的粒径相差悬殊,保护层的粒径很粗,则与防渗体土层接触处必然有孔径相当大的孔隙,孔隙下的土层不受压重作用,渗流进入这种孔隙时,剩余水头就会全部消失,于是在接触面上水力坡度加大,其结果就造成渗流破坏——接触流失。所

以土坝防渗体的土料、反滤层的土料以及坝壳的土料质量都必须满足工程技术要求。

4) 接触冲刷

渗流沿着两种不同介质的接触面流动时，把其中颗粒层的细粒带走，这种现象称为接触冲刷。这里所指的接触面，其方向是任意的。接触冲刷现象常发生在闸坝地下轮廓线与地基土的接触面上、管道与周围介质的接触面或刚性与柔性介质的界面上。

【例 2-3】在图 2-6 所示装置中，已知水头差为 15cm，试样长度为 30cm，试求试样所受的渗透力是多少？若已知试样的 $G_s = 2.75$，$e = 0.63$，试问该试样是否会发生流土现象？

解 水力坡降 $i = \dfrac{\Delta h}{L} = \dfrac{15}{30} = 0.5$，渗透力 $j = \gamma_w i = 10 \times 0.5 = 5.0\,(\text{kN/m}^3)$，由式(2-8)可得该试样的临界水力坡降 $i_{cr} = \dfrac{G_s - 1}{1 + e} = \dfrac{2.75 - 1}{1 + 0.63} = 1.07$，$i < i_{cr}$，所以试样不会发生流土现象。

思考题与习题

2-1 简述土的击实试验的原理，如何确定土的最优含水率？

2-2 简述影响土的压实因素。

2-3 什么叫压实系数？如何控制填土压实质量？

2-4 什么是达西定律？其表达式如何？它的适用条件是什么？

2-5 什么是土的渗透系数？影响土的渗透系数的因素是什么？

2-6 常水头和变水头渗透试验方法有何区别？各适用于什么情况？

2-7 渗透变形有哪些形式？各自有什么特征？

2-8 渗透变形的防治都有哪些工程措施？

2-9 什么叫渗透力？其大小、方向如何确定？

2-10 渗透力对土的稳定性有何影响？为什么说渗透力是体积力？

2-11 对某原状土样进行变水头试验，试样高 4cm，横截面面积为 30cm²，变水头管的内截面面积为 30cm²，试验开始时总水头差为 195cm，20min 后降至 185cm，水的温度为 15℃。求该土样的渗透系数 K_{20}。

2-12 对某细砂进行常水头渗透试验。土样的长度为 10cm，土样的横截面面积为 86cm²，水位差为 8.0cm，经测试在 120s 内渗透的水量为 300cm³，试验时水温为 15℃。试求水温为 20℃时该土的渗透系数 K_{20} 和渗透速度。

2-13 某试样长 30cm，其横截面面积为 103cm²，作用于试样两端的固定水头差为 90cm，此时通过试样流出的水量为 120cm³/min，问该试样的渗透系数是多少？

第3章 土中应力计算

【学习要点及目标】

◆ 了解土中应力计算目的、土中应力类型。

◆ 掌握竖向自重应力计算。

◆ 了解地下水位对自重应力的影响。

◆ 了解基底压力分布规律。

◆ 掌握中心受压、偏心受压基底压力计算。

◆ 掌握矩形基础均布荷载作用地基附加应力计算。

◆ 了解矩形基础三角形荷载作用地基附加应力计算。

◆ 掌握圆形基础均布荷载作用地基附加应力计算。

◆ 掌握条形基础均布荷载作用、三角形荷载作用地基附加应力计算。

【核心概念】

自重应力、基底压力、基底附加应力、地基附加应力等。

【引导案例】

建筑物的修建使地基土中原有的应力状态发生变化，从而引起地基变形，导致建筑物沉降、倾斜或水平位移。土中的应力分为自重应力、附加应力。本章主要介绍土的自重应力、基底压力、基底附加应力、地基附加应力的计算等内容。

3.1　概　　述

3.1.1　土中应力计算的目的及方法

　　建筑物的修建使地基土中原有的应力状态发生变化，从而引起地基变形，导致建筑物沉降、倾斜或水平位移。若变形过大，就会影响建筑物的安全和正常使用。另外，当土中应力过大时，会使土体因强度不够而发生破坏，甚至使土体发生滑动而丧失稳定性。为了使设计的建筑物既安全可靠又经济合理，就必须研究土体的变形、强度及稳定性问题，而不论是研究变形问题还是强度问题，都需要了解土中应力的分布情况。所以研究土中应力分布是土力学最基本的课题之一。

　　在计算土中应力时，一般假定地基为均匀的、连续的、各向同性的半无限线性变形体，采用弹性理论公式计算。严格地说，土是不连续的多相分散介质，不能按弹性理论进行计算，近年来许多学者用弹塑性理论来研究重大工程的土力学问题。但从实用角度来看，塑性分析极为烦琐，同时土的塑性理论也有待进一步完善。由于一般建筑物荷载作用下地基中应力的变化范围不太大，上述简化计算所引起的误差一般不会超过工程所许可的范围。

3.1.2　土中应力的类型

　　土中应力按引起的原因分为自重应力和附加应力两种，按土体中土骨架和土中孔隙(水、气)的应力承担作用原理或应力传递方式可分为有效应力和孔隙应(压)力。对于饱和土体，孔隙应力就是孔隙水应(压)力(简称孔压)。

　　由土骨架传递(或承担)的应力称为有效应力。它是通过土颗粒的接触点来传递的，故又称粒间应力。冠以"有效"二字的含义是，只有有效应力才能使土颗粒彼此挤紧，从而引起土体变形。同时有效应力增加，土体的强度也会增加。

　　由土孔隙中的水或气体传递(或承担)的应力称为孔隙应力。对于饱和土体，由于孔隙应力是通过土中孔隙水来传递的，属中性应力，因而它不会使土体产生变形，土体的强度也不会改变。孔隙应力还可分为静孔隙应力和超静孔隙应力。孔隙应力与有效应力之和称为总应力，保持总应力不变，有效应力和孔隙应力可以相互转化。

　　由土层本身重量产生的应力称为自重应力。自重应力是指土骨架承担的由土体自重引起的有效应力部分，这里省略了"有效"二字。

　　由外荷(静的或动的)在土层中引起的应力称为附加应力。广义上讲，在土体原有应力之外新增加的应力都可以称为附加应力，它是使土体产生变形和强度变化的主要外因。

　　在土力学中，规定压应力为正、拉应力为负。

3.2　土的自重应力

3.2.1　竖向自重应力

在计算土中自重应力时，假设天然地面为一无限大的水平面，因而任一竖直面均可视为对称面，对称面上的剪应力均为零。由剪应力互等定理可知，任意水平面上的剪应力也等于零。因此，竖直面和水平面上只有正应力(为主应力)存在，竖直面和水平面均为主应面。

1. 均质土的自重应力

设地基中某单元体离地面的距离为 z，土的重度为 γ，则单元体上竖直向自重应力等于单位面积上的土柱有效重量，即

$$\sigma_{cz} = \frac{W}{A} = \frac{\gamma V}{A} = \frac{\gamma z A}{A} = \gamma z \tag{3-1}$$

式中：σ_{cz} 为自重应力(kPa)；γ 为土的重度(kN/m^3)；z 为计算点距地表的距离(m)。

土的天然重度引起的自重应力 σ_{cz} 等于土的重度 γ 与深度 z 的乘积。所以，自重应力随深度 z 线性增加，呈三角形分布，如图 3-1 所示。

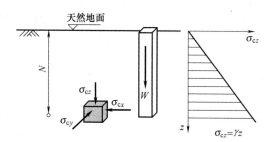

图 3-1　均质土的自重应力

2. 成层土的自重应力

若地基是由几种不同重度的土层组成时，设各土层的厚度为 h_i，重度为 γ_i，如图 3-2 所示，则任意深度 z 处的自重应力为

$$\sigma_{cz} = \gamma_1 h_1 + \gamma_2 h_2 + \gamma_3 h_3 + \cdots + \gamma_n h_n = \sum_{i=1}^{n} \gamma_i h_i \tag{3-2}$$

式中：n 为地基中土的层数；γ_i 为第 i 层土的重度(kN/m^3)；h_i 为第 i 层土的厚度(m)。

3. 地下水对土中的自重应力影响

1) 存在地下水的情况

自重应力是指有效应力，若计算点在地下水位以下，由于水对土体有浮力作用，则水下部分土柱的有效重量应采用土的浮重度 γ'。由于地下水面处上、下的重度不同，因此地下水面处是自重应力分布线的转折点，如图 3-2 所示。

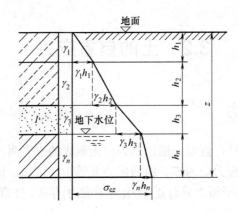

图 3-2　成层土的自重应力

2) 地下水位的升降情况

对于形成年代已久的天然土层，在自重应力作用下的变形早已稳定。但当地下水位发生下降或土层为新近沉积或地面有大面积人工填土时，土中的自重应力会增大(见图 3-3)，这时应考虑土体在自重应力增量作用下的变形。

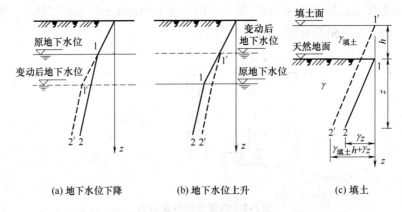

(a) 地下水位下降　　　　(b) 地下水位上升　　　　(c) 填土

图 3-3　由于填土或地下水位升降引起自重应力的变化

(虚线表示变化后的自重应力；实线表示变化前的自重应力)

引起地下水位下降的原因主要是城市过量开采地下水及基坑开挖降水，其直接后果是导致地面下沉。地下水位下降后，新增加的自重应力将使土体本身产生压缩变形。由于这部分自重应力的影响深度很大，故所造成的地面沉降往往是很可观的。我国相当一部分城市由于过量开采地下水，出现了地表大面积沉降、地面塌陷等严重问题。在进行基坑开挖时，如降水过深、时间过长，则常引起坑外地表下沉，从而导致邻近建筑物开裂、倾斜。要解决这一问题，可在坑外设置端部进入不透水层或弱透水层、平面上呈封闭状的截水帷幕或地下连续墙(防渗墙)，将坑内外的地下水分隔开。此外，还可以在邻近建筑物的基坑一侧设置回灌沟或回灌井，通过水的回灌来维持相邻建筑物下方的地下水位不变。

地下水位上升也会带来一些不良影响。例如，在人工抬高蓄水水位(如筑坝蓄水等)的地区，滑坡现象常增多；在基础工程完工之前，如基坑降水工作停止而使地下水位回升，则可能导致基坑边坡坍塌，或使新浇筑的强度尚低的基础底板断裂；一些轻型地下结构(如水池等)可能因水位上升而上浮，并带来新的问题。

小贴士：

在地下水位以下进行土的竖向自重应力计算时，对于土的重度的取值，工程上有以下两种做法。

(1) 无论各土层的透水性如何，地下水位以下的重度都采用有效重度。这种假设对于砂土、砾石土等无黏性土，土中的水都是自由水，产生浮力，因而采用有效重度计算是合理的；而对于不透水层(如岩层或只含结合水的坚硬黏土层)，由于不透水层中不存在水的浮力，显然不合理；对于黏性土(粉质黏土、粉土)，并不是完全不透水的，土中除了结合水以外，还含有一定数量的自由水，也就是说，水能够自由进入土中，产生一定的浮力，浮力大小介于两者之间。由于计算的竖向自重应力偏小(采用有效重度)，对于地基沉降量计算、地基承载力计算是偏于安全的；对于土压力计算，偏于不安全。

(2) 对于不透水层以下的自重应力，按上覆土层的水、土总重计算，即采用土的天然重度，同时加上不透水层以上的水压力，这样在不透水层面上自重应力发生突变，使不透水层面上具有两个自重应力值。

由于土压力计算时，已经根据土的类型分别采用了"水土分算""水土合算"方法(详见第 6 章)，从安全角度来讲，笔者倾向于第一种方法，即无论各土层的透水性如何，地下水位以下的重度都采用有效重度。

3.2.2　水平自重应力

地基中除有作用于水平面上的竖向自重应力外，在竖直面上还有作用于水平向的侧向自重应力。在地面以下深度 z 处，由土的自重而产生的水平向应力，其大小等于该点土的自重应力与土的侧压力系数 K_0 的乘积，即

$$\sigma_{cx} = \sigma_{cy} = K_0 \sigma_{cz} \tag{3-3}$$

土的静止侧压力系数 K_0 是指土体在无侧向变形条件下，水平向有效应力与垂直向有效应力的比值。土质不同，静止侧压力系数也不同，具体数值可由试验测定。

【例 3-1】某地基土层的剖面图和资料如图 3-4(a)所示。试计算并绘制竖向自重应力沿深度的分布曲线。

解　(1) ▽41.0m 高程处(地下水位处)：

$$\sigma_{cz} = \gamma_1 h_1 = 17.0 \times (44.0 - 41.0) = 51.0(\text{kPa})$$

(2) ▽40.0m 高程处：

$$\sigma_{cz} = \gamma_1 h_1 + \gamma_2 h_2 = 51.0 + (19.0 - 9.8) \times (41.0 - 40.0) = 60.2(\text{kPa})$$

(3) ▽38.0m 高程处：

$$\sigma_{cz} = \gamma_1 h_1 + \gamma_2 h_2 + \gamma_3 h_3 = 60.2 + (18.5 - 9.8) \times (40.0 - 38.0) = 77.6(\text{kPa})$$

(4) ▽35.0m 高程处：

$$\sigma_{cz} = \gamma_1 h_1 + \gamma_2 h_2 + \gamma_3 h_3 + \gamma_4 h_4 = 77.6 + (20.0 - 9.8) \times (38.0 - 35.0) = 108.2(\text{kPa})$$

自重应力 σ_{cz} 沿深度的分布如图 3-4(b)所示。

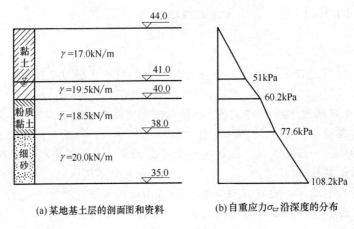

(a) 某地基土层的剖面图和资料   (b) 自重应力σ_{cz}沿深度的分布

图 3-4   例 3-1 图

3.3   基底压力与基底附加应力

建筑物荷载通过基础传递给地基,在基础底面与地基之间便产生了接触压力,简称基底压力。它既是基础作用于地基表面的力,也是地基对于基础的反作用力。为了计算上部荷载在地基土层中引起的附加应力,应首先研究基底压力的大小与分布情况。

3.3.1   基底压力

1. 基底压力分布

要精确确定基底压力数值大小与分布形态是十分困难的。首先基础与地基不是一种材料、一个整体,两者的刚度相差很大,变形不能协调。此外,它还与基础的刚度、平面形状、尺寸大小和埋置深度等有关,与作用在基础上的荷载性质、大小和分布情况以及地基土的性质等众多因素有关。

柔性基础(如土堤、土坝、路基及薄板基础等)的基础刚度很小,如同放在地上的柔软薄膜,在垂直荷载作用下没有抵抗弯曲变形的能力,基础随着地基一起变形。因此,柔性基础的接触应力与其上荷载分布情况一样。特别地,当中心受压时,基底接触压力为均匀分布,如图 3-5 所示。

刚性基础(如块式整体基础、桥墩、桥台等)本身的刚度远远超过地基的刚度。地基与基础的变形必须协调一致,故在中心荷载作用下地基表面各点的竖向变形值相同,由此决定了基底接触压力的分布是不均匀的。理论和实践证明,通常中心受压时刚性基础下的接触压力为马鞍形分布,随着上部荷载的增大,位于基础边缘部分的土中将产生塑性变形区,边缘压力不再增大,而中间部分压力可继续增加,压力图形逐渐转变为抛物线形。当荷载接近地基的破坏荷载时,压力图形由抛物线形转变为中部突出的钟形,如图 3-6 所示。

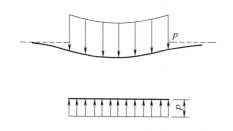

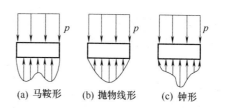

(a) 马鞍形　(b) 抛物线形　(c) 钟形

图 3-5　刚性很小的基础基底压力分布情况　　图 3-6　刚性基础基底压力分布情况

2. 基底压力的简化计算

在工程实际中，当基础尺寸较小(如柱下单独基础、墙下条形基础等)时，基底压力可近似按直线分布，采用材料力学公式简化计算。这虽然与实际情况不一致，但是基础一般都具有较大的刚度(与上部的梁板比较)，除受地基承载力的限制外，再加上基础有一定的埋深，基底压力分布大多呈马鞍形，其发展趋向于均匀分布，因此实用上可近似地认为基底压力按直线规律变化。而对于较复杂的基础，如柱下条形基础、筏板基础和箱形基础，基底压力的细微变化往往对基础内力和结构计算有明显的影响，因此一般需要考虑上部结构和基础的刚度以及地基土力学性质的影响，采用弹性地基上梁板理论方法计算。下面只介绍简化计算方法。

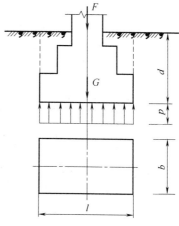

图 3-7　矩形基础中心荷载下基底压力分布

1) 中心荷载作用

(1) 矩形基础。

如图 3-7 所示，若基础为矩形基础(l/b<10)，其长度为 l，宽度为 b，其上作用竖直中心荷载，其所受荷载的合力通过基底形心。基底压力假定为均匀分布，此时基底平均压力设计值按式(3-4)计算，即

$$p = \frac{F+G}{A} \tag{3-4}$$

式中：F 为上部结构传至基础顶面的竖向力(kN)；G 为基础自重及其上的土重(kN)，$G = \gamma_G A d$，其中 γ_G 为基础及回填土的平均重度，一般取 20kN/m³，地下水位以下部分应扣除 10kN/m³ 的浮力；d 为基础埋深(m)，一般从室外设计地面或室内外平均设计地面算起；A 为基底面积(m²)，对矩形基础 $A = l \times b$，其中 l 和 b 分别为矩形基底的长度(m)和宽度(m)。

(2) 条形基础。

若基础为条形基础($l/b \geqslant 10$)，则在长度方向截取单位长进行计算，此时基底压力为

$$p = \frac{F+G}{b} \tag{3-5}$$

式中：F、G 为每延米内的相应值(kN/m)。

2) 偏心荷载作用

当基础受竖向偏心荷载作用时，可按材料力学偏心受压公式计算基底压力。

(1) 矩形基础。

对于承受偏心荷载的基础,假定基底压力为直线变化——梯形或三角形变化。工程实际中,常按单向偏心受压荷载设计,即令荷载合力作用于矩形基础底面的一个主轴上,通常基底的长边方向取与偏心方向一致,代入材料力学偏心受压公式得基底两边缘最大、最小压力 p_{max}、p_{min} 为

$$p_{min}^{max} = \frac{F+G}{A} \pm \frac{M}{W} = \frac{F+G}{A}\left(1 \pm \frac{6e}{l}\right) \tag{3-6}$$

式中:M 为作用于基础底面的力矩值(kN·m),$M=(F+G)e$;e 为荷载偏心距(m);W 为基础底面的抵抗矩(m^3),对矩形基础 $W=bl^2/6$。

由式(3-6)可知,按荷载偏心距 e 的大小,基底压力的分布可能出现下述三种情况。

① 当 $e<l/6$ 时,$p_{min} > 0$,基底压力呈梯形分布,如图 3-8(a)所示。

② 当 $e=l/6$ 时,$p_{min} = 0$,基底压力呈三角形分布,如图 3-8(b)所示。

③ 当 $e>l/6$ 时,$p_{min} < 0$,即产生拉应力,如图 3-8(c)所示。

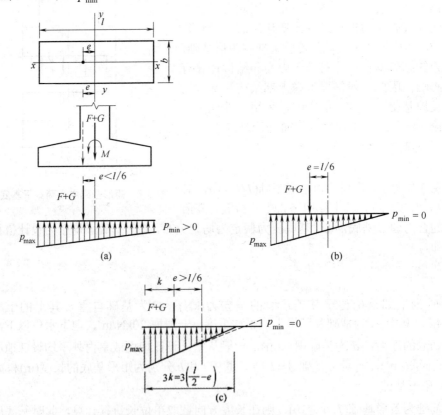

图 3-8 偏心受压基底压力分布

实际上,由于基础与地基之间不能承受拉应力,此时基础底面将部分和地基土脱离,基底实际的压力分布如图 3-8(c)所示。在这种情况下,基底三角形压力的合力(通过三角形形心)必定与外荷载 $F+G$ 大小相等、方向相反而互相平衡,由此得出边缘最大压应力 p_{max} 的计算公式为

$$p_{\max} = \frac{2(F+G)}{3bk} \tag{3-7}$$

式中：k 为偏心荷载作用点至最大压应力 $p_{\min}$ 作用边缘的距离(m)，$k = \frac{l}{2} - e$。

(2) 条形基础。

条形基础垂直于长度方向的各个截面都相同，荷载也相同，则各个截面中基底压力和它引起的附加应力也一样。沿长度取 1m 进行计算，偏心方向与基础宽度一致，则偏心荷载合力沿基底宽度两端所引起的基底压力为

$$p_{\min}^{\max} = \frac{F+G}{b}\left(1 \pm \frac{6e}{b}\right) \tag{3-8}$$

实际应用中，土坝、挡土墙等其基础长度往往比宽度大若干倍，故常按条形基础进行计算。

3) 水平荷载作用

对于承受水压力和土压力的建筑物的基础，常常受到倾斜荷载的作用，如图 3-9 所示。倾斜荷载除了会引起竖直向基底压力 p_v 外，还会引起水平向应力 p_h。计算时，可将倾斜荷载 F 分解为竖直向荷载 F_v 和水平荷载 F_h，由 F_h 引起的基底水平应力 p_h 一般假定为均匀分布于整个基础底面，则对于矩形基础有

$$p_h = \frac{F_h}{A} = \frac{F_h}{bl} \tag{3-9}$$

对于条形基础，取 $l = 1$m，则有

$$p_h = \frac{F_h}{b} \tag{3-10}$$

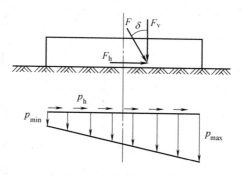

图 3-9　偏心斜向荷载作用下基底压力的分布

3.3.2　基底附加应力

在建筑物建造之前，土中早已存在着自重应力。一般天然土层形成年代已久，在本身自重应力作用下的变形早已稳定。因此，从建筑物建造后的基底压力中扣除基底标高处原有土的自重应力后，才是基底平面处新增加的压力，即基底附加压(应)力(见图 3-10)。它将在地基中引起附加应力，使地基产生变形。

当基底压力受中心荷载且均匀分布时，基底附加压力表达式为

$$p_0 = p - \sigma_{cd} = p - \gamma_0 d \tag{3-11}$$

式中：p 为基底平均压力(kPa)；σ_{cd} 为基底处土的自重应力(kPa)；γ_0 为基底标高以上天然土层的加权平均重度(kN/m³)，$\gamma_0 = \sigma_{cd}/d = (\gamma_1 h_1 + \gamma_2 h_2 + \cdots + \gamma_n h_n)/d$，其中地下水位下的重度取有效重度；$d$ 为基础埋深(m)，一般从天然地面算起，对于新填土场地则应从老天然地面算起。

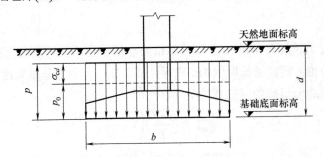

图 3-10　基底平均附加压力

当基础受偏心荷载作用时，基底压力为梯形分布，基底附加压力的表达式为

$$p_0 = p_{\min}^{\max} - \gamma_0 d \tag{3-12}$$

由此可知，基础埋置深度越大，则基底附加压力越小。基底附加压力越小，则由它引起的地基附加应力越小。因而，加大基础埋置深度是减小附加压力和土体变形的工程措施之一，但也会带来许多工程问题，应经过技术、经济比较后才能确定。

【例 3-2】 某基础尺寸为 20m×10m 的整体基础，其上作用有 24000kN 的荷载。①没有偏心，求基底压力为多大？ ②偏心在基础长边方向，合力偏心距为 0.5m，求基底最大、最小压力各为多少？

解 ①没有偏心，由于基础埋深为 0，则中心荷载作用下基底压力为 $p = \dfrac{F}{A} = \dfrac{24000}{20 \times 10} =$

120(kPa)。

② 合力偏心距 $e = 0.5\text{m}$ 时，则基底压力 $p_{\min}^{\max} = \dfrac{F+G}{A}\left(1 \pm \dfrac{6e}{l}\right) = \dfrac{24000}{20 \times 10} \times \left(1 \pm \dfrac{6 \times 0.5}{20}\right)$

$= \dfrac{138}{102}(\text{kPa})$。

小贴士：

　　在地基基础的各项设计中，经常要用到基底压力、地基反力、基底附加应力、地基净反力等概念，必须加以区分。

　　1. 基底压力与地基反力

　　基底压力与地基反力是一对作用力与反作用力，两者大小相同、方向相反，基底压力与地基反力皆用符号 p 表示。基底压力作用在地基上、方向向下，在沉降量、基础尺寸设计、地基承载力验算时要用到基底压力；而地基反力是作用在基础上、方向向上，在基础设计上用到地基反力。

　　2. 基底附加应力 p_0 与地基净反力 p_j

　　地基附加应力是基底压力扣除基底处的自重应力的净压力，它作用在地基上、方向向下，引起地基附加应力。以中心受压为例，基底附加应力大小为

$$p_0 = p - \gamma_0 d = \frac{F+G}{A} - \gamma_0 d = \frac{F}{A} + (\gamma_G - \gamma_0)d$$

由于基底附加应力 p_0 主要用于计算地基中的附加应力，进而计算地基沉降量，所以上式中 F 用准永久荷载组合。

由于自重产生的均布压力与相应的地基反力相抵消，地基净反力 p_j 是底板仅受到上部结构传来的荷载引起的，它作用在基础上，方向向上，对基础产生弯矩、剪力等内力。以中心受压为例，地基净反力由下式计算，即

$$p_j = p - \gamma_G d = \frac{F+G}{A} - \gamma_G d = \frac{F}{A}$$

地基净反力主要用于基础内力、配筋计算，上式中 F 用基本荷载组合，两者并不相等。

可见基底附加应力 p_0 与地基净反力 p_j 并不相等，由于准永久荷载值远比基本荷载值小，所以地基净反力一般比基底附加应力大。

3.4   地基中的附加应力

地基附加应力是指外荷载作用下地基中增加的应力，常见的外荷载有建筑物荷重等，建筑物荷重通过基础传递给地基。当基础底面积是圆形或矩形时，求解地基附加应力属于空间问题(其应力是 x、y、z 的函数)；当基础底面积是长条形时，常将其近似为平面问题(其应力是 x、z 的函数)，坝、挡土墙等大多属于条形基础。

对一般天然土层，由自重应力引起的压缩变形已经趋于稳定，不会再引起地基的沉降，地基中的附加应力是地基发生变形、引起建筑物沉降的主要原因。

目前求解地基中的附加应力时，一般假定地基土是连续均质、各向同性的完全弹性体，然后根据弹性力学理论的基本公式进行求解。由于建筑物的基础总是有限的，并且基底的形状各异，受力情况不同，因此作用于地基上的荷载必然是具有不同形状和不同分布形式的局部荷载，这种荷载所引起的地基附加应力要比均匀分布荷载的情况复杂得多。

3.4.1   集中荷载作用下的地基附加应力

在地基表面作用有竖向集中荷载 P 时，在地基内任意一点 $M(x, y, z)$ 的应力分量及位移分量由法国数学家布辛奈斯克(J. Boussinesq)在 1885 年用弹性理论求解得出(见图 3-11)，其中应力分量为

$$\sigma_z = \frac{3P}{2\pi} \cdot \frac{z^3}{R^5} = \frac{3P}{2\pi z^2} \frac{1}{\left[1 + \left(\dfrac{r}{z}\right)^2\right]^{\frac{5}{2}}} = \alpha \frac{P}{z^2} \tag{3-13}$$

$$\alpha = \frac{3}{2\pi \left[1 + \left(\dfrac{r}{z}\right)^2\right]^{\frac{5}{2}}}$$

式中：P 为作用于坐标原点的集中力(kN)；R 为计算点 M 至集中力 P 作用点的距离(m)，$R = \sqrt{x^2 + y^2 + z^2}$；$\alpha$ 为附加应力系数，是(r/z)的函数，可由公式计算或查表 3-1 得到。

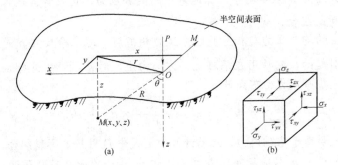

图 3-11　竖向集中荷载作用下的附加应力

表 3-1　集中荷载作用下半无限体内垂直附加应力系数 α

r/z	α	r/z	α	r/z	α	r/z	α	r/z	α
0	0.4775	0.50	0.2733	1.00	0.0844	1.50	0.0251	2.00	0.0085
0.05	0.4745	0.55	0.2466	1.05	0.0744	1.55	0.0224	2.20	0.0058
0.10	0.4657	0.60	0.2214	1.10	0.0658	1.60	0.0200	2.40	0.0040
0.15	0.4516	0.65	0.1978	1.15	0.0581	1.65	0.0179	2.60	0.0029
0.20	0.4329	0.70	0.1762	1.20	0.0513	1.70	0.0160	2.80	0.0021
0.25	0.4103	0.75	0.1565	1.25	0.0454	1.75	0.0144	3.00	0.0015
0.30	0.3849	0.80	0.1386	1.30	0.0402	1.80	0.0129	3.50	0.0007
0.35	0.3577	0.85	0.1226	1.35	0.0357	1.85	0.0116	4.00	0.0004
0.40	0.3294	0.90	0.1083	1.40	0.0317	1.90	0.0105	4.50	0.0002
0.45	0.3011	0.95	0.0956	1.45	0.0282	1.95	0.0095	5.00	0.0001

由式(3-13)可知，竖向集中荷载产生的附加应力 σ_z 在地基中分布存在以下规律：①在集中力作用线上，σ_z 随深度的增加而减小；②在同一深度水平面上，在荷载轴线上的附加应力最大，向两侧逐渐减少；③距地面越深，附加应力分布在水平方向上的影响范围越广。

3.4.2　矩形基础地基附加应力

矩形基础通常是指$l/b<10$ 的基础，矩形基础下地基中任一点的附加应力与该点对 x、y、z 三轴的位置有关，故属空间问题。

1. 竖向均布荷载

地基表面有一矩形面积，宽度为 b，长度为 l，其上作用竖向均布荷载，荷载强度为 p_0，求地基内各点的附加应力 σ_z。求解方法是，先求出矩形面积的角点下附加应力，再利用"角点法"求出任意点下的附加应力。

1) 角点下的附加应力

角点下的附加应力是指图 3-12 中 O、A、C、D 四个角点下任意深度处的附加应力。只要深度 z 一样，则四个角点下的附加应力 σ_z 都相同。将坐标的原点选在角点 O 上，在荷载面积内任取微分面积 $dA = dxdy$，并将其上作用的荷载以集中力 dA 代替，则 $dP = p_0 dxdy$。利用式(3-13)即可求出该集中力在角点 O 以下深度 z 处 M 点所引起的竖直向附加应力

d σ_z ，即

$$d\sigma_z = \frac{3dP}{2\pi} \cdot \frac{z^3}{R^5} = \frac{3P}{2\pi} \cdot \frac{z^3}{(x^2+y^2+z^2)^{5/2}} dxdy \qquad (3\text{-}14)$$

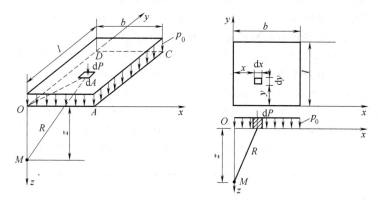

图 3-12　矩形面积均布荷载作用时角点下的附加应力

将式(3-14)沿整个矩形面积 $OACD$ 积分，即可得出矩形面积上均布荷载 p_0 在 M 点引起的附加应力 σ_z ，即

$$\sigma_z = \alpha_c p_0 \qquad (3\text{-}15)$$

式中： α_c 为矩形竖直向均布荷载角点下的应力分布系数， $\alpha_c = f(m, n)$ ，可从表 3-2 中查得，其中 $m = \dfrac{l}{b}$ ， $n = \dfrac{z}{b}$ 。

表 3-2　矩形面积受竖直均布荷载作用时角点下的应力系数 α_c

$n=z/b$	$m=l/b$										
	1.0	1.2	1.4	1.6	1.8	2.0	3.0	4.0	5.0	6.0	10.0
0.0	0.2500	0.2500	0.2500	0.2500	0.2500	0.2500	0.2500	0.2500	0.2500	0.2500	0.2500
0.2	0.2486	0.2489	0.2490	0.2491	0.2491	0.2491	0.2492	0.2492	0.2492	0.2492	0.2492
0.4	0.2401	0.2420	0.2429	0.2434	0.2437	0.2439	0.2442	0.2443	0.2443	0.2443	0.2443
0.6	0.229	0.2275	0.2300	0.2351	0.2324	0.2329	0.2339	0.2341	0.2342	0.2342	0.2342
0.8	0.1999	0.2075	0.2120	0.2147	0.2165	0.2176	0.2196	0.2200	0.2202	0.2202	0.2202
1.0	0.1752	0.1851	0.1911	0.1955	0.1981	0.1999	0.2034	0.2042	0.2044	0.2045	0.2046
1.2	0.1516	0.1626	0.1705	0.1758	0.1793	0.1818	0.1870	0.1882	0.1885	0.1887	0.1888
1.4	0.1308	0.1423	0.1508	0.1569	0.1613	0.1644	0.1712	0.1730	0.1735	0.1738	0.1740
1.6	0.1123	0.1241	0.1329	0.1436	0.1445	0.1482	0.1567	0.1590	0.1598	0.1601	0.1604
1.8	0.0969	0.1083	0.1172	0.1241	0.1294	0.1334	0.1434	0.1463	0.1474	0.1478	0.1482
2.0	0.0840	0.0947	0.1034	0.1103	0.1158	0.1202	0.1314	0.1350	0.1363	0.1368	0.1374
2.2	0.0732	0.0832	0.0917	0.0984	0.1039	0.1084	0.1205	0.1248	0.1264	0.1271	0.1277
2.4	0.0642	0.0734	0.0812	0.0879	0.0934	0.0979	0.1108	0.1156	0.1175	0.1184	0.1192
2.6	0.0566	0.0651	0.0725	0.0788	0.0842	0.0887	0.1020	0.1073	0.1095	0.1106	0.1116
2.8	0.0502	0.0580	0.0649	0.0709	0.0761	0.0805	0.0942	0.0999	0.1024	0.1036	0.1048
3.0	0.0447	0.0519	0.0583	0.0640	0.0690	0.0732	0.0870	0.0931	0.0959	0.0973	0.0987
3.2	0.0401	0.0467	0.0526	0.0580	0.0627	0.0668	0.0806	0.0870	0.0900	0.0916	0.0933
3.4	0.0361	0.0421	0.0477	0.0527	0.0571	0.0611	0.0747	0.0814	0.0847	0.0864	0.0882
3.6	0.0326	0.0382	0.0433	0.0480	0.0523	0.0561	0.0694	0.0763	0.0799	0.0816	0.0837

n=z/b	m=l/b										
	1.0	1.2	1.4	1.6	1.8	2.0	3.0	4.0	5.0	6.0	10.0
3.8	0.0296	0.0348	0.0395	0.0439	0.0479	0.0516	0.0645	0.0717	0.0753	0.0773	0.0796
4.0	0.0270	0.0318	0.0362	0.0403	0.0441	0.0474	0.0603	0.0674	0.0712	0.0733	0.0758
4.4	0.0227	0.0268	0.0306	0.0343	0.0376	0.0407	0.0527	0.0597	0.0639	0.0662	0.0696
4.8	0.0193	0.0229	0.0262	0.0294	0.0324	0.0352	0.0463	0.0533	0.0576	0.0601	0.0635
5.0	0.0179	0.0212	0.0243	0.0274	0.0302	0.0328	0.0435	0.0504	0.0547	0.0573	0.0610
6.0	0.0127	0.0151	0.0174	0.0196	0.0218	0.0233	0.0325	0.0388	0.0431	0.0460	0.0506
7.0	0.0094	0.0112	0.0130	0.0147	0.0164	0.0180	0.0251	0.0306	0.0346	0.0376	0.0428
8.0	0.0073	0.0087	0.0101	0.0114	0.0127	0.0140	0.0198	0.0246	0.0283	0.0311	0.0367
9.0	0.0058	0.0069	0.0080	0.0091	0.0102	0.0112	0.0161	0.0202	0.0235	0.0262	0.0319
10.0	0.0047	0.0056	0.0065	0.0074	0.0083	0.0092	0.0132	0.0167	0.0198	0.0222	0.0280

2) 任意点的附加应力——角点法

实际计算中，常会遇到均布荷载计算点不是位于矩形荷载面角点之下的情况，这时可以通过作辅助线把荷载分成若干个矩形面积，计算点必须正好位于这些矩形面积的公共角点之下，利用应力叠加原理，求出地基中每个矩形角点下同一深度 z 处的附加应力 σ_z 值，这种附加应力的计算方法称为"角点法"。角点法的应用可以分为以下四种情况。

第一种情况：如图 3-13(a)所示，计算点 o 在荷载面内，o 点为 4 个小矩形的公共角点，则 o 点下任意 z 深度处的附加应力 σ_z 为

$$\sigma_z = (\alpha_{cI} + \alpha_{cII} + \alpha_{cIII} + \alpha_{cIV})p_0 \tag{3-16}$$

第二种情况：如图 3-13(b)所示，计算点 o 在荷载面边缘，o 点为两个小矩形的公共角点，则 o 点下任意 z 深度处的附加应力 σ_z 为

$$\sigma_z = (\alpha_{cI} + \alpha_{cII})p_0 \tag{3-17}$$

第三种情况：如图 3-13(c)所示，计算点 o 在荷载边缘外侧，o 点为 4 个小矩形的公共角点，则 o 点下任意 z 深度处的附加应力 σ_z 为

$$\sigma_z = (\alpha_{cI} + \alpha_{cIII} - \alpha_{cII} - \alpha_{cIV})p_0 \tag{3-18}$$

第四种情况：如图 3-13(d)所示，计算点 o 在荷载面角点外侧，o 点为 4 个小矩形的公共角点，则 o 点下任意 z 深度处的附加应力 σ_z 为

$$\sigma_z = (\alpha_{cI} - \alpha_{cII} - \alpha_{cIII} + \alpha_{cIV})p_0 \tag{3-19}$$

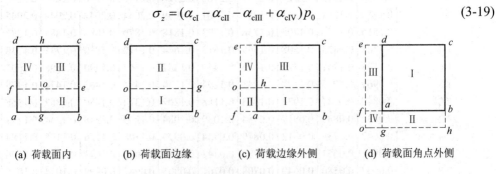

| (a) 荷载面内 | (b) 荷载面边缘 | (c) 荷载边缘外侧 | (d) 荷载面角点外侧 |

图 3-13 角点法计算均布矩形荷载下的地基附加应力

【例 3-3】今有均布荷载 p_0=100kPa，荷载面积为 2m×1m，如图 3-14 所示，求荷载面积上角点 A、边点 E、中心点 O 以及荷载面积外 F 点和 G 点等各点下 z =1m 深度处的附加

应力。

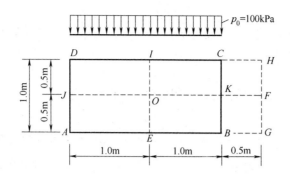

图 3-14　例 3-3 图

解　(1) 求 A 点下的附加应力。

A 点是矩形 $ABCD$ 的角点，且 $m=\dfrac{l}{b}=\dfrac{2}{1}=2$，$n=\dfrac{z}{b}=\dfrac{1}{1}=1$，查表 3-2 得 α_c =0.1999，故

$\sigma_{zA}=\alpha_c p_0=0.1999\times100=20\,(\text{kPa})$。

(2) 求 E 点下的附加应力。

通过 E 点将矩形荷载面积划分为两个相等的矩形，即 $EADI$ 和 $EBCI$。

求 $EADI$ 的角点应力系数 α_c：$m=\dfrac{l}{b}=\dfrac{1}{1}=1$，$n=\dfrac{z}{b}=\dfrac{1}{1}=1$，查表 3-2 得 α_c =0.1752，故

$\sigma_{zE}=2\alpha_c p_0=2\times0.1752\times100=35\,(\text{kPa})$。

(3) 求 O 点下的附加应力。

通过 O 点将原矩形面积分为 4 个相等的矩形，即 $OEAJ$、$OJDI$、$OICK$ 和 $OKBE$。

求 $OEAJ$ 角点的附加应力系数 α_c：$m=\dfrac{l}{b}=\dfrac{1}{0.5}=2$，$n=\dfrac{z}{b}=\dfrac{1}{0.5}=2$，查表 3-2 得

α_c =0.1202，故 $\sigma_{zO}=4\alpha_c p_0=4\times0.1202\times100=48.1\,(\text{kPa})$。

(4) 求 F 点下的附加应力。

过 F 点作矩形 $FGAJ$、$FJDH$、$FGBK$ 和 $FKCH$。假设 α_{cI} 为矩形 $FGAJ$ 和 $FJDH$ 的角点

应力系数；α_{cII} 为矩形 $FGBK$ 和 $FKCH$ 的角点应力系数。

求 α_{cI}：$m=\dfrac{l}{b}=\dfrac{2.5}{0.5}=5$，$n=\dfrac{z}{b}=\dfrac{1}{0.5}=2$，查表 3-2 得 α_{cI} =0.1363。

求 α_{cII}：$m=\dfrac{l}{b}=\dfrac{0.5}{0.5}=1$，$n=\dfrac{z}{b}=\dfrac{1}{0.5}=2$，查表 3-2 得 α_{cII} =0.0840，故 $\sigma_{zF}=2\times(0.1363$

$-0.0840)\times100=10.5\,(\text{kPa})$。

(5) 求 G 点下的附加应力。

通过 G 点作矩形 $GADH$ 和 $GBCH$，分别求出它们的角点应力系数 α_{cI} 和 α_{cII}。

求 α_{cI}：$m=\dfrac{l}{b}=\dfrac{2.5}{1}=2.5$，$n=\dfrac{z}{b}=\dfrac{1}{1}=1$，查表 3-2 得 α_{cI} =0.2016。

求 α_{cII}：$m=\dfrac{l}{b}=\dfrac{1}{0.5}=2$，$n=\dfrac{z}{b}=\dfrac{1}{0.5}=2$，查表 3-2 得 α_{cII} =0.1202，故 $\sigma_{zG}=(0.2016-0.1202)$

$\times100=8.1\,(\text{kPa})$。

2. 三角形荷载

设竖直荷载在矩形面积上沿着 x 轴方向呈三角形分布,而沿 y 轴均匀分布,荷载的最大值为 p_t,如图 3-15 所示。

1) 荷载零点端

对于零角点下任意深度处的 σ_z,可用式(3-20)求得,即

$$\sigma_z = \alpha_t p_t \tag{3-20}$$

式中:α_t 为条形基底受三角形分布荷载作用时的竖向附加应力分布系数,可以从表 3-3 中由 $m = \dfrac{l}{b}$、$n = \dfrac{z}{b}$ 查得。必须注意的是,原点 O 取在荷载强度为零侧的端点上,以荷载强度增大方向为 x 正方向。

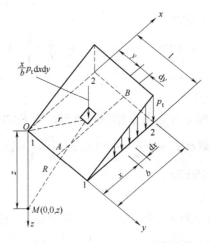

图 3-15 矩形基础受三角形分布荷载作用下的附加应力

表 3-3 矩形面积上竖直三角形分布荷载作用下的附加压力系数 α_t

z/b	l/b									
	0.4	0.8	1.0	1.4	1.8	2.0	4.0	6.0	8.0	10
0.0	0.0000	0.0000	0.0000	0.0000	0.0000	0.0000	0.0000	0.0000	0.0000	0.0000
0.2	0.0280	0.0301	0.0304	0.0305	0.0306	0.0306	0.0306	0.0306	0.0306	0.0306
0.4	0.0420	0.0517	0.0531	0.0543	0.0546	0.0547	0.0549	0.0549	0.0549	0.0549
0.6	0.0448	0.0621	0.0654	0.0684	0.0694	0.0696	0.0702	0.0702	0.0702	0.0702
0.8	0.0421	0.0637	0.0688	0.0739	0.0759	0.0764	0.0776	0.0776	0.0776	0.0776
1.0	0.0375	0.0602	0.0666	0.0735	0.0766	0.0774	0.0794	0.0795	0.0796	0.0796
1.2	0.0324	0.0546	0.0615	0.0698	0.0738	0.0749	0.0779	0.0782	0.0783	0.0783
1.4	0.0278	0.0483	0.0554	0.0644	0.0692	0.0707	0.0748	0.0752	0.0752	0.0753
1.6	0.0238	0.0424	0.0492	0.0586	0.0639	0.0656	0.0708	0.0714	0.0715	0.0715
1.8	0.0204	0.0371	0.0435	0.0528	0.0585	0.0604	0.0666	0.0673	0.0675	0.0675
2.0	0.0176	0.0324	0.0384	0.0474	0.0533	0.0553	0.0624	0.0634	0.0636	0.0636
2.5	0.0125	0.0236	0.0284	0.0362	0.0419	0.0440	0.0529	0.0543	0.0547	0.0548
3.0	0.0092	0.0176	0.0214	0.0280	0.0331	0.0352	0.0449	0.0469	0.0474	0.0476
5.0	0.0036	0.0071	0.0088	0.0120	0.0148	0.0161	0.0248	0.0253	0.0296	0.0301
7.0	0.0019	0.0038	0.0047	0.0064	0.0081	0.0089	0.0152	0.0186	0.0204	0.0212
10.0	0.0009	0.0019	0.0023	0.0033	0.0041	0.0046	0.0084	0.0111	0.0123	0.0139

2) 三角形最大荷载端

在三角形荷载的最大端，任意深度处的 σ_z 可用式(3-21)求得，即

$$\sigma_z = (\alpha_c - \alpha_t)p_t \tag{3-21}$$

其他各点处的附加应力可以将基础分块，然后将荷载分解为均布荷载或三角形荷载进行叠加。

3. 梯形荷载

工程中经常遇到梯形竖直荷载情况，可将梯形竖直荷载分解为三角形分布荷载和均布荷载，分别计算地基中同一点的 σ_z，然后叠加，即为地基中任意点的附加应力 σ_z。

4. 水平均布荷载

如图 3-16 所示，地基表面作用有水平的集中力 P_h 时，地基中任意点 $M(x, y, z)$ 所产生的附加应力可表示为

$$\sigma_z = \mp\alpha_h P_h \tag{3-22}$$

式中：b、l 分别为平行、垂直于水平荷载的矩形面积边长；α_h 为矩形面积承受水平均布荷载作用时角点下的附加应力系数，可由 $m = \dfrac{l}{b}$、$n = \dfrac{z}{b}$ 查表 3-4 得到，且规定 b 为平行于水平荷载作用方向的边长，l 为垂直于水平荷载作用方向的边长。

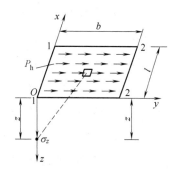

图 3-16 矩形基础作用水平均布荷载时角点下的附加应力

表 3-4 矩形面积受水平均布荷载作用时角点下的附加应力系数 α_h 值

$n=z/b$	$m=l/b$										
	1.0	1.2	1.4	1.6	1.8	2.0	3.0	4.0	6.0	8.0	10.0
0.0	0.1592	0.1592	0.1592	0.1592	0.1592	0.1592	0.1592	0.1592	0.1592	0.1592	0.1592
0.2	0.1518	0.1523	0.1526	0.1528	0.1529	0.1529	0.1530	0.1530	0.1530	0.1530	0.1530
0.4	0.1328	0.1347	0.1356	0.1362	0.1365	0.1367	0.1371	0.1372	0.1372	0.1372	0.1372
0.6	0.1091	0.1121	0.1139	0.1150	0.1156	0.1160	0.1168	0.1169	0.1170	0.1170	0.1170
0.8	0.0861	0.0900	0.0924	0.0939	0.0948	0.0955	0.0967	0.0969	0.0970	0.0970	0.0970
1.0	0.0666	0.0708	0.0735	0.0753	0.0766	0.0774	0.0790	0.0794	0.0795	0.0796	0.0796
1.2	0.0512	0.0553	0.0582	0.0601	0.0615	0.0624	0.0645	0.0650	0.0652	0.0652	0.0652
1.4	0.0395	0.0433	0.0460	0.0480	0.0494	0.0505	0.0528	0.0534	0.0537	0.0537	0.0538
1.6	0.0308	0.0341	0.0366	0.0385	0.0400	0.0410	0.0436	0.0443	0.0446	0.0447	0.0447
1.8	0.0242	0.0270	0.0293	0.0311	0.0325	0.0336	0.0362	0.0370	0.0374	0.0375	0.0375
2.0	0.0192	0.0217	0.0237	0.0253	0.0266	0.0277	0.0303	0.0312	0.0317	0.0318	0.0318
2.5	0.0113	0.0130	0.0145	0.0157	0.0167	0.0176	0.0202	0.0211	0.0217	0.0219	0.0219
3.0	0.0070	0.0083	0.0093	0.0102	0.0110	0.0117	0.0140	0.0150	0.0156	0.0158	0.0159
5.0	0.0018	0.0021	0.0024	0.0027	0.0030	0.0032	0.0043	0.0050	0.0057	0.0059	0.0060
7.0	0.0007	0.0008	0.0009	0.0010	0.0012	0.0013	0.0018	0.0022	0.0027	0.0029	0.0030
10.0	0.0002	0.0003	0.0003	0.0004	0.0004	0.0005	0.0007	0.008	0.0011	0.0013	0.0014

式(3-22)中，当计算点在水平均布荷载作用方向的终止端以下时取"+"号，当计算点在水平均布荷载作用方向的起始端以下时取"−"号。当计算点在荷载面积范围内(或外)任意位置时，同样可以利用"角点法"和叠加原理进行计算。

3.4.3　圆形基础竖向均布荷载

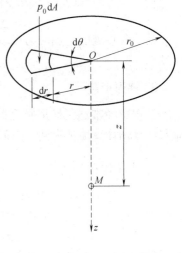

如图 3-17 所示，半径为 r_0 的圆形荷载面积上作用着垂直均布荷载 p_0。

荷载面中心点下任意深度 z 处的 σ_z 按式(3-23)计算，即

$$\sigma_z = \alpha_0 p_0 \qquad (3\text{-}23)$$

垂直均布圆形荷载周边下的附加应力为

$$\sigma_z = \alpha_r p_0 \qquad (3\text{-}24)$$

图 3-17　圆形基础均布荷载中心点下的附加应力

式中：α_0 为均布圆形荷载中心点下的附加应力系数；α_r 为均布圆形荷载周边下的附加应力系数。α_0、α_r 均为 z/r_0 的函数，由表 3-5 查得。

表 3-5　均布圆形荷载中心点及圆周边下的附加应力系数 α_0、α_r

z/r_0	系　数		z/r_0	系　数		z/r_0	系　数	
	α_0	α_r		α_0	α_r		α_0	α_r
0.0	1.000	0.500	1.6	0.390	0.243	3.2	0.130	0.108
0.1	0.999	0.494	1.7	0.360	0.230	3.3	0.124	0.103
0.2	0.992	0.467	1.8	0.332	0.218	3.4	0.117	0.098
0.3	0.976	0.451	1.9	0.307	0.207	3.5	0.111	0.094
0.4	0.949	0.435	2.0	0.285	0.196	3.6	0.106	0.090
0.5	0.911	0.417	2.1	0.264	0.186	3.7	0.101	0.086
0.6	0.864	0.400	2.2	0.245	0.176	3.8	0.096	0.083
0.7	0.811	0.383	2.3	0.229	0.167	3.9	0.091	0.079
0.8	0.756	0.366	2.4	0.210	0.159	4.0	0.087	0.076
0.9	0.701	0.349	2.5	0.200	0.151	4.2	0.079	0.070
1.0	0.647	0.332	2.6	0.187	0.144	4.4	0.073	0.065
1.1	0.595	0.316	2.7	0.175	0.137	4.6	0.067	0.060
1.2	0.547	0.300	2.8	0.165	0.130	4.8	0.062	0.056
1.3	0.502	0.285	2.9	0.155	0.124	5.0	0.057	0.052
1.4	0.461	0.270	3.0	0.146	0.118	6.0	0.040	0.038
1.5	0.424	0.256	3.1	0.138	0.113	10.0	0.015	0.014

3.4.4　条形基础地基附加应力

条形荷载是指承载面积宽度为 b、长度 l 为无穷大，且荷载沿长度不变(沿宽度 b 可任意变化)，则地基中在垂直于长度方向各个截面的附加应力分布规律均相同，与长度无关。显然，在条形荷载作用下，地基内附加应力仅为坐标 x、z 的函数，而与坐标 y 无关。这种问题在工程上称为平面问题。在实际工程中，当基础的长宽比 $l/b \geqslant 10$(水利工程中 $l/b \geqslant 5$)时，可按条形基础计算地基中的附加应力，如建筑房屋墙的基础、道路的路堤或水坝等构筑物地基中的附加应力计算均属于平面问题。

1. 竖向均布荷载

如图 3-18 所示，设一条形均布荷载沿宽度 b 方向(x 轴方向)均匀分布，均布条形荷载为 p_0，坐标原点 O 取在基础一侧的端点上，地基中任意点 $M(x, z)$ 处附加应力 σ_z 为

$$\sigma_z = \alpha_z^s p_0 \tag{3-25}$$

式中：α_z^s 为条形基础受竖向均布荷载下的附加应力系数，可根据 $m = \dfrac{x}{b}$、$n = \dfrac{z}{b}$ 查表 3-6 得到。坐标符号规定：荷载作用的一侧为正方向。

表 3-6　条形基础受竖向均布荷载的附加应力系数 α_z^s

z/b	x/b								
	−0.5	−0.25	0	0.25	0.50	0.75	1.00	1.25	1.50
0.01	0.001	0.000	0.500	0.999	0.999	0.999	0.500	0.000	0.001
0.10	0.002	0.011	0.499	0.988	0.997	0.988	0.499	0.011	0.002
0.20	0.011	0.091	0.498	0.936	0.978	0.936	0.498	0.091	0.011
0.40	0.056	0.174	0.489	0.797	0.881	0.797	0.489	0.174	0.056
0.60	0.111	0.243	0.468	0.679	0.756	0.679	0.468	0.243	0.111
0.80	0.155	0.276	0.440	0.586	0.642	0.586	0.440	0.276	0.155
1.00	0.186	0.288	0.409	0.511	0.549	0.511	0.409	0.288	0.186
1.20	0.202	0.287	0.375	0.450	0.478	0.450	0.375	0.287	0.202
1.40	0.210	0.279	0.348	0.400	0.420	0.400	0.348	0.279	0.210
1.60	0.212	0.268	0.321	0.360	0.374	0.360	0.321	0.268	0.212
1.80	0.209	0.255	0.297	0.326	0.337	0.326	0.297	0.255	0.209
2.00	0.205	0.242	0.275	0.298	0.306	0.298	0.275	0.242	0.205
2.50	0.188	0.212	0.231	0.244	0.248	0.244	0.231	0.212	0.188
3.00	0.171	0.186	0.198	0.206	0.208	0.206	0.198	0.186	0.171
3.50	0.154	0.165	0.173	0.178	0.179	0.178	0.173	0.165	0.154
4.00	0.140	0.147	0.153	0.156	0.158	0.156	0.153	0.147	0.140
4.50	0.128	0.133	0.137	0.139	0.140	0.139	0.137	0.133	0.128
5.00	0.117	0.121	0.124	0.126	0.126	0.126	0.124	0.121	0.117

2. 三角形荷载

如图 3-19 所示，当条形基础在竖直三角形分布荷载作用下时，荷载最大值为 p_t。现将坐标原点 O 取在荷载强度为零一侧的端点上，荷载沿作用面积宽度 b 方向呈三角形分布，且沿长度方向不变时，地基中任意点 $M(x, z)$ 的附加应力 σ_z 为

$$\sigma_z = \alpha_z^t p_t \tag{3-26}$$

式中：α_z^t 为条形基础受三角形分布荷载作用时的竖向附加应力分布系数，可以从表 3-7 中由 $m = \dfrac{x}{b}$、$n = \dfrac{z}{b}$ 查得。注意原点 O 取在荷载强度为零侧的端点上，以荷载强度增大方向作为 x 轴的正方向。

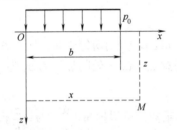 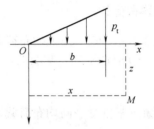

图 3-18　条形基础受竖向均布荷载作用　　图 3-19　条形基础受三角形分布荷载作用
　　　　　下的附加应力　　　　　　　　　　　　　　　下的附加应力

表 3-7　条形基础受三角形分布荷载的附加应力系数 α_z^t

z/b	x/b								
	−0.50	−0.25	0	0.25	0.50	0.75	1.00	1.25	1.50
0.01	0.000	0.000	0.003	0.249	0.500	0.750	0.497	0.000	0.000
0.10	0.000	0.002	0.032	0.251	0.498	0.737	0.468	0.010	0.002
0.20	0.003	0.009	0.061	0.255	0.489	0.682	0.437	0.050	0.009
0.40	0.010	0.036	0.110	0.263	0.441	0.534	0.379	0.137	0.043
0.60	0.030	0.066	0.140	0.258	0.378	0.421	0.328	0.177	0.080
0.80	0.050	0.089	0.155	0.243	0.321	0.343	0.285	0.188	0.106
1.00	0.065	0.104	0.159	0.224	0.275	0.286	0.250	0.184	0.121
1.20	0.070	0.111	0.154	0.204	0.239	0.246	0.221	0.176	0.126
1.40	0.083	0.114	0.151	0.186	0.210	0.215	0.198	0.165	0.127
1.60	0.087	0.114	0.143	0.170	0.187	0.190	0.178	0.154	0.124
1.80	0.089	0.112	0.135	0.155	0.168	0.171	0.161	0.143	0.120
2.00	0.090	0.108	0.127	0.143	0.153	0.155	0.147	0.134	0.115
2.50	0.086	0.098	0.110	0.119	0.124	0.125	0.121	0.113	0.103
3.00	0.080	0.088	0.095	0.101	0.104	0.105	0.102	0.098	0.091
3.50	0.073	0.079	0.084	0.088	0.090	0.090	0.089	0.086	0.081
4.00	0.067	0.071	0.075	0.077	0.079	0.079	0.078	0.076	0.073
4.50	0.062	0.065	0.067	0.069	0.070	0.070	0.070	0.068	0.066
5.00	0.057	0.059	0.061	0.063	0.063	0.063	0.063	0.062	0.060

小贴士：

在地基附加应力计算时，应注意以下几个问题。

(1) 应用角点法计算矩形基础均布荷载时，l 恒为长边，b 恒为短边，因为查附加应力系数表格时，l/b 总是大于1(见表3-2)。在划分矩形时，要使角点 O 位于所划分的每一个矩形的公共角点。

(2) 应用角点法计算矩形基础三角形分布荷载时，无论 b 的大小如何，b 总是三角形荷载分布的边长，l/b 可能大于1，也可能小于1(见表3-3)。

(3) 条形基础附加应力计算时，要注意坐标原点位置的选取，有的坐标原点选在基础中点，有的选在基础的一端(对条形基础受三角形分布荷载作用时，还要看坐标原点是选在荷载零点一端，还是选在荷载最大的一端)，由此给出的附加应力系数是不同的，使用时应分清楚。

思考题与习题

3-1 何谓自重应力与附加应力？其分布规律和计算方法有何不同？

3-2 如何计算基底附加压力？为什么要减去基底处的自重应力？

3-3 地下水位升降及地表填土对土中自重应力有何影响？

3-4 以矩形面积和条形面积上垂直均布荷载作用为例，说明地基中附加应力的分布规律。

3-5 长度相同而宽度不同的两个矩形基础，其埋深、基底压力和地基土质均相同，问哪个基础的沉降大？为什么？

3-6 布辛奈斯克课题假定荷载作用在地表，而实际上基础一般有一定的埋置深度，试问这一假定使土中附加应力计算值偏大还是偏小？为什么？

3-7 某场地土层的分布自上而下为：砂土，层厚 2m，重度为 17.5kN/m³；黏土，层厚 3m，饱和重度为 20.0kN/m³；砾石，层厚 3m，饱和重度为 20.0kN/m³。地下水位在黏土层顶面处。试计算各土层自重应力，并绘制分布图。

3-8 某工程地质剖面及各层土的重度如图 3-20 所示，其中水的重度 $\gamma_w = 9.8$kN/m³，试求：①A、B、C 三点的自重应力及其应力分布图形；②地下水位下降 4m 后所产生的附加应力，并画出相应的分布图形。

3-9 有一矩形均布荷载 p_0=250kPa，受荷面积为 2.0m×6.0m 的矩形面积，分别求角点下深度为 0m、2m 处的附加应力值以及中心点下深度为 0m、2m 处的附加应力值。

3-10 有一个环形烟囱基础，外径 R=8m，内径 r=4m。在环基上作用着均布荷载 100kPa，试计算环基中心点 O 下16m 处的竖向附加应力值。

3-11 某教学楼筏形基础如图 3-21 所示，已知基底附加压力 p_0=180kPa，试用角点法求基础底面1、2 两点的深度 z=6m 处的附加应力。

3-12 某建筑物为条形基础，宽 b=4m，基底附加压力 p_0=120kPa，求基底下 z=2m 的水平面上，沿宽度方向 A、B、C、D 点距基础中心线距离 x 分别为 0m、1m、2m、3m 处土中附加应力(见图 3-22)，并绘出附加应力分布曲线。

3-13 某基础如图 3-23 所示,其上作用着均布荷载 p=140kPa,试求图中 A 点以下 6m 深处的附加应力 σ_z。

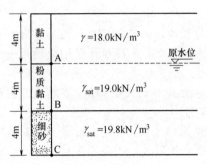

图 3-20 习题 3-8 图

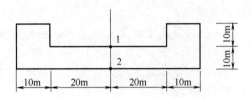

图 3-21 习题 3-11 图

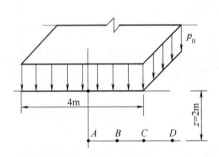

图 3-22 习题 3-12 图

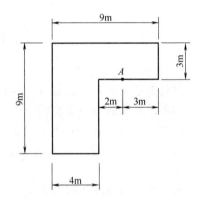

图 3-23 习题 3-13 图

第4章　地基沉降量计算

【学习要点及目标】

◆　了解引起地基土压缩的主要因素。

◆　掌握侧向压缩试验的原理和步骤。

◆　掌握压缩曲线的绘制，掌握压缩系数、压缩模量的计算。

◆　了解土的固结状态，掌握土的不同固结类型。

◆　掌握用分层总和法计算地基沉降量。

◆　掌握用规范法计算地基沉降量。

◆　了解应力历史沉降量计算方法。

◆　了解土的一维固结理论的假设和计算公式。

◆　掌握不同时间下地基固结度的计算。

【核心概念】

压缩性、压缩试验、压缩系数、压缩模量、分层总和法、前期固结压力、固结度、不均匀沉降、沉降差等。

【引导案例】

建筑物的荷载通过基础传给地基，并在地基中扩散，由于土是可以压缩的，地基在附加应力的作用下必然会产生变形(主要是竖向变形)，从而引起建筑物基础的沉降或倾斜。地基沉降有均匀沉降和不均匀沉降两类。过大的沉降将会严重影响建筑物的使用和美观，导致建筑物的倾斜、下沉、墙体开裂、基础断裂等事故。本章主要介绍土体的压缩性、压缩性指标的确定，地基沉降量计算的常用方法，土的变形与时间的关系，应力历史对土的压缩性和固结沉降的影响。

4.1 侧限压缩试验

4.1.1 土的压缩性

土在压力作用下,体积缩小的特性称为土的压缩性。引起土的压缩的内在因素主要来自以下三个方面。

(1) 固体土颗粒的压缩。

(2) 土中孔隙水及封闭气体的压缩。

(3) 土中水和气体的排出。

试验研究表明,固体土颗粒和孔隙水本身的压缩量是很微小的,在一般工程压力(100~600kPa)下,其压缩量不到总压缩量的 1/400,可以忽略不计。而封闭气体的压缩,只有在土的饱和度很高时才能发生,且因土中含气率很小,它的压缩量在土体总压缩量中所占的比例也不大,除了某些情况需要考虑封闭气体的压缩,一般也可忽略不计。因此,对土体而言,其压缩主要是由于水和气体的排出而引起的。

土体在压力作用下,压缩量随时间增长的过程称为土的固结。由于孔隙水和气体的向外排出要有一个时间过程,因此土的固结需要经过一段时间才能完成。对于饱和土来说,土的固结实际上就是孔隙水逐渐向外排出、孔隙体积减小的过程。显然,对于饱和砂土,由于透水性强,在压力作用下,孔隙中的水易于向外排出,固结很快就能完成;而对于饱和黏土,由于透水性弱,孔隙中的水不能迅速排出,因而固结需要很长时间才能完成。一般情况下,砂性土在施工完毕时压缩基本完成,而黏性土尤其是饱和软黏土层则需要几年甚至几十年时间才能达到压缩稳定。

4.1.2 侧限压缩试验

侧限压缩试验通常又称为单向固结试验,即土体侧向受限不能变形,只有竖直方向产生压缩变形。图 4-1 所示为室内侧限压缩仪(又称固结仪)的结构示意图,它由压缩容器、加压活塞、刚性护环、环刀、透水石和底座等组成。常用的环刀内径为 6~8cm,高 2cm,试验时,先用金属环刀取土,然后将土样连同环刀一起放入压缩仪内,土样上、下各放一块透水石,以便土样受压后能自由排水,在透水石上面再通过加荷装置施加竖向荷载。由于土样受到环刀、压缩容器的约束,在压缩过程中只能发生竖向变形。

侧限压缩试验中土样的受力状态相当于土层在承受连续均布荷载时的情况。试验中作用在土样上的荷载需逐级施加,通常按 50kPa、100kPa、200kPa、300kPa、400kPa、500kPa加荷,最后一级荷载视土样情况和实际工程而定,原则上略大于预估的土自重应力与附加应力之和,但不小于 200kPa。每次加荷后要等到土样压缩相对稳定后才能施加下一级荷载,必要时,可做加载-卸载-再加载试验,各级荷载下土样的压缩量用百分表测得,再按以下方法换算成孔隙比。

如图 4-2 所示，设土样初始高度为 H_0，孔隙比为 e_0。在荷载 p_i 作用下土样稳定后总压缩量为 ΔH_i，孔隙比为 e_i，根据压缩前后土粒体积不变的原则，可得

$$e_i = e_0 - (1 + e_0) \frac{\sum \Delta H_i}{H_0} \tag{4-1}$$

式(4-1)是侧限压缩条件下计算土的压缩量的基本公式。土样初始孔隙比 e_0 由土样初始状态的实测指标换算求得，即 $e_0 = \dfrac{G_s \rho_\omega (1 + \omega)}{\rho} - 1$，其中 G_s、ρ_ω、ω、ρ 分别为土的土粒比重、水的密度、含水率和密度。

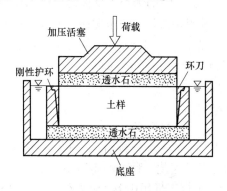

图 4-1　侧限压缩仪结构示意图

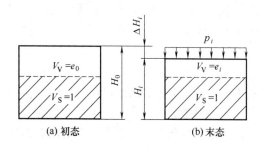

图 4-2　土的压缩试验原理

4.1.3　试验结果的表达方法

在试验时，测得各级荷载作用下土样的变形量 ΔH_i，按照公式计算出相应的孔隙比 e_i，根据试验的各级压力和对应的孔隙比，可绘制出压力与孔隙比的关系曲线，即压缩曲线。常用的方法有 e-p 曲线与 e-lg p 曲线两种形式。e-p 的横坐标代表土压力 p，纵坐标代表孔隙比 e，曲线越陡说明土的压缩性越大，土体越容易发生变形，如图 4-3 所示；e-lg p 曲线的横坐标以对数的形式表示压力，纵坐标代表相应的孔隙比 e，曲线下部近似直线段，其直线越陡，说明土体的压缩性越大，越容易发生变形，如图 4-4 所示。

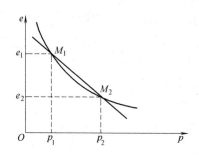

图 4-3　e-p 曲线

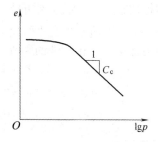

图 4-4　e-lg$p$ 曲线

4.1.4 压缩指标

虽然根据 $e-p$ 曲线可以判别土体的压缩性大小，但实际工程中需进行定量判别。常用的判别土体压缩性大小的指标有压缩系数 a、压缩指数 C_c 和压缩模量 E_s 等。

1. 压缩系数

当 $e-p$ 曲线较陡时，说明增加压力时孔隙比减小较快。侧限压缩试验的 $e-p$ 曲线上任意点处切线的斜率 a 反映了土体在该压力 p 作用下土体压缩性的大小，a 称为土体的压缩系数。曲线平缓，其斜率小，土的压缩性低；曲线陡，其斜率大，土的压缩性高。压力由 p_1 增加至 p_2，相应的孔隙比由 e_1 减少到 e_2。当压力变化范围不大时，土的压缩曲线可近似用图 4-3 中的 M_1M_2 割线的斜率来表示土在这一段压力范围的压缩性，即

$$a = \frac{e_1 - e_2}{p_2 - p_1} = \frac{\Delta e}{\Delta p} \tag{4-2}$$

式中：a 为压缩系数(MPa^{-1})。

压缩系数 a 值越大，土的压缩性越高；a 值越小，土的压缩性越小。由于 $e-p$ 曲线在压力较小时曲线较陡，而随着压力的增大曲线越来越平缓，因此一种土的压缩系数 a 值并不是一个常量，取决于起始压力 p_1 及压力增量($p_2 - p_1$)。工程中提出用 p_1=100kPa、p_2=200kPa 时相对应的压缩系数 a_{1-2} 来评价土的压缩性，即

$$a_{1-2} < 0.1\,\text{MPa}^{-1} \qquad \text{(低压缩性土)}$$
$$a_{1-2} = 0.1 \sim 0.5\,\text{MPa}^{-1} \qquad \text{(中压缩性土)}$$
$$a_{1-2} > 0.5\,\text{MPa}^{-1} \qquad \text{(高压缩性土)}$$

2. 压缩指数

压缩试验成果用 $e-\lg p$ 曲线表示时，曲线的初始段坡度较平缓，在某一压力附近，曲线曲率明显变化，曲线向下弯曲，超过这一压力后，曲线接近直线。将 $e-\lg p$ 曲线直线段的斜率 C_c 称为土的压缩指数，其计算公式为

$$C_c = \frac{e_1 - e_2}{\lg p_2 - \lg p_1} \tag{4-3}$$

压缩指数 C_c 是一个无量纲的数，且由于压缩指数 C_c 表示 $e-\lg p$ 曲线直线段的斜率，所以它是个常数，不随压力变化而变化，用起来较为方便，国内外广泛采用 $e-\lg p$ 曲线来分析研究应力历史对土的压缩性的影响。C_c 值越大，土的压缩性越高。

$$C_c < 0.2 \qquad \text{(低压缩性土)}$$
$$C_c = 0.2 \sim 0.35 \qquad \text{(中压缩性土)}$$
$$C_c > 0.35 \qquad \text{(高压缩性土)}$$

3. 压缩模量

土体在完全侧限条件下，其竖向压力的变化增量与相应竖向应力的比值称为土的压缩模量 E_s，即

$$E_s = \frac{\Delta P}{\varepsilon} \tag{4-4}$$

土体压缩模量 E_s 与压缩系数 a 的关系为

$$E_s = \frac{1+e_1}{a} \tag{4-5}$$

由式(4-5)可以看出，压缩模量 E_s 与压缩系数 a 成反比，E_s 越大，a 就越小，同时土的压缩性就越低。同样，可以用相应于 $p_1=100\text{kPa}$、$p_2=200\text{kPa}$ 范围内的压缩模量 E_s 值来评价地基土的压缩性。

$$E_s < 4\text{MPa} \qquad (\text{高压缩性土})$$
$$E_s = 4 \sim 15\text{MPa} \qquad (\text{中压缩性土})$$
$$E_s > 15\text{MPa} \qquad (\text{低压缩性土})$$

【例 4-1】某原状土压缩试验结果如表 4-1 所示，求土的压缩系数 a_{1-2}、压缩模量 E_{s1-2}，并判别土的压缩性大小。

表 4-1　土的压缩试验成果表

p/kPa	50	100	200	400
e	0.964	0.952	0.936	0.914

解　$a_{1-2} = \dfrac{0.952-0.936}{0.2-0.1} = 0.16(\text{MPa}^{-1})$，$E_{s1-2} = \dfrac{1+e_1}{a_{1-2}} = \dfrac{1+0.952}{0.16} = 12.2(\text{MPa})$，为中等压缩性。

小贴士：

地基沉降量计算中常会遇到土的压缩模量 E_s、变形模量 E_0、弹性模量 E、旁压模量 E_m、回弹模量 E_c 等，在使用时往往会造成混乱。

(1) 压缩模量 E_s 是土在侧向不能自由膨胀条件下竖向应力与竖向应变之比，由室内侧限压缩试验求得。

(2) 变形模量 E_0 是土在侧向自由膨胀条件下竖向应力与竖向应变之比，采用土的载荷试验测定，它能真实反映土的压缩特性。

压缩模量和变形模量具有以下关系，即

$$E_0 = E_s \left(1 - \frac{2\mu^2}{1-\mu}\right)$$

式中：μ 为土的泊松比。

由于 $\mu \leqslant 0.5$，故变形模量 E_0 一般小于土的压缩模量 E_s。由于土体不是完全弹性体，加上载荷试验和室内压缩试验有许多不确定因素，使得两者之间的关系更加复杂。据资料统计，压缩性小的硬土，$E_0 > E_s$，而软黏土两者比较接近。在计算地基沉降量时，一般按土的变形模量计算，计算结果符合实际情况且偏于安全。

(3) 弹性模量 E 是材料在弹性阶段竖向应力与竖向应变之比。弹性模量主要用于钢筋、混凝土等材料，一般不用土的弹性模量。

(4) 旁压模量 E_m 是土在侧向自由膨胀条件下竖向应力与竖向应变之比，是由旁压试测定的。根据旁压模量 E_m 的大小，可以推算出土的压缩模量和变形模量。

(5) 回弹模量 E_c 是计算基坑回弹变形时采用的模量。回弹模量的测定主要是针对公路工程的击实土，模拟路面上重复荷载作用下的变形特性。土的回弹模量反映的是基坑回弹时的变形特性，既不同于土的变形模量，也不同于公路工程所说的回弹模量。

4.2 土的固结状态

天然土层在形成过程中，经历了漫长的过程，因而具有不同的固结状态。例如，某土层上已经修建过建筑物，在建筑荷载作用下，则地基产生了不可恢复的塑性变形；后来由于种种原因将建筑物拆除，成为卸荷状态。如果在该土层上重新修建建筑物，其压缩性明显降低。土的这种固结状态称为超固结状态。为了研究土的实际固结状态，必须研究土体的固结历史。

4.2.1 土的压缩曲线、回弹曲线及再压缩曲线

如图 4-5(a)所示，在侧限压缩试验中，土样逐级加荷可得到压缩曲线 $\overset{\frown}{abd}$。若加荷至 b 点开始逐渐卸荷，此时土样沿 $\overset{\frown}{bc}$ 曲线回弹，曲线 $\overset{\frown}{bc}$ 称为回弹曲线。如果卸荷至 c 点后，再逐级加荷，土样又开始沿 $\overset{\frown}{cb'}$ 曲线再压缩，至 b' 点后与压缩曲线重合。曲线 $\overset{\frown}{cb'}$ 称为再压缩曲线。

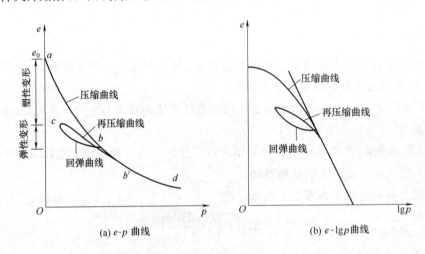

图 4-5 压缩曲线、回弹曲线、再压缩曲线

从土的压缩曲线、回弹曲线和再压缩曲线可以看出：①土的卸荷回弹曲线不与原压缩曲线相重合，说明土不是完全弹性体，其中有一大部分为不能恢复的变形，称为塑性变形，另一部分为可恢复的变形，称为弹性变形；②土的再压缩曲线比原压缩曲线斜率要小很多，说明土经过压缩后，卸荷再压缩时，其压缩性明显降低。此现象在半对数坐标中的 $e-\lg p$ 曲线上也明显地反映出来，如图 4-5(b)所示。因此，土的压缩性与土所经历的应力历史不同将具有不同的压缩性。

4.2.2　土的固结状态

土层在历史上所承受过的最大固结压力称为先期固结压力，用 p_c 表示。根据先期固结压力与目前自重应力的相对关系，将土层的天然固结状态划分为三种，即正常固结、超固结和欠固结。用超固结比 OCR 作为判断土层天然固结状态的定量指标，即

$$\text{OCR} = \frac{p_c}{p_0} \tag{4-6}$$

式中：p_0 为土层自重应力(kPa)。

1. 正常固结状态(OCR = 1)

这一状态指土层历史上经受的最大固结压力，等于目前现有覆盖土的自重应力，并已固结完成；之后土层厚度无大变化，也没有受过其他荷载的继续作用，如图 4-6(a)所示。大多数建筑场地土层属于这类正常固结状态的土。

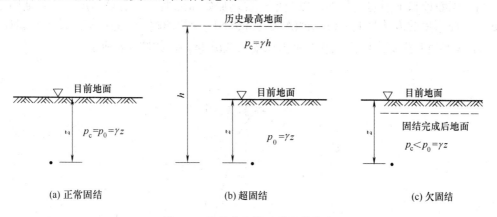

图 4-6　天然土层的三种固结状态

2. 超固结状态(OCR>1)

这一状态指土层历史上曾经受过的固结压力大于目前现有的覆盖土的自重应力。上覆压力由先期固结压力 p_c 减小至目前的自重应力 p_0，是因为各种原因(如水流冲刷、冰川作用及人类活动)搬运走相当厚的沉积物，将历史最高地面降至目前地面，如图 4-6(b)所示。

3. 欠固结状态(OCR<1)

这一状态指土层在目前的自重应力作用下，压缩固结还没有完成，还在继续压缩中，土层实际固结压力小于土层自重应力。通常新近沉积的黏性土或人工填土属于欠固结状态的土。如图 4-6(c)所示，将来固结完成后的地面低于目前的地面。

上述三种固结若为同一种土，在目前地面下深度 z 处土的自重应力都等于 p_0，但三者在压缩曲线上不在同一点。如图 4-7 所示，正常固结土相当于现场原始压缩曲线上的 a 点，超固结土相当于卸荷回弹曲线上的 b 点，欠固结土相当于原始压缩曲线上的 c 点。由此可见，在不同的固结状态下，土的压缩性并不相同，若在处于不同固结状态下的土层上建造建筑物，其沉降量是不相同的。

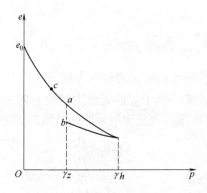

图 4-7 压缩曲线与回弹曲线

4.2.3 先期固结压力 p_c 的确定

为了判断地基土的固结状态，以及推求现场原始压缩曲线，需要确定土的先期固结压力 p_c。目前常用的方法是卡萨格兰德(A. Cassagrande)经验图解法，其作图方法和步骤如下。

(1) 在半对数坐标上绘出试样的室内压缩曲线(e–lg p)，如图 4-8 所示。

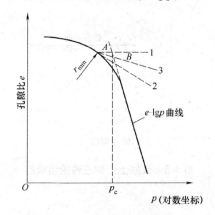

图 4-8 先期固结压力的确定

(2) 在压缩曲线上找出最小曲率半径的 A 点，过 A 点作水平线 $A1$、切线 $A2$ 以及它们夹角的平分线 $A3$。

(3) 把压缩曲线下部的直线段向上延伸交 $A3$ 线于 B 点，B 点对应的横坐标即为所求的先期固结压力 p_c。

应该指出，由于作图人为的因素、试验过程对试样的扰动以及纵坐标选用不同的坐标比例，都会影响到先期固结压力的准确确定。因此，先期固结压力的确定，还需结合土层形成的历史资料，加以综合分析确定。

【例 4-2】土中 A 点离地面 4m，重度 γ =18kN/m^3，历史上该地面曾经堆载，堆载大小为 q =120kPa，现已经解除地面荷载。试求 A 点的超固结比 OCR，并判别土的状态。

解 现覆的自重应力 p_0 = 18×4 =72(kPa)，先期固结压力 p_c =120+ 18×4 =192(kPa)，

$$OCR = \frac{p_c}{p_0} = \frac{192}{72} = 2.67 > 1，为超固结土。$$

4.3　地基最终沉降量的计算

　　地基的沉降主要是由于荷载作用通过基础而引起地基土体的变形。地基的沉降过程可分为瞬时沉降、主固结沉降和次固结沉降三部分。瞬时沉降是指荷载在施加的瞬间所引起的土体沉降变形。瞬时沉降的特点是历时短、沉降量小；对工程的影响可忽略不计。主固结沉降是指荷载形成土体固结的过程中，由土体固结排水和土体体积压缩作用所产生的沉降变形。主固结沉降的特点是沉降历时长、土体沉降量大，是沉降的主要形成部分。次固结沉降主要是指土体沉降过程中某些黏性土在孔隙水完全排出、土体达到固结稳定后，由于黏性土体的蠕变产生的沉降变形。次固结沉降的特点是沉降时间长、沉降量小且随着时间的推移逐渐趋于稳定。

　　地基最终沉降量一般是指地基土层在载荷作用下变形完成后土体的最大竖向位移量。计算地基最终沉降量的目的在于确定建筑物可能产生的最大沉降量、沉降差、倾斜量及局部倾斜量，判断是否超过允许沉降范围，为建筑物设计和地基处理提供依据，保证建筑物安全。

　　计算沉降量的方法很多，常见的有分层总和法、规范法、考虑应力历史 e-$\lg p$ 法等，本节主要介绍常用的分层总和法和规范法。

4.3.1　分层总和法

1. 基本原理

　　分层总和法将地基分为若干层，计算每一薄层的变形量，然后求和作为地基土压缩的最终沉降量。分层总和法有以下假设。

　　(1) 地基土为均匀、连续、各向同性的半无限空间弹性体。在建筑物荷载作用下，土的应力与应变呈直线关系。因此，可应用弹性理论方法计算地基中的附加应力。

　　(2) 在建筑物荷载作用下，地基土层只产生竖向压缩变形，侧向不能膨胀变形。因此，侧限压缩试验的成果可应用到计算地基的沉降量。

　　(3) 沉降计算深度，理论上应计算至无限深，因附加应力扩散随深度而减少，工程上计算至某一深度，这一深度范围内的土层称为压缩层。压缩层以下的土层附加应力很小，所产生的沉降量可忽略不计。

　　(4) 通常地基沉降量的计算是按基础中心点下土柱所受附加应力进行计算的。实际上基础底面边缘和中部各点的附加应力是不同的，中心点下的附加应力为最大值。当计算基础的倾斜时，要以倾斜方向基础两端点下的附加应力进行计算。

　　如图 4-9 所示，第 i 层土在建筑物荷载作用下，由厚度 H_i 压缩至 h_i，竖向变形为 s_i，该层土在建筑物作用前后也有两个状态，设初态孔隙比为 e_{1i}，末态孔隙比为 e_{2i}，

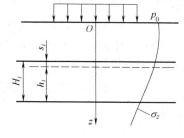

图 4-9　荷载作用下第 i 层土变形

$e_{2i} = e_{1i} - (1 + e_{1i})\dfrac{s_i}{H_i}$，经变形得

$$s_i = \frac{e_{1i} - e_{2i}}{1 + e_{1i}} H_i \qquad (4\text{-}7)$$

式中：e_{1i} 为第 i 土层初态的孔隙比；e_{2i} 为第 i 土层末态的孔隙比，由土的压缩曲线查得。

在一般情况下，土的初始应力状态为自重应力，末态为自重应力加附加应力。在某些特殊情况下，初、末状态的应力状态发生变化。例如，地下水位下降引起的地面沉降，土的初始应力状态为自重应力，用土的有效重度 γ' 计算；末态也是自重应力，用土的天然重度 γ 计算，由于天然重度大于有效重度，所以产生了应力增量，因而引起附加沉降；在计算由于建筑物的增层改造而引起的沉降时，初态为自重应力加增层前的附加应力，末态为自重应力加增层后的附加应力。

若已知的压缩资料为压缩系数、压缩模量，则有以下两个计算公式，即

$$s_i = \frac{a}{1 + e_{1i}} \bar{\sigma}_{zi} H_i \qquad (4\text{-}8)$$

$$s_i = \frac{\bar{\sigma}_{zi}}{E_{si}} H_i \qquad (4\text{-}9)$$

式中：$\bar{\sigma}_{zi}$ 为第 i 层土的平均附加应力(kPa)，取第 i 层土上、下层面附加应力的算术平均值；E_{si} 为第 i 层土的侧限压缩模量(MPa)；H_i 为第 i 层土的厚度(m)；a 为第 i 层土的压缩系数 (MPa^{-1})。

2. 计算步骤

(1) 绘制计算简图。根据建筑物基础尺寸、荷载和地基土分布情况绘制计算简图。

(2) 地基土分层。分层原则为：①成层土的层面(不同土层的压缩性及重度不同)；②地下水位处(水面上下土的有效重度不同)；③分层厚度一般不宜大于 $0.4b$ (b 为基底宽度)，且每一分层内的附加应力分布接近直线，靠近基底处应薄些，远离基底处可厚些。

(3) 计算各分层界面处自重应力，并绘自重应力沿深度的分布线于计算点轴线的左侧。土自重应力应从原地面算起。

(4) 计算基础底面处的基底压力 p 和基础底面处的附加应力 p_0。

(5) 计算地基中各分层界面处的附加应力 σ_z，并绘附加应力沿深度的分布线于计算点轴线的右侧。附加应力应从基础底面算起。

(6) 确定地基沉降计算深度(或压缩层深度) z_n。基础底面下某一深度 z_n 处满足：一般土为附加应力小于或等于自重应力的 20%($\sigma_z \leqslant 0.2\sigma_{cz}$)；软土为附加应力小于或等于自重应力的 10%($\sigma_z \leqslant 0.1\sigma_{cz}$)，此深度作为沉降计算深度的限值。

(7) 计算各分层土的压缩量 s_i。根据所给土的压缩性指标 E_s、a 和 e-p 曲线的不同，可分别选用不同的计算公式。

(8) 计算地基沉降量 s。将地基压缩层 z_n 范围内的各土层压缩量相加，即得地基沉降量为

$$s = s_1 + s_2 + \cdots + s_n = \sum_{i=1}^{n} s_i \qquad (4\text{-}10)$$

式中：n 为地基沉降计算深度范围内的分层数。

小贴士：

在工程实践中，常会遇到地面大面积堆载问题，如平原地区堆山造景、矿区废渣堆放、高填土地基等，带来堆载产生的沉降量、增加桩侧负摩阻力及下拉荷载等众多工程问题。由于堆载面积大，对软土地区产生的附加沉降量往往很大，如某钢厂钢渣堆场，堆载范围为 170m×200m，堆载最大高度为 40m，荷载达 80kPa，历时两年，最大沉降量达 5～6m，必须引起足够重视。

软土地基，由于堆载产生的地基附加应力影响深度很大，附加应力 σ_z 几乎不扩散，近似看成均匀分布(见图 3-3(c))，附加应力大小即为填土产生的自重应力，有

$$\sigma_z = \gamma H$$

式中：γ 为堆载填土的重度(kN/m³)；H 为堆载高度(m)。

设地基土的压缩模量为 E_s，压缩层厚度为 h，由堆载产生的沉降量近似按下式计算，即

$$s = \frac{\sigma_z}{E_s} h = \frac{\gamma H h}{E_s}$$

【例 4-3】 某土层厚 2m，埋深 4～6m，平均自重应力为 51kPa，平均附加应力为 50kPa，在附加应力作用下，该土层已沉降稳定。由于建筑增层改造，该层附加应力增加了 10kPa，若土的孔隙比与压力的关系为 $e = 1.15 - 0.0014p$，求该土层由于增层改造增加的沉降量。

解　第一应力状态为自重应力状态加附加应力状态，$p_1 = 51 + 50 = 101(\text{kPa})$，$e_1 = 1.15 - 0.0014 \times 101 = 1.0086$。

第二应力状态也是自重应力加附加应力状态，$p_2 = 51 + 50 + 10 = 111(\text{kPa})$，$e_2 = 1.15 - 0.0014 \times 111 = 0.9946$，$s_i = \dfrac{e_{1i} - e_{2i}}{1 + e_{1i}} h_i = \dfrac{1.0086 - 0.9946}{1 + 1.0086} \times 200 = 1.39(\text{cm})$。

【例 4-4】 某地基为粉质黏土，地下水位在地表，$\gamma_{\text{sat}} = 18\text{kN/m}^3$，由于工程需要，需大面积降低地下水位 3m，降水区的重度为 17kN/m³，降水区的压力与孔隙比关系为 $e = 1.25 - 0.00125p$，试计算降水区的沉降量。

解　(1) 第一应力状态为自重应力状态(降水前)。

3m 处的自重应力 $\sigma_{cz} = \gamma' \times h = (18 - 10) \times 3 = 24(\text{kPa})$，平均自重应力 $p_1 = 24/2 = 12(\text{kPa})$，由此得到 $e_1 = 1.25 - 0.00125p_1 = 1.25 - 0.00125 \times 12 = 1.235$。

(2) 第二应力状态也是自重应力状态(降水后)：土的重度由有效重度变为天然重度，自重应力增加，孔隙比减小，引起土层沉降。

3m 处的自重应力 $\sigma_{cz} = \gamma \times h = 17 \times 3 = 51(\text{kPa})$，平均自重应力 $p_2 = 51/2 = 25.5(\text{kPa})$，由此得到 $e_2 = 1.25 - 0.00125p_2 = 1.25 - 0.00125 \times 25.5 = 1.218$。

(3) 沉降量 $s_i = \dfrac{e_{1i} - e_{2i}}{1 + e_{1i}} h_i = \dfrac{1.235 - 1.218}{1 + 1.235} \times 300 = 2.28(\text{cm})$。

【例 4-5】 如图 4-10(a)所示，某条形基础宽度 $b = 5\text{m}$，受中心荷载 $\overline{P} = 360\text{kN/m}$ 的作用，基础埋深 $d = 2\text{m}$，地下水位位于地面下 3m，水位以下土的饱和重度 $\gamma_{\text{sat}} = 19.8\text{kN/m}^3$，土的压缩曲线如图 4-10(b)所示($A$、$B$ 线分别为地下水位上、下的压缩曲线)。试计算基底中心点下的地基变形值。

解　(1) 对地基土分层。每层土层最大分层厚度为 $0.4b = 0.4 \times 5 = 2(\text{m})$。

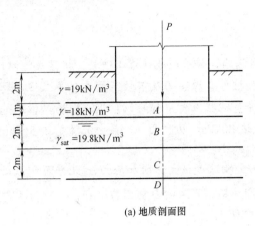

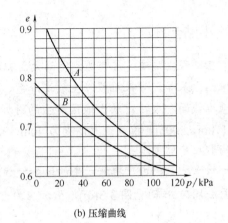

(a) 地质剖面图　　　　　　　　　(b) 压缩曲线

图 4-10　地基土层剖面与压缩曲线

地下水位面及天然层面均为分层界面，同时每层厚度小于 $0.4b$，即 2m，将本例从基底往下分为 3 层，层厚分别为 1m、2m、2m。

(2) 计算各层面自重应力及各土层平均自重应力。自重应力是地基土层压缩前的应力，从原天然地面算起，计算结果如表 4-2 所示。

表 4-2　自重应力计算表

位　置	深度 z/m	σ_{cz}/kPa	$\overline{\sigma}_{cz}/kPa$	土层编号
A	2	38	47	Ⅰ
B	3	56	66	Ⅱ
C	5	76	86	Ⅲ
D	7	96		

(3) 计算基底压力。$p = \dfrac{\overline{P}}{b} = \dfrac{360}{5} = 72(\text{kPa})$。

(4) 计算基底附加压力。$p_0 = p - \gamma D = 72 - 19 \times 2 = 34(\text{kPa})$。

(5) 计算基底中点下各层面深度的附加应力 σ_z 及各层平均附加应力 $\overline{\sigma}_z$，深度从基础底面算起，计算结果如表 4-3 所示。

表 4-3　附加应力计算表(x/b=0.5)

位　置	深度 z/m	z/b	α_z^s	σ_z/kPa	$\overline{\sigma}_z/kPa$	土层编号
A	0	0	0.999	34	33.7	Ⅰ
B	1	0.2	0.978	33.3	29.5	Ⅱ
C	3	0.6	0.756	25.7	22.2	Ⅲ
D	5	1.0	0.549	18.7		

(6) 确定计算深度。在基底面以下 5m 处，$\sigma_{cz}=96\text{kPa}$，$\sigma_z=18.7\text{kPa}$，$\dfrac{\sigma_z}{\sigma_{cz}}=\dfrac{18.7}{96}=0.19$，即 $\sigma_z<0.2\sigma_{cz}$，符合要求，则压缩层的计算深度确定为 5m。

(7) 计算各层变形量及总变形量。由公式 $s_i=\dfrac{e_{1i}-e_{2i}}{1+e_{1i}}H_i$ 计算各分层变形量，总变形量为各分层变形量之和，计算结果如表 4-4 所示。

表 4-4　各层变形量及总变形量

土层编号	厚度/mm	$\bar{\sigma}_z$ /kPa	$\bar{\sigma}_{cz}$ /kPa	($\bar{\sigma}_z+\bar{\sigma}_{cz}$)/kPa	e_{1i}	e_{2i}	s_i /mm
I	1000	33.7	47	80.7	0.745	0.680	37.25
II	2000	29.6	66	95.6	0.660	0.625	42.17
III	2000	22.2	86	108.2	0.635	0.615	24.46
$s=\sum s_i$ = 37.25+42.17+24.46=103.88(mm)							

　　分层总和法能适应各种地质条件与荷载条件，计算指标也比较容易测定，所以它是目前应用最广泛的一种计算方法，但由于它只考虑了地基的垂直变形，计算值与实测值往往有一定的误差。因此，《建筑地基基础设计规范》(GB 50007—2011)中又推荐了一种计算方法，通常称为规范法。

4.3.2　规范法

　　由于地基土的不均匀性，所取土样的代表性与实际情况难免存在诸多偏差，再加之分层总和法的几点假定与实际情况不完全吻合，使得理论计算值与建筑物沉降实际观测值出现差异。统计发现，计算的沉降量对于软弱地基数值偏小，最多可差 40%；而对于坚实地基，计算量远大于实测沉降量，最多甚至大 5 倍。根据上述情况，我国《建筑地基基础设计规范》(GB 50007—2011)推荐了地基最终沉降量计算的简化公式，简称"规范法"，其原理是利用附加应力分布图的面积计算土层变形量，因此也称为"应力面积法"。该法在总结大量实践经验的基础上，对分层总和法地基沉降量计算结果做出必要修正，使计算值更符合实际。规范法是在分层总和法基础上建立起来的，二者的区别主要有以下三个方面。

　　(1) 规范法确定了沉降深度范围 z_n，而分层总和法的沉降深度范围是要进行划分和计算的。

　　(2) 规范法给出了每层土体的平均附加应力系数 $\bar{\alpha}$，简化了计算步骤。

　　(3) 规范法给出了修正系数 ψ_s，保证了沉降量的准确性。

1. 计算原理

　　规范法与分层总和法的计算原理基本相同，都是分别计算各层土的沉降量，然后求和得出地基的总沉降量。所不同的是，两者的单层沉降量计算公式的形式不同。以下介绍规范法的基本原理和计算公式。

　　图 4-11 所示为某地基中附加应力的分布情况。在

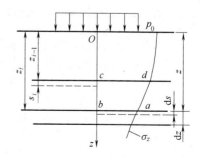

图 4-11　规范法的计算原理

基底以下深度 z 处取一微薄土层 $\mathrm{d}z$，在附加应力的作用下产生的沉降量为 $\mathrm{d}s$，因此其应变为

$$\varepsilon = \frac{\mathrm{d}s}{\mathrm{d}z} \tag{4-11}$$

由压缩模量的概念可得 $\varepsilon = \sigma_z / E_s$，将其代入式(4-11)，得

$$\mathrm{d}s = \frac{\sigma_z}{E_s}\mathrm{d}z \tag{4-12}$$

若地基第 i 层土上、下层面的深度分别为 z_{i-1} 和 z_i，则第 i 层土的沉降量可由式(4-12)积分得到，即

$$s_i = \int \mathrm{d}s_i = \int_{z_{i-1}}^{z_i} \frac{\sigma_{zi}}{E_{si}}\mathrm{d}z = \frac{1}{E_{si}} \int_{z_{i-1}}^{z_i} \sigma_{zi}\mathrm{d}z$$

经过复杂的推导，得到沉降量计算公式为

$$s_i = \frac{p_0}{E_{si}}(z_i\,\bar{\alpha}_i - z_{i-1}\,\bar{\alpha}_{i-1}) \tag{4-13}$$

式中：p_0 为基底附加压力(kPa)；$\bar{\alpha}$ 为地基深度 z_i 范围内的附加应力系数的平均值，与基底压力分布情况有关，均布矩形铅直荷载作用下角点的平均附加应力系数 $\bar{\alpha}$ 可由表 4-5 查出，有关矩形面积受三角形分布荷载作用下的竖向平均附加应力系数可查相关规范。

表 4-5 矩形面积受均布荷载作用下角点的平均附加应力系数值 $\bar{\alpha}$

z/b	l/b												
	1.0	1.2	1.4	1.6	1.8	2.0	2.4	2.8	3.2	3.6	4.0	5.0	10.0
0.0	0.2500	0.2500	0.2500	0.2500	0.2500	0.2500	0.2500	0.2500	0.2500	0.2500	0.2500	0.2500	0.2500
0.2	0.2496	0.2497	0.2497	0.2498	0.2498	0.2498	0.2498	0.2498	0.2498	0.2498	0.2498	0.2498	0.2498
0.4	0.2474	0.2479	0.2481	0.2483	0.2483	0.2484	0.2485	0.2485	0.2485	0.2485	0.2485	0.2485	0.2485
0.6	0.2423	0.2437	0.2444	0.2448	0.2451	0.2452	0.2454	0.2455	0.2455	0.2455	0.2455	0.2455	0.2456
0.8	0.2346	0.2372	0.2387	0.2395	0.2400	0.2403	0.2407	0.2408	0.2409	0.2409	0.2410	0.2410	0.2410
1.0	0.2252	0.2291	0.2313	0.2326	0.2335	0.2340	0.2346	0.2349	0.2351	0.2352	0.2352	0.2353	0.2353
1.2	0.2149	0.2199	0.2229	0.2248	0.2260	0.2268	0.2278	0.2282	0.2285	0.2286	0.2287	0.2288	0.2289
1.4	0.2043	0.2102	0.2140	0.2164	0.2190	0.2191	0.2204	0.2211	0.2215	0.2217	0.2218	0.2220	0.2221
1.6	0.1939	0.2006	0.2049	0.2079	0.2099	0.2113	0.2130	0.2138	0.2143	0.2146	0.2148	0.2150	0.2152
1.8	0.1840	0.1912	0.1960	0.1994	0.2018	0.2034	0.2055	0.2066	0.2073	0.2077	0.2079	0.2082	0.2084
2.0	0.1746	0.1822	0.1875	0.1912	0.1938	0.1958	0.1982	0.1996	0.2004	0.2009	0.2012	0.2015	0.2018
2.2	0.1659	0.1737	0.1793	0.1833	0.1862	0.1883	0.1911	0.1927	0.1937	0.1943	0.1947	0.1952	0.1955
2.4	0.1578	0.1657	0.1715	0.1757	0.1789	0.1812	0.1843	0.1862	0.1873	0.1880	0.1885	0.1890	0.1895
2.6	0.1503	0.1583	0.1642	0.1686	0.1719	0.1745	0.1779	0.1799	0.1812	0.1820	0.1825	0.1832	0.1838
2.8	0.1433	0.1514	0.1574	0.1619	0.1654	0.1680	0.1717	0.1739	0.1753	0.1763	0.1769	0.1777	0.1784
3.0	0.1369	0.1449	0.1510	0.1556	0.1592	0.1619	0.1658	0.1682	0.1698	0.1708	0.1715	0.1725	0.1733
3.2	0.1310	0.1390	0.1450	0.1497	0.1533	0.1562	0.1602	0.1628	0.1645	0.1657	0.1664	0.1675	0.1685
3.4	0.1256	0.1334	0.1394	0.1441	0.1478	0.1508	0.1550	0.1577	0.1595	0.1607	0.1616	0.1628	0.1639
3.6	0.1205	0.1282	0.1342	0.1389	0.1427	0.1456	0.1500	0.1528	0.1548	0.1561	0.1570	0.1583	0.1595
3.8	0.1158	0.1234	0.1293	0.1340	0.1378	0.1408	0.1452	0.1482	0.1502	0.1516	0.1526	0.1541	0.1554
4.0	0.1114	0.1189	0.1248	0.1294	0.1332	0.1362	0.1408	0.1438	0.1459	0.1474	0.1485	0.1500	0.1516
4.2	0.1073	0.1147	0.1205	0.1251	0.1289	0.1319	0.1365	0.1396	0.1418	0.1434	0.1445	0.1462	0.1479

续表

z/b	l/b												
	1.0	1.2	1.4	1.6	1.8	2.0	2.4	2.8	3.2	3.6	4.0	5.0	10.0
4.4	0.1035	0.1107	0.1164	0.1210	0.1248	0.1279	0.1325	0.1357	0.1379	0.1396	0.1407	0.1425	0.1444
4.6	0.1000	0.1070	0.1127	0.1172	0.1209	0.1240	0.1287	0.1319	0.1342	0.1359	0.1371	0.1390	0.1410
4.8	0.0967	0.1036	0.1091	0.1136	0.1173	0.1204	0.1250	0.1283	0.1307	0.1324	0.1337	0.1357	0.1379
5.0	0.0935	0.1003	0.1057	0.1102	0.1139	0.1169	0.1216	0.1249	0.1273	0.1291	0.1304	0.1325	0.1348
5.2	0.0906	0.0972	0.1026	0.1070	0.1106	0.1136	0.1183	0.1217	0.1241	0.1259	0.1273	0.1295	0.1320
5.4	0.0878	0.0943	0.0996	0.1039	0.1075	0.1105	0.1152	0.1186	0.1211	0.1229	0.1243	0.1265	0.1292
5.6	0.0852	0.0916	0.0968	0.1010	0.1046	0.1076	0.1122	0.1156	0.1181	0.1200	0.1215	0.1238	0.1266
5.8	0.0828	0.0890	0.0941	0.0983	0.1018	0.1047	0.1094	0.1128	0.1153	0.1172	0.1187	0.1211	0.1240
6.0	0.0805	0.0866	0.0916	0.0957	0.0991	0.1021	0.1067	0.1101	0.1126	0.1146	0.1161	0.1185	0.1216
6.2	0.0783	0.0842	0.0891	0.0932	0.0966	0.0995	0.1041	0.1075	0.1101	0.1120	0.1136	0.1161	0.1193
6.4	0.0762	0.0820	0.0869	0.0909	0.0942	0.0971	0.1016	0.1050	0.1076	0.1096	0.1111	0.1137	0.1171
6.6	0.0742	0.0799	0.0847	0.0886	0.0919	0.0948	0.0993	0.1027	0.1053	0.1073	0.1088	0.1114	0.1149
6.8	0.0723	0.0779	0.0826	0.0865	0.0898	0.0926	0.0970	0.1004	0.1030	0.1050	0.1066	0.1092	0.1129
7.0	0.0705	0.0761	0.0806	0.0844	0.0877	0.0904	0.0949	0.0982	0.1008	0.1028	0.1044	0.1071	0.1109
7.2	0.0688	0.0742	0.0787	0.0825	0.0857	0.0884	0.0928	0.0962	0.0987	0.1008	0.1023	0.1051	0.1090
7.4	0.0672	0.0725	0.0769	0.0806	0.0838	0.0865	0.0908	0.0942	0.0967	0.0988	0.1004	0.1031	0.1071
7.6	0.0656	0.0709	0.0752	0.0789	0.0820	0.0846	0.0889	0.0922	0.0948	0.0968	0.0984	0.1012	0.1054
7.8	0.0642	0.0693	0.0736	0.0771	0.0802	0.0828	0.0871	0.0904	0.0929	0.0950	0.0966	0.0994	0.1036
8.0	0.0627	0.0678	0.0720	0.0755	0.0785	0.0811	0.0853	0.0886	0.0912	0.0932	0.0948	0.0976	0.1020
8.2	0.0614	0.0663	0.0705	0.0739	0.0769	0.0795	0.0837	0.0869	0.0894	0.0914	0.0931	0.0959	0.1004
8.4	0.0601	0.0649	0.0690	0.0724	0.0754	0.0779	0.0820	0.0852	0.0878	0.0898	0.0914	0.0943	0.0988
8.6	0.0588	0.0636	0.0676	0.0710	0.0739	0.0764	0.0805	0.0836	0.0862	0.0882	0.0898	0.0927	0.0973
8.8	0.0576	0.0623	0.0663	0.0696	0.0724	0.0749	0.0790	0.0821	0.0846	0.0866	0.0882	0.0912	0.0959
9.2	0.0554	0.0599	0.0637	0.0670	0.0697	0.0721	0.0761	0.0792	0.0817	0.0837	0.0853	0.0882	0.0931
9.6	0.0533	0.0577	0.0614	0.0645	0.0672	0.0696	0.0734	0.0765	0.0789	0.0809	0.0825	0.0855	0.0905
10.0	0.0514	0.0556	0.0592	0.0622	0.0649	0.0672	0.0710	0.0739	0.0763	0.0783	0.0799	0.0829	0.0880
10.4	0.0496	0.0537	0.0572	0.0601	0.0627	0.0649	0.0686	0.0716	0.0739	0.0759	0.0775	0.0804	0.0857
10.8	0.0479	0.0519	0.0553	0.0581	0.0606	0.0628	0.0664	0.0693	0.0717	0.0736	0.0751	0.0781	0.0834
11.2	0.0463	0.0502	0.0535	0.0563	0.0587	0.0609	0.0644	0.0672	0.0695	0.0714	0.0730	0.0759	0.0813
11.6	0.0448	0.0486	0.0518	0.0545	0.0569	0.0590	0.0625	0.0652	0.0675	0.0694	0.0709	0.0738	0.0793
12.0	0.0435	0.0471	0.0502	0.0529	0.0552	0.0573	0.0606	0.0634	0.0656	0.0674	0.0690	0.0719	0.0774
12.8	0.0409	0.0444	0.0474	0.0499	0.0521	0.0541	0.0573	0.0599	0.0621	0.0639	0.0654	0.0682	0.0739
13.6	0.0387	0.0420	0.0448	0.0472	0.0493	0.0512	0.0543	0.0568	0.0589	0.0607	0.0621	0.0649	0.0707
14.4	0.0367	0.0398	0.0425	0.0448	0.0468	0.0486	0.0516	0.0540	0.0561	0.0577	0.0592	0.0619	0.0677
15.2	0.0349	0.0379	0.0404	0.0426	0.0446	0.0463	0.0492	0.0515	0.0535	0.0551	0.0565	0.0592	0.0650
16.0	0.0332	0.0361	0.0385	0.0407	0.0425	0.0442	0.0469	0.0492	0.0511	0.0527	0.0540	0.0567	0.0625
18.0	0.0297	0.0323	0.0345	0.0364	0.0381	0.0396	0.0422	0.0442	0.0460	0.0475	0.0487	0.0512	0.0570
20.0	0.0269	0.0292	0.0312	0.0330	0.0345	0.0359	0.0383	0.0402	0.0418	0.0432	0.0444	0.0468	0.0524

注：l、b 为矩形的长边与短边，z 为基底以下的深度。

2. 沉降计算深度的确定

《建筑地基基础设计规范》(GB 50007—2002)用符号 z_n 表示沉降计算深度,并规定一般地基应符合下列要求,即

$$\Delta s_n \leqslant 0.025 \sum s_i \tag{4-14}$$

式中:Δs_n 为计算深度向上取厚度为 Δz 的土层变形量计算值,Δz 由表 4-6 确定;s_i 为在计算深度范围内第 i 层土的计算变形值。

表 4-6　Δz 取值表

b/m	$b \leqslant 2$	$2 < b \leqslant 4$	$4 < b \leqslant 8$	$8 < b$
Δz /m	0.3	0.6	0.8	1.0

如确定的计算深度下部仍有较软土层时应继续计算。当无相邻荷载影响、基础宽度为 1~30m 时,基础中点的沉降计算深度也可以按式(4-15)计算,即

$$z_n = b(2.5 - 0.4\ln b) \tag{4-15}$$

式中:b 为基础宽度(m)。

在计算深度范围内存在基岩时,z_n 可取至基岩表面;当存在较厚的坚硬黏土层(孔隙比小于 0.5,压缩模量大于 50MPa)或存在较厚的密实砂卵石层(压缩模量大于 80MPa)时,z_n 可取至该层土表面。

3. 地基最终沉降量计算

地基最终沉降量等于各层土沉降量之和,即

$$s' = \sum_{i=1}^{n} s_i = \sum_{i=1}^{n} \frac{p_0}{E_{si}} (z_i \bar{\alpha}_i - z_{i-1} \bar{\alpha}_{i-1})$$

按上述公式计算的沉降值尚应乘以系数 ψ_s,以提高计算准确度,即

$$s = \psi_s \sum_{i=1}^{n} s_i = \psi_s \sum_{i=1}^{n} \frac{p_0}{E_{si}} (z_i \bar{\alpha}_i - z_{i-1} \bar{\alpha}_{i-1}) \tag{4-16}$$

式中:ψ_s 为经验系数,按地区沉降观测资料及经验确定,无地区经验时可按 $\bar{E}_s$ 查表 4-7 中的数值。

表 4-7　沉降计算经验系数 ψ_s

基底附加压力	$\bar{E}_s$				
	2.5	4.0	7.0	15.0	20.0
$p_0 \geqslant f_{ak}$	1.4	1.3	1.0	0.4	0.2
$p_0 \leqslant 0.75 f_{ak}$	1.1	1.0	0.7	0.4	0.2

$\bar{E}_s$ 为沉降计算深度范围内压缩模量当量值,按式(4-17)计算,即

$$\bar{E}_s = \frac{\sum A_i}{\sum \dfrac{A_i}{E_{si}}} \tag{4-17}$$

式中:A_i 为第 i 层土附加应力沿土层厚度的积分值。

经过推导,式(4-17)可以简化为

$$\overline{E}_s = \frac{p_0 \overline{\alpha}_n z_n}{\sum s_i} \tag{4-18}$$

式中：$\overline{\alpha}_n$ 为 z_n 范围内平均附加应力系数；$\sum s_i$ 为 z_n 范围内的沉降量之和。

用式(4-18)计算当量压缩模量较为简单。

【例 4-6】 图 4-12 所示为某建筑物的柱基础，基底为正方形，边长为 4.0m，基础埋置深度 d =1.0m，上部结构传至基础顶面的荷载 p=1440kN，地基为粉质黏土，其天然重度 γ =16.0kN/m³，土的天然孔隙比 e=0.97，地下水位埋深 3.4m，地下水位以下土体的饱和重度 γ_{sat}=18.2kN/m³。土层压缩模量为：地下水位以上 E_{s1}=5.5MPa，地下水位以下 E_{s2}=6.5MPa。地基土的承载力特征值 f_{ak}=94kPa，试用规范法计算柱基中点的沉降量。

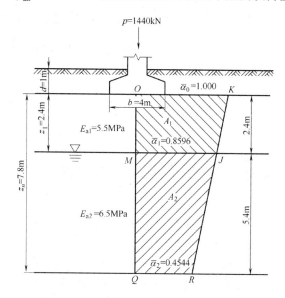

图 4-12　例 4-6 图

解　(1) 按式(4-15)计算确定地基压缩层深度 z_n =b(2.5-0.4ln$b$)=4.0×(2.5-0.4ln4)=7.8(m)。

(2) 计算基底附加压力。取基础平均重度 $\overline{\gamma}$ =20kN/m³，则 $p_0 = \dfrac{F}{lb} + \overline{\gamma}d - \gamma d = \dfrac{1440}{4 \times 4}$ +20×1-16×1 = 94.0(kPa)。

(3) 计算平均附加应力系数 $\overline{\alpha}$。使用表 4-5 时，因为它是角点下平均附加应力系数，而所需计算的则为基础中点下的沉降量，因此将基础分为 4 块相同的小面积，l =2m，b =2m，查得的平均附加应力系数应乘以 4，具体数值如表 4-8 所示。

表 4-8　平均附加应力系数 $\overline{\alpha}$ 计算

z_i /m	l/b	z/b	$\overline{\alpha}_i$	$\overline{\alpha}_i z_i$ /mm	$\overline{\alpha}_i z_i -$ $\alpha_{i-1}z_{i-1}$ /mm	$\dfrac{p_0}{E_{si}}$	s_i /mm	$\sum s_i$ /mm	$\dfrac{\Delta s_n}{\sum s_i}$
0		0	4×0.25=1.000	0					
2.4	1.0	1.2	4×0.2149=0.8596	2063.0	2063.0	0.017	35.07		
7.8		3.9	4×0.1136=0.4544	3544.3	1481.3	0.0145	21.48	56.55	0.019
7.2		3.6	4×0.1205=0.482	3470.4	73.9	0.0145	1.07		

(4) 校核 z_n。根据规范规定,在 z_n 处按表 4-6 向上取 $\Delta z = 0.6$m,计算出 $\Delta s_n = 1.07$mm,

$$\frac{\Delta s_n}{\sum s_i} = \frac{1.07}{56.55} = 0.019 < 0.025 \,,$$ 表明所取 $z_n = 7.8$m 符合要求。

(5) 沉降计算经验修正系数的确定。基底以下 2.4m 范围内的附加应力系数分布图的面积 $A_1 = 0.8596 \times 2.4 = 2.06(\text{m}^2)$,$2.4 \sim 7.8$m 范围的附加应力系数分布面积 $A_2 = 0.4544 \times 7.8 - 2.06 = 1.48(\text{m}^2)$,代入式(4-17)得压缩模量当量值 $\bar{E}_s = \dfrac{2.06 + 1.48}{\dfrac{2.06}{5.5} + \dfrac{1.48}{6.5}} = 5.88(\text{MPa})$,由 $p_0 = f_{ak}$ 和

$\bar{E}_s = 5.88$MPa 查表 4-7 得 $\psi_s = 1.11$。

(6) 按式(4-18)计算 $\bar{E}_s$。$z_n = 7.8$m,由表 4-8 得到 $\bar{\alpha}_n = 0.4544$,$\sum s_i = 56.55$,

$$\bar{E}_s = \frac{0.4544 \times 7.8 \times 1000 \times 94}{56.55} = 5891.5(\text{kPa}) = 5.89\text{MPa},$$ 计算结果与式(4-17)完全相同,计算简单。

(7) 计算柱基中点的沉降量。将前述数据代入式(4-16)得 $s = \psi_s \sum\limits_{i=1}^{n} s_i = 1.11 \times 56.55$
$= 62.77(\text{mm})$。

4.4 地基变形与时间的关系

前面介绍地基沉降量的计算,是指地基土在外荷载作用下孔隙体积发生压缩稳定后的沉降量,通常称为最终沉降量。但在某些必要情况下,对于重要或特殊建筑物需要知道地基沉降量随时间的变化过程,以便设计预留建筑物有关部分之间的净空、选择连接方法、安排施工顺序及控制施工速度等。尤其对于发生裂缝、倾斜等事故的建筑物,更需要了解当时的沉降与今后沉降的发展,即沉降与时间的关系,作为事故处理方案的重要依据。在采用预压固结法进行地基处理时,也需要考虑地基沉降与时间的关系。

不同土质的地基,沉降速率是不同的,碎石土和砂土的压缩性小而渗透性大,受荷后固结稳定所需时间很短,可以认为施工结束时地基沉降已全部或基本完成。黏性土和粉土达到固结稳定所需时间较长,通常低压缩性土施工期间完成最终沉降量的 50%～80%,中压缩性土施工期间完成最终沉降量的 20%～50%,高压缩性土施工期间完成最终沉降量的 5%～20%。厚层的饱和软黏土,固结沉降需要几年甚至几十年才能完成。因此,工程中一般只考虑黏性土和粉土地基沉降与时间的关系。

关于地基沉降量与时间的关系,目前常以饱和土体单向固结理论(孔隙水的排出和土体的压缩只在一个方向上发生)为基础,下面介绍这一理论及应用。

4.4.1 有效应力原理

对于饱和土体,孔隙水充满了整个土中孔隙,即土体由土粒骨架与孔隙水组成,当受到外力作用时,外力由孔隙水和土粒骨架共同承担,两者分担的多少与孔隙水排出情况有关,若孔隙水未排出,土体骨架不会变形,则外力全部由孔隙水承担,若孔隙水逐渐排出直至变形稳定,孔隙水不再排出,则外力全部由土粒骨架承担。

把土中孔隙水承担的压力(应力)称为孔隙水压力，用u表示，把土粒骨架承担的压力称为有效应力，用σ'表示。则总应力σ可表示为$\sigma=\sigma'+u$，变形得

$$\sigma'=\sigma-u \tag{4-19}$$

式(4-19)称为有效应力公式，只有有效应力才会使土体颗粒间相互错动而发生压缩变形，它是土体强度变化的原因。由于有效应力σ'作用在土粒骨架之间，很难直接测定，通常是在已知总应力σ和测定孔隙水压力u之后，利用式(4-19)求得。

4.4.2　饱和土的单向固结理论

土体在固结过程中如果孔隙水只沿一个方向排出，土的压缩也只在一个方向发生(一般指竖直方向)，那么，这种固结就称为单向固结。工程中，荷载分布面积很大，靠近地表的薄层土层，其渗透固结就近似属于这种情况。

1. 单向渗透固结理论的基本假设

(1) 地基土为均质、各向同性的饱和土。
(2) 土的压缩完全是由于孔隙体积的减少而引起的，土粒和孔隙水均不可压缩。
(3) 孔隙水的渗流和土的压缩只沿竖向发生，侧向既不变形也不排水。
(4) 孔隙水的渗流服从达西定律，土的固结快慢取决于渗透系数的大小。
(5) 在整个固结过程中，假定孔隙比e、压缩系数a和渗透系数K为常量。
(6) 荷载是连续均布的，并且是一次瞬时施加的。

单向渗透固结理论微分方程为

$$\frac{\partial u}{\partial t}=C_{\mathrm{v}}\frac{\partial^2 u}{\partial z^2} \tag{4-20}$$

$$C_{\mathrm{v}}=\frac{K(1+e)}{a\gamma_{\mathrm{w}}} \tag{4-21}$$

式中：C_{v}为土的固结系数(cm^2/a)；e为加荷前土的孔隙比；K为土的渗透系数($\mathrm{cm/a}$)；a为土的压缩系数(cm^2/N)；γ_{w}为水的重度，$\gamma_{\mathrm{w}}=0.00981\mathrm{N/cm}^3$。

2. 固结度

固结度是指地基在某一固结应力作用下，经历时间t以后，土体发生固结或孔隙水应力消散的程度。固结度的计算方法都是假定基础荷载是一次突然施加到地基上去的，实际上，工程的施工期相当长，基础荷载是在施工期内逐步施加的。一般可以假定在施工期间荷载随时间的增加是线性增加的，工程完成后荷载就不再增加。对这种情况，在实际工程计算中将逐步加荷的过程简化为在加荷起止时间中点一次瞬时加载。然后用太沙基固结理论计算其固结度。

土层在固结过程中任一时刻的压缩量s_t与最终压缩量s之比为

$$U_t=\frac{s_t}{s} \tag{4-22}$$

某一点的固结度对解决工程实际问题并无很大意义，为此，下面引入平均固结度的概念。土层平均固结度，就是指任一时刻该土层孔隙水应力的平均消散程度，即有效应力分布图形面积与总应力分布图形面积的比值，可表示为

$$U_t = 1 - \frac{\int_0^H u\,dz}{\int_0^H u_0\,dz} \tag{4-23}$$

式(4-23)为各种情况下任一时刻 t 的平均固结度的基本表达式，积分后整理可得

$$U_t = 1 - \frac{\frac{\pi}{2}\alpha - \alpha + 1}{1+\alpha}\,\frac{32}{\pi^3}\,e^{-\frac{\pi^2}{4}T_v} \tag{4-24}$$

式中：α 为应力比，$\alpha = \dfrac{\sigma_z'}{\sigma_z''}$，其中 σ_z' 为透水面处的固结应力，σ_z'' 为非透水面处的固结应力；T_v 为时间因数，按式(4-25)计算，即

$$T_v = \frac{C_v t}{H^2} \tag{4-25}$$

式中：H 为最大排水距离，对单面排水情况为压缩土层厚度，对双面排水情况为压缩土层厚度的 1/2。

对单面排水，且附加应力呈矩形分布情况，即 $\alpha = 1$ 时，可得

$$U_t = 1 - \frac{8}{\pi^2}e^{-\frac{\pi^2}{4}T_v} \tag{4-26}$$

式(4-26)适合以下两种情况：①单面排水，附加应力呈矩形分布；②双面排水情况。

对于单面排水，且 $\alpha \neq 1$ 情况，可根据 α 的大小分为以下几种情况进行计算。

(1) $\alpha = 0$。相当于大面积新填土层(饱和时)由土体本身的自重应力引起的固结；或者土层由于地下水位大幅度下降，在地下水位变化范围内自重应力随深度增加的情况。此时自重应力即为压缩应力。基底附加应力为三角形分布。

(2) $\alpha = 1$。相当于适用于地基在自重作用下已固结完成，然后有大面积荷载作用，或基底面积很大而压缩土层又较薄的情况。基底附加应力均匀分布。

(3) $0 < \alpha < 1$。相当于地基在自重作用下尚未固结，又在其上施加荷载，附加应力呈正梯形分布。

(4) $1 < \alpha < \infty$。为地基在自重作用下已固结完成，在局部荷载作用下，压缩土层底面的附加应力仍相当大，不能视之为零的情况，附加应力为倒梯形分布，这种情况工程上最为常见。

(5) $\alpha = \infty$。为地基在自重作用下已固结完成，基底面积较小而压缩土层又很厚，压缩土层底面附加应力接近于零的情况。附加应力呈倒三角形分布。

为使用方便，已将各种情况的 U_t 和 T_v 之间的关系曲线绘于图 4-13 中。

3. 地基沉降与时间的关系计算

利用上述固结理论可进行以下计算。

(1) 已知地层的最终沉降量 s，求某一固结历时 t 已完成的沉降 s_t。

对于这类问题，首先计算土层平均固结系数 C_v 和时间因数 T_v，然后利用图中的曲线查出相应的固结度 U_t，再求得 s_t。

(2) 已知土层的最终沉降量 s，求土层产生某一沉降时 s_t 所需的时间。

对于这类问题，首先求出土层平均固结度 $U_t = s_t/s$，然后从图 4-13 中的曲线查得相应的时间因数 T_v，再求出所需的时间。

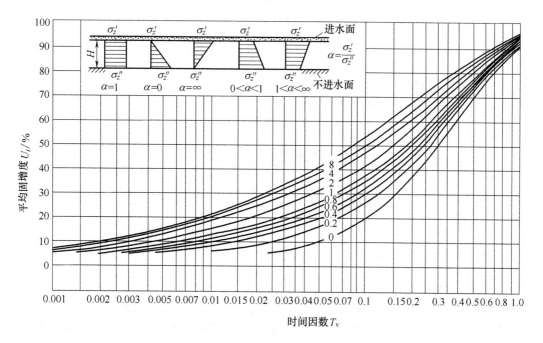

图 4-13 平均固结度 U_t 与时间因数 T_v 的关系

【**例 4-7**】某地基压缩层为厚 8m 的饱和黏性土，下部为隔水层，软黏土加荷之前的孔隙比 e_1 =0.7，渗透系数 K =2.0cm/a，压缩系数 a =0.25MPa^{-1}，附加应力分布如图 4-14 所示，求：①一年后地基沉降量为多少？②加荷多长时间才能使地基固结度达到 80%？

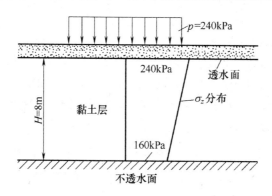

图 4-14 例 4-7 图

解 ① 求土层最终沉降量 s。

地基的平均附加应力 $\bar{\sigma}_z = \dfrac{240+160}{2} = 200(\text{kPa})$，$s = \dfrac{a}{1+e_1}\bar{\sigma}_z H = \dfrac{0.25}{1+0.7}\times 0.2 \times 800$

=23.53(cm)，该土层固结系数 $C_v = \dfrac{K(1+e_1)}{a\gamma_w} = \dfrac{2\times(1+0.7)}{0.00025\times 0.098} = 1.39\times 10^5(\text{cm}^2/\text{a})$，

$T_v = \dfrac{C_v t}{H^2} = \dfrac{1.39\times 10^5 \times 1}{800^2} = 0.217$（年），$\alpha = \dfrac{\sigma_z'}{\sigma_z''} = \dfrac{240}{160} = 1.5$，由图 4-13 可得加荷一年的固结度 U_t =0.55，故 s_t =0.55×23.53=12.94(cm)。

② 计算地基固结度为 80%所需要的时间。

由 $\alpha = \dfrac{\sigma_z'}{\sigma_z''} = 1.5$ 和 $U_t = 0.8$，查图 4-13 可得 $T_v = 0.54$，由公式 $T_v = \dfrac{C_v t}{H^2}$ 知，当固结度达到

80%所需时间 $t = \dfrac{T_v H^2}{C_v} = \dfrac{0.54 \times 800^2}{1.39 \times 10^5} = 2.49$（年）。

思考题与习题

4-1 为什么说土的压缩变形实际上是土的孔隙体积的减少？

4-2 侧限压缩试验的成果可用哪两种形式的曲线来表示？可得到哪些压缩性的指标？试述这些指标的定义、确定方法和途径以及各指标之间的关系和具体用途。

4-3 什么叫先期固结压力？如何确定先期固结压力？

4-4 什么叫正常固结土、超固结土和欠固结土？土的应力历史对土的压缩性有何影响？

4-5 计算地基沉降量的分层总和法和规范法有何异同？(试从基本假定、计算原理、土层分层的原则、附加应力的计算、沉降计算经验系数、沉降计算深度的规定等方面加以比较)

4-6 根据饱和土的单向固结理论，说明固结土层的厚度、排水条件、渗透系数对固结历时的影响。

4-7 某饱和土样进行压缩试验，试样的原始高度为 20mm，初始含水率 $\omega = 27.3\%$，初始密度 $\rho_0 = 1.91\text{g/cm}^3$，土的相对密度 $G_s = 2.71$。当压力分别为 $p_1 = 100\text{kPa}$、$p_2 = 200\text{kPa}$ 时，达到压缩稳定后试样的变形量分别为 0.886mm 和 1.617mm。求：①计算试样的初始孔隙比 e_0 及 p_1 和 p_2 相对应的孔隙比 e_1 和 e_2；②求 0～100kPa、100～200kPa 压力区间的压缩系数 a 和压缩模量 E_s，并判断该土的压缩性。

4-8 某基础宽度 $b = 6\text{m}$，长度 $l = 18\text{m}$，所受中心铅直荷载 $R = 13500\text{kN}$(包括基础重量)。地基为均质土，地下水位在地面以下 4.5m 处，地下水位以上土的湿重度 $\gamma = 18.6\text{kN/m}^3$，地下水位以下土的饱和重度 $\gamma_{\text{sat}} = 20.6\text{kN/m}^3$，基础埋深 $d = 1.5\text{m}$。地基土的压缩曲线如图 4-15 所示，试用分层总和法求基础中心点的沉降量。

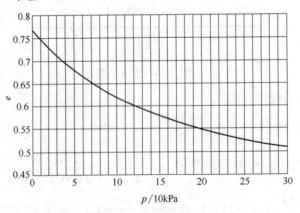

图 4-15 土的压缩曲线

4-9　已知一方形基础底面尺寸为 4m×4m，基础埋深 d =2.0m。上部结构传至基础顶面中心荷载 F =4000kN，基础及其上填土平均重度 γ_G =20kN/m^3。地基表层为人工填土，γ_1 =17.5kN/m^3，厚度为 6.0m；第二层为黏土，γ_2 =16.0kN/m^3，e_1 =1.0，a =0.6MPa^{-1}，厚度为 1.6m；第三层为卵石，E_s =25MPa，厚度为 5.6m。试求黏土层的沉降量。

4-10　某独立基础的基底面尺寸为 3m×2m，基础埋深 d =1.5m。上部中心荷载作用在基础顶面，F =873kN，基础及其上填土平均重度 γ_G =20kN/m^3。地基表层为杂填土，γ_1 =17.0kN/m^3，厚度 h_1 =1.5m；第二层为粉质黏土，γ_2 =18.0kN/m^3，E_{s2} =4MPa，厚度 h_2 =4.4m；第三层为卵石，E_{s3} =20MPa，厚度为 6m。已知地基承载力特征值 f_{ak} =150kPa，试按规范法计算基础的沉降量。

4-11　厚度为 7m 的饱和黏土层，其下为不可压缩的不透水层。已知黏土层的竖向固结系数 C_v =4.5×10^{-3}cm^2/s，γ_{sat} =19.5kN/m^3。黏土层顶面为薄透水砂层，地表瞬时施加大面积均布荷载 p =100kPa。分别计算下列几种情形：①若黏土层已经在自重作用下完成固结，然后施加 p，求达到 50%固结度所需的时间；②若黏土层尚未在自重作用下固结，则施加 p 后，求达到 50%固结度所需的时间。

4-12　设基础底面尺寸为 4.8m×3.2m，埋深为 1.5m，传至地面的中心荷载 F =1800kN，地基的土层分层及各层土的侧限压缩模量(相应于自重应力至自重应力加附加应力段)如图 4-16 所示，持力层的地基承载力特征值 f_{ak} =180kPa，试用规范法计算基础中点的最终沉降。

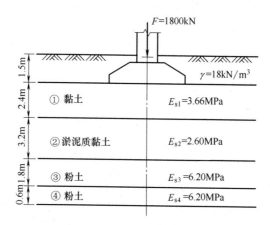

图 4-16　习题 4-12 图

第 5 章　土的抗剪强度

【学习要点及目标】

◆ 掌握土的莫尔-库仑强度理论。

◆ 掌握土的极限平衡条件。

◆ 掌握土的直接剪切试验原理、步骤。

◆ 掌握三轴剪切试验的原理、步骤，掌握三轴剪切试验指标的选用。

◆ 了解无侧限抗压强度试验、十字板剪切试验。

◆ 了解土的抗剪强度影响因素。

【核心概念】

极限平衡条件、抗剪强度、内摩擦角、黏聚力、直接剪切试验、三轴剪切试验、十字板剪切试验等。

【引导案例】

土的抗剪强度是土的基本力学性质之一，土的强度指标及强度理论是工程设计和验算的依据；对土的强度估计过高往往会造成工程事故，而估计过低则会使建筑物设计偏于保守。因此，正确确定土的强度十分重要。本章主要介绍莫尔-库仑强度理论、土的极限平衡条件、土的抗剪强度试验方法等内容。

5.1 概　　述

土的抗剪强度是指土体抵抗剪切破坏的极限能力。当土中某点由外力所产生的剪应力达到土的抗剪强度时，土体就会发生一部分相对于另一部分的移动，该点便发生了剪切破坏。工程实践和室内试验都验证了建筑物地基和土工建筑物的破坏绝大多数属于剪切破坏。土的强度问题的研究成果在工程上的应用很广，归纳起来主要体现在以下三个方面。

1. 土坡稳定性问题

土坡稳定性问题是土作为材料构成的土工构筑物的稳定性问题，包括天然土坡、挖方边坡(如基坑等)、填方土坡(如路基、土坝等)的稳定性问题。例如，在山坡上修建房屋，一旦山坡失稳，势必破坏房屋。又如，基坑失去稳定，基坑附近地面上的建筑物和堆放的材料将一起滑动而发生工程事故。若路基发生滑动，可能连同路上行驶的车辆一起滑动，导致交通事故甚至人员伤亡(见图 5-1(a))。

2. 土压力问题

土压力问题是土作为工程构筑物的环境的问题。例如，挡土墙、地下结构等的周围土体，它的强度破坏将造成对墙体过大的侧向土压力，以至于可能导致这些工程构筑物发生滑动、倾覆等破坏事故(见图 5-1(b))。

3. 地基承载力问题

地基承载力问题是土作为建筑地基的承载力问题，如果基础下的地基土体产生整体滑动或因局部剪切破坏而导致过大的地基变形，都会造成上部结构的破坏或影响其正常使用等一系列工程事故(见图 5-1(c))。

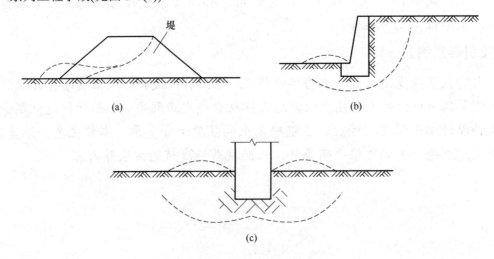

图 5-1　土体的剪切破坏示意图

5.2　莫尔-库仑强度理论

5.2.1　强度理论表达式

目前土力学中被广泛采用的强度理论是莫尔-库仑理论。法国学者库仑先后通过对砂土和黏性土的剪切试验得出了库仑理论。1776 年，他根据砂土的剪切试验结果(见图 5-2(a))，将土的抗剪强度 τ_f 表达为滑动面上法向应力 σ 的线性函数，即

$$\tau_f = \sigma \tan\varphi \tag{5-1}$$

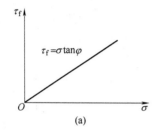
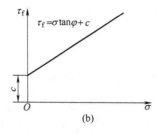

图 5-2　抗剪强度与法向应力的关系曲线

以后库仑又根据黏性土的试验结果(见图 5-2(b))，提出更为普遍的抗剪强度表达形式，即

$$\tau_f = c + \sigma \tan\varphi \tag{5-2}$$

式中：τ_f 为土的抗剪强度(kPa)；σ 为剪切滑动面上的法向应力(kPa)；c 为土的黏聚力(kPa)；φ 为土的内摩擦角(°)。

上述土的抗剪强度数学表达式也称为库仑定律，它表明在一般应力水平下，土的抗剪强度与滑动面上的法向应力之间呈直线关系。

1910 年，莫尔提出材料产生剪切破坏时，破坏面上的 τ_f 是该面上法向应力 σ 的函数，即

$$\tau_f = \sigma \tan\varphi \tag{5-3}$$

该函数在笛卡儿坐标系中所反映的是一条曲线，如图 5-3 所示，通常称为莫尔包线。土的莫尔包线多数情况下可近似地用直线表示，其表达式就是库仑所表示的直线方程。由库仑表达式表示莫尔包线的土体抗剪强度理论称为莫尔-库仑强度理论。

1936 年，太沙基提出了有效应力原理。根据有效应力原理，土中某点的总应力 σ 等于有效应力 σ' 和孔隙水压力 u 之和，即 $\sigma = \sigma' + u$，只有有效应力的变化才会引起强度的变化。因此，土的抗剪强度可表示为剪切破坏面上法向有效应力的函数。

$$\tau_f = c' + \sigma' \tan\varphi' \tag{5-4}$$

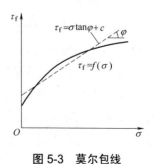

图 5-3　莫尔包线

或

$$\tau_f = c' + (\sigma - u)\tan\varphi' \tag{5-5}$$

式中：c'、φ' 分别为有效黏聚力和有效内摩擦角，称为有效应力抗剪强度指标。

5.2.2　土抗剪强度指标

土的抗剪强度指标有两种表达方式：一种是以总应力 σ 表示剪切面上法向应力，抗剪强度表达式即为库仑公式(5-2)，称为抗剪强度总应力法，相应地，c、φ 称为总应力强度指标；另一种则是以有效土应力 σ' 表示剪切面上的法向应力，表达式为式(5-4)，称为抗剪强度有效应力法，相应地，c'、φ' 称为有效应力强度指标。试验研究表明，土的抗剪强度取决于土粒间的有效应力。由库仑公式建立的概念在应用上比较方便，许多土工问题的分析方法都还建立在总应力法的基础上，故在工程上仍然应用至今。如不特指，本书后面所讲的抗剪强度，都是指总应力指标。

抗剪强度指标 c、φ 是土的重要力学指标，在确定地基土的承载力、挡土墙的土压力以及验算土坡的稳定性等时，都要用到土的抗剪强度指标。因此，正确地测定和选择土的抗剪强度指标是土工计算中十分重要的问题。

由土的抗剪强度表达式可以看出，砂土的抗剪强度是由内摩阻力构成，而黏性土的抗剪强度则由内摩阻力和黏聚力两部分所构成。

1. 内摩擦角

内阻力包括土粒之间的表面摩擦力和由于土粒之间的连锁作用而产生的咬合力。咬合力是指当土体相对滑动时，将嵌在其他颗粒之间的土粒拔出所需的力。土粒表面越粗糙，棱角越多，密实度越大，则土的内摩擦角系数越大。

砂土的内摩擦角 φ 变化范围不是很大，中砂、粗砂、砾砂一般为 $\varphi=32°\sim40°$；粉砂、细砂一般为 $\varphi=28°\sim36°$。孔隙比越小，φ 越大，但含水饱和的粉砂、细砂很容易失去稳定，因此对其内摩擦角的取值宜慎重，有时规定取 $\varphi=20°$ 左右。

2. 黏聚力

黏性土的黏聚力取决于土粒间的连接程度。黏聚力包括原始黏聚力、固化黏聚力和毛细黏聚力。原始黏聚力主要是由于土粒间水膜受到相邻土粒之间的电分子引力而形成的，当土被压密时，土粒间的距离减小，原始黏聚力随之增大，当土的天然结构被破坏时，原始黏聚力将丧失一些，但会随着时间而恢复其中的一部分或全部；固化黏聚力是由于土中化合物的胶结作用形成的，当土的天然结构被破坏时，则固化黏聚力随之丧失，而且不能恢复。毛细黏聚力是由毛细压力所引起的，一般可忽略不计。

抗剪强度指标 c、φ 不仅与土的性质有关，而且与测定方法有关。同一种土体在不同条件下测出的强度指标也有所不同，但同一种土用同一方法测定的强度指标基本是相同的，因此谈到强度指标 c、φ 时，应注明它的试验条件。

5.3　土的极限平衡条件

5.3.1　土中一点应力状态及莫尔应力圆

从土所受的应力及其强度指标的关系来分析，土的极限平衡条件是指土体处于极限平衡状态时，土体所受的大、小主应力(σ_1、σ_3)与抗剪强度指标(c、φ)之间的关系式。为了导出极限平衡条件，必须分析土体中任意点的应力状态。

下面仅研究平面问题。在土体中取一单元体，如图 5-4(a)所示，设作用在该单元上的大、小主应力分别为 σ_1 和 σ_3，在单元体内与大主应力 σ_1 作用平面呈任意角 α 的斜截面 aa 上有正应力和剪应力分别为 σ 和 τ。为了建立 σ、τ 与 σ_1、σ_3 之间的关系，截取楔形脱离体，根据静力平衡条件，可得斜截面 aa 上的应力为

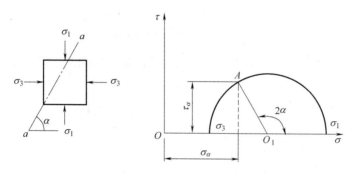

| (a) 单元体应力 | (b) 莫尔应力圆 |

图 5-4　土体中任意点的应力

$$\sigma = \frac{1}{2}(\sigma_1 + \sigma_3) + \frac{1}{2}(\sigma_1 - \sigma_3)\cos 2\alpha \tag{5-6}$$

$$\tau = \frac{1}{2}(\sigma_1 - \sigma_3)\sin 2\alpha \tag{5-7}$$

由式(5-6)和式(5-7)可知，在 σ_1、σ_3 已知的情况下，斜截面 aa 上的法向应力 σ 和剪应力 τ 仅与斜截面倾角 α 有关。由式(5-6)和式(5-7)得

$$\left[\sigma - \frac{1}{2}(\sigma_1 + \sigma_2)\right]^2 + \tau^2 = \left(\frac{\sigma_1 - \sigma_3}{2}\right)^2 \tag{5-8}$$

式(5-8)表示圆心为 $\left(\dfrac{\sigma_1 + \sigma_3}{2},\ 0\right)$、半径为 $\left(\dfrac{\sigma_1 - \sigma_3}{2}\right)$ 的莫尔圆，如图 5-4(b)所示。莫尔圆上任一点代表与大主应力 σ_1 作用面呈 α 角的斜面，其纵坐标代表该面上的法向应力，横坐标代表该面上的剪应力。显然，当土体中任一点只要已知其大小主应力分别为 σ_1 和 σ_3，便可用莫尔应力圆求出该点不同斜截面上的正应力 σ 和剪应力 τ。因此，应用莫尔应力圆可以很方便地表示出土体中任一点的应力状态。

5.3.2　极限平衡条件

当土体中任意一点在某一平面上剪应力达到土的抗剪强度时，就会发生剪切破坏，该点即处于极限平衡状态。当土处于极限平衡状态时，莫尔应力圆与抗剪强度线是相切的关系。如图 5-5 所示，设切点为 A，将抗剪强度线延长并与 σ 轴相交于 O' 点，则由三角形 $AO'D$ 可知

$$\sin\varphi = \frac{AD}{O'D} = \frac{\sigma_1 - \sigma_3}{2c\cot\varphi + \sigma_1 + \sigma_3} \tag{5-9}$$

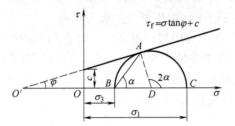

图 5-5　极限平衡的几何条件

通过三角函数间的变换，最后可以得到土中某点处于极限平衡状态时主应力之间的关系式，即极限平衡条件为

$$\sigma_1 = \sigma_3 \tan^2\left(45° + \frac{\varphi}{2}\right) + 2c\tan\left(45° + \frac{\varphi}{2}\right) \tag{5-10}$$

或

$$\sigma_3 = \sigma_1 \tan^2\left(45° - \frac{\varphi}{2}\right) - 2c\tan\left(45° - \frac{\varphi}{2}\right) \tag{5-11}$$

由图 5-5 中几何关系，又可求得

$$\alpha = \frac{1}{2}(90° + \varphi) = 45° + \frac{\varphi}{2} \tag{5-12}$$

土的极限平衡条件同时表明，土体剪切破坏时的破裂面不是发生在最大剪应力 τ_{max} 的作用面上，而是发生在与最大主应力的作用面成 $\left(45° + \dfrac{\varphi}{2}\right)$ 角的平面上。

对于无黏性土，由于黏聚力 $c = 0$，则可求得无黏性土的极限平衡条件为

$$\sigma_1 = \sigma_3 \tan^2\left(45° + \frac{\varphi}{2}\right) \tag{5-13}$$

或

$$\sigma_3 = \sigma_1 \tan^2\left(45° - \frac{\varphi}{2}\right) \tag{5-14}$$

按照极限平衡理论，如果给定了土的抗剪强度参数 φ 和 c 以及土中某点的应力状态，则可将抗剪强度线与莫尔应力圆画在同一张坐标图上，如图 5-6 所示。它们之间的关系有以下三种情况。

(1) 整个莫尔应力圆位于抗剪强度包络线的下方(圆 I)，说明该点在任何平面上的剪应力都小于土所能发挥的抗剪强度($\tau < \tau_f$)，因此不会发生剪切破坏。

(2) 抗剪强度包络线是莫尔应力圆的一条割线(圆Ⅲ)，实际上这种情况是不可能存在的，因为该点任何方向上的剪应力都不可能超过土的抗剪强度(不存在 $\tau > \tau_f$ 的情况)。

(3) 莫尔应力圆与抗剪强度包络线相切(圆Ⅱ)，切点为 A，说明在 A 点所代表的平面上，剪应力正好等于抗剪强度($\tau = \tau_f$)，该点就处于极限平衡状态，圆Ⅱ称为极限应力圆。

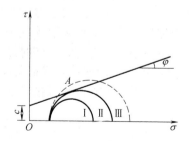

图 5-6　莫尔应力圆与抗剪强度之间的关系

土的极限平衡条件常用来判定土中某点的平衡状态，具体方法如下：根据实际最小主应力及土的极限平衡条件式，可推求土体处于极限平衡状态时所能承受的最大主应力，或根据实际最大主应力及土的极限平衡条件式，推求出土体处于极限平衡状态时所能承受的最小主应力，再通过比较计算值即可判定该点的平衡状态。

(1) 根据实际最小主应力 σ_3，代入式(5-10)，可推求土体处于极限平衡状态时所能承受的最大主应力 σ_{1f}，如果 $\sigma_1 < \sigma_{1f}$，则土体中该点处于稳定平衡状态；如果 $\sigma_1 = \sigma_{1f}$，则土体处于极限平衡状态；如果 $\sigma_1 > \sigma_{1f}$，则该点处于破坏状态。

(2) 根据实际最大主应力 σ_1，代入式(5-11)，可推求土体处于极限平衡状态时所能承受的最小主应力 σ_{3f}。如果 $\sigma_3 > \sigma_{3f}$，则土体中该点处于稳定平衡状态；如果 $\sigma_3 = \sigma_{3f}$，则土体处于极限平衡状态；如果 $\sigma_3 < \sigma_{3f}$，则该点处于破坏状态。

【例 5-1】 土样内摩擦角为 $\varphi = 23°$，黏聚力为 $c = 18\text{kPa}$，土中大主应力和小主应力分别为 $\sigma_1 = 300\text{kPa}$、$\sigma_3 = 120\text{kPa}$。试判断该土样是否达到极限平衡状态？

解　(1) 将小主应力 σ_3 代入式(5-10)得到：$\sigma_{1f} = 120 \times \tan^2\left(45° + \dfrac{23}{2}\right) + 2 \times 18 \times$

$\tan\left(45° + \dfrac{23}{2}\right) = 328.3(\text{kPa})$，$\sigma_1 = 300 < \sigma_{1f} = 328.3$。该土样处于稳定平衡状态。

(2) 将大主应力 $\sigma_1 = 300\text{kPa}$ 代入式(5-11)得到：$\sigma_{3f} = 300 \times \tan^2\left(45° - \dfrac{23°}{2}\right) - 2 \times 18 \times$

$\tan\left(45° - \dfrac{23°}{2}\right) = 107.6(\text{kPa})$，$\sigma_3 = 120 > \sigma_{3f} = 107.6$。可判定该土样处于稳定平衡状态。

5.4　土的剪切试验

土的抗剪强度指标 φ、c 可以通过剪切试验确定。抗剪强度试验的方法有室内试验和野外试验等，室内试验最常用的是直接剪切试验(直剪试验)、三轴剪切试验和无侧限抗压强度试验等，野外试验有原位十字板剪切试验等。

5.4.1　直接剪切试验

直接剪切试验是最早的测定土的抗剪强度指标的试验方法，也是测定土的抗剪强度的最简单方法，为世界各国广泛应用。该试验的主要仪器为直剪仪，按照加荷方式的不同，直剪仪可分为应变控制式和应力控制式两种，前者以等速水平推动试样产生位移并测定相应的剪应力；后者则是对试样分级施加水平剪应力，同时测定相应的位移。我国目前普遍采用的是应变控制式直剪仪。图 5-7 所示为应变控制式直剪仪示意图。垂直压力由杠杆系统通过加压活塞和透水石传给土样，水平剪力则由轮轴推动活动的下盒施加给土样，土的抗剪强度可由量力环的位移值确定。

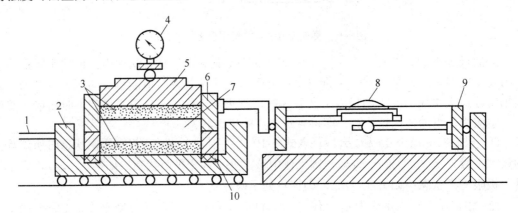

图 5-7　应变控制式直剪仪

1—轮轴；2—底座；3—透水石；4，8—测微表；5—活塞；6—上盒；
7—土样；9—量力环；10—下盒

在直接剪切试验中，不能量测孔隙水压力，也不能控制排水，所以只能用总应力法来表示土的抗剪强度。为了考虑地基土的固结程度和排水条件对抗剪强度的影响，根据加荷速率的快慢将直接剪切试验分为快剪、固结快剪、慢剪三种试验类型。

1. 快剪试验

竖向压力施加后立即施加水平剪力进行剪切，使土样在 3～5min 剪坏。由于剪切速度快，可以认为土样在短时间内没有排水固结，模拟了不排水剪切情况，得到的强度指标用 φ_q、c_q 表示。

2. 固结快剪试验

竖向压力施加后，给予充分时间使土样排水固结。固结终了后施加水平剪力，快速地把土样剪坏，得到的强度指标用 φ_{cq}、c_{cq} 表示。

3. 慢剪试验

竖向压力施加后，给予充分时间使土样排水固结。固结后以慢速施加水平剪力，使土样在剪切过程中充分固结排水，直到土被剪坏，得到的强度指标用 φ_s、c_s 表示。

　　由上述三种试验方法可知，由于试验排水条件不同，测得的抗剪强度也不相同，在一般情况下，$\varphi_s \geqslant \varphi_{cq} \geqslant \varphi_q$。

　　直接剪切试验是测定土的抗剪强度指标常用的一种试验方法。它具有仪器设备简单、操作方便等优点。它的缺点是，剪应力沿剪切面分布不均匀，不易控制排水条件，在试验过程中剪切面变化等。

5.4.2　三轴剪切试验

　　三轴剪切试验是测定土的抗剪强度的一种较为完善的方法。该试验所用仪器为三轴剪切仪，其构造如图 5-8 所示，它主要由压力室、施加周围压力系统、轴向加压系统和孔隙水压力量测系统组成。目前较为先进的三轴剪切仪还配备有自动控制系统和数据自动采集系统。

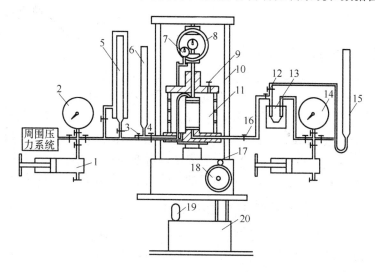

图 5-8　三轴剪切仪

1—调压筒；2—周围压力表；3—周围压力阀；4—排水阀；5—体变管；6—排水管；7—变形量表；
8—量力环；9—排气孔；10—轴向加压设备；11—压力室；12—量管阀；13—零位指示器；
14—孔隙压力表；15—量管；16—孔隙压力阀；17—离合器；18—手轮；19—马达；20—变速箱

　　试验时，圆柱体土样用乳胶膜包裹，放入密封的压力室内。如图 5-9(a) 所示，先向压力室内压入液体，使试样受到周围压力 σ_3，并使压力 σ_3 在试验过程中保持不变，这时土样内各向的三个主应力相等，因此不产生剪应力，土样也不受剪切。然后在压力室上端的活塞杆上施加垂直压力直至土样受剪破坏，设破坏时由活塞杆加在土样上的垂直压力为 $\Delta\sigma_1$，则土样上的最大主应力 $\sigma_1 = \Delta\sigma_1 + \sigma_3$，而最小主应力为 σ_3，如图 5-9(b) 所示。由此可绘出一个莫尔圆。用同一种土制成若干土样按上述方法进行试验，对每个土样施加不同的周围压力 σ_3，可分别求得剪切破坏时对应的最大主应力 σ_1，将这些结果绘成一组莫尔圆。根据土的极限平衡条件可知，通过这些莫尔圆的切点的直线就是土的抗剪强度线，如图 5-9(c) 所示，由此可得抗剪强度指标 φ 和 c 值。

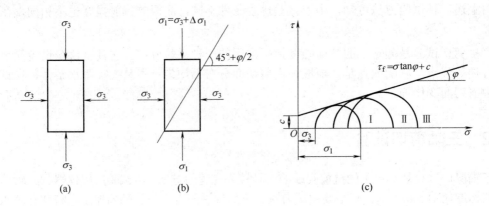

图 5-9　三轴剪切试验原理

根据土样固结排水条件的不同，相应于直剪试验，三轴试验可分为以下几种方法。

1. 不固结不排水剪试验(UU 试验)

将现场提取或实验室制备的土样放入三轴仪的压力室内，在排水阀门关闭的情况下，先向土样施加周围压力 σ_3，不待土样固结和孔隙水压力消散，随即施加轴向应力 $\Delta\sigma_1(\Delta\sigma_1 = \sigma_1 - \sigma_3)$ 进行剪切，直至剪坏。在施加 σ_3 过程中，自始至终关闭排水阀门，不让土中水排出，即在施加周围压力盒剪切力时均不允许土样发生排水固结，这种试验就称为不固结不排水剪试验，简称 UU 试验。一般来说，对不易透水的饱和黏性土，当土层较厚、排水条件较差、施工速度较快时，为使施工期土体稳定，可采用不固结不排水剪方法测定。

2. 自重预固结不固结不排水剪切试验(K_0UU)

进行 K_0UU 试验时使几个试样在相同的固结压力(对于原位的自重有效应力)下固结，再进行不固结不排水试验，直至试样破坏，采用 K_0 条件下预固结是为了模拟土的原始应力状态。

3. 固结不排水剪试验(CU 试验)

试验时先对土样施加周围压力 σ_3，并打开排水阀门，使土样在 σ_3 作用下排水固结。土样排水终止，固结完成时关闭排水阀，然后施加轴向应力$(\sigma_1 - \sigma_3)$直至土样破坏。在剪切过程中，土样处于不排水状态，试验过程中可测量孔隙水压力的变化过程。对于土层较薄、透水性较大、排水条件好、施工速度不快的短期稳定问题，可采用固结不排水剪方法测定。

4. 固结排水试验(CD 试验)

进行固结排水剪切试验时，使试样先在 σ_3 作用下固结，然后在排水条件下缓慢剪切，使孔隙水压力充分消散，在整个固结和剪切全过程中不产生孔隙水压力，因此总应力总是等于有效应力。在施工速度相当慢、土层透水性及排水条件都很好的情况下，可采用固结排水剪方法测定。

三轴试验的突出优点是，能够控制排水条件以及可以量测土样中孔隙水压力的变化。此外，三轴试验中试样的应力状态也比较明确，剪切破坏时的破裂面在试样的最弱处，而不像直剪试验那样限定在上、下盒之间。一般来说，三轴试验的结果还是比较可靠的，因此，三轴压缩仪是土工试验不可缺少的仪器设备。三轴压缩试验的主要缺点是，试验操作比较复杂，对试验人员的操作技术要求比较高。另外，常规三轴试验中的试样所受的力是轴对称的，与工程实际中土体的受力情况不太相符，要满足土样在三向应力条件下进行剪切试验，就必须采用更为复杂的真三轴仪进行试验。

【例 5-2】 设有一组饱和黏土试样做固结不排水试验，3 个试样分别施加的周围压力 σ_3、剪破时的偏应力 $(\sigma_1 - \sigma_3)$ 和孔隙水压力 u_f 等有关数据及部分计算结果如表 5-1 所示。

表 5-1　三轴固结不排水试验成果　　　　　　　　　单位：kPa

土样编号	1	2	3	土样编号	1	2	3
σ_3	50	100	150	u_f	23	40	67
$(\sigma_1 - \sigma_3)_f$	92	120	164	$\sigma_3' = \sigma_3 - u_f$	27	60	83
σ_1	142	220	314	$\sigma_1' = \sigma_1 - u_f$	119	180	247
$\frac{1}{2}(\sigma_1 + \sigma_3)_f$	96	160	232	$\frac{1}{2}(\sigma_1' + \sigma_3')_f$	73	120	165
$\frac{1}{2}(\sigma_1 - \sigma_3)_f$	46	60	82	$\frac{1}{2}(\sigma_1' - \sigma_3')_f$	46	60	82

解　上述三轴试验数据的整理过程主要包括以下步骤。

在 τ-σ 坐标系中分别作出三个总应力莫尔圆，再作出其公切线即为总应力强度包络线 k_f，量出强度包络线 τ 轴上的截距和水平倾角即为总应力抗剪强度指标，其值分别为 $c = 10\text{kPa}$、$\varphi = 18°$。用相同的步骤作出有效应力莫尔圆和有效应力强度包络线，量出相应的有效应力抗剪强度指标为 $c' = 6\,\text{kPa}$、$\varphi' = 27°$，如图 5-10 所示。

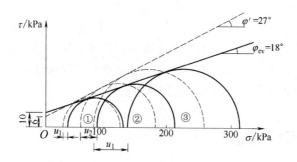

图 5-10　三轴试验数据整理

5.4.3　无侧限抗压强度试验

无侧限抗压强度试验是三轴剪切试验中 $\sigma_3 = 0$ 的特殊情况。试验时，将圆柱形试样置于图 5-11(a)所示无侧限压缩仪中，在不加任何侧向压力的情况下，对试样施加轴向压力，直至试样剪切破坏为止。试样破坏时的轴向压力以 q_u 表示，称为无侧限抗压强度。无黏性土在无侧限条件下试样难以成形，该试验主要用于黏性土，尤其适用于饱和黏性土。

由于不能施加周围压力，无侧限抗压强度试验时侧压力 $\sigma_3 = 0$，所以只能求得一个过坐标原点的极限应力圆，如图 5-11(b)所示。对于饱和软黏土，根据三轴不固结不排水试验的结果，其强度包线近似于一水平线，即 $\varphi_u = 0$(表示三轴不固结不排水剪试验求得的内摩擦角)，因此，饱和软黏土的不固结不排水抗剪强度可以利用无侧限压缩仪求得，即

$$\tau_f = c_u = \frac{q_u}{2} \tag{5-15}$$

式中：c_u 为土的不排水抗剪强度(kPa)；q_u 为无侧限抗压强度(kPa)。

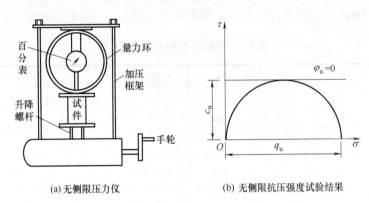

(a) 无侧限压力仪 　　　　　(b) 无侧限抗压强度试验结果

图 5-11　无侧限抗压强度试验

无侧限抗压强度试验除了可测定饱和黏性土的抗剪强度指标外，还可以测定饱和软黏土的灵敏度 S_t。土的灵敏度是原状土和重塑土的无侧限抗压强度的比值，它反映土的结构性强弱，其计算公式为

$$S_t = \frac{q_u}{q_0} \tag{5-16}$$

式中：q_u、q_0 为原状土、重塑土的无侧限抗压强度(kPa)。

根据灵敏度的大小，可将饱和黏性土分为三类：$1 < S_t \leqslant 2$，低灵敏度土；$2 < S_t \leqslant 4$，中灵敏度土；$S_t > 4$，高灵敏度土。土的灵敏度越高，其结构性越强，受扰动后土的强度降低就越多。黏性土受扰动而强度降低的性质，一般来说对工程建设是不利的，如在基坑开挖过程中，因施工可能造成土的扰动而会使地基强度降低。

5.4.4　十字板剪切试验

在抗剪强度的现场原位测试方法中，最常用的是十字板剪切试验。该试验无须钻孔取得原状土样，对土的扰动小，试验时土的排水条件、受力状态与实际情况十分接近，因而特别适用于难以取样且灵敏度高的饱和软黏土。

1. 十字板剪切试验装置

十字板剪切仪如图 5-12 所示，主要由板头、加力装置和测量设备三部分组成。试验时，将套管打到要求测试深度以上 75cm，然后将套管内土清除，通过套管将安装在钻管下的十字板压入土中至测试深度。再在地面上以一定转速对钻管施加扭力矩，使埋在土中的十字板扭转，直至土剪切破坏。破坏面为十字板旋转所形成的圆柱面。

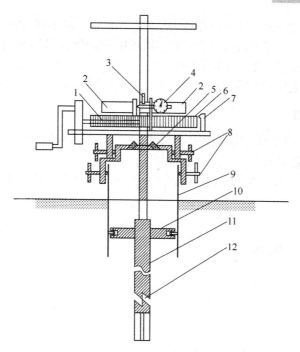

图 5-12 十字板剪切仪结构示意图

1—摇柄主动转动齿轮；2—开口钢环；3—特制键；4—百分表；5—支爪；6—蜗轮从动转动齿轮；
7—平面 0°～360°盘指针；8—制紧螺栓；9—钻孔套管；10—测杆定中装置；11—测杆；12—离合器

2. 十字板剪切试验资料整理

设土体剪切破坏时所施加的扭矩为 M，则它应该与剪切圆柱体侧面、上下端面的抗剪强度所产生的抵抗力矩相等，即

$$M = \frac{1}{2}\pi D^2 H \tau_V + \frac{1}{6}\pi D^3 \tau_H \tag{5-17}$$

式中：M 为剪切破坏时的扭矩（$kN \cdot m$）；τ_V、τ_H 分别为剪切破坏时圆柱体侧面和上、下面土的抗剪强度(kPa)；H 为十字板的高度(m)；D 为十字板的直径(m)。

一般而言，土体是各向异性的，为简化计算，假定土体为各向同性体，即土的抗剪强度各向相等，用 τ_f 表示，式(5-17)变为

$$M = \left(\frac{1}{2}\pi D^2 H + \frac{1}{6}\pi D^3 \right)\tau_f \tag{5-18}$$

于是，通过十字板原位剪切试验测得的抗剪强度 τ_f 为

$$\tau_f = \frac{2M}{\pi D^2 \left(H + \dfrac{D}{3} \right)} \tag{5-19}$$

利用十字板剪切试验在现场测定饱和黏性土的抗剪强度，类似于不排水剪切的试验条件，因此其试验结果与无侧限抗压强度试验结果接近。对饱和软黏土来说，十字板剪切试验所得成果即为不排水抗剪强度，饱和软黏土 $\varphi_u = 0$，所以 $\tau_f = c_u$。

室内试验都要求事先取得原状土样，由于试样在采取、运送、保存和制备等过程中不可避

免地会受到扰动，土的含水率也难以保持天然状态，特别是对于高灵敏度的黏性土扰动更大，故试验结果对土的实际情况的反映将会受到不同程度的影响。十字板剪切试验由于是直接在原位进行试验，不必取土样，故土体所受的扰动较小，被认为是比较能反映土体原位强度的测试方法，但如果在软土层中夹有薄层粉砂，则十字板试验结果就可能会偏大。

3. 试验结果应用

十字板不排水剪切强度，主要用于可假设 $\varphi_u = 0$，按总应力分析法的各类土工问题。

(1) 确定地基极限承载力。

对软黏土地基 $\varphi_u = 0$，$N_r = 0$，$N_q = 1$，$N_c = 5.71$，利用太沙基公式(第 7 章)确定极限承载力为

$$p_u = 5.71c_u + \gamma_0 d \tag{5-20}$$

(2) 估算桩的端阻力和侧阻力。

桩端阻力为

$$q_p = 9c_u \tag{5-21}$$

桩侧阻力为

$$q_s = \alpha c_u \tag{5-22}$$

α 与桩类型、土类、土层顺序等有关。

(3) 根据加固前后土的强度变化，可以检验地基的加固效果。

(4) 根据 $c_u - h$ 曲线，判定土的固结历史。若 $c_u - h$ 曲线大致成一条通过地面原点的直线，可判定为正常固结土；若 $c_u - h$ 不通过原点，而与纵坐标的向上延长线相交，则可判定为超固结土。

思考题与习题

5-1 何谓土的抗剪强度和抗剪强度曲线？

5-2 砂土与黏性土的抗剪强度表达式有何不同？土的抗剪强度是不是一个定值？

5-3 黏性土的抗剪强度表达式由哪两部分组成？什么是土的抗剪强度指标？

5-4 为什么土粒越粗内摩擦角 φ 越大、土粒越细黏聚力 c 越大？土的密度和含水率对 c 值与 φ 值的影响如何？

5-5 土体中发生剪切破坏的平面，是不是剪应力最大的平面？

5-6 什么是土的极限平衡状态？何谓土的极限平衡条件？

5-7 测定土的抗剪强度指标主要有哪几种方法？试比较它们的优、缺点。

5-8 设黏性土地基中某点的主应力 $\sigma_1 = 300\text{kPa}$，$\sigma_3 = 180\text{kPa}$，土的抗剪强度指标 $c = 20\text{kPa}$，$\varphi = 26°$，试问该点处于什么状态？

5-9 某砂土试样进行直剪试验，当 $\sigma_z = 300\text{kPa}$ 时，$\tau_f = 200\text{kPa}$。求：①砂土的内摩擦角 φ；②破坏时的大、小主应力值。

5-10 某条形基础下地基土中一点的应力 $\sigma_z = 250\text{kPa}$，$\sigma_x = 100\text{kPa}$，$\tau_{xz} = 40\text{kPa}$，已知土的 $\varphi = 30°$、$c = 0$，问该点是否被破坏？如果 σ_z 和 σ_x 不变，τ_{xz} 增加到 60kPa，该点又如何？

5-11 某地基取原状土进行直剪试验，4 个试样的法向压力 p 分别为 100kPa、200kPa、300kPa、400kPa，测得试样破坏时相应抗剪强度分别为 67kPa、119kPa、162kPa、216kPa。试用作图法求此土的抗剪强度指标 c、φ。若作用在此地基中某平面上的正应力和剪应力分别为 255kPa 和 105kPa，试问该处是否会发生剪切破坏？

5-12 已知某土样黏聚力 c=8kPa，内摩擦角 φ=32°。若将此土样置于三轴仪中进行三轴剪切试验，当小主应力为 40kPa 时，大主应力为多少才使土样达到极限平衡状态？

5-13 已知某土样黏聚力 c=8kPa，内摩擦角 φ=32°。若将此土样置于直剪仪中做直剪试验，当竖向应力为 100kPa 时，要使土样达到极限平衡状态，需加多少水平剪应力？

第6章 土压力及挡土墙设计

【学习要点及目标】

◆ 掌握土压力类型及产生的条件。

◆ 掌握静止土压力的计算。

◆ 掌握朗肯土压力理论的条件、计算公式。

◆ 掌握库仑土压力理论的条件、计算公式。

◆ 掌握分层填土、有均布荷载、地下水等特殊条件下的土压力计算。

◆ 掌握挡土墙的类型、抗倾和抗滑稳定验算。

【核心概念】

静止土压力、朗肯土压力理论、库仑土压力理论、抗倾和抗滑稳定验算等。

【引导案例】

土压力是挡土墙的主要外荷载，土压力的性质、大小、方向和作用点的确定，是设计挡土墙断面及验算其稳定性的主要依据。土压力主要有静止土压力、主动土压力、被动土压力三种类型。本章主要介绍静止土压力、主动土压力、被动土压力的计算，以及工程中常见条件下土压力的计算方法和挡土墙设计等内容。

挡土墙是一种用于支挡天然或人工边坡以保持其稳定、防止坍塌的结构物，在土木、水利、交通等工程中得到广泛的应用。图6-1所示为几种典型的挡土墙应用类型。从图中可以看出，无论采用哪种形式的挡土墙，都要承受来自墙后土体的侧向压力——土压力。土压力是挡土墙的主要外荷载，土压力的性质、大小、方向和作用点的确定，是设计挡土墙断面及验算其稳定性的主要依据。

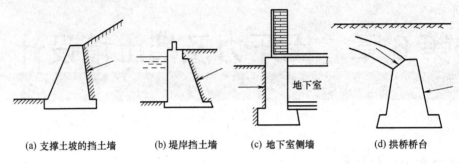

(a) 支撑土坡的挡土墙　　(b) 堤岸挡土墙　　(c) 地下室侧墙　　(d) 拱桥桥台

图6-1　挡土墙的应用举例

6.1　挡土墙的土压力

6.1.1　土压力的类型

挡土墙的土压力是指挡土墙后的填土因自重或外荷载作用对墙背产生的侧向压力。它的性质取决于挡土墙可能位移的方向以及墙后土体所处的状态，土压力的大小则与挡土墙的截面形式、墙后土体的性质、填土面的形式以及荷载作用等诸多因素有关。按照挡土墙的可能位移方向和墙后土体所处的状态，土压力分为静止土压力、主动土压力和被动土压力三种类型。

1. 静止土压力

挡土墙在压力作用下不发生任何变形和位移(移动或转动)，墙后填土处于弹性平衡状态时，作用在挡土墙背的土压力称为静止土压力，用 E_0 表示，如图6-2(a)所示。例如，被刚性楼板和底板支撑着的建筑物地下室外墙上的土压力可视为静止土压力。另外，在未受扰动的天然土体内部的侧向自重应力、人工填土在填筑后未产生侧向变形的侧压力，均可看成静止土压力。

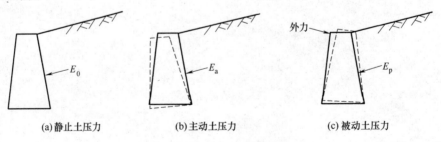

(a)静止土压力　　　　(b)主动土压力　　　　(c)被动土压力

图6-2　挡土墙上的三种土压力

2. 主动土压力

挡土墙在土压力作用下离开土体向前位移时，土压力随之减小。当位移达到一定数值时，墙后土体达到主动极限平衡状态。此时，作用在墙背的土压力称为主动土压力，用 E_a 表示，如图 6-2(b)所示。工程中大多数挡土墙受到的土压力属于这一类。

3. 被动土压力

挡土墙在外力作用下推挤土体向后位移时，作用在墙上的土压力随之增加。当位移至一定数值时，墙后土体达到被动极限平衡状态。此时，作用在墙上的土压力称为被动土压力，用 E_p 表示，如图 6-2(c)所示，如拱桥的桥台所受的土压力即为被动土压力。

土压力和挡土墙位移的关系如图 6-3 所示。试验表明，土压力的大小是随挡土墙的位移而变化的，作用在挡土墙上的实际土压力并非只有上述三种特定状态(主动土压力 E_a、静止土压力 E_0、被动土压力 E_p)的值，达到主动土压力所需要的挡土墙位移值远小于达到被动土压力所需要的挡土墙位移值，三种土压力的大小关系为 $E_a < E_0 < E_p$。

在实际工程中，一般按三种特定状态的土压力进行挡土墙设计，此时应该弄清实际工程与哪种状态较为接近，以便选择相应的计算理论公式。

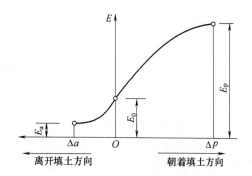

图 6-3　土压力和挡土墙位移的关系

6.1.2　静止土压力的计算

当挡土墙处于静止、墙后土体处于弹性平衡状态时，在填土表面以下任意深度 z 处墙背上的静止土压力强度 p_0 等于土中侧向自重应力(见图 6-4)，即

$$p_0 = K_0 \gamma z \qquad (6-1)$$

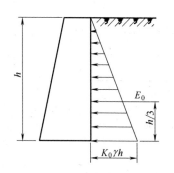

图 6-4　挡土墙墙背上的静止土压力

式中：γ 为墙后土体的重度(kN/m³)；K_0 为静止土压力系数，与泊松比 μ 有关。

理论上 $K_0 = \mu/(1-\mu)$，实际中 K_0 可用三轴剪切试验测得，也可用旁压仪在原位试验中测到。在实际工程中，缺少试验资料时，K_0 也可采用经验值，可采用经验公式估算：对于砂土，$K_0 = 1 - \sin\varphi'$；对于黏性土，$K_0 = 0.95 - \sin\varphi'$；对于超固结土，$K_0 = OCR^{0.5}(1 - \sin\varphi')$。其中，$\varphi'$ 为土的有效内摩擦角。静止土压力系数 K_0 的参考值如表 6-1 所示。

表6-1 静止土压力系数 K_0 值

土 名	砾石、卵石	砂土	粉土	粉质黏土	黏土
K_0	0.20	0.25	0.35	0.45	0.55

由式(6-1)可知,静止土压力沿墙高呈三角形分布,其合力 E_0 即为三角形的面积,即

$$E_0 = \frac{1}{2}\gamma H^2 K_0 \tag{6-2}$$

式中: H 为挡土墙的高度(m)。

静止土压力 E_0 的作用点位于距墙底 $H/3$ 的高度处,其方向与墙背垂直。

对于主动土压力和被动土压力的计算,目前多以朗肯土压力理论和库仑土压力理论这两个古典土压力理论为依据,以下分别介绍其基本原理和计算方法。

6.2 朗肯土压力理论

朗肯(Rankine)于1857年提出的土压力理论是通过分析半空间的应力状态,利用土的极限平衡条件而推出土压力强度计算式的,它是古典土压力理论之一。如图6-5(a)所示,在半空间内取竖直面 AB ,在 AB 面上深度为 z 处取一微单元体。设土的重度为 γ ,当半空间内土体保持静止时,各点都处于弹性平衡状态,此时作用在微单元体上的大主应力 σ_1 为竖向自重应力 γz ,小主应力 σ_3 为水平向自重应力 $K_0\gamma z$,其莫尔应力圆表示为 O_1 ,位于抗剪强度包线下方,如图6-5(b)所示。

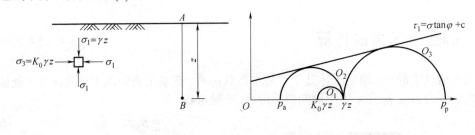

(a) 单元体的初始应力状态　　　　(b) 达到朗肯极限平衡状态的应力圆

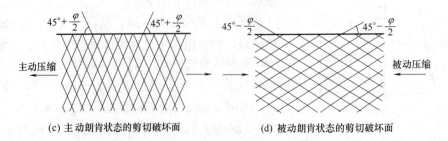

(c) 主动朗肯状态的剪切破坏面　　　　(d) 被动朗肯状态的剪切破坏面

图6-5 弹性半空间的应力状态

假定在某种原因下土体沿侧向方向发生主动膨胀时,微单元体上竖向应力保持不变,而水平方向应力不断减少,莫尔圆直径随之增加。当土体侧向膨胀发生到一定程度时,莫

尔圆 O_2 与抗剪强度包线相切，微单元体处于主动极限平衡状态，也称为主动朗肯状态。此时的大主应力 σ_1 仍为竖向自重应力，小主应力 σ_3 仍为水平向应力，如图 6-5(b)所示，土中两组剪切破坏面与水平面的夹角为 $45°+\varphi/2$，如图 6-5(c)所示。

当土体在侧向方向上发生被动挤压时，微单元体上竖向应力保持不变，而水平方向应力不断增大，莫尔圆直径不断减小至一点，当水平向应力继续增大到超过竖直向应力时，水平向应力成为大主应力 σ_1，而竖向应力变成了小主应力 σ_3，此后，随着水平向应力的增加，莫尔圆直径又不断增加。当土体侧向挤压发生到一定程度时，莫尔圆 O_3 与抗剪强度包线相切，微单元体处于被动极限状态，也称为被动朗肯状态。此时大主应力 σ_1 为水平向应力，如图 6-5(b)所示。土中两组剪切破坏面与水平面的夹角为 $45°-\varphi/2$，如图 6-5(d)所示。

朗肯认为，可以用直立的挡土墙来代替上述竖直面 AB 左边的土体，如果满足墙背与土接触面上的剪应力为零的条件，并不会改变右边土体中的应力状态，则当挡土墙向前位移使土体达到主动极限平衡条件时，对应于莫尔圆 O_2 的小主应力 σ_3 即为主动土压力强度 p_a；当挡土墙向后位移使土体达到被动极限平衡条件时，对应于莫尔圆 O_3 的大主应力 σ_1 即为被动土压力强度 p_p。由此可见，朗肯土压力理论适用于墙为刚体，墙背直立、光滑，墙后填土面水平的情况。

6.2.1　主动土压力

假设挡土墙为刚体，墙背直立、光滑，填土面水平。当挡土墙向前移动或转动时，填土面下任意深度 z 处的竖向应力保持为自重应力 γz 不变，而水平方向的应力逐渐减少。当土体达到主动朗肯状态时，大主应力 σ_1 为竖向自重应力 γz，而小主应力 σ_3 为水平向的应力，即为作用在墙背上的主动土压力强度 p_a。

由土体的极限平衡条件可知，在极限平衡状态下，黏性土中一点的大小主应力即 σ_1 和 σ_3 之间满足以下关系式，即

$$\sigma_3 = \sigma_1 \tan^2\left(45°-\frac{\varphi}{2}\right) - 2c\tan\left(45°-\frac{\varphi}{2}\right)$$

将 $\sigma_3 = p_a$，$\sigma_1 = \gamma z$ 代入上式并令 $K_a = \tan^2(45°-\varphi/2)$，则有

$$p_a = \gamma z K_a - 2c\sqrt{K_a} \tag{6-3}$$

式(6-3)适合于墙身填土为黏性土的情况，对于无黏性土，由于 c=0，则有

$$p_a = \gamma z K_a \tag{6-4}$$

式中：p_a 为主动土压力强度(kPa)；K_a 为主动土压力系数，$K_a = \tan^2(45°-\varphi/2)$；$\gamma$ 为墙后填土重度(kN/m³)；c 为土的黏聚力(kPa)；φ 为土的内摩擦角(°)；z 为计算点离填土表面的距离(m)。

式(6-4)表明，当墙后填土为无黏性土时，$c=0$，主动土压力仅仅是由土的自重所产生，主动土压力强度随深度线性增加(与前面所述的静止土压力分布形式相同)，沿墙高呈三角形分布，主动土压力的合力 E_a 为三角形的面积，其值由式(6-5)计算，合力作用在挡土墙底以上 $H/3$ 处，如图 6-6(b)所示。

$$E_a = \frac{1}{2}\gamma H^2 K_a \tag{6-5}$$

式(6-3)表明，当墙后填土为黏性土时，主动土压力由两部分组成，黏聚力 c 的存在减小了墙背上的土压力，并且在墙背上部形成负侧压力区(拉应力区)，即图 6-6(c)所示的三角形 adc。由于墙背与填土在很小的拉应力下就会脱开，该区域的土中会出现拉裂缝，故在计算墙背上的主动土压力时一般应略去这部分负侧压力，而仅仅考虑三角形 bec 部分的土压力。土压力图形顶点 c 在填土面下的深度称为临界深度 z_0，令式(6-3) 中 $p_a = 0$ 即可确定 z_0，即

$$p_a = \gamma z_0 K_a - 2c\sqrt{K_a} = 0$$

$$z_0 = \frac{2c}{\gamma\sqrt{K_a}} \tag{6-6}$$

主动土压力合力 E_a 则为三角形 bec 的面积，作用在三角形 bec 的形心上，即在挡土墙底面以上 $(H - z_0)/3$ 处，其值由式(6-7)计算，即

$$E_a = \frac{1}{2}(H - z_0)\left(\gamma H K_a - 2c\sqrt{K_a}\right) \tag{6-7}$$

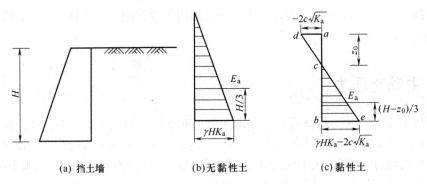

(a) 挡土墙   (b)无黏性土   (c) 黏性土

图 6-6　朗肯主动土压力强度的分布

6.2.2　被动土压力

当挡土墙受外力作用而向后移动或转动时，填土面下任意深度 z 处的竖向应力保持为自重应力 γz 不变，而水平方向的应力逐渐增大，直至达到被动朗肯状态。此时，小主应力 σ_3 为竖向自重应力 γz，而大主应力 σ_1 则为水平向的应力，即为作用在墙背上的被动土压力强度 p_p。

根据土的极限平衡条件式，则有以下公式。

对于黏性土，有

$$\sigma_1 = \sigma_3 \tan^2\left(45° + \frac{\varphi}{2}\right) + 2c\tan\left(45° + \frac{\varphi}{2}\right)$$

将 $\sigma_1 = p_p$、$\sigma_3 = \gamma z$ 代入上式并令 $K_p = \tan^2\left(45° + \frac{\varphi}{2}\right)$，则

$$p_p = \gamma z K_p + 2c\sqrt{K_p} \tag{6-8}$$

对于无黏性土，有

$$p_p = \gamma z K_p \tag{6-9}$$

式中：K_p 为朗肯被动土压力系数，$K_p = \tan^2(45° + \varphi/2)$；其余符号意义同前。

其分布图形如图 6-7 所示。

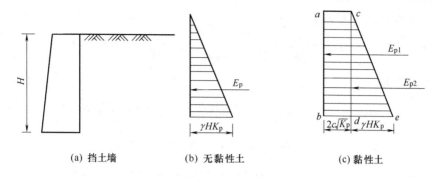

(a) 挡土墙　　　　　(b) 无黏性土　　　　　(c) 黏性土

图 6-7　朗肯被动土压力强度的分布

当填土为无黏性土时，挡土墙背上的被动土压力强度也呈三角形分布(见图 6-7(b))，被动土压力合力 E_p 的值由式(6-10)计算，其作用点在墙底以上 $H/3$ 处。

$$E_p = \frac{1}{2}\gamma H^2 K_p \tag{6-10}$$

当填土为黏性土时，黏聚力 c 的存在增加了被动土压力，作用在墙背上的被动土压力呈梯形分布，如图 6-7(c)所示，合力 E_p 值为梯形面积，可用矩形 $acdb$ 与三角形 ced 的面积之和求得，即

$$E_p = E_{p1} + E_{p2} = \frac{1}{2}\gamma H^2 K_p + 2cH\sqrt{K_p} \tag{6-11}$$

式中：E_{p1} 和 E_{p2} 分别为按矩形面积和三角形面积计算得到的被动土压力的两个分量，它们分别作用于矩形和三角形的形心处。合力 E_p 作用在梯形的形心上，其作用点至墙底的距离按式(6-12)计算，即

$$h_p = \frac{E_{p1}\dfrac{H}{2} + E_{p2}\dfrac{H}{3}}{E_p} \tag{6-12}$$

【例 6-1】如图 6-8 所示，某挡土墙的高度 $H =$ 5m，墙背竖直、光滑，填土表面水平，填土为黏性土，重度 $\gamma = 17$ kN/m³，内摩擦角 $\varphi = 22°$，黏聚力 $c = 6$kPa。试按朗肯土压力理论计算主动土压力 E_a 及其作用点，并绘出主动土压力强度分布图。

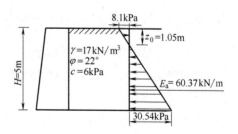

图 6-8　例 6-1 图

解　挡土墙墙顶($z = 0$)处的土压力

$$p_{a0} = \gamma z \tan^2(45° - \varphi/2) - 2c\tan(45° - \varphi/2)$$
$$= 17 \times 0 \times \tan^2(45° - 22°/2) - 2 \times 6\tan(45° - 22°/2)$$
$$= -8.1(\text{kPa})$$

墙底($z = H = 5$m)处的土压力强度

$$p_{aH} = 17 \times 5 \times \tan^2(45° - 22°/2) - 2 \times 6\tan(45° - 22°/2) = 30.54\ (\text{kPa})$$

土压力强度分布如图 6-8 所示。

土压力分布的临界深度为

$$z_0 = \frac{2c}{\gamma\sqrt{K_a}} = \frac{2 \times 6}{17 \times \tan(45° - 22°/2)} = 1.05(\text{m})$$

主动土压力为

$$E_a = \frac{1}{2}(H - z_0)p_{aH} = \frac{1}{2} \times (5 - 1.05) \times 30.54 = 60.37(\text{kN/m})$$

E_a 的作用点至墙底距离为 $\frac{1}{3}(H - z_0) = \frac{1}{3} \times (5 - 1.05) = 1.32(\text{m})$。

【例 6-2】 某重力式挡土墙的高度 $H = 5\text{m}$，墙背垂直光滑，墙后填土为无黏性土，填土面水平，填土性质指标如图 6-9 所示。试分别求出作用于墙上的静止、主动及被动土压力的大小并比较大小。

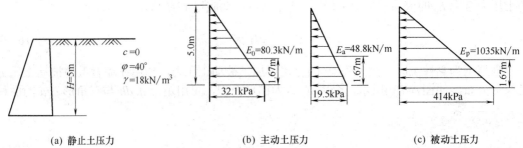

(a) 静止土压力   (b) 主动土压力   (c) 被动土压力

图 6-9　例 6-2 图

解　(1) 计算土压力系数 K。

静止土压力系数 $K_0 = 1 - \sin\varphi = 1 - \sin 40° = 0.357$。

主动土压力系数 $K_a = \tan^2(45° - \varphi/2) = \tan^2(45° - 20°) = 0.217$。

被动土压力系数 $K_p = \tan^2\left(45° + \frac{\varphi}{2}\right) = \tan^2(45° + 20°) = 4.6$。

(2) 计算墙底处土压力强度 p。

静止土压力 $p_0 = \gamma H K_0 = 18 \times 5 \times 0.357 = 32.1$ (kPa)。

主动土压力 $p_a = \gamma H K_a = 18 \times 5 \times 0.217 = 19.5$ (kPa)。

被动土压力 $p_p = \gamma H K_p = 18 \times 5 \times 4.6 = 414$ (kPa)。

(3) 计算单位墙长度上的总土压力 E。

静止土压力 $E_0 = \frac{1}{2}\gamma H^2 K_0 = \frac{1}{2} \times 18 \times 5^2 \times 0.357 = 80.3(\text{kN/m})$。

主动土压力 $E_a = \gamma H^2 K_a = \frac{1}{2} \times 18 \times 5^2 \times 0.217 = 48.8(\text{kN/m})$。

被动土压力 $E_p = \gamma H^2 K_p = \frac{1}{2} \times 18 \times 5^2 \times 4.6 = 1035(\text{kN/m})$。

三者比较可以看出 $E_a < E_0 < E_p$。

(4) 土压力强度分布如图 6-9 所示，总土压力作用点均在距墙底 $H/3 = 5/3 = 1.67(\text{m})$处。

6.3 库仑土压力理论

上述朗肯土压力理论是根据半空间的应力状态和土单元体的极限平衡条件得出的土压力古典理论之一。另一种土压力古典理论就是库仑土压力理论，它是以整个滑动土体上力系的平衡条件来求解主动、被动土压力计算的理论公式。

1776 年，库仑(Coulomb)发表的土压力理论是针对墙后填土为无黏性土的情况提出的，其基本假设如下。

(1) 墙后填土为理想的散体材料(c=0)。

(2) 墙后填土达到极限平衡状态时，土体中产生通过墙踵的平面滑动面。

(3) 填土面、滑动平面和墙背围成的部分土体为刚性楔体。

库仑土压力理论的基本思路是，通过分析楔体的静力平衡条件，从而求得墙背上的压力。

6.3.1 主动土压力

如图 6-10 所示，挡土墙墙背倾角为 α，墙后填土为无黏性土，填土面的倾角为 β，填土的重度为 γ，内摩擦角为 φ，墙背与填土间的外摩擦角为 δ。假定土体达到极限平衡状态时形成滑动平面 BC，它与水平面的夹角为 θ。

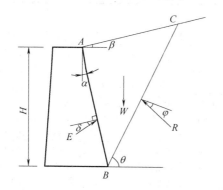
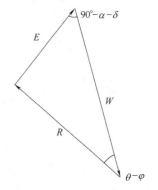

(a) 假定的滑动面和滑动楔体的受力　　(b) 滑动楔体的力三角形

图 6-10 库仑主动土压力的计算简图

取滑动楔体 ABC 为隔离体，作用在楔体上的力有楔体自重 W、滑动面 BC 上的反力 R 和墙背 AB 上的反力 E，如图 6-10(a)所示。滑动面 BC 上的反力 R，作用方向与 BC 面法线成 φ 角，并位于法线的下方，其大小未知。墙背 AB 上的反力 E，方向与 AB 面的法线呈 δ 角，并位于法线的下方，E 的反作用力即为作用在墙背上的土压力，其大小未知。假定滑动面 BC 的倾角为 θ，楔体的几何尺寸即已确定，W 即是已知力，方向竖直向下，即

$$W = \frac{1}{2}\gamma H^2 \frac{\cos(\alpha - \beta)\cos(\theta - \alpha)}{\cos^2 \alpha \sin(\theta - \beta)} \tag{6-13}$$

根据楔体静力平衡条件，W、R、E 构成封闭的力三角形(见图 6-10(b))，根据正弦定律

$$\frac{W}{\sin(90° + \alpha + \delta + \varphi - \theta)} = \frac{E}{\sin(\theta - \varphi)}$$

将上式代入式(6-13)，并整理得

$$E = \frac{1}{2}\gamma H^2 \frac{\cos(\alpha - \beta)\cos(\theta - \alpha)\sin(\theta - \varphi)}{\sin(\theta - \beta)\cos(\theta - \varphi - \alpha - \delta)\cos^2\alpha} \tag{6-14}$$

由于滑动面 BC 的倾角 θ 是任意假定的，因此 E 是 θ 的函数。对应于不同的 θ，有一系列的滑动面和 E 值。与主动土压力 E_a 相应的是其中的最大反力 E_{max}，对应的滑动面为最危险滑动面。

令 $dE/d\theta = 0$，可得墙背反力为 E_{max} 时最危险滑动面的倾角 θ_{cr}，将其值代入式(6-14)，便可得到 E_{max} 主动土压力 E_a 的值，即

$$E_a = \frac{1}{2}\gamma H^2 K_a \tag{6-15}$$

$$K_a = \frac{\cos^2(\varphi - \alpha)}{\cos^2\alpha\cos(\alpha + \delta)\left[1 + \sqrt{\dfrac{\sin(\varphi + \delta)\sin(\varphi - \beta)}{\cos(\alpha + \delta)\cos(\alpha - \beta)}}\right]^2} \tag{6-16}$$

式中：K_a 为库仑主动土压力系数，按式(6-16)计算或查表 6-2 确定；H 为挡土墙高度(m)；γ 为墙后填土的重度(kN/m³)；φ 为墙后填土面的内摩擦角(°)；α 为墙背的倾角(°)(墙背俯斜时取正号，仰斜时取负号)；β 为墙后填土面的倾角(°)；δ 为土对挡土墙墙背的摩擦角，可查表 6-3 确定。

表 6-2　库仑主动土压力系数 K_a 值

$\delta/(°)$	$\alpha/(°)$	$\beta/(°)$	$\varphi/(°)$							
			15	20	25	30	35	40	45	50
0	0	0	0.589	0.490	0.406	0.333	0.271	0.217	0.172	0.132
		15	0.933	0.639	0.505	0.402	0.319	0.251	0.194	0.147
		30		0.750	0.436	0.318	0.235	0.172		
	10	0	0.652	0.560	0.478	0.407	0.343	0.288	0.238	0.194
		15	0.039	0.737	0.603	0.498	0.411	0.337	0.274	0.221
		30		0.925	0.566	0.433	0.337	0.262		
	20	0	0.736	0.648	0.569	0.498	0.434	0.375	0.322	0.274
		15	0.196	0.868	0.730	0.621	0.529	0.450	0.380	0.318
		30		1.169	0.740	0.586	0.474	0.385		
	-10	0	0.540	0.433	0.344	0.270	0.209	0.158	0.117	0.083
		15	0.860	0.562	0.425	0.322	0.243	0.180	0.130	0.090
		30		0.614	0.331	0.226	0.155	0.104		
	-20	0	0.487	0.380	0.287	0.212	0.153	0.106	0.070	0.043
		15	0.809	0.494	0.352	0.250	0.175	0.119	0.076	0.046
		30		0.498	0.239	0.147	0.090	0.051		
10	0	0	0.533	0.447	0.373	0.309	0.253	0.204	0.163	0.127
		15	0.947	0.609	0.476	0.379	0.301	0.238	0.185	0.141
		30		0.762	0.423	0.306	0.226	0.166		
	10	0	0.603	0.520	0.448	0.384	0.326	0.275	0.230	0.189
		15	0.89	0.721	0.582	0.480	0.396	0.326	0.267	0.216
		30		0.969	0.564	0.427	0.332	0.258		

续表

$\delta/(°)$	$\alpha/(°)$	$\beta/(°)$	$\varphi/(°)$							
			15	20	25	30	35	40	45	50
10	20	0	0.695	0.615	0.543	0.478	0.419	0.365	0.316	0.271
		15	1.298	0.872	0.723	0.613	0.522	0.444	0.377	0.317
		30				1.268	0.758	0.594	0.478	0.388
	−10	0	0.477	0.385	0.309	0.245	0.191	0.146	0.109	0.078
		15	0.847	0.520	0.390	0.297	0.224	0.167	0.121	0.085
		30				0.605	0.313	0.212	0.146	0.098
	−20	0	0.427	0.330	0.252	0.188	0.137	0.096	0.064	0.039
		15	0.772	0.445	0.315	0.225	0.158	0.108	0.070	0.042
		30				0.475	0.220	0.135	0.082	0.047
20	0	0			0.357	0.297	0.245	0.199	0.160	0.125
		15			0.467	0.371	0.295	0.234	0.183	0.140
		30				0.798	0.425	0.306	0.225	0.166
	10	0			0.438	0.377	0.322	0.273	0.229	0.190
		15			0.586	0.480	0.397	0.328	0.269	0.218
		30				1.051	0.582	0.437	0.338	0.264
	20	0			0.543	0.479	0.422	0.370	0.321	0.277
		15			0.747	0.629	0.535	0.456	0.387	0.327
		30				1.434	0.807	0.624	0.501	0.406
	−10	0			0.291	0.232	0.182	0.140	0.105	0.076
		15			0.374	0.284	0.215	0.611	0.117	0.083
		30				0.614	0.306	0.207	0.142	0.096
	−20	0			0.231	0.174	0.128	0.090	0.061	0.038
		15			0.940	0.210	0.148	0.102	0.067	0.040
		30				0.468	0.210	0.129	0.079	0.045

表6-3　土对挡土墙墙背的摩擦角

挡土墙情况	摩擦角 δ
墙背平滑，排水良好	$(0\sim0.33)\varphi$
墙背粗糙，排水良好	$(0.33\sim0.5)\varphi$
墙背很粗糙，排水良好	$(0.5\sim0.67)\varphi$
墙背与填土间不可能滑动	$(0.67\sim1.0)\varphi$

当填土为无黏性土，且墙背直立（$\alpha=0$）、光滑（$\delta=0$），填土面水平（$\beta=0$）时，按式(6-16)计算的主动土压力系数 $K_a=\tan^2(45°-\varphi/2)$，与朗肯主动土压力系数一致。可见，在符合朗肯理论的条件下，库仑理论与朗肯理论具有相同的结果，二者是吻合的。

由式(6-15)得到墙顶以下深度 z 范围内墙背上的主动土压力合力为

$$E_a=\frac{1}{2}\gamma z^2 K_a$$

对 z 求导数，得库仑主动土压力沿墙高的分布及主动土压力强度为

$$p_a=\frac{\mathrm{d}E_a}{\mathrm{d}z}=\frac{\mathrm{d}}{\mathrm{d}z}\left(\frac{1}{2}\gamma z^2 K_a\right)=\gamma z K_a \tag{6-17}$$

如图6-11所示，库仑主动土压力强度沿墙高呈三角形分布，合力为 E_a。作用在距墙底 $H/3$ 高度处，其作用方向指向墙背，与墙背法线成 δ 角且在法线上方。

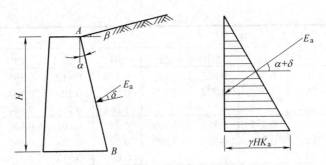

图 6-11 库仑主动土压力的分布

6.3.2 被动土压力

图 6-12 所示的挡土墙,采用与库仑主动土压力分析时同样的假定,则作用在滑动楔体上的力仍为三个,其中楔体自重 W 是已知力,仍按式(6-13)计算,滑动面 BC 上的反力 R 的作用方向仍与 BC 面法线成 φ 角但位于法线上方,墙背 AB 上的反力 E 的方向仍与 AB 面的法线成 δ 角但位于法线上方。按照同样的思路,先由楔体的静力平衡条件求得 E 值,然后用求极值的方法求得最小值 $E_{\min}$,即为被动土压力合力 E_{p}。E_{p} 按式(6-18)计算,即

$$E_{p} = \frac{1}{2}\gamma H^{2} K_{p} \tag{6-18}$$

$$K_{p} = \frac{\cos^{2}(\varphi + \alpha)}{\cos^{2}\alpha \cos(\alpha - \delta)\left[1 - \sqrt{\dfrac{\sin(\varphi + \delta)\sin(\varphi + \beta)}{\cos(\alpha - \delta)\cos(\alpha - \beta)}}\right]^{2}} \tag{6-19}$$

式中: K_{p} 为库仑被动土压力系数,可按式(6-19)计算,当 $\alpha = 0$、$\delta = 0$、$\beta = 0$ 时,$K_{p} = \tan^{2}(45° + \varphi/2)$;其余符号含义同前。

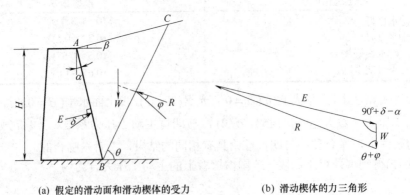

(a) 假定的滑动面和滑动楔体的受力　　　　(b) 滑动楔体的力三角形

图 6-12 库仑被动土压力的计算简图

E_{p} 的作用点位置在距墙底 $H/3$ 处,与墙背法线成 δ 角并位于法线下方,指向墙背。同理可推,被动土压力强度沿墙高呈三角形分布。

【例 6-3】拟建挡土墙的高度为 5.4m,墙后填土面倾角 $\beta = 20°$,填土为无黏性土,重度 $\gamma = 18\,\text{kN/m}^{3}$,内摩擦角 $\varphi = 30°$。假设墙背与土的摩擦角 $\delta = \varphi/3$。若墙背分别设计为俯斜

$\alpha = 15°$，直立 $\alpha = 0°$ 和仰斜 $\alpha = -15°$，试求墙背上的主动土压力及其分布。

解　(1) 当墙背设计成俯斜($\alpha = 15°$)时。

将 $\alpha = 15°$，$\beta = 20°$，$\varphi = 30°$ 代入式(6-16)计算得主动土压力系数 $K_a = 0.604$，按式(6-15)，则主动土压力的合力 $E_a = \frac{1}{2}\gamma H^2 K_a = \frac{1}{2} \times 18 \times 5.4^2 \times 0.604 = 158.5 \,(\text{kN/m})$。

主动土压力强度沿墙高呈三角形分布，墙顶处主动土压力强度 $p_{a0} = 0$，墙底处主动土压力强度 $p_{aH} = \gamma H K_a = 18 \times 5.4 \times 0.604 = 58.7 \,(\text{kPa})$。

(2) 当墙背设计成直立($\alpha = 0°$)时。

由式(6-16)求得主动土压力系数 $K_a = 0.420$，由式(6-15)得主动土压力的合力 $E_a = 110.2 \,\text{kN/m}$，主动土压力强度沿墙高呈三角形分布，墙顶处主动土压力强度 $p_{a0} = 0 \,\text{kPa}$，墙底处主动土压力强度 $p_{aH} = 40.8 \,\text{kPa}$。

(3) 当墙背设计成仰斜($\alpha = -15°$)时。

同理得主动土压力系数 $K_a = 0.288$，主动土压力的合力 $E_a = 75.6 \,\text{kN/m}$。主动土压力强度沿墙高呈三角形分布，墙顶处主动土压力强度 $p_{a0} = 0 \,\text{kPa}$，墙底处主动土压力强度 $p_{aH} = 28.0 \,\text{kPa}$。

由计算结果可以看出，在其他条件相同的情况下，仰斜墙背时的主动土压力最小，这对挡土墙抵抗水平滑移和保证墙身强度安全都是有利的。

6.3.3　黏性土的土压力

前面已经提到，库仑土压力理论是建立在无黏性土假定的基础上，即土的黏聚力 $c = 0$，对于黏性土和粉土，黏聚力 c 不等于零时，无法用库仑土压力理论。目前解决的方法主要有以下两种。

1. 规范法

《建筑地基基础设计规范》(GB 50007—2011)采用与楔体试算法相似的滑裂面假定，给出了黏性土和粉土的主动土压力计算公式(见图 6-13)，即

$$E_a = \psi_c \frac{1}{2} \gamma H^2 K_a \tag{6-20}$$

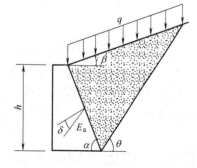

图 6-13　计算简图

式中：ψ_c 为主动土压力增大系数，土坡高度 $H < 5\text{m}$ 时取 1.0，$H = 5 \sim 8\text{m}$ 时取 1.1，$H > 8\text{m}$ 时取 1.2；K_a 为主动土压力系数，按下式确定，即

$$K_a = \frac{\sin(\alpha+\beta)}{\sin^2\alpha\sin^2(\alpha+\beta-\varphi-\delta)}$$

$$\{k_q[\sin(\alpha+\beta)\sin(\alpha-\delta)+\sin(\varphi+\delta)\sin(\varphi-\beta)+2\eta\sin\alpha\cos\varphi\cos(\alpha+\beta-\varphi-\delta)]$$

$$-2[(k_q\sin(\alpha+\beta)\sin(\varphi-\beta)+\eta\sin\alpha\cos\varphi)(k_q\sin(\alpha-\delta)\sin(\varphi+\delta)+\eta\sin\alpha\cos\varphi)]^{\frac{1}{2}}\} \tag{6-21}$$

$$k_{\mathrm{q}} = 1 + \frac{2q\sin\alpha\cos\beta}{\gamma H\sin(\alpha+\beta)}, \qquad \eta = \frac{2c}{\gamma H} \tag{6-22}$$

《建筑地基基础设计规范》(GB 5007—2011)推荐的公式具有普遍性,但计算 K_{a} 较烦琐。同时对于高度小于或等于 5m 的挡土墙,当排水条件、填土符合下列质量要求时,其主动土压力系数可按《建筑地基基础设计规范》(GB 50007—2011)附图 L.0.2 查得。当地下水丰富时,应考虑水压力的作用。

附图 L.0.2 中土类填土质量应满足下列要求。

(1) Ⅰ类:碎石土,密实度应为中密,干密度应大于或等于 2.0g/cm³。

(2) Ⅱ类:砂土,包括砾砂、粗砂、中砂,其密实度为中密,干密度应大于或等于 1.65g/cm³。

(3) Ⅲ类:黏土夹块石,干密度应大于或等于 1.90g/cm³。

(4) Ⅳ类:粉质黏土,干密度应大于或等于 1.65g/cm³。

2. 等值内摩擦角法

为考虑黏聚力的影响,可将黏聚力 c 化为等值内摩擦角 φ_{d}。根据抗剪强度相等原则,$\tau_{\mathrm{f}} = c + \sigma\tan\varphi = \sigma\tan\varphi_{\mathrm{d}}$,求出土的等值内摩擦角,即

$$\varphi_{\mathrm{d}} = \mathrm{arc}\tan\left(\tan\varphi + \frac{c}{\sigma}\right) \tag{6-23}$$

式中:σ 为滑动面上的平均法向应力,实际上以土压力合力作用点的自重应力来代替,$\sigma = \frac{2}{3}\gamma H$。

6.4 工程上土压力的计算

在实际工程中常遇到填土表面有均布荷载、分层填土、地下水位引起的土压力计算等问题,对于这些常见的复杂情况,用朗肯和库仑土压力理论的分析无法完全加以考虑,而只能在理论基础上作出近似的处理。这里,以主动土压力为例,来说明如何进行近似计算。当然这些方法的原理,对于被动土压力的计算同样是适用的。

6.4.1 填土面均布荷载

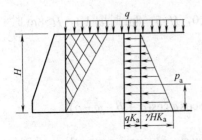

图 6-14 均布荷载分布情况下
土压力计算(无黏性土)

基坑周围有建筑物、堆放建筑材料时,都可以简化为填土表面的均布荷载作用。由于填土表面的均布荷载,增大了主动土压力,对挡土墙的稳定不利。

1. 墙后填土面有连续均布荷载

当墙后填土面有连续均布荷载 q 作用时,如图 6-14 所示,若墙背竖直光滑、填土面水平时,可采用朗肯理论计算,这时墙顶以下任意深度 z 处的竖向应力如下。

对于黏性土，有

$$p_a = qK_a + \gamma z K_a - 2c\sqrt{K_a} \tag{6-24}$$

对于无黏性土，有

$$p_a = qK_a + \gamma z K_a \tag{6-25}$$

由式(6-24)、式(6-25)可得，填土面上无限均布荷载 q 在墙背上引起的主动土压力强度为 qK_a，沿墙高呈均匀分布。对黏性土而言，主动土压力强度分布图取决于均布荷载、黏聚力的大小。当 $q > 2c\sqrt{K_a}$ 时，墙顶处的主动土压力强度 $p_{aA} > 0$，墙背上的主动土压力呈梯形分布；当 $q = 2c\sqrt{K_a}$ 时，$p_{aA} = 0$，主动土压力呈三角形分布；当 $q < 2c\sqrt{K_a}$ 时，$p_{aA} < 0$，主动土压力在临界深度以下呈三角形分布。对无黏性土而言，墙背上的主动土压力都呈梯形分布。无论是黏性土还是无黏性土，土压力合力 E_a 的作用点在 p_a 各自分布图形的形心处。

2. 填土表面受局部均布荷载

1) 墙背一定距离外受均布荷载

当距墙背一定距离 L_1 以外的填土面上受到均布荷载 q 作用时，此时可认为 q 的影响按 $45° + \varphi/2$ 的角度扩散，然后作用在墙背上，q 产生的主动土压力强度为 qK_a。而在 $L_1 \tan(45° + \varphi/2)$ 以上的墙背范围内不受 q 的影响。则墙背上的主动土压力分布如图 6-15(a)所示。

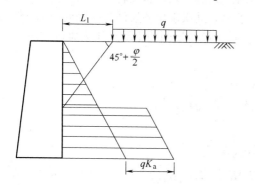
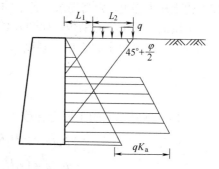

(a) 墙背一定距离外受均布荷载　　　　　(b) 墙背一定距离外受局部均布荷载

图 6-15　填土面受局部均布荷载作用时的朗肯主动土压力

2) 墙背一定距离外受局部均布荷载

在至墙背距离为 L_1 处的填土面上受到宽度为 L_2 的局部均布荷载 q 作用。同样可认为 q 的影响按 $45° + \varphi/2$ 的角度扩散，然后作用在墙背上。q 产生的主动土压力强度为 qK_a。在 $L_1 \tan(45° + \varphi/2)$ 以上和 $(L_1 + L_2) \tan(45° + \varphi/2)$ 以下的墙背范围内，不受 q 的影响。墙背上的主动土压力分布如图 6-15(b)所示。

【例 6-4】 挡土墙的高度为 5m，墙背竖直、光滑；填土表面水平，其上作用有均布荷载 $q = 10\text{kPa}$。填土的物理力学性质指标为重度 $\gamma = 18\ \text{kN/m}^3$，内摩擦角 $\varphi = 24°$，黏聚力 $c = 6\text{kPa}$。试求主动土压力强度，并绘出主动土压力强度分布图。

解　填土表面处主动土压力强度为

$$p_{a1} = qK_a - 2c\sqrt{K_a} = 10 \times \tan^2(45° - 24°/2) - 2 \times 6 \times \tan(45° - 24°/2) = -3.58\ (\text{kPa})$$

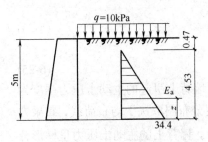

图 6-16　例 6-4 图

墙底处的土压力强度为

$$p_{a2} = (q + \gamma h)K_a - 2c\sqrt{K_a} = -3.58 + 18 \times 5 \times \tan^2(45° - 24°/2)$$
$$= 34.4 \,(\text{kPa})$$

利用三角形相似，可得到临界深度为

$$\frac{z_0}{5 - z_0} = \frac{3.58}{34.4}, \quad z_0 = \frac{3.58}{34.4 + 3.58} \times 5 = 0.47 \,(\text{m})$$

总主动土压力为

$$E_a = \frac{1}{2} \times 34.4 \times 4.53 = 77.9 \,(\text{kN/m})$$

土压力作用点位置 $z = \frac{1}{3} \times (5 - 0.47) = 1.51 \,(\text{m})$，主动土压力强度的分布情况如图 6-16 所示。

6.4.2　分层填土

当挡土墙后有几层不同种类的水平土层时，不能直接采用朗肯土压力和库仑土压力理论进行计算，但各层面可以采用朗肯土压力和库仑土压力理论，以符合朗肯土压力条件为例，若求某层面的土压力强度，则需先求出各层的土压力系数，其次求出各层面处的竖向应力，然后乘以相应土层的主动土压力系数，如图 6-17 所示，挡土墙各层面的主动土压力强度如下。

第一层 AC 段填土的土压力强度为

$$p_{aA} = -2c_1\sqrt{K_{a1}}$$
$$p_{aC\pm} = \gamma_1 H_1 K_{a1} - 2c_1\sqrt{K_{a1}}$$

第二层 CD 段填土的土压力强度为

$$p_{aC\mp} = \gamma_1 H_1 K_{a2} - 2c_2\sqrt{K_{a2}}$$
$$p_{aD\pm} = (\gamma_1 H_1 + \gamma_2 H_2)K_{a2} - 2c_2\sqrt{K_{a2}}$$

第三层 DB 段填土的土压力强度为

$$p_{aD\mp} = (\gamma_1 H_1 + \gamma_2 H_2)K_{a3} - 2c_3\sqrt{K_{a3}}$$
$$p_{aB} = (\gamma_1 H_1 + \gamma_2 H_2 + \gamma_3 H_3)K_{a3} - 2c_3\sqrt{K_{a3}}$$

对于无黏性土，只需令上式各式中 $c = 0$ 即可。此外尚需注意，在两土层交界处因各土层土质指标不同，其土压力大小也不同，故此时土压力强度曲线将出现突变。墙背上的主动土压力合力 E_a 可由分段的主动土压力强度分布的面积求出，作用位置在分布图形的重心处。

【例 6-5】挡土墙的高度为 6m，墙背直立、光滑，墙后填土面水平，共分两层。各层的物理力学性质指标如图 6-18 所示，试求主动土压力 E_a，并绘出土压力分布图。

解　利用朗肯土压力理论计算第一层土的土压力强度为

$$p_{a0} = 0, \quad p_{a1\pm} = \gamma_1 H_1 K_{a1} = 17 \times 2 \times \tan^2(45° - 30°/2) = 11.3(\text{kPa})$$

第二层土的土压力强度为

$$p_{a1\mp} = \gamma_1 H_1 K_{a2} = 17 \times 2 \times \tan^2(45° - 26°/2) = 13.3(\text{kPa})$$
$$p_{a2} = (\gamma_1 H_1 + \gamma_2 H_2)K_{a2} = (17 \times 2 + 18 \times 4) \times \tan^2(45° - 26°/2) = 41.4(\text{kPa})$$

主动土压力为

$$E_a = \frac{1}{2} \times 11.3 \times 2 + \frac{1}{2} \times (13.3 + 41.4) \times 4 = 120.7 (\text{kN/m})$$

主动土压力分布如图 6-18 所示。

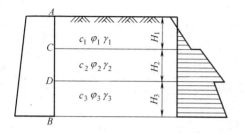 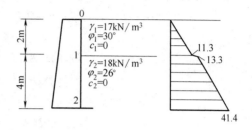

图 6-17　分层填土的主动土压力　　　图 6-18　例 6-5 图

6.4.3　地下水

墙后填土中有水存在时，对挡土墙土压力可能会有多方面的影响，如土的重度变化、抗剪强度降低、水对挡土墙产生水压力、某些黏性土浸水后发生膨胀产生膨胀土压力以及细粒土冻胀产生冻胀力等。工程中一般不允许选用浸水易膨胀的黏性土和易冻胀土作为挡土墙后填土。

墙后填土中存在地下水时，计算中应考虑填土重度变化和静水压力对挡土墙土压力的影响。地下水位以上部分的土压力按照均质土情况计算，水位以下部分的土压力计算目前有"水土分算"和"水土合算"两种方法。

1. 水土分算

水土分算即采用有效重度 γ' 和有效应力强度指标 c'、φ' 计算土压力，另外再加上水产生的静水压力，如图 6-19(b) 所示，而作用在墙背上的土压力是一种广义的土压力，为上述土压力与水压力之和。这种方法的优点在于符合土的有效应力原理，可以分别考虑土压力和水压力的方向(可能是不同的)。一般认为，当填土为渗透性较大的砂土、碎石土、杂填土等，水位以下的土孔隙中充满水，能产生全部的静水压力，作用在浸入水少的全部墙背上，故应采用"水土分算"方法。

2. 水土合算

水土合算即采用土的饱和重度 γ_{sat} 和总应力强度指标 c、φ 计算墙背上的总土压力，如图 6-19(c) 所示。对于渗透性小的黏性土和粉土，可以采用水土合算的经验方法。

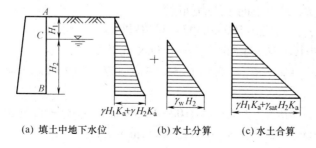

(a) 填土中地下水位　　　(b) 水土分算　　　(c) 水土合算

图 6-19　填土中有地下水时的主动土压力计算

小贴士:

水土分算、水土合算计算的土压力大小。

1. 水土分算

在图 6-19(b)中,B 点的荷载强度为

$$p_{分} = \gamma H_1 K_a + \gamma' H_2 K_a + \gamma_w H_2$$

2. 水土合算

在图 6-19(c)中,B 点的荷载强度为

$$p_{合} = \gamma H_1 K_a + \gamma_{sat} H_2 K_a$$

将 $\gamma_{sat} = \gamma' + \gamma_w$ 代入上式得到

$$p_{合} = \gamma H_1 K_a + \gamma' H_2 K_a + \gamma_w H_2 K_a$$

由于 K_a 总是小于 1,比较上述两式,$p_{分} > p_{合}$,即水土分算计算的土压力(包括水压力)比水土合算大。

【例 6-6】 某挡土墙的墙背垂直、光滑,墙高度为 7.0m,墙后两层填土,性质如图 6-20 所示,地下水位在填土表面下 3.5m 处与第二层填土面齐平。填土表面作用有 $q = 100$ kPa 的连续均布荷载。试求作用在墙上的主动土压力 E_a 和水压力 E_w 的大小。

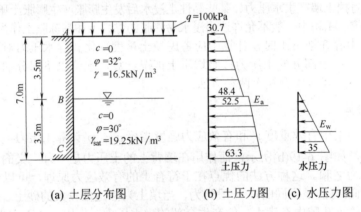

(a) 土层分布图   (b) 土压力图   (c) 水压力图

图 6-20 例 6-6 图

解 依本题所给条件,可按朗肯土压力理论计算。

(1) 求二层土的主动土压力系数。

$$K_{a1} = \tan^2\left(45° - \frac{32°}{2}\right) = 0.307 \ , \quad K_{a2} = \tan^2\left(45° - \frac{30°}{2}\right) = 0.333$$

(2) 求墙背 A、B、C 三点的土压力强度。

A 点:$z = 0$,$p_{aA} = qK_{a1} = 100 \times 0.307 = 30.7$(kPa)。

B 点:分界面以上,$H_1 = 3.5$ m,$\gamma_1 = 16.5$ kN/m³。

$$p_{aB} = qK_{a1} + \gamma_1 H_1 K_{a1} = 30.7 + 16.5 \times 3.5 \times 0.307 = 30.7 + 17.7 = 48.4\text{(kPa)}$$

分界面以下:

$$p_{aB} = qK_{a2} + \gamma_1 H_1 K_{a2} = (100 + 16.5 \times 3.5) \times 0.333 = 52.5\text{(kPa)}$$

C 点:$H_2 = 3.5$ m,$\gamma_2' = 19.25 - 10 = 9.25$(kN/m³)。

$$p_{aC} = (q + \gamma_1 H_1 + \gamma_2' H_2)K_{a2} = (100 + 57.75 + 32.375) \times 0.333 = 63.3\text{(kPa)}$$

A、B、C 三点土压力的分布如图 6-20(b)所示。

(3) 求主动土压力 E_a。

作用于挡土墙上的总土压力，即为土压力分布面积之和，故

$$E_a = \frac{1}{2} \times (30.7 + 48.4) \times 3.5 + \frac{1}{2} \times (52.5 + 63.3) \times 3.5 = 341.1 (\text{kN/m})$$

(4) 求水压力 E_w。

C 点的水压力强度 $p_w = \gamma_w H_w = 10 \times 3.5 = 35 (\text{kPa})$，水压力合力 $E_w = \frac{1}{2} \gamma_w H_w^2 = \frac{1}{2} \times 10 \times 3.5^2 = 61.3 (\text{kN/m})$，水压力分布图如图 6-20(c)所示。

6.5　挡土墙设计

6.5.1　挡土墙的类型

挡土墙就结构形式分，主要有重力式、悬臂式、扶壁式、锚杆及锚定板式和加筋土挡墙等。一般应根据工程需要、土质情况、材料供应、施工技术以及造价等因素合理地选择。

1. 重力式挡土墙

这种形式的挡土墙通常由块石或素混凝土砌筑而成。靠自身的重力来维持墙体稳定，墙体的抗拉、抗剪强度都较低。墙身的截面尺寸较大，宜用于高度小于 6m、地层稳定、开挖土石方不会危及相邻建筑物的地段。重力式挡土墙具有结构简单、施工方便、易于就地取材等优点，在工程中应用较广，如图 6-21(a)所示。但由于石块砌筑为纯手工操作，所以砌筑质量好坏是确保挡土墙安全使用的关键之一，设计、施工人员必须高度重视块石砌体的砌筑质量。

2. 悬臂式挡土墙

悬臂式挡土墙一般用钢筋混凝土建造，它由三个悬臂板组成，即立臂、墙趾悬臂和墙踵悬臂。墙的稳定主要靠墙踵悬臂上的土重维持，墙体内的拉应力由钢筋承受。这类挡土墙的优点是能充分利用钢筋混凝土的受力特性，墙体截面尺寸较小，在市政工程以及厂矿储库中较常用，如图 6-21(b)所示。

3. 扶壁式挡土墙

当墙高较大时，悬臂式挡土墙的力臂推力作用产生的弯矩与挠度较大，为了增加立臂的抗弯性能和减少钢筋用量，常沿墙的纵向每隔一定距离设一道扶壁，扶壁间距为(0.8～1.0)h(h 为墙高)。墙体稳定主要靠扶壁间的土重维持，如图 6-21(c)所示。

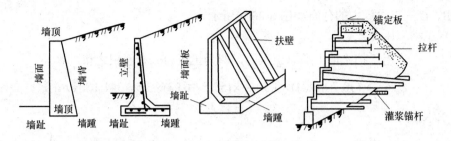

(a) 重力式挡土墙　(b) 悬臂式挡土墙　(c) 扶壁式挡土墙　(d) 锚杆、锚定板式挡土墙

图 6-21　挡土墙的类型

4. 锚定板式与锚杆式挡土墙

锚定板式挡土墙由预制的钢筋混凝土面板、立柱、钢拉杆和埋在土中的锚定板组成(见图 6-21(d))。挡土墙板的稳定由拉杆和锚定板来保证。锚杆式挡土墙则是利用伸入岩层的灌浆锚杆承受土压力的挡土结构。这两种挡土结构一般单独采用，也有的联合使用。

5. 加筋土挡墙

加筋土挡墙由墙面板、拉筋和填料三部分组成。其工作原理是，依靠填料与拉筋间的摩擦力来平衡墙面板上所承受的土压力；并以加筋与填料的复合结构来抵抗拉筋尾部填料所产生的土压力，从而保证加筋土挡墙的稳定性。加筋土挡墙一般用于填土工程，在公路、铁路、煤矿工程中使用较多。在 8 度以上地震区和具有腐蚀的环境中不宜使用，在浸水条件下应慎用。

6.5.2　挡土墙的计算

这里主要介绍重力式挡土墙的计算。对于其他挡土墙，其计算内容、计算原理和安全系数可以借用，但是荷载计算有所不同，至于墙体结构，则按照各自的结构形式和材料遵照相应规范的规定进行计算，此处从略。

设计挡土墙时，一般先根据挡土墙所处的条件(工程地质、填土性质、荷载情况以及建筑材料和施工条件等)凭经验初步拟定截面尺寸，然后进行挡土墙验算。如不满足要求，则应改变截面尺寸或采用其他措施。

1. 挡土墙的计算内容

1) 稳定性验算
稳定性验算包括抗倾覆稳定和抗滑移稳定验算，必要时还要进行地基深层稳定验算。
2) 地基承载力验算
地基承载力验算的要求及方法见第 7 章。
3) 墙身强度验算
墙身强度验算方法参见《混凝土结构设计规范》(GB 50010—2010)和《砌体结构设计规范》(GB 50003—2011)。

2. 作用在挡土墙上的力

(1) 墙身自重。

(2) 土压力：①墙背作用的主动土压力 E_a。设计计算中采用的 E_a 与挡土墙高度有关，这是挡土墙的主要荷载。②路面下段墙趾部的被动土压力。当路基埋深较大时，应计算路面下段的被动土压力，但计算时按变形的许可程度取值。

(3) 基底反力。

3. 挡土墙的稳定性验算

1) 倾覆稳定性

图 6-22(a)所示为一基底倾斜的挡土墙，在主动土压力作用下可能绕墙趾 O 点向外倾覆。抗倾覆力矩与倾覆力矩之比称为抗倾覆安全系数 K_t，应满足下列各式要求，即

$$K_t = \frac{Gx_0 + E_{az}x_f}{E_{ax}z_f} \geqslant 1.6 \tag{6-26}$$

$$E_{az} = E_a \cos(\alpha - \delta) \tag{6-27}$$

$$E_{ax} = E_a \sin(\alpha - \delta) \tag{6-28}$$

$$E_a = \psi_c \frac{1}{2}\gamma h^2 K_a \tag{6-29}$$

式中：G 为挡土墙每延米自重(kN/m)；x_0 为挡土墙重心离墙趾的水平距离(m)；E_{az} 为主动土压力在 z 方向投影(kN/m)；E_{ax} 为主动土压力在 x 方向投影(kN/m)；z_f 为土压力作用点离墙趾的高差(m)，$z_f = z - b\tan\alpha_0$；z 为土压力作用点离墙踵的高差(m)；b 为基底的水平投影宽度(m)；α 为挡土墙墙背对水平面的倾角(°)；α_0 为挡土墙基底对水平面的倾角(°)；δ 为土对挡土墙墙背的摩擦角(°)；ψ_c 为主动土压力增大系数，土坡高度小于 5m 时取 1.0，高度为 5～8m 时取 1.1，高度大于 8m 时取 1.2。

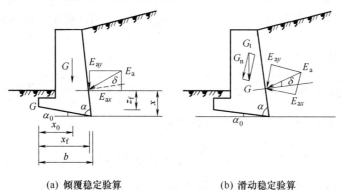

| (a) 倾覆稳定验算 | (b) 滑动稳定验算 |

图 6-22 挡土墙的稳定性验算

2) 滑动稳定性

在土压力作用下，挡土墙有可能沿基础底面发生滑动，如图 6-22(b)所示。

验算时，将 G 和 E_a 分别分解为垂直和平行于基底的分力，总抗滑力与总滑动力之比称为抗滑安全系数，抗滑安全系数 K_s 应符合式(6-30)要求，即

$$K_s = \frac{(G_n + E_{an})\mu}{E_{at} - G_t} \geq 1.3 \tag{6-30}$$

式中：μ 为土对挡土墙基底的摩擦系数，按表 6-4 确定。

表 6-4　土对挡土墙基底的摩擦系数 μ

土的类别		摩擦系数 μ
黏性土	可塑	0.25～0.30
	硬塑	0.30～0.35
	坚硬	0.35～0.45
粉土		0.30～0.40
中砂、粗砂、砾砂		0.40～0.50
碎石土		0.40～0.60
软质岩石		0.40～0.60
表面粗糙的硬质岩石		0.65～0.75

注：对易风化的软质岩和塑性指数大于 22 的黏性土，基底摩擦系数应通过试验确定；对碎石土，可根据其密实程度、充填状况、风化程度等确定。

挡土墙自重 G 和主动土压力 E_a 在垂直和平行于基底平面方向的分力分别为

$$G_n = G\cos\alpha_0 \tag{6-31}$$

$$G_t = G\sin\alpha_0 \tag{6-32}$$

$$E_{an} = E_a\cos(\alpha - \alpha_0 - \delta) \tag{6-33}$$

$$E_{at} = E_a\sin(\alpha - \alpha_0 - \delta) \tag{6-34}$$

【例 6-7】某挡土墙高度 H 为 6m，墙背直立（$\alpha = 0$），填土面水平（$\beta = 0$），墙背光滑（$\delta = 0$），用毛石和 M2.5 水泥砂浆砌筑，砌体重度 $\gamma_k = 22\text{kN/m}^3$，填土内摩擦角 $\varphi = 40°$，$c = 0$，$\gamma = 19\text{kN/m}^3$，基底摩擦系数 $\mu = 0.5$，地基承载力特征值 $f_{ak} = 180\text{kPa}$，试设计此挡土墙。

解　(1) 挡土墙断面尺寸的选择。

重力式挡土墙的顶宽约为 $1/12H$，底宽可取 $(1/2\sim1/3)H$，初步选择顶部为 0.7m，底宽 $b=2.5\text{m}$。

(2) 土压力计算。

$$E_a = \frac{1}{2}\gamma H^2\tan^2\left(45° - \frac{\varphi}{2}\right) = \frac{1}{2}\times19\times6^2\times\tan^2\left(45° - \frac{40°}{2}\right) = 74.4\,(\text{kN/m})$$

土压力作用点离墙底的距离为 $z=1/3H=2\text{m}$。

(3) 挡土墙自重及重心。

将挡土墙截面分成一个三角形和一个矩形，如图 6-23 所示。分别计算它们的自重 $G_1 = \frac{1}{2}\times(2.5-0.7)\times6\times22=119\,(\text{kN/m})$、$G_2 = 0.7\times6\times22=92.4\,(\text{kN/m})$，$G_1$ 和 G_2 的作用点离 O 点的距离分别为：$a_1=2/3\times1.8=1.2\,(\text{m})$，$a_2=1.8+1/2\times0.7=2.15\,(\text{m})$。

(4) 倾覆稳定性验算。

$$K_t = \frac{G_1a_1 + G_2a_2}{E_a z} = \frac{119\times1.2 + 92.4\times2.15}{74.4\times2} = 2.29 > 1.5$$

满足要求。

(5) 滑动稳定性验算

$$K_s = \frac{(G_1 + G_2)\mu}{E_a} = \frac{(119 + 92.4) \times 0.5}{74.4} = 1.42 > 1.3$$

满足要求。

(6) 地基承载力验算(见图 6-24)。

作用在基底的总垂直力为

$$N = G_1 + G_2 = 119 + 92.4 = 211.4\text{(kN/m)}$$

合力作用点离 O 点距离为

$$c = \frac{G_1 a_1 + G_2 a_2 - E_a z}{N} = \frac{119 \times 1.2 + 92.4 \times 2.15 - 74.4 \times 2}{211.4} = 0.911\text{(m)}$$

偏心距为

$$e = \frac{b}{2} - c = \frac{2.5}{2} - 0.911 = 0.339 < \frac{b}{6} = 0.433$$

基底压力为

$$p = \frac{N}{b} = \frac{211.4}{2.5} = 84.6 < f_{ak} = 180\text{kPa}$$

$$\frac{p_{max}}{\min} = \frac{N}{b}\left(1 \pm \frac{6e}{b}\right) = \frac{211.4}{2.5} \times \left(1 \pm \frac{6 \times 0.339}{2.5}\right) = \frac{153.4}{15.7}\text{(kPa)}$$

$p_{max} = 153.4\text{kPa} < 1.2 f_{ak} = 1.2 \times 180 = 216\text{kPa}$，满足要求。

(7) 墙身强度验算从略。

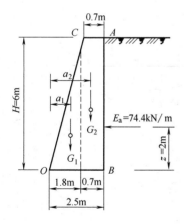

图 6-23　例 6-7 图(一)

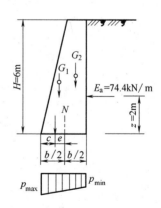

图 6-24　例 6-7 图(二)

思考题与习题

6-1　试阐述静止、主动、被动土压力产生的条件，并比较三者的大小，如何计算静止土压力?

6-2 朗肯土压力理论是如何得到计算主动土压力与被动土压力公式的？什么叫"临界高度"？如何计算临界高度？

6-3 阐述库仑土压力理论，并比较与朗肯土压力理论的区别何在。

6-4 当挡土墙后填土面有连续荷载作用时，对土压力有何影响？

6-5 若挡土墙后填土由多层填土构成，土压力如何计算？应特别注意什么问题？

6-6 挡土墙后填土中存在地下水时，水、土分算与水、土合算计算土压力的方法有什么区别？

6-7 常见的挡土墙有哪些类型？常用于什么场合？

6-8 简单的挡土墙的计算内容有哪些？

6-9 挡土墙的高度为 4.2m，墙背竖直光滑，填土表面水平，填土的物理指标 $\gamma = 18.5 \text{kN/m}^3$，$\varphi = 24°$，$c = 8 \text{kPa}$，试求：

(1) 条件如上时，计算主动土压力 E_a 及作用点位置，并绘出 p_a 分布图。

(2) 地表作用有 20kPa 均布荷载时的 E_a 及作用点，并绘出 p_a 分布图。

6-10 挡土墙的高度为 5m，墙背竖立光滑，墙后填土为砂土，表面水平，$\varphi = 30°$，地下水位距填土表面 2m，水上填土重度 $\gamma = 18 \text{kN/m}^3$，水下土的饱和重度 $\gamma_{sat} = 21 \text{kN/m}^3$，试绘出主动土压力强度和静水压力分布图，并求出总侧压力的大小。

6-11 挡土墙的高度为 4m，填土倾向角 $\beta = 10°$，填土的重度 $\gamma = 20 \text{kN/m}^3$，$c = 0$，$\varphi = 30°$，填土与墙背的摩擦角 $\delta = 10°$，试用库仑理论分别计算墙背倾斜角 $\alpha = 10°$ 和 $\alpha = -10°$ 时的主动土压力，并绘图表示其分布与合力、作用点位置和方向。

6-12 如图 6-25 所示的挡土墙，高度为 4m，墙背直立、光滑，墙后填土面水平。试求总侧压力(主动土压力与水压力之和)的大小和作用位置。

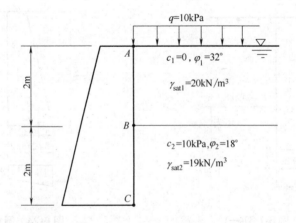

图 6-25 习题 6-12 图

6-13 条件与习题 6-12 相同，墙顶宽度为 0.8m，墙底宽度为 1.8m，挡土墙底摩擦系数 $\mu = 0.4$，砌体重度 $\gamma_k = 22 \text{kN/m}^3$，试验算挡土墙的稳定性。

6-14 如图 6-26 所示，已知某挡土墙的高度 $h = 5 \text{m}$，墙身自重 $G_1 = 130 \text{kN/m}$，$G_2 = 110 \text{kN/m}$，墙背垂直光滑，填土面水平，内摩擦角 $\varphi = 30°$，黏聚力 $c = 0$，填土重度 $\gamma = 19 \text{kN/m}^3$，基底摩擦系数 $\mu = 0.5$，试求主动土压力 E_a 并验算挡土墙抗滑移和抗倾覆稳定性。

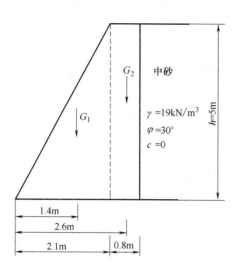

图 6-26 习题 6-14 图

第7章　地基承载力

【学习要点及目标】

◆ 了解地基变形的阶段和地基破坏模式。

◆ 了解各种地基承载力术语。

◆ 掌握临塑荷载、塑性荷载的计算。

◆ 掌握普朗特尔、太沙基计算极限承载力公式的适用条件和计算方法。

◆ 掌握地基静载荷试验方法、原理、试验步骤，学会用静载荷试验确定地基承载力特征值。

◆ 学会用标准贯入试验、静力触探、动力触探等原位试验的结果确定地基承载力。

◆ 掌握《建筑地基基础设计规范》(GB 50007—2011)推荐的地基承载力计算方法。

◆ 学会岩石地基承载力确定方法。

◆ 学会对地基承载力进行深度、宽度修正。

【核心概念】

地基破坏模式、临塑荷载、塑性荷载、极限承载力、静载荷试验、动力触探试验、标准贯入试验、静力触探试验、承载力特征值等。

【引导案例】

地基土所能提供的最大承受荷载的能力称为地基极限承载力。在设计地基基础时，必须知道地基承载力特征值。地基承载力特征值是指在保证地基稳定条件下，地基单位面积上所能承受的最大应力。地基承载力特征值的确定在地基基础设计中是一个非常重要而又十分复杂的问题，它不仅与土的物理、力学性质有关，而且还与基础的埋置深度、基础底面宽度等因素有关。本章主要介绍确定地基承载力的各种方法、原理、适用条件以及地基承载力深度、宽度修正等内容。

7.1 地基破坏的模式

由于外部荷载的施加，土中应力增加，若某点沿某方向的剪应力达到土的抗剪强度，该点处于极限平衡状态。随着外部荷载的不断增大，土体内部形成多个破坏点，若这些点连成整体，就形成了破坏面，使坐落在其上的建筑物发生急剧沉降、倾斜，失去使用功能，这种状态就称为地基土丧失承载力或称为地基土失稳。

7.1.1 地基变形阶段

地基破坏是一个逐渐发展的过程，经由不同的阶段。由地基静载荷试验获得的典型地基荷载-沉降关系曲线 p-s(见图 7-1(a))可见，地基破坏的过程一般经过弹性压密阶段、塑性区发展阶段和破坏阶段。

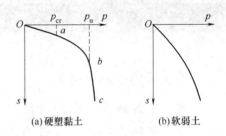

(a) 硬塑黏土　　(b) 软弱土

图 7-1　p-s 曲线

地基的失稳破坏，一般经历弹性压密阶段、塑性区发展阶段和破坏阶段。

1. 弹性压密阶段

弹性压密阶段对应于 p-s 曲线上的 Oa 段，该阶段 p-s 曲线近似于直线，故也称直线变形阶段。在这一阶段里，土中各点的剪应力均小于土的抗剪强度，土体处于弹性平衡状态，基础的沉降主要是由于土的弹性压密变形引起。p-s 曲线上 a 点对应的荷载称为比例界限荷载 p_{cr}，也称临塑荷载。

2. 塑性区发展阶段

塑性区发展阶段对应于 p-s 曲线上的 ab 段。在这一阶段 p-s 曲线已不再保持线性关系，沉降量的增长率随荷载的增大而增加。在这一阶段，地基土中局部范围内的剪应力达到土的抗剪强度，发生剪切破坏。发生剪切破坏的区域称为塑性区，塑性区首先在基础边缘处产生。随着荷载的继续增加，塑性区的范围也逐步扩大，直至土中形成连续的滑动面，不适于再继续承载。该阶段末 b 点对应的荷载称为极限荷载 p_u。

3. 破坏阶段

破坏阶段对应于 p-s 曲线上的 bc 段。当荷载超过极限荷载后，基础沉降急剧增加，即使不增加荷载，沉降也将继续增加，p-s 曲线呈陡降段。在这一阶段，由于土中塑性区范围的扩展，已在土中形成连续滑动面，土从基础两侧挤出而丧失整体稳定性。

7.1.2 地基破坏的模式

地基在荷载作用下，由于承载能力不足会引起破坏，而这种破坏通常是由于基础下持力层土体的剪应力达到或超过了土的抗剪强度，出现了剪切破坏所造成的，这种剪切破坏的形式可分为整体剪切破坏、局部剪切破坏和刺入剪切破坏三种，如图 7-2 所示。

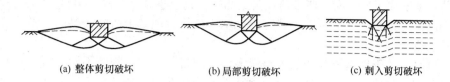

(a) 整体剪切破坏　　　　(b) 局部剪切破坏　　　　(c) 刺入剪切破坏

图 7-2　地基破坏形式

1. 整体剪切破坏

整体剪切破坏的特征是：当基础荷载较小时，基底压力 p 与基础沉降 s 基本上是直线关系，如图 7-1 所示曲线的 Oa 段。当荷载增加到某一值(临塑荷载)时，在基础边缘处的土最先产生塑性剪切破坏，随着基础荷载的增加，塑性剪切破坏区域逐步扩大，基底压力 p 与基础沉降 s 不再呈直线关系，表现为曲线关系，如图 7-1(a)所示曲线的 ab 段，基础沉降增长率较前一阶段增大。当荷载达到极限荷载后，地基土中塑性破坏区发展成连续滑动面，并延伸到地面，荷载稍有增加，基础急剧下沉、倾斜，土从基础两侧挤出并隆起，整个地基失去稳定而破坏。整体剪切破坏常发生在压缩性较小的坚实地基中，如密砂、硬黏土地基等，也可能发生在基础埋深相对较小的软土地基中。

2. 刺入剪切破坏

刺入剪切破坏常发生在基础埋深相对较大的软弱地基中，如松砂和软土地基，其破坏特征是：随着荷载的增加，基础下土层发生压缩变形，基础随之下沉，当荷载继续增加，基础之下的软弱土沿基础周边发生竖向剪切破坏，使基础刺入土中，就像利器刺入其他物体一样，表面不仅没有隆起现象，还有稍微的凹陷，故称为刺入剪切破坏，又称为冲切破坏。破坏时，地基中不出现明显的滑动面和较大的建筑物倾斜。刺入剪切破坏的 $p\text{-}s$ 曲线(见图 7-1(b))，沉降随着荷载的增大而不断增加，但 $p\text{-}s$ 曲线上没有明显的转折点，没有明显的比例界限荷载和极限荷载。

3. 局部剪切破坏

局部剪切破坏的特征是：随着荷载的增加，塑性剪切破坏区首先从基础边缘处开始，但塑性区的发展局限在地基某一范围内，土中滑动面没有延伸到地面，基础四周地面微微隆起，建筑物没有明显的倾斜或倒塌，破坏的特征介于整体剪切破坏和刺入剪切破坏之间，基底压力与基础沉降关系曲线 $p\text{-}s$ 从开始就呈非线性关系。

地基的剪切破坏模式，除了与地基土的性质有关外，还同基础底面尺寸、埋置深度、加荷速率等因素有关。其中，基础的相对埋置深度(基础埋置深度与底面宽度的比值)是决定地基破坏形式的关键因素。基础的相对埋置深度较大时，如桩基，刺入剪切破坏的情况较多；基础的相对埋置深度较小时，发生整体剪切破坏的可能性较大。

7.1.3　地基承载力及其确定方法

1. 地基承载力概念

由于外部荷载的施加，土中应力增加，若某点沿某方向的剪应力达到土的抗剪强度，该点处于极限平衡状态。随着外部荷载的不断增大，土体内部形成多个破坏点，若这些点

连成整体，就形成了破坏面，使坐落在其上的建筑物发生急剧沉降、倾斜，失去使用功能，这种状态就称为地基土丧失承载力或称为地基土失稳。地基土所能提供的承受荷载的能力称为地基承载力。

长期以来，关于地基承载力的术语很多，不同规范、同一规范不同的版本对地基承载力的定义不同，如地基承载力基本值、地基承载力标准值、地基承载力设计值、地基承载力特征值、容许承载力、极限承载力等，在设计上引起了很大混乱，必须加以澄清。

1) 地基极限承载力 p_u 与容许承载力

地基土所能提供的最大承受荷载的能力称为地基极限承载力 p_u。一般通过理论计算或地基静载荷试验来确定。

由于工程设计中必须确保地基有足够的稳定性，必须限制建筑物的基底压力小于地基的容许承载力，因此地基容许承载力是考虑一定安全储备后的地基承载力。由地基极限承载力除以安全系数得到地基容许承载力。

2) 地基承载力基本值 f_0

地基承载力基本值是《建筑地基基础设计规范》(GB 50007—1989)曾经使用过的一个术语，是从地基承载力表中查得但尚经过统计修正的地基承载力数值，按其属性属于容许承载力。由于新规范中已经取消了地基承载力表格，这个术语已经退出了历史舞台。

3) 地基承载力标准值 f_k

地基承载力标准值是《建筑地基基础设计规范》(GB 50007—1989)曾经使用过的一个术语，是将地基承载力基本值进行修正后得到的承载力，也属于容许承载力范畴。同样地基基础新规范已经取消了地基承载力表格，也不再使用地基承载力标准值。

4) 地基承载力设计值 f

将地基承载力标准值进行深度、宽度修正后，称为地基承载力设计值，也不再使用这一术语。

5) 地基承载力特征值 f_{ak}

地基承载力特征值 f_{ak} 是指在保证地基稳定条件下，地基单位面积上所能承受的最大应力。《建筑地基基础设计规范》(GB 50007—2011)规定，由荷载试验测定的地基土压力变形曲线线性变形内规定的变形所对应的压力值，其最大值为比例界限值，它实际上是地基的容许承载力。

小贴士：

地基承载力特征值 f_{ak} 和标准值 f_k 有何关系？《建筑地基基础设计规范》(GB50007—2011)中将老规范中的承载力标准值改为特征值，并且撤销了地基承载力表格，给设计、勘查人员带来很大不便。两者到底有何区别，GB 50007—1989 中的承载力标准值表格能否继续使用？

1. 标准值

标准值是某个保证率下的分位值，是考虑了数据的离散性，在平均值上打一折扣。GB 50007—1989 中的地基承载力标准值是在强度条件下的地基承载力容许值，它是将地基承载力基本值进行统计得到的，是具有统计含义的。

2. 地基承载力特征值

根据《建筑地基基础设计规范》(GB 50007—2011)中第 2.1.3 条的定义，地基承载力没有统计含义，但在附录 C.0.6 中规定，取承载力特征值有三种情况：①取比例界限所对应的荷载值为承载力特征值；②取极限承载力的一半作为承载力特征值；③取 $s/b=0.015\sim0.02$ 所对应的荷载值为特征值。可见，这里的特征值只是容许承载力的概念，没有任何统计含义。同时又规定：对同一土层，应至少选择 3 个载荷试验点，当试验实测值的极差不超过平均值的 30%时，则取平均值作为地基承载力特征值，将平均值也称为特征值，好像又有了统计含义。

地基承载力特征值和标准值两者在机理上是一致的，但在取值标准的严格程度上有所差异，过去是按 $s=0.02b$ 的标准取值，现在按 $s=0.015b$ 的标准取值。一般来说，GB 50007—1989 规范中的地基承载力表格是可以继续使用的，不过在使用时应注意地区差异，有条件的话可以与地基载荷试验进行对比试验，积累经验，以建立更加符合当地条件的经验值。

2. 确定地基承载力的方法

地基承载力特征值的确定在地基基础设计中是一个非常重要而又十分复杂的问题，它不仅与土的物理、力学性质有关，而且还与基础的埋置深度、基础底面宽度等因素有关。地基承载力的确定在浅基础设计中是一项非常重要而又十分复杂的问题。影响地基承载力的因素很多，如土的物理、力学性质指标，基础形式、基础埋置深度与基础底面尺寸，建筑物的类型、结构特点和施工速率等，要精确地确定地基承载力是比较困难的。合理地确定地基承载力既能保证建筑物的安全和正常使用，又能达到降低工程造价的目的。《建筑地基基础设计规范》(GB 50007—2011)规定，地基承载力特征值可由载荷试验或其他原位测试、公式计算并结合工程实践经验等方法综合确定。确定地基承载力特征值常用的方法有以下几种。

1) 根据土的物理性质指标用理论公式计算确定

根据土的重度、凝聚力、内摩擦角等物理性质指标，计算地基的临塑荷载、塑性荷载、极限承载力。其中，《建筑地基基础设计规范》(GB 50007—2011)对塑性荷载 $p_{1/4}$ 公式中的承载力系数 N_b 的值加以修改，给出了计算地基承载力特征值计算公式。

2) 按现场静载荷试验确定

静载荷试验是确定地基承载力特征值的主要方法之一。它直接对地基加载，对地基土扰动小，能测定荷载板下应力主要影响深度范围内土的承载力和变形参数。对土层不均，难以取得原状土样的杂填土及风化岩石等复杂地基尤其适用。地基土的静载荷试验有浅层平板载荷试验、深层平板载荷试验、复合地基载荷试验。

3) 按其他原位测试试验结果确定

根据动力触探试验、标准贯入试验、静力触探试验等原位测试结果，结合当地经验确定地基承载力。

4) 根据当地经验确定

我国幅员辽阔，由于地域条件不同，土的沉积环境不同，产生了许多区域性土。如果当地积累了大量的经验，在同一地质单元条件下，土的承载力可以采用当地经验值。例如，上海地区软土承载力的"老八吨"取值；青岛花岗岩地区的强风化层的上亚带(砂土状)，地基承载力特征值一般取 $600\sim700$kPa。

地基承载力确定方法的选择和确定的精细程度宜按地基基础设计等级、地基岩土条件和当地建筑经验合理选择，避免出现不必要的过分严格和随意的过分简化两种倾向。熟练掌握各种方法，在工程实践中合理地利用当地建筑经验，通过不多的地质勘查测试工作，就能获得比较精确的地基承载力值。

7.2 地基的临塑荷载和塑性荷载

地基土从弹性压密阶段到塑性区发展阶段,即将要产生塑性破坏区所对应的基底荷载称为临塑荷载p_{cr},此时塑性区开展的最大深度$z_{max}=0$(z从基底算起)。为了合理利用地基承载力,允许地基中塑性区开展到一定深度,这时对应的荷载称为塑性荷载,也称为临界荷载。

临塑荷载和塑性荷载理论公式建立的基本思路是:应用土体极限平衡条件,建立基底压力与地基中塑性变形区开展深度间的关系,然后根据临塑荷载或塑性荷载对应的塑性区开展的最大深度z_{max}建立临塑荷载或塑性荷载解析式。

7.2.1 临塑荷载

图7-3所示地基上作用一条形均布荷载,为简化计算,假定土的自重应力沿各个方向以相等的值传递,即土中一点处各个方向的自重应力相等,则点M的大小主应力计算公式变为

$$\sigma_1 = \frac{p_0}{\pi}(\beta_0 + \sin\beta_0) + \gamma z \tag{7-1}$$

$$\sigma_3 = \frac{p_0}{\pi}(\beta_0 - \sin\beta_0) + \gamma z \tag{7-2}$$

式中:p_0为基底附加压力(kPa),$p_0 = p - \gamma_0 d$;β_0为视角,点M与条形荷载两边缘连线的夹角;γ为持力层土的重度(kN/m³),地下水位以下采用有效重度;z为点M到条形荷载作用面的距离(m)。

工程中的基础都具有一定的埋置深度d,有时基础四周可能还有地表超载,如图7-3(b)所示荷载q,q为基础埋置深度范围内土的自重应力与地表超载之和。当无地表超载时,地基中任一点M处的大小主应力计算公式为

$$\sigma_1 = \frac{p_0}{\pi}(\beta_0 + \sin\beta_0) + \gamma z + \gamma_0 d \tag{7-3}$$

$$\sigma_3 = \frac{p_0}{\pi}(\beta_0 - \sin\beta_0) + \gamma z + \gamma_0 d \tag{7-4}$$

式中:d为基础埋置深度(m);γ_0为基础埋置深度范围内土的平均重度(kN/m³),地下水位以下采用有效重度。

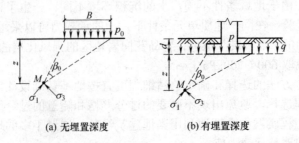

(a) 无埋置深度　　　　　　(b) 有埋置深度

图7-3 条形均布荷载作用下地基中的主应力

根据土的极限平衡理论，当点 M 达到极限平衡状态时，其大小主应力应满足极限平衡条件，即满足式(7-5)要求，即

$$\sin\varphi = \frac{\sigma_1 - \sigma_3}{\sigma_1 + \sigma_3 + 2c \cdot \cot\varphi} \tag{7-5}$$

将式(7-3)、式(7-4)代入式(7-5)并整理得

$$z = \frac{p - \gamma_0 d}{\gamma\pi}\left(\frac{\sin\beta_0}{\sin\varphi} - \beta_0\right) - \frac{c}{\gamma\tan\varphi} - \frac{\gamma_0}{\gamma}d \tag{7-6}$$

式中：φ 为持力层土的内摩擦角(°)；c 为持力层土的黏聚力(kPa)。

式(7-6)为塑性区的边界方程，它表示塑性区边界上任意一点的深度 z 与视角 β_0 间的关系。如果基础埋深为 d，荷载 p 以及土的物理力学性质指标 φ、c、γ 均为已知，则可根据式(7-6)绘出塑性区边界线，如图 7-4 所示。在塑性区边界线上及其内部，剪应力 τ 等于土的抗剪强度 τ_f，达到极限平衡状态；塑性区边界线以外，剪应力 τ 小于土的抗剪强度 τ_f，未达到极限平衡状态。

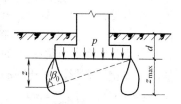

塑性区开展的最大深度 z_{max} 可由 $\dfrac{\mathrm{d}z}{\mathrm{d}\beta_0} = 0$ 的条件求得，即

图 7-4　土中塑性区示意

$$\frac{p - \gamma_0 d}{\gamma\pi}\left(\frac{\cos\beta_0}{\sin\varphi} - 1\right) = 0，由于 \frac{p - \gamma_0 d}{\gamma\pi} \neq 0，所以 \cos\beta_0 = \sin\varphi，解此方程得$$

$$\beta_0 = \frac{\pi}{2} - \varphi \tag{7-7}$$

将式(7-7)代入式(7-6)得

$$z_{max} = \frac{p - \gamma_0 d}{\gamma\pi}\left(\cot\varphi - \frac{\pi}{2} + \varphi\right) - \frac{c}{\gamma\tan\varphi} - \frac{\gamma_0}{\gamma}d \tag{7-8}$$

写成以下形式，即

$$p = \frac{\pi z_{max}}{\cot\varphi - \dfrac{\pi}{2} + \varphi}\gamma + \frac{\pi\cot\varphi}{\cot\varphi - \dfrac{\pi}{2} + \varphi}c + \frac{\cot\varphi + \dfrac{\pi}{2} + \varphi}{\cot\varphi - \dfrac{\pi}{2} + \varphi}\gamma_0 d \tag{7-9}$$

由式(7-8)可见，在其他条件不变的情况下，p 增大时，z_{max} 也增大，即塑性区发展得越深。根据临塑荷载的定义，可知临塑荷载 p_{cr} 所对应的塑性区开展最大深度 $z_{max} = 0$，将 $z_{max} = 0$ 代入式(7-9)，得

$$p_{cr} = \frac{\pi\cot\varphi}{\cot\varphi - \dfrac{\pi}{2} + \varphi}c + \frac{\cot\varphi + \dfrac{\pi}{2} + \varphi}{\cot\varphi - \dfrac{\pi}{2} + \varphi}\gamma_0 d = N_c c + N_d \gamma_0 d \tag{7-10}$$

式中：N_d 为基础埋深承载力系数，$N_d = \dfrac{\cot\varphi + \dfrac{\pi}{2} + \varphi}{\cot\varphi - \dfrac{\pi}{2} + \varphi}$；$N_c$ 为持力层土的黏聚力承载力系数，

$$N_c = \frac{\pi\cot\varphi}{\cot\varphi - \dfrac{\pi}{2} + \varphi}。$$

7.2.2　塑性荷载

在某些情况下,根据建筑物的要求,可以用临塑荷载作为地基承载力。但一般情况下,将临塑荷载作为地基承载力无疑是偏于保守和不经济的。工程实践经验表明,即使地基中存在塑性变形区域,但只要塑性变形区域的发展范围不超过某一限值,就不会影响建筑的安全和正常使用。地基塑性变形区域的容许深度与建筑物的类型、荷载性质以及土的性质等因素有关。一般认为,将地基中塑性变形区域的最大深度 z_{max} 控制在基础宽度 b 的 $1/4\sim$ $1/3$,地基仍有足够的安全储备。对于轴心荷载作用下的地基,可取塑性区域开展的最大深度 z_{max} 等于基础底面宽度 b 的 $1/4$,相应的塑性荷载用 $p_{1/4}$ 表示;对于偏心荷载作用下的地基,可取塑性变形区域开展的最大深度 z_{max} 等于基础底面宽度 b 的 $1/3$,相应的塑性荷载用 $p_{1/3}$ 表示;分别将 $z_{max}=b/4$、$z_{max}=b/3$ 代入式(7-9)得塑性荷载计算公式为

$$p_{1/4} = \frac{\dfrac{\pi}{4}}{\cot\varphi - \dfrac{\pi}{2} + \varphi}\gamma b + \frac{\pi\cot\varphi}{\cot\varphi - \dfrac{\pi}{2} + \varphi}c + \frac{\cot\varphi + \dfrac{\pi}{2} + \varphi}{\cot\varphi - \dfrac{\pi}{2} + \varphi}\gamma_0 d = N_{1/4}\gamma b + N_c c + N_d \gamma_0 d$$
$$= N_{1/4}\gamma b + p_{cr} \tag{7-11}$$

$$p_{1/3} = \frac{\dfrac{\pi}{3}}{\cot\varphi - \dfrac{\pi}{2} + \varphi}\gamma b + \frac{\pi\cot\varphi}{\cot\varphi - \dfrac{\pi}{2} + \varphi}c + \frac{\cot\varphi + \dfrac{\pi}{2} + \varphi}{\cot\varphi - \dfrac{\pi}{2} + \varphi}\gamma_0 d = N_{1/3}\gamma b + N_c c + N_d \gamma_0 d$$
$$= N_{1/3}\gamma b + p_{cr} \tag{7-12}$$

$$N_{1/4} = \frac{\dfrac{\pi}{4}}{\cot\varphi - \dfrac{\pi}{2} + \varphi}, \qquad N_{1/3} = \frac{\dfrac{\pi}{3}}{\cot\varphi - \dfrac{\pi}{2} + \varphi}$$

式中:b 为条形基础底面宽度,对矩形基础 b 取短边长度,对圆形基础取 $b = \sqrt{A}$,其中 A 为圆形基础底面积;$N_{1/4}$、$N_{1/3}$ 分别为 $z_{max}=b/4$,$z_{max}=b/3$ 时基础宽度承载力系数。

承载力系数 N_d、N_c 和 $N_{1/4}$、$N_{1/3}$ 与持力层土的内摩擦角有关,土的内摩擦角越大,承载力系数越高。

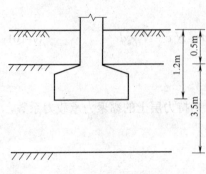

图 7-5　例 7-1 图

【例 7-1】某工程地基第一层为杂填土,厚度为 0.5m,重度为 17.0kN/m³;第二层为粉质黏土,厚度为 3.5m,重度为 18.0kN/m³,饱和重度为 19.5kN/m³,黏聚力为 20kPa,内摩擦角为 20°,第三层为黏土,厚度为 2.5m,重度为 19.7kN/m³,条形基础宽 2.0m,埋深 1.2m,地下水位埋深与基底齐平(见图 7-5),试求地基的临塑荷载、塑性荷载 $p_{1/4}$、$p_{1/3}$。

解　(1) 求基础埋置深度范围内土的平均重度 γ_0。

$$\gamma_0 = \frac{0.5\times17 + 0.7\times18}{1.2} = 17.6(\text{kN/m}^3)$$

(2) 求承载力系数。

$$N_c = \frac{\pi \cot\varphi}{\cot\varphi - \frac{\pi}{2} + \varphi} = \frac{\pi \cot 20°}{\cot 20° - \frac{\pi}{2} + \frac{\pi}{180°} \times 20°} = 5.65 , \quad N_d = \frac{\cot\varphi + \frac{\pi}{2} + \varphi}{\cot\varphi - \frac{\pi}{2} + \varphi} = 3.06$$

$$N_{1/4} = \frac{\frac{\pi}{4}}{\cot\varphi - \frac{\pi}{2} + \varphi} = 0.51 , \quad N_{1/3} = \frac{\frac{\pi}{3}}{\cot\varphi - \frac{\pi}{2} + \varphi} = 0.69$$

(3) 求临塑荷载 p_{cr}。

$$p_{cr} = N_c c + N_d \gamma_0 d = 5.65 \times 20 + 3.06 \times 17.6 \times 1.2 = 177.6(\text{kPa})$$

(4) 求塑性荷载 $p_{1/4}$、$p_{1/3}$。

地下水位位于基底以下，基底以下采用有效重度 $\gamma' = \gamma_{sat} - \gamma_w = 19.5 - 10 = 9.5(\text{kN/m}^3)$，$p_{1/4} = N_{1/4}\gamma b + N_c c + N_d \gamma_0 d = N_{1/4}\gamma b + p_{cr} = 0.51 \times 9.5 \times 2.0 + 177.6 = 187.3$ (kPa)，$p_{1/3} = N_{1/3}\gamma b + p_{cr} = 0.69 \times 9.5 \times 2.0 + 177.6 = 190.7(\text{kPa})$。

7.3　地基的极限承载力

地基达到整体剪切破坏时的基底压力，称为地基极限荷载。目前极限荷载的计算理论仅限于整体剪切破坏形式。因为，这种破坏形式有比较明确、完整、连续的滑动面，求解相对简单方便，数学上不会遇到太大的困难，同时整体剪切破坏是绝大多数实际工程地基土可能出现的破坏形式，这种破坏理论也易于接受室内外土工试验及工程实践的检验。对于局部剪切破坏及刺入剪切破坏，尚无可靠的计算方法，通常是先按整体剪切破坏形式进行计算，再作某些修正。对整体剪切破坏形式下的地基极限荷载的求解常用途径有两种：一种是根据静力平衡条件和土体的极限平衡原理建立微分方程，利用已知的边界条件，计算地基土达到极限平衡时的应力和滑动面方向，用解析法求解基底的极限荷载，但这种方法在求解时数学上遇到的困难太大，仅能对某些边界条件比较简单的情况可得解析解；另一种则是根据模型试验和工程实践经验，先假定地基土在极限状态下滑动面的形状，然后根据滑动土体的静力平衡条件求解极限荷载。后一种方法又由于假设的滑动面形状不同，导出了多种形式的计算公式。

7.3.1　普朗德尔极限荷载

考虑一宽度为 b 的受竖向中心荷载作用的条形基础，其底面光滑，与土体间无摩擦，埋置深度为零，作用在无质量的地基上。当地基土形成连续的塑性变形区域而处于极限平衡状态时，塑性变形区分为三个区域，如图 7-6(a)所示的 $dcbc'd'$ 面。塑性变形区域分成三个区，即一个Ⅰ区、左右对称的两个Ⅱ区和两个Ⅲ区。

Ⅰ区为朗肯主动区($aa'b$)，因基底光滑、无摩擦力存在，故最大主应力 σ_1 是竖向的，破裂面与水平面成($45° + \varphi/2$)的夹角。

Ⅱ区为过渡区，滑动线有两组，一组是以 a 和 a' 为起点的辐射线，另一组是对数螺旋

线，如图 7-6(b)所示，其方程为

$$r = r_0 e^{\theta \tan \varphi} \tag{7-13}$$

式中：r_0 为起始矢径(m)，$r_0 = \overline{ab} = \overline{a'b}$；$r$ 为从极点 O 到任意点 m 的距离(m)；θ 为极点 O 与点 n、m 连线的夹角；点 m 的法线与该点到极点连线之间的夹角为持力层土的内摩擦角 φ。

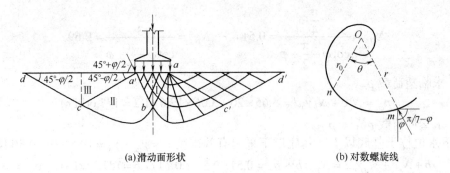

(a)滑动面形状　　　　　(b)对数螺旋线

图 7-6　普朗德尔承载力理论

III区为朗肯被动区，最大主应力 σ_1 是水平向的，破裂面与水平面成 $(45° - \varphi/2)$ 的夹角。

在前述所给条件和假设情况下，普朗德尔根据钢塑体的静力平衡条件得出极限荷载的理论解为

$$p_u = cN_c \tag{7-14}$$

$$N_c = \cot \varphi \left[e^{\pi \tan \varphi} \cdot \tan^2 \left(45° + \frac{\varphi}{2} \right) - 1 \right]$$

实际建筑物的基础都有一定的埋置深度，如图 7-7 所示。为了考虑基础埋深效应，赖斯纳(Reissner, 1924)将基础底面以上土的自重应力以均布超载 $q = \gamma_0 d$ 代替，且不考虑两侧土的抗剪强度，推得地基的极限荷载理论公式为

$$p_u = cN_c + qN_q \tag{7-15}$$

$$N_q = e^{\pi \tan \varphi} \cdot \tan^2 \left(45° + \frac{\varphi}{2} \right), \quad N_c = (N_q - 1) \cot \varphi$$

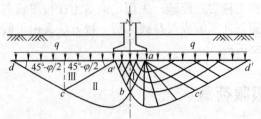

图 7-7　考虑基础埋深时极限承载力

式(7-15)称为普朗德尔-赖斯纳地基极限荷载公式。从式(7-14)中可以看出，当基础放置在无黏性土($c=0$)地基的表面上($d=0$)时，地基的极限荷载将等于零，这显然是不合理的。这种不合理现象的出现，主要是假设土的重度等于零所造成的。实际上，土的重度不等于零，且基础底面与土体之间有摩擦。为了弥补这些缺陷，得到更为符合实际的地基极限荷载理论解，许多学者在普朗德尔的基础上进行了许多研究工作，使地基极限荷载公式逐步得到完善。

7.3.2　太沙基极限荷载

太沙基考虑地基土的重度和基础底面与土体之间摩擦的影响，在 1943 年提出了确定条形基础的极限荷载公式。太沙基公式是世界各国常用的极限荷载计算公式，适用于均质地基上基础底面粗糙的条形基础，并推广应用于方形基础和圆形基础。

1. 理论假定

条形基础，基础底面压力均匀分布；基础底面粗糙，基础和地基间不会发生相对滑动；基础两侧土的抗剪强度为零，将基础底面以上土的自重应力以均布超载 $q=\gamma_0 d$ 代替；地基发生滑动时，滑动面的形状如图 7-8 所示，两端为直线，中间为曲线，左右对称，分为三个区。

Ⅰ区——基础底面下的楔形压密区 $a'ab$，滑动面 $a'b$、ab 与基础底面 $a'a$ 之间的夹角为土的内摩擦角 φ。由于基础底面是粗糙的，与土体间具有很大的摩擦力作用，在此摩擦力的作用下，该区的土体不会发生剪切位移，而始终处于弹性压密状态。地基破坏时，它像一个"弹性核"随基础一起向下移动。

Ⅱ区——滑动面为曲面，按对数螺旋线变化，b 点处对数螺旋线的切线竖直，c 点处对数螺旋线的切线与水平线的夹角为 $45°-\varphi/2$。

Ⅲ区——滑动面与水平面成 $(45°-\varphi/2)$ 角的等腰三角形，是朗肯被动区。

2. 地基极限荷载

以弹性压密区 $a'ab$ 为研究对象，作受力分析，作用于Ⅰ区土楔上诸力包括：①土楔 $a'ab$ 顶面的极限荷载；②土楔 $a'ab$ 的自重；③土楔滑动斜面 $a'b$、ab 上的黏聚力 c；④Ⅱ区、Ⅲ区土体滑动时，对斜面 $a'b$、ab 的被动土压力。Ⅰ区土楔在以上诸力作用下处于极限平衡状态，根据静力平衡条件，可得太沙基极限承载力为

$$p_u = \frac{1}{2}\gamma b N_\gamma + c N_c + \gamma_0 d N_q \tag{7-16}$$

式中：N_γ、N_q、N_c 为极限荷载系数，与持力层土的内摩擦角有关，均可根据地基土的内摩擦角查极限荷载系数图确定(见图 7-9)，也可查表 7-1 确定。

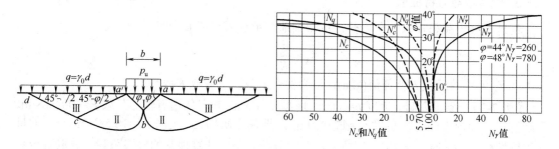

图 7-8　太沙基假设的地基滑动面　　　　图 7-9　太沙基公式的承载力系数

表 7-1　太沙基极限荷载系数

φ	0°	5°	10°	15°	20°	25°	30°	35°	40°	45°
N_γ	0	0.51	1.2	1.8	4.0	11.0	21.8	45.4	125	326
N_q	1.0	1.64	2.69	4.45	7.42	12.7	22.5	41.4	81.3	173.3
N_c	5.71	7.32	9.58	12.9	17.6	25.1	37.2	57.7	95.7	172.2

式(7-16)是在地基整体剪切破坏的条件下推导得到的，适用于压缩性较小的密实地基。对于松软的压缩性较大的地基土，可能发生局部剪切破坏，沉降量较大，其极限荷载较小。对于此种情况，太沙基根据应力、应变关系资料，建议采用降低土的强度指标 c、φ 的方法对公式进行修正，即将土的强度指标调整为：$\tan\varphi' = \dfrac{2}{3}\tan\varphi$，$c' = \dfrac{2}{3}c$。

此时极限荷载公式为

$$p_u = \frac{1}{2}\gamma b N'_\gamma + c'N'_c + \gamma_0 d N'_q \tag{7-17}$$

式中：N'_γ、N'_q、N'_c 为局部剪切破坏时的极限荷载系数，均可根据地基土调整后的内摩擦角查极限荷载系数图确定(图 7-9 中的虚曲线)，也可查表 7-1 确定。

式(7-16)、式(7-17)仅适用于条形基础，对于方形基础和圆形基础，太沙基建议按下列修正的公式计算地基极限荷载。

(1) 方形基础。

整体剪切破坏为

$$p_u = 0.4\gamma b N_\gamma + 1.2cN_c + \gamma_0 d N_q \tag{7-18}$$

局部剪切破坏为

$$p_u = 0.4\gamma b N'_\gamma + 0.8c'N'_c + \gamma_0 d N'_q \tag{7-19}$$

(2) 圆形基础。

整体剪切破坏为

$$p_u = 0.6\gamma b N_\gamma + 1.2cN_c + \gamma_0 d N_q \tag{7-20}$$

局部剪切破坏为

$$p_u = 0.6\gamma b N'_\gamma + 0.8c'N'_c + \gamma_0 d N'_q \tag{7-21}$$

式中：b 为方形基础的边长或圆形基础的半径(m)；其余符号含义同前。

3. 地基承载力特征值

将地基极限荷载除以安全系数，可得到地基承载力特征值，即

$$f_{ak} = \frac{p_u}{K} \tag{7-22}$$

式中：f_{ak} 为地基承载力特征值(kPa)；K 为安全系数，一般取 $K=2\sim3$。

【例 7-2】一条形基础，宽度 $b=3.0$m，埋深 $d=1.5$m，其上作用着轴心荷载 $F=400.0$kN/m。基础埋深范围内土的平均重度 $\gamma_0 =17.0$kN/m³，地基土质均匀，重度 $\gamma =18.5$kN/m³，土的抗剪强度指标 $c=20$kPa，$\varphi=20°$。试按太沙基极限荷载公式计算地基的极限荷载，若取安全系数 $K=2.5$，试计算地基的承载力特征值 f_{ak}。

解　(1) 确定太沙基承载力系数。

太沙基承载力系数可通过查图或查表确定，查表 7-1 得：$N_\gamma =4.0$，$N_q =7.42$，$N_c =17.6$。

(2) 计算地基极限荷载。

$$p_u = \frac{1}{2}\gamma b N_\gamma + c N_c + \gamma_0 d N_q$$

$$= \frac{1}{2} \times 18.5 \times 3.0 \times 4.0 + 20 \times 17.6 + 17.0 \times 1.5 \times 7.42$$

$$= 652.2 (\text{kPa})$$

(3) 计算地基承载力特征值 f_{ak}。

$$f_{ak} = \frac{p_u}{K} = \frac{652.2}{2.5} = 260.9 (\text{kPa})$$

7.4　《建筑地基基础设计规范》推荐的计算公式

7.4.1　地基承载力特征值

以塑性荷载 $p_{1/4}$ 作为计算地基承载力特征值的理论公式,与静载荷试验结果相比较,该公式较适合于黏性土。但对于内摩擦角 φ 较大的砂类土,关于基础底面宽度的承载力系数 N_b 的值偏低。《建筑地基基础设计规范》(GB 50007—2011)考虑到这一因素,结合静载荷试验成果和建筑经验,对塑性荷载 $p_{1/4}$ 公式中的承载力系数 N_b 的值加以修改,提出了计算地基承载力特征值的经验公式,其表达式为

$$f_a = M_b \gamma b + M_d \gamma_m d + M_c c_k \tag{7-23}$$

式中：f_a 为地基承载力特征值(kPa)；M_b、M_c、M_d 为承载力系数,查表 7-2 确定；b 为基础底面宽度(m),大于 6.0m 时按 6.0m 考虑,对于砂土,小于 3.0m 时按 3.0m 考虑；c_k 为基底下一倍基础短边宽深度内土的黏聚力标准值(kPa)；γ 为基底以下土的重度(kN/m³),地下水位以下取浮重度；γ_m 为基础底面以上土的加权平均重度(kN/m³),地下水位以下取浮重度；d 为基础埋置深度(m)。

式(7-23)适用于荷载偏心距 e 小于或等于 0.033 倍基础底面宽度的情况。其中,当地基土的内摩擦角标准值 $\varphi_k \geqslant 24°$ 时,表 7-2 中承载力系数 M_b 采用了比理论值 N_b 大的经验值,以充分发挥砂土的承载力潜力。

表 7-2　承载力系数 M_b、M_c、M_d

土的内摩擦角标准值 φ_k/°	M_b	M_d	M_c
0	0	1.00	3.14
2	0.03	1.12	3.32
4	0.06	1.25	3.51
6	0.10	1.39	3.71
8	0.14	1.55	3.93
10	0.18	1.73	4.17
12	0.23	1.94	4.42
14	0.29	2.17	4.69
16	0.36	2.43	5.00
18	0.43	2.72	5.31

续表

土的内摩擦角标准值 φ_k /°	M_b	M_d	M_c
20	0.51	3.06	5.66
22	0.61	3.44	6.04
24	0.80	3.87	6.45
26	1.10	4.37	6.90
28	1.40	4.93	7.40
30	1.90	5.59	7.95
32	2.60	6.35	8.55
34	3.40	7.21	9.22
36	4.20	8.25	9.97
38	5.00	9.44	10.80
40	5.80	10.84	11.73

7.4.2 抗剪强度标准值

由表 7-2 可知，地基承载力系数 M_b、M_c、M_d 与土的内摩擦角标准值、黏聚力标准值有关。根据《岩土工程勘察规范》(GB 50021—2001)的规定，土的内摩擦角标准值、黏聚力标准值按下列方法计算。

1. 计算某一指标的均值、标准差和变异系数

$$\mu = \frac{\sum_{i=1}^{n} \mu_i}{n} \tag{7-24}$$

$$\sigma = \sqrt{\frac{\sum_{i=1}^{n} \mu_i^2 - n\mu^2}{n-1}} \tag{7-25}$$

$$\delta = \frac{\sigma}{\mu} \tag{7-26}$$

式中：μ、σ、δ 分别为均值、标准差、变异系数。

2. 按下列公式计算内摩擦角和黏聚力的统计修正系数

$$\psi_\varphi = 1 - \left(\frac{1.704}{\sqrt{n}} + \frac{4.678}{n^2} \right) \delta_\varphi \tag{7-27}$$

$$\psi_c = 1 - \left(\frac{1.704}{\sqrt{n}} + \frac{4.678}{n^2} \right) \delta_c \tag{7-28}$$

3. 计算内摩擦角、黏聚力的标准值

$$\varphi_k = \psi_\varphi \varphi_m \tag{7-29}$$

$$c_k = \psi_c c_m \tag{7-30}$$

式中：φ_m、c_m 分别为摩擦角和黏聚力试验平均值。

【例 7-3】某多层砖混结构住宅建筑，筏板基础底面宽度 $b=9.0\text{m}$，长度 $l=54.0\text{m}$，基础埋深 $d=0.6\text{m}$，埋深范围内土的平均重度 $\gamma_m=17.0\text{kN/m}^3$，地基为粉质黏土，饱和重度 $\gamma_{sat}=19.5\text{kN/m}^3$，内摩擦角标准值 $\varphi_k=18°$，黏聚力标准值 $c_k=16.0\text{kPa}$，地下水位深 0.6m，所受竖向荷载设计值 $F=58000\text{kN}$，试用《建筑地基基础设计规范》(GB 50007—2011)推荐公式验算地基的承载力。

解　(1) 计算基底压力。

$$p=\frac{F}{A}+\gamma_G d=\frac{58000}{9.0\times54.0}+20\times0.6=131.3(\text{kPa})$$

(2) 计算地基承载力特征值 f_{ak}。

依据地基土的内摩擦角标准值查表 7-2 的承载力系数 $M_b=0.43$，$M_d=2.72$，$M_c=5.31$。

基础底面宽度 $b=9.0\text{m}$，大于 6.0m 时按 6.0m 考虑，持力层在地下水位以下取浮重度，$\gamma'=9.5\text{kN/m}^3$，$f_a=M_b\gamma b+M_d\gamma_m d+M_c c_k=0.43\times9.5\times6.0+2.72\times17.0\times0.6+5.31\times16.0=137.2(\text{kPa})$。

(3) 验算地基的承载力。

$p=131.3\text{kPa}<f_a=137.2\text{kPa}$，满足承载力要求。

7.4.3　岩石地基承载力特征值

岩石地基承载力特征值，可按《建筑地基基础设计规范》(GB 50007—2011)附录提供的岩石地基载荷试验方法确定。对完整、较完整和较破碎的岩石地基承载力特征值，可根据岩石室内饱和单轴抗压强度按式(7-31)计算，即

$$f_a=\psi_r f_{rk} \tag{7-31}$$

式中：f_a 为岩石地基承载力特征值(kPa)；f_{rk} 为岩石饱和单轴抗压强度标准值(kPa)；ψ_r 为折减系数。根据岩体完整程度和结构面的间距、宽度、产状和组合，由地区经验确定。无经验时，对完整岩体可取 0.5，对较完整岩体可取 0.2～0.5，对较破碎岩体可取 0.1～0.2。

式(7-31)中的折减系数未考虑施工因素及建筑物建成后风化作用的继续。对于黏土质岩，在确保建筑物施工期和使用期地基不致遭水浸泡时，其单轴抗压强度的测定也可采用天然湿度的试样，不进行饱和处理。

对于破碎、极破碎的岩石地基承载力特征值，可根据地区经验取值；无地区经验值时，根据平板载荷试验方法确定。

岩石饱和单轴抗压强度标准值 f_{rk}，可根据《建筑地基基础设计规范》(GB 50007—2011)附录 J 计算

$$f_{rk}=\psi f_{rm} \tag{7-32}$$

$$\psi=1-\left(\frac{1.704}{\sqrt{n}}+\frac{4.678}{n^2}\right)\delta \tag{7-33}$$

式中：f_{rm} 为岩石饱和单轴抗压强度平均值(kPa)；ψ 为统计修正系数；δ 为变异系数。

【例 7-4】某工程的岩石饱和抗压强度试验数据如表 7-3 所示，岩石为中风化，确定岩石地基承载力特征值。

表 7-3　岩石饱和抗压强度试验

编号	1	2	3	4	5	6	7	8	9	10	11	12	13
抗压强度/MPa	25.1	25.2	24.7	27.6	33.2	18.1	16.3	20.9	23.2	24.4	34.0	32.4	33.9

解　抗压强度平均值 $f_{rm}=26.1$ MPa，试样个数 $n=13$，标准差 $\sigma=5.9$，变异系数 $\delta=\dfrac{5.9}{26.1}=0.23$，统计修正系数 $\psi=1-\left(\dfrac{1.704}{\sqrt{n}}+\dfrac{4.678}{n^2}\right)\delta=0.88$，由式(7-32)得到岩石抗压强度标准值 $f_{rk}=0.88\times26.1=22.968$（MPa）。对于中风化岩石，岩体破碎，折减系数 ψ_r 可取 0.17，岩石地基承载力特征值 $f_a=0.17\times22968=3904.6$（kPa）。

7.5　地基土的静载荷试验

地基的静载荷试验是岩土工程中的重要试验，它对地基直接加载，对地基土扰动小，能测定荷载板下应力主要影响深度范围内土的承载力和变形参数，对土层不均、难以取得原状土样的杂填土及风化岩石等复杂地基尤其适用。静载荷试验的结果较为准确、可靠，是校核其他方法确定的地基承载力准确性的依据。地基土的静载荷试验有浅层平板载荷试验、深层平板载荷试验、复合地基载荷试验。

7.5.1　浅层平板载荷试验

浅层平板载荷试验适用于确定浅部地基土层在荷载板下应力主要影响深度范围内土的承载力。

1. 浅层平板载荷试验装置

载荷试验装置如图 7-10 所示，由加载稳压装置、反力装置和沉降观测装置三部分组成。静荷载一般由千斤顶提供，千斤顶产生的反力由反力装置承担。反力装置由堆载、排钢梁、支墩和反力钢梁组成。承压板的沉降观测装置由百分表、精密水准仪、基准梁和基准桩构成，百分表安装在基准梁上。承压板面积不应小于 0.25m^2，对于软土不应小于 0.5m^2。底面形状为方形或圆形，边长或直径常用尺寸为 0.50m、0.707m 和 1.0m，相应的承压板面积为 0.25m^2、0.5m^2 和 1.0m^2。

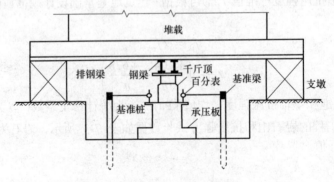

图 7-10　静载荷试验装置

2. 试验方法

(1) 在建筑场地，选择有代表性的部位进行载荷试验。

(2) 开挖试坑，深度为基础设计埋深 d，试坑宽度不小于承压板宽度或直径的 3 倍。

(3) 在拟试压表面铺一层厚度不超过 20mm 的粗、中砂，并找平，以保持试验土层的原状结构和天然湿度。

(4) 分级加荷。加荷分级不应少于 8 级。最大加载量不应少于荷载设计值的 2 倍。第一级荷载相当于开挖试坑卸除土的自重应力，自第二级荷载开始，每级荷载宜为最大加载量的 $1/12 \sim 1/8$。

(5) 测记压板沉降量。每级加载后，按间隔 10min、10min、10min、15min、15min，以后每隔 30min 测读一次沉降量。当连续 2h 内，每小时沉降量小于 0.1mm 时，则认为沉降已趋稳定，可加下一级荷载。

(6) 终止加载。当出现下列情况之一时，即可终止加载：①承压板周围的土明显地侧向挤出；②沉降量 s 急剧增大，荷载-沉降关系曲线 p-s 出现陡降段；③在某一级荷载下，24h 内沉降速率不能达到稳定标准；④总沉降量与承压板宽度或直径之比大于或等于 0.06。

3. 极限荷载的确定

当满足终止加荷标准前三种情况之一时，其对应的前一级荷载定为极限荷载 p_{u}。

4. 载荷试验结果整理

试验时应及时做好试验记录，并妥善保管原始数据，将载荷试验结果整理绘制成图 7-11 所示的荷载-沉降关系曲线 p-s。

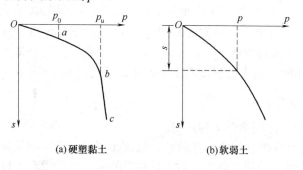

(a) 硬塑黏土　　　　　　　　(b) 软弱土

图 7-11 p-s 曲线

5. 承载力特征值的确定

地基承载力特征值按下列规定确定。

(1) 当 p-s 曲线有比较明显的比例界限时(见图 7-11(a))，取该比例界限所对应的荷载值 p_0 作为地基承载力特征值；当极限荷载小于比例界限所对应的荷载值的 2 倍时，则取极限荷载 p_{u} 的一半作为地基承载力特征值 f_{ak}。

(2) 对于软弱土或压缩性高的土，p-s 曲线通常无明显的转折点(见图 7-11(b))，无法取得比例界限值 p_0 与极限荷载值 p_{u}，从沉降控制的角度考虑，在 p-s 曲线上，以一定的容许沉降值所对应的荷载作为地基承载力特征值。由于沉降量与基础底面尺寸、形状有关，在相同的基底附加压力下，基底面积越大，基础沉降量越大。承压板通常小于实际的基础尺寸,因此不能直接利用基础的容许变形值在 p-s 曲线上确定地基承载力特征值。由地基沉降计算原理可知,如果基底附加压力相同,且地基均匀,则沉降量 s 与各自的宽度 b 之比(s/b)大致相等。《建筑地基基础设计规范》(GB 50007—2011)根据实测资料规定:当承压板面积为 0.25~0.5m^2 时,可取承压板沉降量 s 与其宽度 b 之比值 s/b=0.01~0.015 所对应的荷载值作为地基承载力的特征值,但其值不应大于最大加载量的一半。

由于静载荷试验费时、耗资大,不能对地基土进行大量的静载荷试验,因此《建筑地基基础设计规范》(GB 50007—2011)规定,对同一土层,应至少选择 3 个载荷试验点,当试验实测值的极差不超过平均值的30%时,则取平均值作为地基承载力特征值 f_{ak}。

7.5.2　深层平板载荷试验

深层平板载荷试验适用于确定深部地基土层及大直径桩桩端土层在荷载板下应力主要影响深度范围内土的承载力。

1. 试验要点

(1) 深层平板载荷试验的承压板采用直径 d=0.8m 的圆形刚性板,紧靠承压板周围外侧的土层高度应不少于 80cm。

(2) 加荷等级可按预估极限荷载的 1/15~1/10 分级施加。

(3) 每级加荷后,第一个小时内按间隔 10min、10min、10min、15min、15min,以后为每隔 30min 测读一次沉降。当连续 2h 内每小时的沉降量小于 0.1mm 时,则认为已趋稳定,可加下一级荷载。

(4) 当出现下列情况之一时,可终止加载:①沉降 s 急剧增大,荷载-沉降关系曲线 p-s 上有可判定极限荷载的陡降段,且沉降量超过 0.04 倍的承压板直径 d;②在某级荷载下,24h 内沉降速率不能达到稳定标准;③本级沉降量大于前一级沉降量的 5 倍;④当持力层土层坚硬,沉降量很小时,最大加载量不小于荷载设计要求的 2 倍。

2. 承载力特征值的确定

承载力特征值的确定应符合下列规定。

(1) 当 p-s 曲线上有明确的比例界限时,取该比例界限所对应的荷载值。

(2) 满足前三条终止加载条件之一时,其对应的前一级荷载定为极限荷载,当该值小于比例界限对应的荷载值的 2 倍时,取极限荷载值的一半。

(3) 不能按上述两款确定时,可取 s/d=0.01~0.015 所对应的荷载值,但其值不应大于最大加载量的一半。

同一土层参加统计的试验点不应少于三点,各试验实测值的极差不得超过平均值的30%,取此平均值作为该土层的地基承载力特征值 f_{ak}。

7.5.3　复合地基载荷试验

对于各种不良地基,将部分土体被增强或被置换形成增强体,由增强体和周围地基土共同承担荷载的地基称为复合地基,《建筑地基处理技术规范》(JGJ 79—2012)规定,对已选定的地基处理方法，宜按建筑物地基基础设计等级和场地复杂程度，在有代表性的场地上进行相应的现场试验或试验性施工，并进行必要的测试，以检验设计参数和处理效果。复合地基载荷试验用于测定承压板下应力主要影响范围内复合土层的承载力和变形参数。复合地基的载荷试验包括单桩复合地基载荷试验和多桩复合地基载荷试验。

1. 加载装置

(1) 单桩复合地基载荷试验的承压板可用圆形或方形，面积为一根桩承担的处理面积；多桩复合地基载荷试验的承压板可用方形或矩形，其尺寸按实际桩数所承担的处理面积确定，桩的中心(或形心)应与承压板中心保持一致，并与荷载作用点相重合。

(2) 承压板底高程应与基础底面设计高程相同，承压板下宜设中粗砂找平层，垫层厚度取 50～150mm，桩身强度高时宜取大值。试验标高处的试坑长度和宽度应不小于承压板尺寸的 3 倍。基准梁的支点应设在试坑之外。

2. 现场试验

(1) 加荷等级可分为 8～12 级，总加载量不宜少于设计要求值的 2 倍。

(2) 每加 1 级荷载前后应各读记承压板沉降 1 次，以后每 0.5h 读记 1 次。当 1h 内沉降增量小于 0.1mm 时，即可加下一级荷载；对饱和黏性土地基中的振冲桩或砂石桩，1h 内沉降增量小于 0.25mm 时即可加下一级荷载。

(3) 终止加载条件。

当出现下列现象之一时，可终止试验：①沉降急剧增大、土被挤出或承压板周围出现明显的裂缝；②累计的沉降量大于承压板宽度或直径的 6%；③总加载量已为设计要求值的 2 倍以上。

(4) 卸荷要求。

卸载级数可为加载级数的一半，等量进行，每卸一级，间隔 0.5h，读记回弹量，待卸完全部荷载后间隔 3h 读记总回弹量。

3. 数据分析

复合地基承载力特征值按下述要求确定。

(1) 当 p-s 曲线上有明显的比例极限时，可取该比例极限所对应的荷载。

(2) 当极限荷载能确定，而其值又小于对应比例极限荷载值的 1.5 倍时，可取极限荷载的 1/2。

(3) 按相对变形值确定。①振冲桩和砂石桩复合地基，对以黏性土为主的地基，可取 s/b 或 s/d 等于 0.015 所对应的压力(s 为载荷试验承压板的沉降量，b 和 d 分别为承压板宽度和直径，当其值大于 2m 时，按 2m 计算)；对以粉土或砂土为主的地基，可取 s/b 或 s/d 等于 0.012 所对应的压力。②土挤密桩复合地基，可取 s/b 或 s/d 等于 0.010～0.015 所对应的荷载；对灰土挤密桩复合地基，可取 s/b 或 s/d=0.008 所对应的压力。③深层搅拌桩或旋喷桩复合地基，可取 s/b 或 s/d 等于 0.006 所对应的压力。④对水泥粉煤灰碎石桩或夯实水泥土桩复合地基，当为以卵石、圆砾、密实粗中砂为主的地基时，可取 s/b 或 s/d 等于 0.008 所对应的压力；当为以黏性土、粉土为主的地基时，可取 s/b 或 s/d 等于 0.01 所对应的压力。

试验点的数量不应少于 3 点，当满足其极差不超过平均值的 30% 时，可取其平均值为复合地基承载力特征值 f_{ak}。

7.6 通过其他原位测试试验确定承载力

动力触探试验、标准贯入试验、静力触探试验等原位测试，各地积累了丰富的经验，各种原位测试的方法、适用条件、资料整理及成果应用见第 13 章有关内容。我国原《建筑地基基础设计规范》(GBJ 7—1989)曾规定，用各种原位测试试验指标确定地基承载力标准值。新版《建筑地基基础设计规范》(GB 50007—2011)中，地基承载力已由标准值改为特征值，并且这些表格并没有被纳入新规范中，这并不是否认这些经验的使用价值，而是这些经验在全国范围内不具有普遍意义，在参考这些表格时应结合当地实践经验。

7.6.1 根据动力触探锤击数确定地基承载力

(1) 黏性土、素填土承载力标准值与轻型动力触探击数 N_{10} 的关系如表 7-4 和表 7-5 所示。

表 7-4 黏性土承载力标准值 f_k 与 N_{10} 的关系

N_{10}	15	20	25	30
f_k /kPa	105	145	190	230

表 7-5 素填土承载力标准值 f_k 与 N_{10} 的关系

N_{10}	10	20	30	40
f_k /kPa	85	115	135	160

(2) 碎石土、砂土的地基承载力与重型动力触探击数 $N_{63.5}$ 的关系如表 7-6 所示。

表 7-6 碎石土、砂土地基承载力与 $N_{63.5}$ 关系

$N_{63.5}$	3	4	5	6	7	8	9	10	12	14	16	18	20	25	30	35	40
碎石土/ (f_k /kPa)	140	170	200	240	280	320	360	400	470	540	600	660	720	850	930	970	1000
中、粗、砾砂/(f_k /kPa)	120	150	180	220	260	300	340	380									

7.6.2 根据标贯击数确定地基承载力

(1) 黏性土承载力标准值与 N 的关系如表 7-7 所示。

表 7-7 黏性土承载力标准值与 N 的关系

N	3	5	7	9	11	13	15	17	19	21	23
f_k /kPa	105	145	190	235	280	325	370	430	515	600	680

(2) 砂土承载力标准值与 N 的关系如表 7-8 所示。

表 7-8　砂土承载力标准值与 N 的关系

N	10	15	30	50
中、粗砂	180	250	340	500
粉、细砂	140	180	250	340

7.6.3　根据静力触探试验结果确定地基承载力

在积累大量试验研究数据的基础上，我国相关的研究部门建立起了许多关于地基承载力与比贯入阻力间的经验公式。当 $p_s \leqslant 1500\text{kPa}$ 时，关于黏性土地基承载力的各经验公式计算结果相差不大；当 $p_s > 1500\text{kPa}$ 时，各经验公式计算出的地基承载力值有较大的出入。产生这种现象的原因是多方面的，试验条件和确定地基承载力的参照不同可能是主要原因。下面列出几个经验公式，供读者参考。

武汉静力触探联合研究组提出的经验公式，即

$$[R] = 10.4p_s + 26.9 \tag{7-34}$$

式(7-34)适用于 $300\text{kPa} \leqslant p_s \leqslant 6000\text{kPa}$ 的淤泥、淤泥质黏土，以及一般黏性土和老黏土。

用静探测定砂土承载力联合试验研究小组提出的经验公式如下。

$1000\text{kPa} \leqslant p_s \leqslant 10000\text{kPa}$ 的中、粗砂，即

$$[R] = 5.25\sqrt{p_s} - 103.3 \tag{7-35}$$

$1000\text{kPa} \leqslant p_s \leqslant 15000\text{kPa}$ 的粉、细砂，即

$$[R] = 2p_s + 59.5 \tag{7-36}$$

式(7-34)～式(7-36)的单位均为 kPa。

7.7　地基承载力特征值的修正

7.7.1　地基承载力的深度、宽度修正

由地基承载力理论可知，地基承载力随着基础底面尺寸和埋深的增大而增加。地基承载力特征值确定的主要依据是静载荷试验，而静载荷试验的试验板底面尺寸较小，因此当基底宽度大于 3.0m 或埋深大于 0.5m 时，由静载荷试验或其他原位测试、经验值等方法确定的地基承载力特征值，尚应进行宽度和埋深修正。不同规范对地基承载力的修正有不同的计算公式，在设计时应引起重视。

1.《建筑地基基础设计规范》(GB 50007—2011)

《建筑地基基础设计规范》(GB 50007—2011)规定，当基础宽度大于 3m 或埋深大于0.5m 时，地基承载力特征值按式(7-37)修正，即

$$f_a = f_{ak} + \eta_b \gamma (b - 3.0) + \eta_d \gamma_m (d - 0.5) \tag{7-37}$$

2. 《湿陷性黄土地区建筑规范》(GB 50025—2004)

《湿陷性黄土地区建筑规范》(GB 50025—2004)规定，当基础宽度大于 3m 或埋深大于 1.5m 时，地基承载力特征值按式(7-38)修正，即

$$f_a = f_{ak} + \eta_b \gamma (b - 3.0) + \eta_d \gamma_m (d - 1.5) \tag{7-38}$$

式中：f_a 为修正后地基承载力特征值(kPa)；f_{ak} 为地基承载力特征值(kPa)；η_b、η_d 分别为基础宽度和埋深的承载力修正系数,按基底下土的类别查表 7-9 确定；b 为基础底面宽度(m)，当基底宽度小于 3.0m 时按 3.0m 考虑，大于 6.0m 时按 6.0m 考虑；γ 为基底以下土的重度 (kN/m³)，地下水位以下取浮重度；γ_m 为基础底面以上土的加权平均重度(kN/m³)，地下水位以下取浮重度；d 为基础埋置深度(m)，一般自室外地面起算。在填方整平地区，可自填土地面起算，但填土在上部结构施工后完成时，应从天然地面起算。对于地下室，如采用箱形基础或筏基础时，基础埋置深度自室外地面起算；为独立基础或条形基础时，应从室内地面起算。当基底埋置深度小于 0.5m 时按 0.5m 计。

表 7-9 承载力修正系数

土的类别		η_b	η_d
淤泥和淤泥质土		0	1.0
人工填土 e 或 I_L 大于或等于 0.85 和黏性土		0	1.0
红黏土	含水比 $a_w > 0.8$	0	1.2
	含水比 $a_w \leqslant 0.8$	0.15	1.4
大面积压实填土	压实系数大于 0.95、黏粒含量 $\rho_c \geqslant 10\%$ 的粉土	0	1.5
	最大干密度大于 2.1g/cm³ 的级配砂石	0	2.0
粉土	黏粒含量 $\rho_c \geqslant 10\%$ 的粉土	0.3	1.5
	黏粒含量 $\rho_c < 10\%$ 的粉土	0.5	2.0
e 及 I_L 均小于 0.85 的黏性土		0.3	1.6
粉砂、细砂(不包括很湿与饱和时的稍密状态)		2.0	3.0
中砂、粗砂、砾砂和碎石土		3.0	4.4

注：①强风化和全风化的岩石，可参照所风化成的相应土类取值，其他状态下的岩石不修正；②地基承载力特征值按深层平板载荷试验确定时 η_d 取 0；③含水比是指土的天然含水量和液限的比值；④大面积压实填土是指填土范围大于两倍基础宽度的填土。

其中，修正起始深度不同，两本规范之间出现了矛盾。对同一个基础埋深来讲，按《建筑地基基础设计规范》(GB 50007—2011)修正后的地基承载力较《湿陷性黄土地区建筑规范》(GB 50025—2004)大，这一点在设计时应引起重视。

7.7.2　地基承载力修正的几个问题

1. 地基承载力修正系数

由地基极限承载力公式 $p_u = \frac{1}{2}\gamma b N_\gamma + c N_c + \gamma_0 d N_q$ 可知，影响地基承载力的因素主要有两个方面：一是地基土的性质，包括土的重度、黏聚力、内摩擦角；二是基础的尺寸，包括基础宽度和埋深。由于载荷试验的基础埋深为零，所测的承载力没有包括深度的影响，同时由于载荷板的尺寸比基础尺寸小得多，因此应将载荷试验的结果进行深度、宽度修正。必须注意的是，这里所指的载荷试验，是浅层平板载荷试验。对于深层平板载荷试验，则应根据试验条件、载荷板的尺寸大小来具体分析。

(1) 如果载荷板的尺寸与桩孔的尺寸相等，即承压板四周没有一倍承压板宽度的临空面，这种试验结果已经包含了承压板周围超载的影响，即已经考虑了基础埋深的影响，深层平板载荷试验地基承载力特征值修正时 η_d 取零。

(2) 尽管载荷试验在坑底或桩底进行，但如果载荷板的尺寸较小，其四周保持一倍承压板宽度的临空面，与浅层载荷试验条件一样，这种试验结果不能反映超载的影响，因此必须进行深度修正。

2. 基础埋深的取值

基础埋深的确定，在地基基础中针对不同使用要求有不同的规定。计算地基沉降时需要计算附加应力，基础埋深一般从室外设计地面或室内外平均设计地面起算；而计算地基承载力时，一般自室外地面起算。《建筑地基基础设计规范》(GB 50007—2011)对埋深做了原则说明，无论做出何种规定，均应掌握一条最基本的原则，即考虑最不利的情况确定基础埋深。

1) 室内外地面标高不相等

地基基础破坏时，基础将向埋深比较小的一侧滑动，因此应取小的基础埋深进行修正。如果基础室内外地坪标高不相同，室内地坪标高高于室外地坪，规范规定取室外地坪标高进行修正是合理的；如果基础室内地坪低于室外地坪标高(独立基础、条形基础带地下室)，用室外地坪标高进行修正。

2) 填方整平情况

填方整平是指内、外地坪的设计标高高于场地的自然标高，需要回填一定的土方。在进行地基承载力修正时，必须考虑填土与建筑物荷载的施工顺序，如果先填土再修建建筑物，填土就有可能发挥提高承载力的作用，基础埋深应从设计地面标高算起；如果场地的回填在基础修建完毕以后，填土的重力就不能在计算承载力时加以考虑，基础埋深必须从自然地面算起。

3) 主裙楼基础

目前建筑工程大量存在着主裙楼一体的结构，对于主体结构承载力的深度修正，宜将基础底面以上范围内的荷载，按基础两侧的超载考虑，当超载宽度大于基础 2 倍宽度时，可将超载折算成土层厚度作为基础埋深，基础两侧超载不等时取小值。

【例 7-5】已知某工程地质资料：第一层为人工填土，天然重度 $\gamma_1 = 17.5 \text{kN/m}^3$，厚度 $h_1 = 0.8 \text{m}$；第二层为耕植土，天然重度 $\gamma_2 = 16.8 \text{kN/m}^3$，厚度 $h_2 = 1.0 \text{m}$；第三层为黏性土，天

然重度 γ_3 =19kN/m^3，孔隙比 e=0.75，天然含水率 ω =26.2%，塑限 ω_p = 23.2%，液限 ω_L = 35.2%，厚度 h_3=6.0m；基础宽度 b=3.2m，基础埋深 d=1.8m，以第三层土为持力层，其承载力特征值 f_{ak}=210kPa。试计算修正后的地基承载力特征值 f_a。

解 $I_P = \omega_L - \omega_p = 35.2 - 23.2 = 12.0$，$I_L = \dfrac{\omega - \omega_p}{\omega_L - \omega_p} = 0.25$，查表 7-9 得 $\eta_b = 0.3$，$\eta_d = 1.6$，

基底以上土的加权重度 $\gamma_m = \dfrac{\gamma_1 h_1 + \gamma_2 h_2}{h_1 + h_2} = \dfrac{17.5 \times 0.8 + 16.8 \times 1.0}{0.8 + 1.0} = 17.1(\text{kN/m}^3)$，修正后的地基承载力特征值 $f_a = f_{ak} + \eta_b \gamma(b - 3.0) + \eta_d \gamma_m(d - 0.5) = 210 + 0.3 \times 19.0 \times (3.2 - 3.0) + 1.6 \times 17.1 \times (1.8 - 0.5) = 246.7(\text{kPa})$。

思考题与习题

7-1 地基变形分为哪几个阶段？各有什么特点？各特征点对应的荷载是什么？

7-2 地基有哪几种破坏形式？它与土的性质有何关系？

7-3 什么叫临塑荷载？有哪些基本假定？若以临塑荷载作为修正后地基承载力特征值是否需要考虑安全系数？为什么？

7-4 极限荷载的求解有哪几种方法？基本思路是什么？本书介绍的几种极限荷载理论公式各自的适用条件是什么？

7-5 影响地基承载力的因素有哪些？有何影响？其中什么因素影响最大？

7-6 地基承载力特征值确定有哪几种方法？各有什么优缺点？

7-7 静载荷试验如何确定地基承载力特征值？

7-8 按地基强度理论公式确定的承载力特征值为什么不再进行宽度和深度修正？

7-9 影响岩石地基承载力的因素有哪些？与土地基有何不同？

7-10 已知某条形基础底面宽度 b=1.6m，埋深 d=1.5m，地基土的天然重度 γ =18.8kN/m^3，内摩擦角 φ =18°，黏聚力 c=23.0kPa，试计算地基的临塑荷载 p_{cr}、塑性荷载 $p_{1/4}$、$p_{1/3}$。

7-11 某条形基础宽度 b=2.4m，埋深 d=1.8m，地基土的重度 γ =18.5kN/m^3，内摩擦角 φ =20°，黏聚力 c=15.0kPa，试分别用普朗德尔公式和太沙基极限荷载公式计算极限荷载值 p_u。

7-12 某柱基底面为正方形，边长 3.6m，埋深 2.0m，地质资料为：第一层为人工填土，厚度 1.80m，γ =18.0kN/m^3；第二层为粉砂，γ =20.0kN/m^3，f_{ak}=250kPa。试对承载力特征值进行修正。

7-13 某条形基础底面宽度 b=2.4m，埋深 d=1.6m，荷载合力偏心距 e=0.07m，地下水位距地表 1.0m 处，基底以上为杂填土，天然重度为 17.0kN/m^3，饱和重度为 19.0kN/m^3，基底面以下为粉质黏土，内摩擦角 φ =16°，黏聚力 c=24kPa，试确定地基承载力特征值。

第8章　边坡稳定分析

【学习要点及目标】

◆ 了解边坡失稳的形式和原因。

◆ 掌握无黏性土边坡的稳定分析方法。

◆ 掌握黏性土边坡稳定分析原理、方法、步骤，学会寻找最危险圆心方法。

【核心概念】

边坡失稳、无黏性土边坡、安全系数等。

【引导案例】

具有倾斜表面的岩土体称为边坡。边坡上部的岩土体有向下运动的趋势，一旦由于设计、施工或者管理不当，或者由于不可预估的外来因素，如特大的地震、暴雨等，使岩土体一部分对另一部分产生移动，这种现象称为边坡失稳。失稳是最常见的工程问题之一。本章主要介绍边坡失稳的形式、原因以及无黏性土边坡、黏性土边坡稳定分析方法。

8.1 边坡失稳的形式和原因

1. 边坡失稳的形式

边坡失稳的形式分为三种类型,即崩塌、滑坡和泥石流。滑坡是指斜坡上的岩土体在重力作用下失去原有的稳定状态,沿斜坡内某些滑动面整体向下滑移的现象。陡峻斜坡上的某些大块岩块突然崩落或滑落,顺山坡猛烈地翻滚跳跃,岩块相互撞击破碎,最后堆积于坡脚,这一现象称为崩塌。泥石流是山区特有的一种地质现象,它是由暴雨或上游冰雪消融形成的携带有大量泥土和石块间歇性洪流。它具有突然发生、来势凶猛、历时短暂、破坏力强的特点。它可沿途冲毁道路、桥梁,淹没房屋、农田,阻塞河道,在顷刻间造成巨大灾害。三种失稳形式中,滑坡破坏是本章的主要内容。

实际调查表明,边坡滑动面的形状与构成边坡的土有关,对由砂、卵石、风化砾石等组成的无黏性土边坡,滑动面近似于平面,如图 8-1(a)所示;而对于黏性土等,其滑动面近似于圆柱面或圆弧,如图 8-1(b)所示。另外,工程上经常遇到由走向大致相同、倾向相同的几组软弱结构面组成的折线边坡滑动稳定问题。

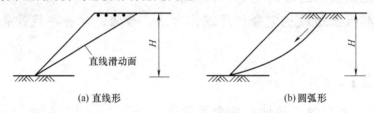

(a) 直线形   (b) 圆弧形

图 8-1 边坡滑动面的形状

2. 边坡失稳的原因

边坡失去稳定,发生滑动,主要是由于岩土体内部某个面上的剪应力达到或超过了它的抗剪强度,稳定平衡遭到破坏。边坡失稳的原因主要有以下几个方面。

(1) 岩土体抗剪强度降低。例如,气候变化使土质变松,岩土体的含水率或超孔隙水压力增加;又如,岩土体结构的解体形成微细的裂缝,将岩土体分割成不连续的小块。

(2) 边坡作用力发生变化。在边坡上加载,人工开挖或水流波浪的冲刷、振动(包括地震、爆破、打桩)等作用,改变了原来边坡的平衡状态。

(3) 静水力的作用。例如,雨季中土的含水率增加,使土的自重增加,岩土体由于剪切或张拉作用产生垂直的裂缝,雨水渗入或地面水流入裂缝,对边坡产生侧向压力,推动边坡的滑动。因此,边坡上产生裂缝往往是边坡稳定性的不利因素之一。

(4) 边坡内有渗流作用。边坡内水的渗流作用对潜在的滑动会产生动水力作用,渗流还有可能发生管涌。

(5) 人类活动和生态环境的影响等。边坡发生滑坡事故,常常危及人民的生命财产安全。因此,边坡稳定分析的意义重大,其目的是验算所拟定的边坡是否稳定、合理或根据给定的边坡高度、土的性质等已知条件,设计出一个既安全可靠又经济合理的边坡断面。

8.2　无黏性土边坡稳定分析

8.2.1　一般情况下的无黏性土边坡

对于均质的无黏性土边坡，无论是干坡还是在完全浸水条件下，由于无黏性土土粒间缺少黏结力，因此，只要位于坡面上的单元土粒能够保持稳定，则整个边坡就是稳定的。

图 8-2(a)所示为一均质无黏性土边坡，坡角为 β，任取一单元体，设单元体的自重为 W，它在坡面方向的下滑力 $T = W\sin\beta$，在坡面法线方向的分力 $N = W\cos\beta$，阻止岩土体下滑的力是此单元体与下面岩土体之间的摩擦力 $T_f = N\tan\varphi$。

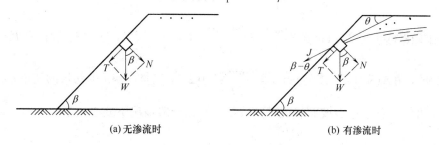

(a) 无渗流时　　　　　　　　　(b) 有渗流时

图 8-2　无黏性土边坡的稳定性

边坡稳定的安全度用抗滑力与滑动力之比来评价，这个比值称为边坡稳定安全系数 F_s，即

$$F_s = \frac{T_f}{T} = \frac{W\cos\beta\tan\varphi}{W\sin\beta} = \frac{\tan\varphi}{\tan\beta} \tag{8-1}$$

由式(8-1)可见，对于均质的无黏性土边坡，理论上只要坡角小于土的内摩擦角，边坡就是稳定的。当 $F_s = 1$ 时，边坡处于极限平衡状态，此时的坡角 β 就等于无黏性土的内摩擦角 φ，常称为静止角或休止角，并说明此时无黏性土边坡的滑动面为一平面。

为了保证边坡稳定，必须使安全系数 $F_s > 1$，F_s 取值应合理，太小不安全，但太大又不符合经济原则，故 F_s 的具体取值必须参照有关规范选取。

8.2.2　有水作用时的无黏性土边坡

水库蓄水或库水位突然下降，或坑深低于地下水位的基坑边坡等情况，都会在边坡中形成渗透力，使得边坡稳定性降低。如图 8-2(b)所示，在坡面上渗流溢出处取一单元体，渗透力的方向与水平面的夹角为 θ，则与坡面的夹角为 $\beta - \theta$。若渗流为顺坡出流，$\beta = \theta$，则逸出处渗流方向与坡面平行渗透力的方向也与坡面平行，此时使岩土体下滑的力为 $T + J = W\sin\beta + J$，单元体所能发挥的最大抗滑力仍为 T_f，于是安全系数为

$$F_s = \frac{T_f}{T + J} = \frac{W\cos\beta\tan\varphi}{W\sin\beta + J} \tag{8-2}$$

当直接用渗透力来考虑渗流影响时，岩土体自重就是浮重度 γ'，而渗透力 $J = \gamma_w i$，其

中 γ_w 为水的重度，i 是渗流溢出处的水力梯度。因为是顺坡出流，i 近似等于 $\sin\beta$，于是式(8-2)可写为

$$F_s = \frac{\gamma'\cos\beta\tan\varphi}{(\gamma'+\gamma_w)\sin\beta} = \frac{\gamma'\tan\varphi}{\gamma_{sat}\tan\beta} \tag{8-3}$$

式中：γ_{sat} 为土的饱和重度(kN/m³)。

式(8-3)与没有渗流作用的式(8-1)相比，无黏性土边坡的稳定性要比无渗流情况下的安全系数约降低 1/2。也就是说，无渗流时 $\beta \leqslant \varphi$，边坡是稳定的；有渗流作用时，坡度必须减缓，即坡角 $\beta \leqslant \arctan\left(\dfrac{1}{2}\tan\varphi\right)$ 时才能保持稳定。

【例 8-1】一均质无黏性土边坡，其饱和重度 $\gamma_{sat}=20\text{kN/m}^3$，内摩擦角 $\varphi=30°$，若要求此边坡的稳定安全系数 $F_s=1.3$，试问在一般情况下和有平行于坡面渗流情况下的边坡坡角应为多少？

解 由式(8-1)可以求得 $\tan\beta = \dfrac{\tan\varphi}{F_s} = \dfrac{\tan 30°}{1.3} = 0.444$，所以，在一般情况下边坡所需的坡角 $\beta=23.9°$。由式(8-3)可以求得 $\tan\beta = \dfrac{\gamma'\tan\varphi}{\gamma_{sat}F_s} = 0.222$，有坡面渗流时边坡的坡角 $\beta=12.5°$。由计算结果可知，有平行于坡面渗流时的坡角几乎比一般情况下要小一半。

8.3 黏性土边坡稳定性分析

8.3.1 条分法

在均质黏性土边坡中，滑动面为圆弧形，简称滑弧。当黏性土边坡的 φ 大于零时，滑弧面各点的抗剪强度与该点的法向应力有关，在假定整个滑动面各点 F_s 均相同的前提下，首先要设法求出滑弧面上法向应力的分布，才能求 F_s 值。常用的方法是将滑动岩土体分成若干垂直土条，分析每一条上的作用力，然后利用每一土条上的力和力矩的静力平衡条件，求各土条对滑弧圆心的抗滑力矩和滑动力矩，分别求其总和，然后求出该边坡的稳定安全系数。这种方法称为条分法，该法由瑞典铁路工程师彼得森和费伦纽斯提出并完善，故称瑞典条分法。

1. 基本原理

图 8-3(a)所示为一均质边坡，取单位长度边坡按平面问题处理。设可能的滑动面是一圆弧 $\overset{\frown}{AC}$，圆心为 O。半径为 R，现将滑动岩土体 ABC 划分成若干相互平行的铅直土条，并从中取出任一土条 i 作为脱离体进行受力分析。

如图 8-3(b)所示，当不考虑其侧面上的作用力时，该土条上作用的力如下。

(1) 土条自重 W_i，土条自重方向竖直向下，其值为 $W_i = \gamma b_i h_i$。其中：γ 为土的重度；b_i、h_i 分别为该土条的宽度和平均高度。将 W_i 引至土条滑动面上，分解为通过滑弧圆心 O 的法向力 N_i 和与滑弧相切的切向分力 T_i，T_i 是引起土条滑动的滑动力，又称为下滑力。θ_i 为弧

面中点的法线与竖直线的夹角，则有

$$N_i = W_i \cos\theta_i = \gamma b_i h_i \cos\theta_i$$

$$T_i = W_i \sin\theta_i = \gamma b_i h_i \sin\theta_i$$

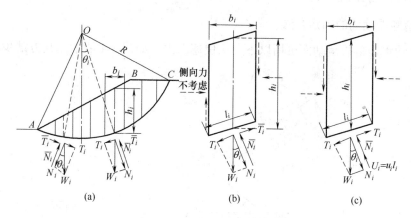

图 8-3　瑞典条分法计算图式

(2) 作用在土条底面上的法向力 $\overline{N_i}$。$\overline{N_i}$ 与 N_i 大小相等、方向相反，$\overline{N_i} = N_i = W_i \cos\theta_i$。

(3) 作用在土条底面上的摩擦阻力 $\overline{T_i}$，也称为抗滑力。

若用第 i 土条弧面上的抗剪强度 τ_{fi} 与剪阻力 τ_{Ri} 之比来定义该土条的安全系数 F_{si}，同时再假定每一个土条上的安全系数与整个滑动面上的总的安全系数 F_s 相同，即

$$F_s = F_{si} = \frac{\tau_{fi}}{\tau_{Ri}} \tag{8-4}$$

当边坡处于稳定状态，即 $F_s > 1$ 时，抗滑力在数值上即等于剪应力 τ_i。抗剪应力等于该弧面上的剪阻力 τ_{Ri} 与弧长 l_i 的乘积，即

$$\overline{T_i} = \tau_{Ri} l_i = \frac{1}{F_s}\tau_{fi} l_i = \frac{1}{F_s}(c + \sigma_i \tan\varphi)l_i = \frac{1}{F_s}(cl_i + \overline{N_i}\tan\varphi)$$

将各土条上的作用力分别对滑动圆心 O 求力矩。显然，引起土条滑动的力只有切向分力 T_i，将该力对 O 点求力矩并求出总和，即可得到总的滑动力矩为

$$M_s = \sum T_i R = R \sum \gamma b_i h_i \sin\theta_i$$

将阻滑力对 O 点取矩，并求出总和，得抗滑力 M_R 为

$$M_R = \sum \overline{T_i} R = \frac{1}{F_i} R \sum (cl_i + \overline{N_i}\tan\varphi)$$

当边坡处于稳定时，应满足力矩平衡条件，即 $M_s = M_R$，所以有

$$F_s = \frac{M_R}{M_s} = \frac{\sum (cl_i + \overline{N_i}\tan\varphi)}{\sum \gamma b_i h_i \sin\theta_i} \tag{8-5}$$

当用总应力法时，将法向分力 N_i 代入式(8-5)，可得

$$F_s = \frac{\sum (cl_i + \gamma b_i h_i \cos\theta_i \tan\varphi)}{\sum \gamma b_i h_i \sin\theta_i} \tag{8-6}$$

对于均质边坡，由于 γ、c、φ 均为常量，同时在计算时若把土条的宽度取为等宽，均为 b，则式(8-6)可以转化成

$$F_s = \frac{c\hat{L} + \gamma b \tan\varphi \sum h_i \cos\theta_i}{\gamma b \sum h_i \sin\theta_i} \tag{8-7}$$

式中：$\hat{L}$ 为滑动面 AC 的弧长。

2. 最危险滑动面的确定方法

对简单边坡最危险滑动面可用以下方法快速求出，如图 8-4 所示，其方法步骤如下。

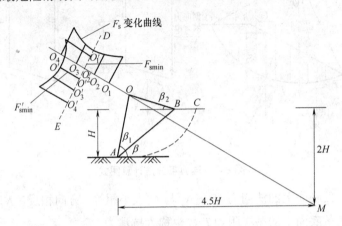

图 8-4　最危险滑动面的确定

(1) 根据边坡坡度或坡角 β，查表 8-1 确定相应的 β_1、β_2。

表 8-1　β_1、β_2 角数值

边坡坡度	坡度角 β	β_1 角	β_2 角
1∶0.5	60°	29°	40°
1∶1.0	45°	28°	37°
1∶1.5	33°41′	26°	35°
1∶2.0	26°34′	25°	35°
1∶3.0	18°26′	25°	35°
1∶4.0	14°03′	25°	36°

(2) 根据 β_1 角，由坡脚 A 点作线段 AO，使角 $\angle OAB = \beta_1$；由坡肩 B 点作线段 BO，使该线段与水平线夹角为 β_2。线段 AO 与线段 BO 的交点为 O。

(3) 由坡脚 A 点竖直向下取坡高 H 值，再向右沿水平向取 $4.5H$，并定义为 M 点。

(4) 延长 MO 线，并取 O_1、O_2、O_3、…作为圆心，绘出相应的能过坡脚的滑弧。分别求出各滑弧的安全系数 F_{s1}、F_{s2}、F_{s3}、…，绘出 F_s 的曲线，取曲线下凹处的最低点 O'。

(5) 同理，从 O' 点作垂直线 DE，在 DE 上取 O_1'、O_2'、O_3'、…为圆心，计算各自的边坡安全系数 F_{s1}'、F_{s2}'、F_{s3}'、…，并连成曲线，取曲线下凹处的最低点 O''，该点即为所求最危险滑弧面的圆心位置，相应的边坡稳定安全系数为 F_{smin}'。

小贴士：

瑞典条分法计算边坡稳定安全系数，工作量大、计算复杂。在计算过程中，通过以下技巧，可以大大减少计算工作量。

(1) 当地基的抗剪强度不小于土坡土层的抗剪强度时，最危险的滑弧通过坡脚 A 点。

(2) 分条编号方法。以圆心 O 的铅垂线为 0 条，向上编号为 1，2，3，…，n 条，向下顺序为 -1，-2，-3，…，$-n_1$ 条，这样 $\sin\theta_0 = 0$，0 条的滑动力矩为 0，0 条以上各条的滑动力矩为正值，0 条以下各条的滑动力矩为负值，物理概念清楚。

(3) 分条的宽度，一般取 $b = \dfrac{R}{10}$，则 $\sin\theta_1 = 0.1$、$\sin\theta_2 = 0.2$、…，$\sin\theta_n = 0.n$，同时 $\cos\theta_1 = \sqrt{1 - \sin^2\theta_1} = 0.995$、$\cos\theta_2 = 0.980$、…，都是固定值，不必每个滑弧都计算三角函数，可极大地提高计算速度。

8.3.2　泰勒图表法

对于简单黏性土土坡的稳定性分析，为了减少繁重的试算工作量，曾有不少人寻求简化的图表法。泰勒根据大量的计算资料整理，以坡角 β 为横坐标，稳定因数 $N = \dfrac{c}{\gamma h}$ 为纵坐标绘制的一组曲线，如图 8-5 所示。利用泰勒图表法可用来解决以下两类问题。

(1) 已知坡角 β、土的内摩擦角 φ、土的黏聚力 c 和土的重度 γ，求最大边坡高度 h。这时，可由 β、φ 查图 8-5 得 N，则 $h = \dfrac{c}{\gamma N}$。

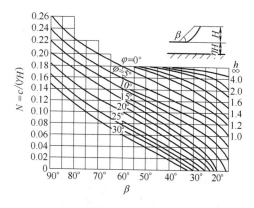

图 8-5　黏性土简单土坡计算图

(2) 已知 c、φ、γ、h，求稳定坡角 β，这时可由 $N = \dfrac{c}{\gamma h}$ 和 φ 查图 8-5 得 β。

【例 8-2】 某工程开挖基坑 $h = 6$m，地基土的天然重度 $\gamma = 18.2$kN/m³，内摩擦角 $\varphi = 15°$，黏聚力 $c = 12$kPa。试确定能保证基坑开挖安全的稳定边坡坡度。

解　由已知条件 c、γ、h 得 $N = \dfrac{12}{18.2 \times 6} = 0.11$，再由 $N = 0.11$ 查图 8-5 中 $\varphi = 15°$ 的线，可得坡角 $\beta = 58.5°$，因 $m = \cot\beta$，则开挖时的稳定边坡系数 $m = 0.61$，边坡为 1∶0.61。

思考题与习题

8-1　何谓滑坡现象？影响土坡稳定的因素有哪些？

8-2　无黏性土边坡的安全系数是怎样定义的？黏性土的安全系数 F_s 是怎样定义的？

8-3 黏性土边坡稳定分析的瑞典条分法有哪些基本假定？其安全系数是怎样定义的？

8-4 如何确定最危险圆弧滑动面？

8-5 有一无黏性土坡，其饱和重度 γ_{sat} =19kN/m³，内摩擦角 φ =35°，边坡坡度为 1 : 2.5。试问：①当该坡完全浸水时，稳定安全系数是多少？②当有顺坡渗流时，该坡能维持稳定吗？若不能，则应采用多大的边坡坡度？

8-6 某简单土坡坡角 β =60°，土的内摩擦角 φ =20°，黏聚力 c =10kPa，取稳定安全系数 F_s =1.5，试用泰勒图表法求土坡安全高度 h。

8-7 某土坡高度 H=6m，坡角 β =55°，土的重度 γ =18.6kN/m³，土的内摩擦角 φ =12°，黏聚力 c =16.7kPa。试用瑞典条分法求土坡的稳定安全系数。

第9章 浅 基 础

【学习要点及目标】

◆ 了解地基基础设计等级、设计规定、设计步骤。

◆ 了解地基基础设计的极限状态及荷载效应组合类型。

◆ 了解浅基础的常用类型和适用条件。

◆ 了解影响基础埋深的因素，能根据主要条件合理选择基础埋置深度。

◆ 掌握确定基础底面尺寸的设计方法。

◆ 掌握软弱下卧层验算方法。

◆ 了解各种刚性基础的构造特点、材料要求等。

◆ 掌握刚性基础的设计方法。

◆ 熟悉墙下条形基础、柱下钢筋混凝土独立基础构造要求、设计方法。

◆ 了解柱下钢筋混凝土条形基础、十字交叉基础构造及设计方法。

◆ 了解筏形基础、箱形基础的构造、设计方法。

◆ 了解产生不均匀沉降的原因，掌握减少地基不均匀沉降的各种工程措施。

【核心概念】

荷载组合、基础埋深、刚性基础、扩展基础、柱下十字交叉基础、筏形基础、箱形基础、不均匀沉降等。

【引导案例】

基础分为天然地基和人工地基。天然地基依据基础埋置深度，可分为浅基础和深基础，习惯上埋深不超过5m的称为浅基础。实际上浅基础和深基础并没有一个很明确的界限，大多数基础埋深较浅，浅基础一般可用比较简便的施工方法来修建。本章主要介绍浅基础类型、各种浅基础构造和设计方法等内容。

在建筑物的设计和施工中，地基和基础占有很重要的地位，它对建筑物的安全使用、工程造价和工程量有着很大的影响。因此，正确地选择地基基础的类型十分重要。在选择地基基础的类型时，主要考虑两方面的因素：一是建筑物的性质(包括用途、结构形式、荷载大小和荷载性质等)；二是地基的地质情况(包括土层的分布、土的性质和地下水等)。实际工程设计中，应综合考虑各种影响因素，经综合比较、分析后，选择一个最佳的地基基础设计方案和施工方案。

9.1 概 述

9.1.1 地基基础设计等级

根据地基的复杂程度、建筑物规模和功能特征以及由于地基问题可能造成建筑物破坏或影响正常使用的程度，将地基基础设计分为三个等级，设计时应根据具体情况按表9-1选用。

表9-1 地基基础设计等级

设计等级	建筑和地基类型
甲级	重要的工业与民用建筑物 30层以上的高层建筑物 体型复杂，层数相差超过10层的高低层连成一体建筑物 大面积的多层地下建筑物(如车库、商场、运动场等) 对地基变形有特殊要求的建筑物 复杂地质条件下的坡上建筑物(包括高边坡) 对原有工程影响较大的新建建筑物 场地和地基条件复杂的一般建筑物 位于复杂地质条件及软土地区的二层及二层以上地下室的基坑工程 开挖深度大于15m的基坑工程 周边环境条件复杂、环境保护要求高的基坑工程
乙级	除甲级、丙级以外的工业与民用建筑物 除甲级、丙级以外的基坑工程
丙级	场地和地基条件简单、荷载分布均匀的七层及七层以下民用建筑及一般工业建筑物；次要的轻型建筑物非软土地区且场地地质条件简单、基坑周边环境条件简单、环境保护要求不高且开挖深度小于5.0m的基坑工程

9.1.2 地基基础设计规定

根据建筑物地基基础设计等级及长期荷载作用下地基变形对上部结构的影响程度，地基基础设计应符合下列规定。

(1) 所有建筑物的地基计算均应满足承载力计算的有关规定。

(2) 设计等级为甲级、乙级的建筑物，均应按地基变形设计。

(3) 除《建筑地基基础设计规范》(GB 50007—2011)所列范围内设计等级为丙级的建筑

物可不作变形验算，如有下列情况之一时，仍应作变形验算：①地基承载力小于 130kPa 且体型复杂的建筑；②在基础上及其附近有地面堆载或相邻基础荷载差异较大，可能引起地基产生过大的不均匀沉降时；③软弱地基上的建筑物存在偏心荷载时；④相邻建筑距离过近，可能发生倾斜时；⑤地基内有厚度较大或厚薄不匀的填土，其自重固结未完成时。

(4) 对经常承受水平荷载的高层建筑、高耸结构和挡土墙等，以及建造在斜坡上或边坡附近的建筑物和构筑物，尚应验算其稳定性。

(5) 基坑工程应进行稳定性验算。

(6) 当地下水埋藏较浅，建筑地下室或地下构筑物存在上浮问题时，尚应进行抗浮验算。

9.1.3 地基基础设计荷载效应组合

地基基础设计采用极限状态设计，分为正常使用极限状态和承载能力极限状态。荷载效应组合分为基本组合、标准组合和准永久组合。

地基基础设计时，所采用的荷载效应最不利组合与相应的抗力限值有下列规定。

(1) 按地基承载力确定基础底面积及埋深或按单桩承载力确定桩数时，传至基础或承台底面上的荷载效应按正常使用极限状态下荷载效应的标准组合。相应的抗力应采用地基承载力特征值或单桩承载力特征值。

(2) 计算地基变形时，传至基础底面上的荷载效应按正常使用极限状态下荷载效应的准永久组合，不应计入风荷载和地震作用。相应的限值应为地基变形允许值。

(3) 计算挡土墙土压力、地基或斜坡稳定及滑坡推力时，荷载效应应按承载能力极限状态荷载效应的基本组合，但其分项系数均为 1.0。

(4) 在确定基础或承台高度、支挡结构截面、计算基础或支挡结构内力、确定配筋和验算材料强度时，上部结构传来的荷载效应组合和相应的基底反力，应按承载能力极限状态荷载效应的基本组合，采用相应的分项系数。当需要验算基础裂缝宽度时，应按正常使用极限状态下荷载效应标准组合。

(5) 基础设计等级、结构设计使用年限、结构重要性系数应按有关规定采用，但结构重要性系数不应小于 1.0。

9.2 浅基础的类型

地基与基础是建筑物的重要组成部分，建筑物的全部荷载都由它下面的地层来承受，受建筑物影响的那一部分地层称为地基，直接承受荷载的地层是持力层，持力层以下为下卧层。基础是位于建筑物墙、柱、底梁以下，尺寸经适当扩大后，将结构所承受的各种作用力传递到地基上的结构组成部分。

9.2.1 按基础的埋深分类

基础按其埋置深度可分为浅基础和深基础。通常将基础的埋置深度小于基础的宽度，且只需要采用正常的施工方法(如明挖施工)就可以建造起来的基础称为浅基础。浅基础设计按通常的方法验算地基承载力和地基沉降时，不考虑基础底面以上土的抗剪强度对地基承载力的作用，也不考虑基础侧面与土之间的摩擦阻力。深基础包括桩基、沉井基础和地下连续墙等，其设计方法与浅基础不同，主要利用基础将荷载向深部土层传递，设计时需要考虑基础侧壁的摩擦阻力对基础稳定性的有利作用，施工方法及施工机械较为复杂。

9.2.2 按基础的受力特点分类

1. 无筋扩展基础

无筋扩展基础通常由砖、石、素混凝土、灰土和三合土等材料构成。这些材料都具有较好的抗压性能，但抗拉、抗剪强度不高，因此设计时必须保证基础内的拉应力和剪应力不超过材料强度的设计值。通常是通过限制基础的构造来实现这一目标，即基础的外伸宽度与基础高度的比值不大于无筋扩展基础台阶宽高比的允许值。这样，基础的相对高度通常都比较大，几乎不会发生挠曲变形，所以此类基础称为刚性基础或刚性扩展基础。基础形式有墙下条形基础和柱下独立基础。

无筋扩展基础因材料特性不同，它们有不同的适用性。用砖、石及素混凝土砌筑的基础一般适用于 6 层及 6 层以下的民用建筑和砌体承重厂房。在我国华北和西北比较干燥的地区，灰土基础广泛应用于 5 层及 5 层以下的民用建筑。在南方常用的三合土及四合土(水泥、石灰、砂、骨料按 1∶1∶5∶10 或 1∶1∶6∶12 配合比)基础，一般适用于不超过 4 层的民用建筑。另外，由于刚性基础的稳定性好、施工简便、能承受较大的竖向荷载，只要地基能满足要求，石材及混凝土常是桥梁、涵洞和挡土墙等首选的基础材料。

2. 钢筋混凝土基础

钢筋混凝土基础具有较强的抗弯、抗剪能力，适合于荷载大且有力矩荷载的情况或地下水以下，常做成扩展基础、条形基础、筏形基础、箱形基础等形式。钢筋混凝土基础有很好的抗弯能力，能发挥钢筋的抗弯性能及混凝土抗压性能，适用范围十分广泛。

根据上部结构特点，荷载大小和地质条件不同，钢筋混凝土基础可构成以下结构形式。

1) 钢筋混凝土扩展基础

钢筋混凝土扩展基础一般指钢筋混凝土墙下条形基础、钢筋混凝土柱下独立基础。钢筋混凝土扩展基础的抗弯和抗剪性能良好，可在竖向荷载较大、地基承载力不高及承受水平力和力矩荷载的情况下使用。

(1) 柱下单独基础。

单独基础是柱子基础的基本形式，如图 9-1 所示，基础材料通常用混凝土或钢筋混凝土，混凝土强度等级不低于 C15。但荷载不大时，也可用砖石砌体，并用混凝土墩与柱子相连接。在柱子荷载的偏心距不大时，基础底面常为方形，偏心距大时则为矩形。预制柱下的钢筋混凝土基础一般做成杯形基础，如图 9-2 所示。

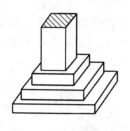

图 9-1 柱下单独基础

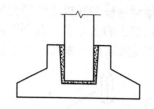

图 9-2 杯形基础

(2) 墙下条形基础。

条形基础是墙基础的主要形式(墙下条形基础)，如图 9-3 所示，它常用砖石和钢筋混凝土建造。

2) 柱下条形基础及十字交叉基础

当在软弱地基上设计单独基础时，基础底面积可能很大，以致彼此相接近，甚至碰在一起，这时可将柱子基础连接起来做成柱下钢筋混凝土条形基础，如图 9-4 所示，使各个柱子支撑在一个共同的条形基础上，有利于减轻不均匀沉降对建筑物的影响。

如果地基很软，需要进一步扩大基础底面积或为了增强基础的刚度以调整不均匀沉降时，可在纵、横两个方向上都采用钢筋混凝土条形基础，即十字交叉条形基础。十字交叉基础具有较大的整体刚度，在多层厂房、荷载较大的多层及高层框架结构基础中常被采用。

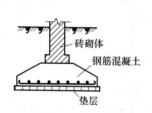

图 9-3 墙下条形基础

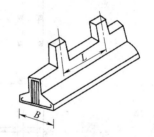

图 9-4 柱下钢筋混凝土条形基础

3) 筏形基础

如果地基特别软弱，而荷载又很大，十字交叉基础的底面积还是不能满足要求时，或地下水常处在地下室的地坪以上以及使用上有要求，为了防止地下水渗入室内，往往需要把整个房屋(或地下室)底面做成一片连续的钢筋混凝土板作为基础，此类基础称为筏形基础或满堂基础，如图 9-5 所示。

柱下筏形基础常有以下两种形式，即平板式和梁板式。平板式基础是在地基上做成一块等厚的钢筋混凝土底板，柱子通过柱脚支撑在底板上。当柱荷载较大时，可局部加大柱下板厚以防止板被冲切破坏；当柱距较大、柱荷载相差较大时，板内将产生较大弯矩，宜采用梁板式基础。梁板式基础分为下梁板式和上梁板式两种，下梁板式基础底板、顶板平整，可作为建筑物底层地面。筏形基础，特别是梁板式筏形基础整体刚度较大，能很好地调整不均匀沉降。对于有地下室的房屋、高层建筑或本身需要可靠防渗底板的结构物，是理想的基础形式。

4) 箱形基础

为了使基础具有更大的刚性，以减少建筑物的相对弯曲，可将基础做成由顶板、底板及若干纵、横隔墙组成的箱形基础(见图 9-6)。它是片筏基础的进一步发展,一般由钢筋混凝土建造,基础顶板与底板之间的空间可作为地下室,故其空间利用率高。其主要特点是刚性大,而且挖去的土方多,有利于减少基础底面的附加压力,因而适用于地基软弱土层厚、荷载大和建筑面积不太大的重要建筑物。

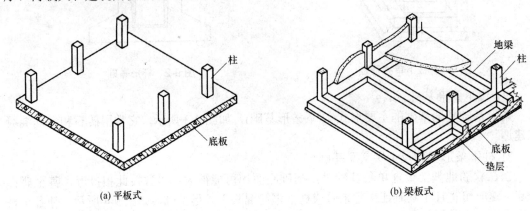

(a) 平板式　　　　　　　　　　　　(b) 梁板式

图 9-5　筏形基础

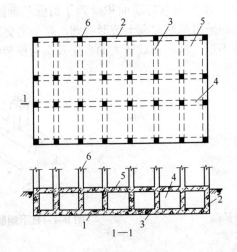

图 9-6　箱形基础

1—底板;2—外墙;3—内横隔墙;4—内纵隔墙;5—顶板;6—柱

由顶、底板和纵、横墙形成的结构整体性使箱形基础具有比筏形基础更大的空间刚度,用以抵抗地基或荷载分布不均匀引起的差异沉降和架越不太大的地下洞穴。此外,箱形基础的抗震性能较好。目前在高层建筑中多采用箱形基础。

箱形基础形成的地下室可以提供多种使用功能。冷藏库和高温炉体下的箱形基础的隔热传导的作用可防止地基土冻胀和干缩。高层建筑物的箱形基础可作为商店、库房、设备层和人防之用。

9.2.3　按构成基础的材料分类

基础材料的选择决定着基础的强度、耐久性和经济效果,应该考虑就地取材、充分利用当地资源的原则，并满足技术经济要求。

常用的基础材料有砖石、灰土、三合土、混凝土(包括毛石混凝土)和钢筋混凝土。

1. 砖石基础

就砖的强度和抗冻性来说，不能算是优良的基础材料，在干燥而较温暖的地区较为适用，在寒冷而又潮湿的地区不甚理想。但是由于砖的价格较低，所以应用还比较广泛。为保证砖基础在潮湿和霜冻条件下坚固耐久，砖的标号不应低于 MU7.5，砌砖砂浆应按砌体结构设计规范规定选用。在产石料的地区，毛石是比较容易取得的一种基础材料。地下水位以上的毛石砌体可以采用水泥、石灰和砂子配制的混合砂浆砌筑，在地下水位以下则要采用水泥砂浆砌筑。砂浆强度等级按规范规定采用。

2. 灰土基础

早在 1000 多年前，我国就开始采用灰土作为基础材料，而且有不少还完整地保存到现在。这说明在一定条件下，灰土的耐久性是良好的。灰土由石灰和黄土(或黏性土)混合而成。石灰以块状生石灰为宜，经消化 1～2d，用 5～10mm 的筛子过筛后使用。土料一般以粉质黏土为宜，若用黏土则应采取相应措施，使其达到一定的松散程度。土在使用前也应过筛(10～20mm 的筛孔)。石灰和土的体积比一般为 3：7 或 2：8，拌和均匀，并加适量的水分层夯实，每层虚铺 220～250mm，夯至 150mm 为一层。施工时注意基坑保持干燥，防止灰土早期浸水。

3. 三合土基础

在我国有的地方也常用三合土基础，其体积比一般为 1：3：6 或 1：2：4(石灰：砂子：骨料)。施工时每层虚铺 220mm，夯至 150mm。三合土基础的强度与骨料有关，矿渣最好，碎砖次之，碎石及河卵石不易夯打结实，质量较差。

4. 混凝土和毛石混凝土基础

混凝土的强度、耐久性和抗冻性都比较好，是一种较好的基础材料。有时为了节约水泥，可以在混凝土中掺入毛石，形成毛石混凝土，虽然强度有所降低，但仍比砖石砌体高，所以也得到广泛使用。

5. 钢筋混凝土基础

钢筋混凝土是建造成基础的较好材料，其强度、耐久性和抗冻性都很好，它能很好地承受弯矩。目前在基础工程中是一种广泛使用的建筑材料。但当基础遇到有侵蚀性地下水时，对混凝土的成分要严加选择，否则会影响基础的耐久性。

基础设计的第一步是选取适合于工程实际条件的基础类型。选取基础类型应根据各类基础的受力特点、适用条件，综合考虑上部结构的特点，地基土的工程地质条件和水文地质条件以及施工的难易程度等因素，经比较优化，确定一种经济合理的基础形式。

从满足地基承载力要求考虑，基础的第一功能是传递荷载、扩散应力，因而必须满足地基强度和稳定性的要求。根据上部结构荷载的大小和地基土的承载能力强弱选择基础类型，尽可能选择简单的基础形式，柱下应首选独立基础，墙下应首选条形基础。当独立基础不能满足承载力要求时宜扩展为条形基础；当单向条形基础底面积不够时可以采用十字交叉条形基础；在条形基础不能满足承载力要求时才采用造价比较高的筏板基础。在逐步扩大基础底面积的过程中，意味着造价和施工难度不断提高，在非必要时不要采用更复杂的基础类型。

9.3 基础的埋置深度

基础的埋置深度是指基础底面距离地面的距离。基础埋深的大小对建筑物的安全使用、稳定性、工期及造价影响很大。确定基础埋深的基本原则是：在满足地基稳定和变形的条件下，基础应尽量浅埋。考虑到地表一定深度内气温变化、雨水侵蚀、植物生长及人类活动的影响，除岩石地基外，基础埋深不宜小于 0.5m。确定基础埋深时应综合考虑，对于一个单项工程而言，往往只考虑一两个起决定性作用的因素。在确定基础的埋深时，主要考虑以下几个因素。

9.3.1 建筑物的类型和用途

基础的埋置深度首先取决于建筑物的用途，有无地下室，设备基础和地下设施，以及基础的形式和构造，因而基础埋深首先要结合建筑设计标高的要求确定。高层建筑筏形和箱形基础的埋置深度应满足地基承载力、变形和稳定性的要求。例如，建筑物对不均匀沉降很敏感，应将基础埋置在较好的土层上(即使较好的土层埋藏较深)。当有地下室、地下管道和设备基础时，则往往要求建筑物基础局部加深或整个加深。基础形式有时也决定基础埋深，如采用刚性基础，当基础底面积确定后，由于要满足刚性角的构造要求，就规定了基础的最小高度，从而也决定了基础的埋深。

9.3.2 建筑物的荷载大小和性质

同一土层，对于荷载小的基础，可能是很好的持力层，而对荷载大的基础来说，则可能不适宜作为持力层。承受较大水平荷载的基础，应有足够的埋置深度以保证有足够的稳定性。例如，高层建筑由于受风力和地震力等水平荷载作用，埋深一般不少于1/12～1/8的地面以上建筑物高度。某些承受上拔力的基础，如输电塔基础，也往往要较大的埋置深度以保证必需的抗拔力。某些土(如饱和疏松的细、粉砂)在动荷载作用下，容易产生"液化"现象，造成基础过大的沉降，甚至失去稳定，故在确定基础的埋置深度时，不宜选这种土层作为受振动荷载的基础。在地震区，不宜将可液化土层直接作为基础的持力层。

9.3.3 工程地质条件

工程地质条件是影响埋深的主要因素。选择基础埋深，实际上就是选择基础持力层，应当选择承载力高、稳定可靠的坚实土层作为地基持力层，以保证建筑物的安全。

当上层土的承载力大于下层土时，宜利用上层土作为持力层，以减少基础埋深。我国沿海软土地区土层松软，孔隙比大，压缩性高，但表面常常有厚度为2～3m的"硬壳层"，对于一般中小型建筑物或 6 层以下的房屋，应尽量做"宽基浅埋"，但同时注意验算软弱下卧层是否满足要求。

当上层土为软土、下层土的承载力较高时，基础的埋深应根据软土的厚度来选择。当软土较薄时，可将软土挖除，将基础置于下面坚实的土层上；如软土较厚，则要考虑建筑物的类型、施工难易、是否经济等因素，可采用人工加固方法处理或采用桩基础等深基础。

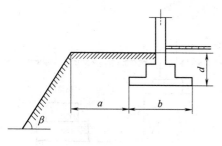

图 9-7 土坡上建筑物的最小埋深

位于稳定边坡顶上的建筑物，当坡高 $h \leqslant 8m$，坡角 $\leqslant 45°$（见图 9-7），且垂直于坡顶边缘线的基础底边长度小于或等于 3m 时，基础埋置深度按下列各式计算。

对于条形基础，有

$$d \geqslant (3.5b - a)\tan\beta \tag{9-1}$$

对于矩形基础，有

$$d \geqslant (2.5b - a)\tan\beta \tag{9-2}$$

式中：a 为基础外缘线至坡顶的水平距离，不得小于 2.5m；b 为垂直于坡顶边缘线的基础底边长；β 为坡角。

【例 9-1】某建筑物为矩形基础，$a = 3.1m$，$b = 3m$，$\beta = 30°$，试确定基础埋深。

解 由式(9-2)得到 $d \geqslant (2.5b - a)\tan\beta = (2.5 \times 3 - 3.1)\tan 30° = 2.5m$。如限制 $d = 2m$，则 $a \geqslant 2.5b - \dfrac{d}{\tan\beta} = 2.5 \times 3 - \dfrac{2}{\tan 30°} = 4.1(m)$，即基础必须再向坡内方向后移 1m 才能满足要求。

9.3.4 水文地质条件

(1) 在遇到地下水时，一般应尽量将基础放在地下水位以上，避免施工排水的麻烦。如必须将基础埋在地下水位以下时，则应采取施工排水措施，保护地基土不受扰动。对有侵蚀性的地下水，应将基础放在地下水位以上；否则应采取措施，防止基础遭受侵蚀。

(2) 当基础位于河岸边时，其埋置深度应在流水的冲刷作用深度以下。

(3) 当持力层为隔水层而其下方存在承压水层时，基槽在黏土层中开挖深 D，黏土剩余厚度为 h_0，黏土层下为卵石层，具有承压水，承压水位高出卵石层顶面 h，如图 9-8 所示，为了避免承压水冲破槽底而破坏地基，应注意开挖基槽时保留槽底安全厚度 h_0。安全厚度可按式(9-3)估算，即

$$h_0 \geqslant \frac{\gamma_w}{\gamma} h \tag{9-3}$$

式中：γ 为土的重度(kN/m^3)；γ_w 为水的重度(kN/m^3)。

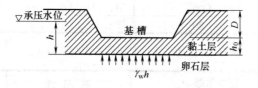

图 9-8 承压水对基底土层的浮托作用

9.3.5 相邻基础的影响

存在相邻建筑物时，新建建筑物的基础埋深不宜大于原有建筑基础。当埋深大于原有建筑基础时，两基础间应保持一定净距，其数值应根据原有建筑荷载大小、基础形式和土质情况确定，一般为基础底面高差的 1～2 倍(见图 9-9)，否则需采取相应的施工措施(如分段施工，设临时的基坑支撑、打板桩、地下连续墙等)，以避免当开挖新基础的基坑时原有基础地基松动。

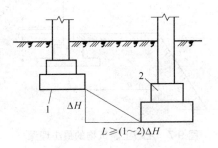

图 9-9　相邻基础应保证的距离
1—原有基础；2—新基础

9.3.6 地基土的冻胀和融陷的影响

土中水冻结后，发生体积膨胀，而产生冻胀。位于冻胀区的基础在受到大于基底压力的冻胀力作用下会被上抬，而冻土层解冻融解时建筑物随之下沉。冻胀和融陷是不均匀的，往往造成建筑物的开裂损坏。因此，为了避开冻胀区土层的影响，基础应设置在冻结线以下，即基础埋深必须大于冻土的设计冻深。

为了使建筑物免遭冻害，在冻胀性地基上设计基础时应注意：①保证基础有相应的最小埋置深度 $d_{\min}$，以消除基底的法向冻胀力；②在冻深与地基的冻胀性都较大时，还应采取减小或消除切向冻胀力的措施，如在基础侧面回填中、粗砂等不冻胀材料，这对不采暖的轻型结构，如仓库、管墩、管道支架等尤为重要。

对季节性冻土地基的设计冻深 z_d 应按式(9-4)计算，即

$$z_d = z_0 \psi_{zs} \psi_{zw} \psi_{ze} \tag{9-4}$$

式中：z_0 为标准冻深(m)，是指在地表平坦、裸露、城市之外的空旷场地中不少于 10 年实测最大冻深的平均值，当无实测资料时，可查《建筑地基基础设计规范》(GB 50007—2011)附录 F 中的中国季节性冻土标准冻深线图；ψ_{zs} 为土的类别对冻深的影响系数，如表 9-2 所示；ψ_{zw} 为土的冻胀性对冻深的影响系数，如表 9-3 所示；ψ_{ze} 为环境对冻深的影响系数，如表 9-4 所示。

表 9-2　土的类别对冻深的影响系数 ψ_{zs}

土的类别	影响系数 ψ_{zs}	土的类别	影响系数 ψ_{zs}
黏性土	1.00	中、粗、砾砂	1.30
细砂、粉砂、粉土	1.20	碎石土	1.40

表 9-3　土的冻胀性对冻深的影响系数 ψ_{zw}

冻 胀 性	影响系数 ψ_{zw}	冻 胀 性	影响系数 ψ_{zw}
不冻胀	1.00	强冻胀	0.85
弱冻胀	0.95	特强冻胀	0.80
冻 胀	0.90		

表 9-4　环境对冻深的影响系数 ψ_{ze}

周围环境	影响系数 ψ_{ze}	周围环境	影响系数 ψ_{ze}
村、镇、旷野	1.00	城市市区	0.90
城市近郊	0.95		

注：环境影响系数，当城市市区人口为 20 万～50 万时，按城市近郊取值；当城市市区人口大于 50 万小于或等于 100 万时，按城市市区取值；当城市市区人口超过 100 万时，按城市市区取值，5km 以内的郊区应按城市近郊取值。

当建筑物基础底面以下允许有一定厚度的冻土层时，基础的最小埋深用式(9-5)计算，即

$$d_{min} = z_d - h_{max} \tag{9-5}$$

式中：h_{max} 为基础底面以下允许的残留冻土层厚度(m)。

小贴士：

补偿性基础概念及设计。建筑物地基在基底附加应力作用下，改变了原有的应力状态。由式(3-11)可知，基础埋深越大，基础的基底附加应力越小。若基础埋深很大，使得基底压力等于原有土的自重应力，即开挖掉的土重补偿(替换)了建筑物的重量，对基底面来说，相当于没有增加荷载，只有超出埋深土层自重应力的部分，才是对地基土产生影响的压力值，这部分应力才会对地基产生影响。在基础设计时，对于荷载较大的建筑物，应考虑尽可能加大基础埋深，采用箱形基础或地下室的筏板基础，以减少基底附加应力，减少地基沉降量，这种基础称为补偿性基础。补偿性基础设计分为全补偿性设计(实际基底压力等于原有土的自重应力)、超补偿性设计(实际基底压力小于原有土的自重应力)、欠补偿性设计(实际基底压力大于原有土的自重应力，又称为部分补偿性设计)三种。

9.4　基础尺寸设计

9.4.1　基础底面积的确定

试验表明，基础底面接触压力的分布取决于下列各因素：①地基与基础的相对刚度；②荷载的分布与大小；③基础埋置深度；④地基土的性质等。尽管基底压力分布沿基底为曲线变化，但为了简化计算，常将基底压力按直线分布计算。

在初步选择基础类型和埋置深度后，就可以根据持力层承载力特征值计算基础底面的尺寸。

1. 基底压力计算

1) 中心荷载作用

中心荷载作用下，基础通常对称布置，基底压力假定为均匀分布，按式(9-6)计算，即

$$p_k = \frac{F_k + G_k}{A} = \frac{F_k}{A} + \gamma_G d \tag{9-6}$$

式中：F_k 为相应于荷载效应标准组合时上部结构传至基础顶面处的竖向力(kN)；G_k 为基础自重和基础台阶上土重(kN)；A 为基础底面面积(m^2)；γ_G 为基础和基础上土的平均重度(kN/m^3)，一般取 $\gamma_G = 20kN/m^3$；d 为基础埋深(m)，一般取室内、室外埋深的平均值。

2) 偏心荷载作用

当偏心荷载作用于基础底面的一个主轴上时，基底的边缘最大压力按式(9-7)计算，即

$$p_{k\min}^{k\max} = \frac{F_k + G_k}{A} \pm \frac{M_k}{W} = \frac{F_k + G_k}{A}\left(1 \pm \frac{6e}{l}\right) \tag{9-7}$$

$$e = \frac{M_k}{F_k + G_k} \tag{9-8}$$

式中：e 为偏心距(m)；M_k 为相应于荷载效应标准组合时，作用于基础底面的力矩值(kN·m)；l 为偏心方向的边长(m)；W 为基础底面的抵抗矩(m^3)。

由式(9-7)可知，当 $e = 0$ 时，$p_{k\max} = p_{k\min} = p$，基底压力呈均匀分布，即轴心受压情况；当 $e < l$ 时，呈梯形分布；当 $e = l/6$ 时，$p_{k\min} = 0$，呈三角形分布；当 $e > l/6$ 时，$p_{k\min} < 0$，而由于基底与地基土之间不能承受拉力，式(9-7)不再适用，此时基底与地基局部脱开，基底压力重新分布。因此，根据荷载与基底反力合力相平衡的条件，荷载合力应通过三角形反力分布图的形心，由此可得基底边缘的最大压力为

$$p_{k\max} = \frac{2(F_k + G_k)}{3ba} \tag{9-9}$$

其中

$$a = \frac{l}{2} - e$$

2. 地基承载力的验算要求

在设计浅基础时，一般先确定基础的埋置深度，选定地基持力层并求出地基承载力特征值 f_a，然后根据上部荷载及构造要求确定基础底面尺寸。地基按承载力设计时，要求满足下列条件，即

$$p_k \leqslant f_a \tag{9-10}$$

$$p_{k\max} \leqslant 1.2f_a \tag{9-11}$$

式中：p_k 为相应于荷载效应标准组合时的基底平均压力(kPa)；$p_{k\max}$ 为相应于荷载效应标准组合时的基底边缘最大压力值(kPa)；f_a 为修正后的地基持力层承载力特征值(kPa)。

3. 扩展基础底面尺寸的确定

1) 中心荷载作用

由式(9-10)及基底压力公式可知

$$\frac{F_k}{A} + \gamma_G d \leqslant f_a \tag{9-12}$$

对于矩形基础，整理可得

$$A \geqslant \frac{F_k}{f_a - \gamma_G d} \tag{9-13}$$

对于条形基础，沿基础长度方向取单位长度进行计算，荷载也为单位长度上的荷载，则基础宽度为

$$b \geq \frac{F_k}{f_a - \gamma_G d} \tag{9-14}$$

2) 偏心荷载作用

在偏心荷载作用下，基础宽度或底面积应用试算法确定，先预估基础底面尺寸，按初步尺寸进行基底压力的校核，不符合要求时再重新修改，其基本步骤如下。

(1) 先按中心受压情况，估算基础底面积 $A_1 = \frac{F_k}{f_a - \gamma_G d}$，再考虑偏心荷载，假定基础底面积增加 10%～40%，即 $A = (1.1 \sim 1.4) A_1$。

(2) 用初估的基础底面积 A 校核，基底最大压力应满足 $p_{k\max} \leq 1.2 f_a$，同时要求平均压力满足 $p_k \leq f_a$。这一过程可能要经过几次试算才能确定合适的基础底面尺寸。

若持力层下有相对软弱的下卧土层，还必须对软弱下卧层进行强度验算。如果建筑物有变形验算要求，应进行变形验算。承受水平力较大的高层建筑物和不利于稳定的地基上的结构还应进行稳定性验算。

9.4.2　地基软弱下卧层验算

按满足地基承载力条件计算基底尺寸的方法，只考虑到基底单位压力不超过持力层土的承载力。如果在压缩层范围内地基各个下卧层的承载力均不低于持力层的承载力，则认为地基强度条件完全满足。实际上有时会遇到地基下卧层较为软弱的情形，这时则必须验算软弱下卧层的强度，要求作用在下卧层顶面的全部压力不应超过下卧层土的承载力，即

$$p_z + p_{cz} \leq f_{az} \tag{9-15}$$

式中：p_z 为相应于荷载效应标准组合时，软弱下卧层顶面处的附加压力值(kPa)；p_{cz} 为软弱下卧层顶面处土的自重压力标准值(kPa)；f_{az} 为软弱下卧层顶面处经深度修正后地基承载力特征值(kPa)。

附加应力采用应力扩散简化方法计算。当持力层与下卧层的压缩模量比值 $E_{s1}/E_{s2} \geq 3$ 时，对于矩形或条形基础，可按压力扩散角的概念计算。假设基底附加压力按某一角度 θ 向下传递，根据基底扩散面积上的总附加压力相等的条件可得软弱下卧层顶面处的附加压力。

对于矩形基础，有

$$p_z = \frac{lb(p_k - p_c)}{(b + 2z\tan\theta)(l + 2z\tan\theta)} \tag{9-16}$$

对于条形基础，仅考虑宽度方向的扩散，可得到

$$p_z = \frac{b(p_k - p_c)}{b + 2z\tan\theta} \tag{9-17}$$

式中：b 为矩形基础或条形基础底边的宽度(m)；l 为矩形基础底边的长度(m)；p_z 为软弱下卧层顶面处的附加压力(kPa)；p_c 为基础底面处的自重压力值(kPa)；z 为基础底面至软弱层顶面的距离(m)；θ 为地基压力扩散线与垂直线的夹角(°)，按表 9-5 取值。

表 9-5　地基压力扩散角

E_{s1}/E_{s2}	z/b	
	0.25	0.50
3	6°	23°
5	10°	25°
10	20°	30°

注: 1. E_{s1} 为上层土压缩模量, E_{s2} 为下层土压缩模量。

2. 当 $z/b<0.25$ 时取 $\theta=0°$, 必要时, 宜由试验确定; $z/b>0.5$ 时 θ 值不变。

【例 9-2】 某框架柱截面尺寸为 400mm×300mm, 传至室内外平均标高位置处的竖向力标准值 $F_k=700$kN, 力矩标准值 $M_k=80$kNm, 水平剪力标准值 $V_k=13$kN, 基础底面距室外地坪 $d=1$m, 基底以上为填土, 重度 $\gamma=17.5$kN/m³, 持力层为黏性土, 重度 $\gamma=19.5$kN/m³, 孔隙比 $e=0.7$, 液性指数 $I_L=0.78$, 地基承载力特征值 $f_{ak}=226$kPa, 持力层下为淤泥土, 如图 9-10 所示, 试确定柱基础的底面尺寸。

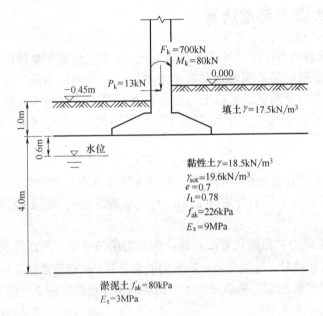

图 9-10　例 9-2 图

解 (1) 确定地基持力层承载力。

先不考虑承载力宽度修正项, 由 $e=0.7$, $I_L=0.78$, 查表 7-11 得承载力修正系数 $\eta_b=0.3$, $\eta_d=1.6$, 计算承载力时, 基础埋深取室内外最小值, $d=1.0$m。

则 $$f_a=f_{ak}+\eta_d\gamma_m(d-0.5)=226+1.6\times17.5\times(1-0.5)=240(\text{kPa})$$

(2) 用试算法确定基底尺寸。

① 先不考虑偏心荷载, 按中心荷载作用计算。d 取室内外平均埋深, $d=1+0.45/2=1.225(\text{m})$。

$$A_0=\frac{F_k}{f_a-\gamma_G d}=\frac{700}{240-20\times1.225}=3.25(\text{m}^2)$$

② 考虑偏心荷载时, 面积扩大为 $A=1.2A_0=1.2\times3.25=3.9(\text{m}^2)$

取 $l/b = 1.5$ ，得 $b = 1.6m$ ， $l = 2.5m$ ， $b \times l = 1.6 \times 2.5 = 4.0(m^2) > 3.9(m^2)$

③ 验算持力层承载力。因 $b = 1.6m < 3m$ ，承载力不需进行宽度修正， f_a 值不变。基底压力平均值为

$$p_k = \frac{F_k}{A} + \gamma_G d = \frac{700}{1.6 \times 2.5} + 20 \times 1.225 = 199.5(kPa)$$

基底压力最大值为 $p_{k\,min}^{k\,max} = p_k \pm \frac{M_k}{W} = 199.5 \pm \frac{(80 + 13 \times 1.225) \times 6}{2.5^2 \times 1.6} = \frac{257.1}{141.9}(kPa)$

由结果可知 $p_k < f_a$ ， $p_{k\,max} < 1.2f_a$ 满足要求。

(3) 软弱下卧层承载力验算。

由 $E_{s1}/E_{s2} = 3$ ， $z/b = 4/1.6 = 2.5 > 0.5$ ，查表 9-5 得 $\theta = 23°$ ；查表 7-11 得到淤泥土的承载力修正系数 $\eta_b = 0$ ， $\eta_d = 1.0$ ，软弱下卧层顶面处的附加压力为

$$p_z = \frac{lb(p_k - p_c)}{(b + 2z\tan\theta)(l + 2z\tan\theta)} = \frac{2.5 \times 1.6 \times (199.5 - 17.5 \times 1.0)}{(1.6 + 2 \times 4 \times \tan 23°) \times (2.5 + 2 \times 4 \times \tan 23°)} = 24.7(kPa)$$

软弱下卧层顶面处的自重压力为

$$p_{cz} = \gamma_1 d + \gamma_2 h_1 + \gamma' h_2 = 17.5 \times 1 + 18.5 \times 0.6 + (19.6 - 10) \times 3.4 = 61.2(kPa)$$

软弱下卧层顶面以上土的加权重度

$$\gamma_m = \frac{17.5 \times 1 + 18.5 \times 0.6 + 9.6 \times 3.4}{5} = 12.24(kN/m^3)$$

软弱下卧层顶面处的地基承载力修正特征值为

$$f_{az} = f_{ak} + \eta_d \gamma_m (d - 0.5)$$
$$= 80 + 1.0 \times 12.24 \times (5 - 0.5) = 135.1(kPa)$$

由计算结果可得 $p_{cz} + p_z = 24.7 + 61.2 = 85.9(kPa) < f_{az} = 135.1(kPa)$ ，满足要求。

9.5 刚性基础设计

刚性基础又称无筋扩展基础，通常采用混凝土、毛石混凝土、砖、毛石、灰土和三合土等材料建造。由于这些材料具有较高的抗压性能，但其抗拉、抗剪强度都不高，因此设计时必须使基础主要承受压应力，并保证在基础内产生的拉应力和剪应力都不超过材料强度的设计值。无筋扩展基础具有就地取材、价格较低、施工方便等优点，广泛适用于层数不多的民用建筑和轻型厂房。

9.5.1 基础高度确定

刚性基础所用材料有一个共同的特点，就是材料的抗压强度较高，而抗拉、抗弯、抗剪强度较低。在地基反力作用下，基础下部的扩大部分像倒悬臂梁一样向上弯曲，如悬臂过长则易发生弯曲破坏(见图 9-11)。为保证基础不受破坏，基础的高度必须满足

$$H_0 \geqslant \frac{b - b_0}{2\tan\alpha} \tag{9-18}$$

式中：b 为基础底面宽度(m)；b_0 为基础顶面的墙体宽度或柱脚宽度(m)；H_0 为基础高度(m)；

$\tan\alpha$ 为基础台阶宽高比 $b_2 : H_0$，其允许值可按表9-6选用。

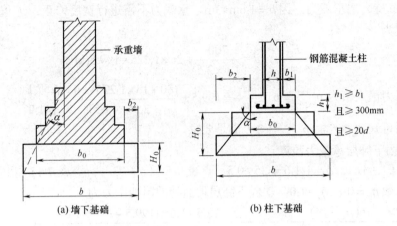

(a) 墙下基础   (b) 柱下基础

图 9-11   无筋扩展基础构造示意图

表 9-6   无筋扩展基础台阶宽高比的允许值

基础材料	质量要求	台阶宽高比的允许值		
		$p_k \leqslant 100$	$100 < p_k \leqslant 200$	$200 < p_k \leqslant 300$
混凝土基础	C15 混凝土	1 : 1.00	1 : 1.00	1 : 1.25
毛石混凝土基础	C15 混凝土	1 : 1.00	1 : 1.25	1 : 1.50
砖基础	砖不低于 MU10、砂浆不低于 M5	1 : 1.50	1 : 1.50	1 : 1.50
毛石基础	砂浆不低于 M5	1 : 1.25	1 : 1.50	—
灰土基础	体积比为 3:7 或 2:8 的灰土，其最小干密度：粉土为 1.55g/cm³，粉质黏土为 1.50g/cm³，黏土为 1.45g/cm³	1 : 1.25	1 : 1.50	
三合土基础	体积比 1:2:4~1:3:6(石灰:砂:骨料)，每层约虚铺 220mm，夯至 150mm	1 : 1.50	1 : 1.20	—

注：①p_k 为荷载效应标准组合时基础底面处的平均压力值(kPa)；②阶梯形毛石基础的每阶伸出宽度，不宜大于200mm；③当基础由不同材料叠合组成时，应对接触部分作抗压验算；④基础底面处的平均压力值超过 300kPa 的混凝土基础，尚应进行抗剪验算；对基底反力集中于立柱附近的岩石地基，应进行局部受压承载力验算。

　　无筋扩展基础设计时应先确定基础埋深，按地基承载力条件计算基础底面宽度，再根据基础所用材料，按宽高比允许值确定基础台阶的宽度与高度。从基底开始向上逐步缩小尺寸，使基础顶面至少低于室外地面0.1m；否则应修改设计。

　　当作用在基础上的荷载较大时，所确定的基底尺寸也较大，为了满足式(9-18)的要求，需要增加 H_0，这样势必要增加埋深d，给施工造成困难。因此，刚性基础通常适用于6层和 6 层以下(三合土基础不宜超过 4 层)的民用建筑和墙承重的厂房。

　　为了节省和平整起见，刚性基础底部常浇筑一个垫层，一般用灰土、三合土或素混凝土为材料，厚度大于 100mm 薄垫层不作为基础来考虑，对于厚度为 150~250mm 的垫层，可以作为基础的一部分来考虑，但若垫层材料强度小于基础材料强度时，需对垫层进行抗压验算。

9.5.2　几种刚性基础设计

1. 砖基础

砖基础的剖面为阶梯形(见图 9-12)，为大放脚。各部分的尺寸应符合砖的模数，其砌筑方式有"两皮一收"和"二、一间隔收"两种。"两皮一收"是指每砌两皮砖，收进 1/4 砖长(即60mm)；"二、一间隔收"是指底层砌两皮砖，收进 1/4 砖长，再砌一皮砖，收进 1/4 砖长，以上各层依次类推。

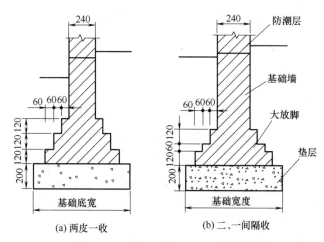

(a) 两皮一收　　　　　　(b) 二、一间隔收

图 9-12　砖基础构造示意图

2. 毛石基础

毛石基础是用毛石与砂浆砌筑而成。毛石用平毛石和乱毛石，其强度等级不低于 MU20。砂浆一般采用水泥砂浆或水泥混合砂浆。毛石基础的断面有阶梯形和矩形等形状，如图 9-13所示。毛石基础的顶面宽度应比墙厚大 200mm，即每边宽出 100mm。台阶的高度一般控制在 300～400mm，上一级台阶最外边的石块至少压砌下面石块的 1/2。台阶宽高比要符合刚性基础允许值。

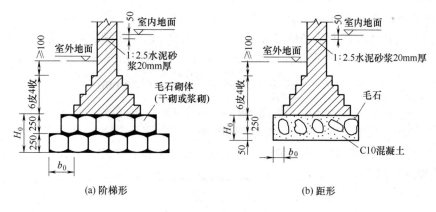

(a) 阶梯形　　　　　　　(b) 距形

图 9-13　毛石基础构造示意图

3. 混凝土和毛石混凝土基础施工

混凝土基础一般由 C10 以上的素混凝土做成。毛石混凝土基础是在混凝土基础中埋入25%~30%(体积比)未风化的毛石形成,且用于砌筑的石块直径不宜大于 300mm。混凝土基础的每阶高度不应小于 250mm,一般为 300mm(见图 9-14),毛石混凝土基础的每阶高度不应小于 300mm。

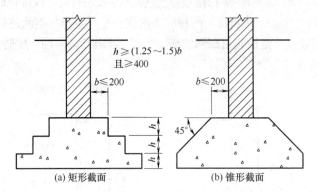

图 9-14　混凝土基础构造示意图

【例 9-3】 某承重墙的厚度为 240cm,地基土表层为杂填土,厚度为 0.65m,重度为17.3kN/m³,其下为粉土,重度为 19.3kN/m³,黏粒含量 ρ_c=12.5%,承载力特征值为 170kPa,孔隙比为 0.86,饱和度为 0.91,地下水在地表下 0.8m 处,上部墙体传来荷载效应标准值为190kN/m。试设计该墙下无筋扩展基础。

解　(1) 初选基础底面在地下水位处,则基础埋深 $d=0.8$m。

(2) 确定基础宽度 b。

① 计算持力层承载力修正特征值。

由粉土黏粒含量 ρ_c=12.5%,查表 7-9 得 $\eta_b=0.3$,$\eta_d=1.5$,土的加权重度为

$$\gamma_m = \frac{0.65 \times 17.3 + 0.15 \times 18.3}{0.8} = 17.5(\text{kN/m}^3)$$

$$f_a = f_{ak} + \eta_d \gamma_m (d - 0.5) = 170 + 1.5 \times 17.5 \times (0.8 - 0.5) = 177.9(\text{kPa})$$

② 基础宽度 $b \geq \dfrac{F_k}{f_a - \gamma_G d} = \dfrac{190}{177.9 - 20 \times 0.8} = 1.17(\text{m})$,取 $b = 1.2$m。

(3) 确定基础剖面尺寸。

方案 I:采用 MU10 砖和 M5 砂浆,"二、一隔收"砌砖法砌筑砖基础,基底做 100mm 厚度混凝土层。砖基础的台阶允许宽高比为 1 : 1.5,则基础高度为

$$H \geq \frac{b - b_0}{2\tan\alpha} = \frac{(1200 - 240) \times 1.5}{2} = 720(\text{mm})$$

基础顶面应有 100mm 的覆盖土,这样,基础底面最小埋置深度为 $d_{min} = 100 + 720 + 100 = 920(\text{mm})$,不能满足要求,不能采用。

方案 II:采用砖和混凝土两种材料,下部采用 300mm 厚 C15 混凝土,其上砌筑砖基础。砌法如图 9-15 所示。

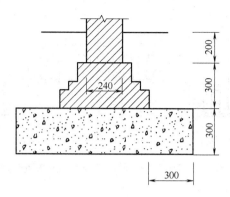

图 9-15 方案 Ⅱ 的示意图

9.6 墙下钢筋混凝土条形基础

扩展基础包括柱下钢筋混凝土独立基础和墙下钢筋混凝土条形基础。通常能在较小的埋深内，把基础底面扩大到所需的面积，因而是最常用的一种基础形式。这种基础高度不受刚性角的限制，由钢筋承受弯曲所产生的拉应力，但需要满足抗弯、抗剪和抗冲切破坏的要求。墙下钢筋混凝土条形基础与柱下钢筋混凝土基础两者在受力、变形以及配筋方面有许多差异，对初学者来讲容易混淆，为此单独用一节进行介绍。

墙下钢筋混凝土条形基础(以下简称"墙下条形基础")是在上部结构的荷载比较大，地基土质软弱，用一般砖石和混凝土砌体不经济时采用。

9.6.1 构造要求

墙下条形基础有时做成无肋的板，有时做成带肋的板，如图 9-16 所示。

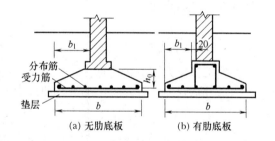

图 9-16 墙下钢筋混凝土条形基础

1. 底板

底板的边缘高度一般不小于 200mm，并取 50mm 的倍数。当底板厚度小于或等于 250mm 时，可用等厚度；当厚度大于 250mm 时，可做成梯形断面，坡度 $i \leqslant 1 : 3$。

底板受力钢筋沿宽度方向配置，其最小直径不宜小于 8mm，间距不大于 200mm；纵向分布筋按构造配置，一般用 $\phi 6@250$mm。在不均匀地基上，或沿基础纵向荷载分布不均匀时，为了抵抗不均匀沉降引起的弯矩，在纵向也应配置受力钢筋。底板混凝土强度等级不低于 C20。

基础底板在 T 形、十字形以及底板横向受力钢筋仅沿一个主要受力方向通长布置而另一个方向的横向受力钢筋可布置到主要受力方向底板宽度 1/4 处，在拐角处底板横向受力钢筋应沿两个方向布置，如图 9-17 所示。

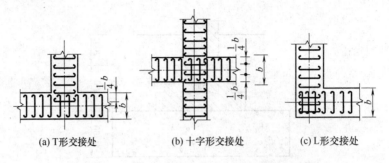

(a) T形交接处   (b) 十字形交接处   (c) L形交接处

图 9-17 墙下条形基础底板受力钢筋布置示意图

2. 垫层

基础下面通常做素混凝土垫层,垫层厚度为 100mm;垫层每边伸出基础 50mm;垫层的混凝土强度等级不应低于 C10。

墙下条形基础在长度方向可以取单位长度(一般取 1m 长)来计算。基础底板的受力情况如同倒置的悬臂梁,由自重产生的均布压力与相应的地基反力相抵消,故底板仅受到上部结构传来的荷载引起的地基净反力的作用,如图 9-18 所示。

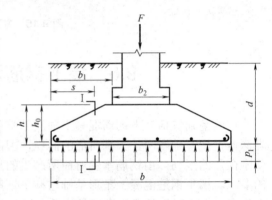

图 9-18 墙下钢筋混凝土条形基础内力计算

9.6.2 基础高度确定

1. 地基净反力

地基净反力由下式计算。

当外荷载为中心力时,地基土净反力为

$$p_j = \frac{F}{b} \tag{9-19}$$

式中:F 为基本荷载组合下,上部传至基础顶部的垂直荷载(kN/m);b 为基础宽度(m)。

当外荷载为偏心时,地基土净反力为

$$p_{j\min}^{\max} = \frac{F}{b}\left(1 \pm \frac{6e}{b}\right) \tag{9-20}$$

式中:e 为偏心距(m)。

2. 基础底板高度

基础底板的高度按抗剪强度确定。由于底板内部配置弯起筋及箍筋,根据《混凝土结构设计规范》(GB 50010—2010)规定,其底板高度应满足

$$V = 0.07 f_c h_0 l \tag{9-21}$$

式中:V 为底板最大剪力设计值(kN),取悬臂端根部截面的剪力,按式(9-22)或式(9-23)计算;f_c 为混凝土轴心抗压确定设计值(kPa);h_0 为底板有效高度(mm),$h_0 = h - a$,底板下设垫层时 $a = 40mm$,无垫层时 $a = 75mm$;l 为墙长度,取 1m。

9.6.3 基础底板配筋

底板在地基净反力的作用下产生剪力和弯矩，底板设计时一般以悬臂端根部截面为控制截面。

1. 剪力设计值

对于混凝土墙，有

$$V = p_j b_1 \tag{9-22}$$

对于砖墙，有

$$V = p_j(b_1 + 0.06) \tag{9-23}$$

式中：p_j 为基底平均净反力(kPa)，偏心受压时，$p_j = (p_{jmax} + p_{j1})/2$，其中 p_{j1} 为墙边净反力(kPa)；b_1 为基础边缘至砖墙或混凝土墙脚边的距离(m)。

2. 弯矩设计值

对于混凝土墙，有

$$M = \frac{1}{2} p_j b_1^2 \tag{9-24}$$

对于砖墙，有

$$M = \frac{1}{2} p_j (b_1 + 0.06)^2 \tag{9-25}$$

3. 配筋计算

底板配筋面积为

$$A_s = \frac{M}{0.9 h_0 f_y} \tag{9-26}$$

式中：f_y 为钢筋抗压强度设计值(MPa)；h_0 为基础有效高度(mm)。

【**例 9-4**】某办公楼为砖混承重结构，拟采用钢筋混凝土墙下条形基础。外墙厚为 370mm，上部结构传至 ±0.000 处的荷载标准值为 $F_k = 220$kN/m，$M_k = 45$N·m/m；荷载基本值 $F = 250$kN/m，$M = 63$kN·m/m，基础平均埋深为 1.7m，经深度修正后的地基持力层承载力特征值 $f_a = 158$kPa。混凝土强度等级为 C20($f_c = 9.6$N/mm²)，采用 HPB235 级钢筋（$f_y = 210$N/mm²）。试设计钢筋混凝土墙下条形基础。

解 (1) 求基础底面宽度 b。

基础底面宽度 $b = \dfrac{F_k}{f - \gamma_G d} = \dfrac{220}{158 - 20 \times 1.7} = 1.77$(m)，初选 $b = 1.3 \times 1.77 = 2.3$(m)，因 $b = 2.3$m<3m，无须进行地基承载力宽度修正。

(2) 地基承载力验算。

采用荷载效应标准组合。

$$p_k = \frac{F_k + G_k}{b} = \frac{220 + 20 \times 1.7 \times 2.3}{2.3} = 129.7(\text{kPa}) < f_a = 158\text{kPa}$$

$$p_{k\,max} = \frac{F_k + G_k}{b} + \frac{6M_k}{b^2} = \frac{220 + 20 \times 1.7 \times 2.3}{2.3} + \frac{6 \times 45}{2.3^2} = 180.7(\text{kPa}) < 1.2 f_a = 189.6 \text{ kPa}$$

满足要求。

(3) 地基净反力计算。

采用荷载效应基本组合。

$$p_{j\,max} = \frac{F}{b} + \frac{6M}{b^2} = \left(\frac{250}{2.3} + \frac{6 \times 63}{2.3^2}\right) = 180.2(\text{kPa}), \quad p_{j\,min} = \frac{F}{b} - \frac{6M}{b^2} = \left(\frac{250}{2.3} - \frac{6 \times 63}{2.3^2}\right) = 37.2(\text{kPa})$$

(4) 底板高度。

初选基础高度 h =350mm，边缘厚取 200mm。采用 C10 厚 100mm 的混凝土垫层，基础保护层厚度取 40mm，则基础有效高度 h_0 =310mm。

计算截面选在墙边缘，则 b_1 =(2.3-0.37)/2=0.97(m)，由比例关系，砖墙边缘位置的净反力 为 p_{j1} = 180.2 - (180.2 - 37.2) × 0.97 / 2.3 = 119.9(kPa)，p_j =(180.2+119.9)/2=150.1(kPa)，$0.07 f_c h_0 l = 0.07 \times 9.6 \times 310 \times 1000 = 208.3(\text{kN}) > V = 150.1 \times (0.97 + 0.06) = 154.6(\text{kN})$，底板高度满足要求。

(5) 底板配筋计算。

计算底板最大弯矩为

$$M = \frac{1}{2} \times 150.1 \times (0.97 + 0.06)^2 = 79.6(\text{kN·m})$$

计算底板配筋 $A_s = \dfrac{M}{0.9 h_0 f_y} = \dfrac{79.6 \times 10^6}{0.9 \times 310 \times 210} = 1358.6(\text{mm}^2)$，选用 $\phi16@140 (A_s = 1436\text{mm}^2)$，根据构造要求纵向分布筋选取 $\phi8@250 (A_s = 201.0\text{mm}^2)$。

9.7 柱下钢筋混凝土独立基础

柱下钢筋混凝土独立基础有现浇独立基础和预制独立基础两大类。

9.7.1 构造要求

1. 现浇柱下独立基础构造

现浇柱下单独基础，其断面形状有锥形及阶梯形两种，其构造要求如图 9-19 所示。

(1) 基础的边缘高度一般不小于 200mm，阶梯形基础每阶高度宜为 300～500mm。基础高度 $h \leq 350$mm 用一阶，350mm $\leq h \leq 900$mm 用二阶，$h \geq 900$mm 用三阶。阶梯尺寸宜用整数，一般在水平及垂直方向均用 50mm 的倍数。锥形坡度角一般取 25°，最大不超过 35°。

(2) 锥形基础顶部为安装柱模板，需每边放大 50mm。

(3) 若基础与柱子不同时浇筑，则柱内的纵向钢筋可通过插筋锚入基础中，插筋的根数和直径应与柱内纵向钢筋相同。当基础高度 $H \leq 900$mm 时，全部插筋伸至基底钢筋网上面，端部弯直钩；当基础高度 $H > 900$mm 时，将柱截面四角的钢筋伸到基底钢筋网上面，端部弯直钩，其余钢筋按锚固长度确定，锚固长度 l_m 可按下列要求采用(d 为钢筋直径)：①轴心受压及小偏心受压，$l_m \geq 15d$；②大偏心受压，当柱混凝土不低于 C20 时，$l_m \geq 25d$。

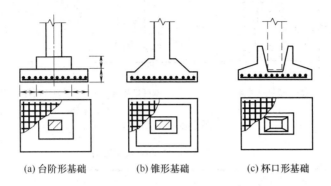

(a) 台阶形基础　　　(b) 锥形基础　　　(c) 杯口形基础

图 9-19　钢筋混凝土单独基础

插入基础的钢筋，上、下至少应有两道箍筋固定。插筋与柱的纵向受力钢筋的搭接长度 l_d 可按表 9-7 采用。

表 9-7　插筋与柱的纵向受力钢筋绑扎搭接时的最小搭接长度 l_d

钢筋类型	受力情况		钢筋类型	受力情况	
	受　拉	受　压		受　拉	受　压
I 级钢筋	30d	20d	II 级钢筋	35d	25d

注：1. 位于受拉区的搭接长度不应小于 25mm。

　　2. 位于受压区的搭接长度不应小于 200mm。

　　3. d 为钢筋直径。

(4) 基础下面通常设有低强度等级(混凝土强度等级不低于 C10)素混凝土垫层，垫层的厚度不宜小于 70mm。当地基较好时，可利用基坑侧壁作为基础的侧模，此时垫层的平面尺寸与基础底面尺寸相同。一般情况下，垫层每边应从基础边缘放宽 100mm。也可以用碎砖三合土、灰土等作垫层。

(5) 基础混凝土强度等级不应低于 C20。

(6) 底板受力钢筋直径不宜小于 8mm，间距不宜大于 200mm。当基础底面边长大于或等于 3m 时，该方向的钢筋长度可减少 10%，并均匀交叉放置。当有垫层时，钢筋保护层厚度不宜小于 35mm，无垫层时不宜小于 70mm。

2. 预制柱下独立基础的构造

预制柱下独立基础一般做成杯口基础，基础中预留凹槽(即杯口)，然后插入预制柱，临时固定后，即在四周空隙中灌细石混凝土。其形式有一般杯口基础、双杯口基础和高杯口基础，如图 9-20 所示。

(1) 柱的插入深度 h_1 可按表 9-8 选用，并应满足锚固长度的要求(一般为 20 倍纵向受力钢筋直径)和吊装时柱的稳定性(不小于吊装时柱长的 0.05 倍)的要求。

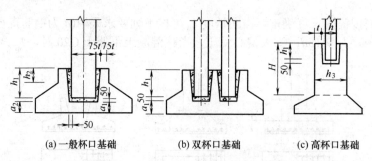

(a) 一般杯口基础　　　　(b) 双杯口基础　　　　(c) 高杯口基础

图 9-20　杯口基础

表 9-8　柱的插入深度 h_1　　　　　　单位：mm

矩形或工字形柱				单 肢 柱	双 肢 柱
$h<500$	$500{\leqslant}h{<}800$	$800{\leqslant}h{<}1000$	$h>1000$		
$(1{\sim}1.2)h$	h	$0.9h$，且${\geqslant}800$	$0.8h$，且${\geqslant}1000$	$1.5d$，且${\geqslant}500$	$(1/3{\sim}2/3)h_a$ 或 $(1.5{\sim}1.8)h_b$

注：1. h 为柱截面长边尺寸；d 为管柱的外直径；h_a 为双肢柱整个截面长边尺寸；h_b 为双肢柱整个截面短边尺寸。

　　2. 柱轴心受压或小偏心受压时，h_1 可以适当减少；偏心距 $e_0>2h$(或 $e_0>2d$)时，h_1 可以适当加大。

(2) 基础的杯底厚度和杯壁厚度可按表 9-9 采用。

表 9-9　基础的杯底厚度和杯壁厚度

柱截面长边尺寸 h/mm	杯底厚度 a_1/mm	杯壁厚度 t/mm
$h<500$	${\geqslant}150$	$150{\sim}200$
$500{\leqslant}h{<}800$	${\geqslant}200$	${\geqslant}200$
$800{\leqslant}h{<}1000$	${\geqslant}200$	${\geqslant}300$
$1000{\leqslant}h{<}1500$	${\geqslant}250$	${\geqslant}350$
$1500{\leqslant}h{<}2000$	${\geqslant}300$	${\geqslant}400$

注：1. 双肢柱的 a_1 值，可适当加大。

　　2. 当有基础梁时，基础梁下的杯壁厚度应满足其支撑宽度的要求。

　　3. 柱子插入杯口部分的表面应尽量凿毛。柱子与杯口之间的空隙应用细石混凝土(比基础混凝土强度等级高一级)密实充填，其强度达到基础设计强度等级的 70%以上(或采取其他相应措施)时，方能进行上部吊装。

(3) 当柱为轴心或小偏心受压，且当 $t/h_2{\geqslant}0.65$ 时，或大偏心受压且 $t/h_2{\geqslant}0.75$ 时，杯壁可不配筋；当柱为轴心或小偏心受压且 $0.5{\leqslant}t{\leqslant}0.65$ 时，杯壁可按表 9-10 和图 9-21 构造配筋；当柱为轴心或小偏心受压且 $t/h_2<0.5$ 时，或大偏心受压且 $t/h_2<0.75$ 时，按计算配筋。

表 9-10　杯壁构造配筋

柱截面长边尺寸/mm	<1000	$1000{\leqslant}h{<}1500$	$1500{\leqslant}h{<}2000$
钢筋直径/mm	$8{\sim}10$	$10{\sim}12$	$12{\sim}16$

注：表中钢筋置于杯口顶部，每边两根。

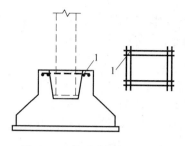

图 9-21 杯壁内配筋示意图

1—钢筋焊网或钢筋箍

(4) 预制钢筋混凝土柱(包括双肢柱)和高杯口基础的连接与一般杯口基础构造相同。

9.7.2 基础高度确定

基础高度及变阶处的高度，应根据抗剪及抗冲切的公式计算。对钢筋混凝土单独基础而言，其抗剪强度一般均能满足要求，故基础高度主要是根据抗冲切要求确定，必要时才进行抗剪强度验算。基础受柱传来的荷载，若柱周边基础的高度不够，则可能从柱周边起，沿 45°角发生斜面拉裂，如图 9-22 所示，而形成图 9-23 中虚线所示的冲切角锥体。

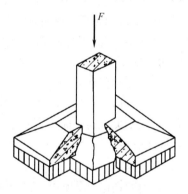

图 9-22 冲切破坏

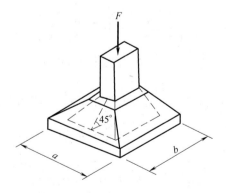

图 9-23 冲切角锥体

对矩形截面柱的阶形基础,为保证基础不发生冲切破坏,在柱与基础交接处以及基础变阶处的受冲切承载力应符合式(9-27)要求:

$$F_l = p_j A_l \leqslant 0.7\beta_{hp} f_t b_m h_0 \tag{9-27}$$

$$b_m = (b_t + b_b)/2 \tag{9-28}$$

式中:F_l 为冲切荷载设计值(kN);β_{hp} 为受冲切承载力截面高度影响系数,当高度不大于 800mm 时取 1.0,当高度大于 2000mm 时取 0.9,其间按线性内插法取用;f_t 为混凝土的轴心抗拉强度设计值(kPa);b_m 为冲切破坏锥体最不利一侧计算长度(m);b_t 为冲切破坏锥体最不利一侧斜截面的上边长(m),当计算柱子与基础交接处的受冲切承载力时取柱宽,当计算基础变阶处的受冲切承载力时取上阶宽;b_b 为冲切破坏锥体最不利一侧斜截面在基础底面积范围内的下边长(m),当冲切破坏锥体的底面落在基础底面以内,计算柱与基础交接处的受冲切承载力时取柱宽加两倍基础有效高度,当计算基础变阶处的受冲切承载力时取上阶宽加两倍该处的基础有效高度;p_j 为扣除基础自重及其上土重后相应于荷载效应基本组合时的地基土单位面积上的净反力(kPa)(基础自重不产生内力,故不计基础自重及其上的土重),当为偏心荷载时可取最大净反力;h_0 为基础冲切破坏锥体的有效高度(m);A_l 为考虑冲切荷载时取用的部分基底面积(m)(见图 9-24 中阴影部分面积所示)。

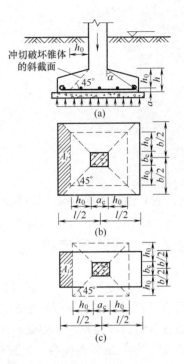

图 9-24 柱基础冲切验算

由于矩形基础的两个边长不相同,冲切破坏时,A_l 的计算并不相同。不难发现,柱短边 b_c 一侧冲切破坏较柱长边 a_c 危险,所以一般只需根据短边一侧冲切破坏条件来确定基础高度。基础抗冲切验算分为以下两种情况。

1) $b \geqslant b_c + 2h_0$

当沿柱边产生冲切时,$b_t = b_c$。当冲切破坏锥体落在基础底面以内,即 $b \geqslant b_c + 2h_0$,则 $b_b = b_c + 2h_0$,于是 $b_m = (b_t + b_b)/2 = (b_c + b_t + 2h_0)/2 = b_c + h_0$,则冲切力作用面积 A_l 由式(9-29)计算,即

$$A_l = \left(\frac{l}{2} - \frac{a_c}{2} - h_0\right)b - \left(\frac{b}{2} - \frac{b_c}{2} - h_0\right)^2 \tag{9-29}$$

$$b_m h_0 = (b_c + h_0)h_0 \tag{9-30}$$

2) $b < b_c + 2h_0$

当冲切破坏锥体落在基础底面以外,即 $b < b_c + 2h_0$,冲切力作用面积为

$$A_l = \left(\frac{l}{2} - \frac{a_c}{2} - h_0\right)b \tag{9-31}$$

$$b_m h_0 = (b_c + h_0)h_0 - \left(\frac{b_c}{2} + h_0 - \frac{b}{2}\right)^2 \tag{9-32}$$

小贴士：

基础高度的设计，一般先假定基础高度，代入式(9-27)进行验算，直到抗冲切强度大于冲切力为止，计算较复杂。下面给出基础高度的公式，计算过程大为简化。

1) $b \geqslant b_c + 2h_0$

先假设基础高度不大于 800mm，$\beta_{hp} = 1$，将 $A_l = \left(\dfrac{l}{2} - \dfrac{a_c}{2} - h_0\right)b - \left(\dfrac{b}{2} - \dfrac{b_c}{2} - h_0\right)^2$，$b_m h_0 = (b_c + h_0)h_0$ 代入式(9-27)，整理得到基础净高度 h_0

$$h_0 = \frac{(l - a_c) + 0.35(b - b_c)^2 \dfrac{f_t}{b p_j}}{2 + 1.4 \dfrac{f_t}{p_j}}$$

计算出净高度 h_0 后，即可求得基础底板高度：有垫层时，$h = h_0 + 40\text{mm}$；无垫层时，$h = h_0 + 75\text{mm}$。如计算出的基础大于 800mm，则将 $\beta_{hp} = 0.9$ 代入式(9-27)验算抗冲切承载力是否满足要求。

2) $b < b_c + 2h_0$

将 $A_l = \left(\dfrac{l}{2} - \dfrac{a_c}{2} - h_0\right)b$，$b_m h_0 = (b_c + h_0)h_0 - \left(\dfrac{b_c}{2} + h_0 - \dfrac{b}{2}\right)^2$ 代入式(9-27)，整理得到

$$h_0^2 + b_c h_0 + \frac{(b - b_c)^2 - 2b(l - a_c)}{4 + 2.8 \dfrac{f_t}{p_j}} = 0$$

这是一个一元二次方程，设 $m = \dfrac{(b - b_c)^2 - 2b(l - a_c)}{4 + 2.8 \dfrac{f_t}{p_j}}$，则基础净高度 h_0 为

$$h_0 = \frac{-b_c + \sqrt{b_c^2 - 4m}}{2}$$

基础的计算简单快捷。

9.7.3　基础底板配筋计算

柱下钢筋混凝土单独基础承受荷载后，如同平板那样，基础底板沿着柱子四周产生弯曲，当弯曲应力超过基础抗弯强度时，基础底板将发生弯曲破坏，故在两个方向上均需配钢筋。底板可看成固定在柱边梯形的悬臂板，计算截面取柱边或变阶处，如图 9-25 所示。

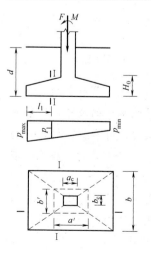

1. 弯矩计算

对于矩形基础，当基础台阶的高宽比 $\tan \alpha \leqslant 2.5$ 和偏心距 $e \leqslant \dfrac{a}{6}$ 时，底板任意截面 I—I 及 II—II(见图 9-25)的弯矩可按下

图 9-25　矩形基础底板的计算

列各式计算，即

$$M_{\mathrm{I}} = \frac{1}{12} l_1^2 \left[(2b + b') \left(p_{\max} + p_{\mathrm{I}} - \frac{2G}{A} \right) + (p_{\max} - p_{\mathrm{I}}) b \right] \tag{9-33}$$

$$M_{\mathrm{II}} = \frac{1}{48} (b - b')(2l + a') \left(p_{\max} + p_{\min} - \frac{2G}{A} \right) \tag{9-34}$$

式中：M_{I}、M_{II} 分别为任意截面 I—I、II—II 处的弯矩(kN·m)；l_1 为任意截面至基底边缘最大反力处的距离(m)。对于计算截面取柱边，把 a'、b' 换成 a_c、b_c，并把 $l_1 = \dfrac{l - a_c}{2}$ 代入式(9-33)、式(9-34)，则

$$M_{\mathrm{I}} = \frac{1}{48} (l - a_c)^2 \left[(2b + b_c) \left(p_{\max} + p_{\mathrm{I}} - \frac{2G}{A} \right) + (p_{\max} - p_{\mathrm{I}}) b \right] \tag{9-35}$$

$$M_{\mathrm{II}} = \frac{1}{48} (b - b_c)(2l + a_c) \left(p_{\max} + p_{\min} - \frac{2G}{A} \right) \tag{9-36}$$

式中：p_{I} 为任意截面处的地基反力(kPa)，可由比例关系求得

$$p_{\mathrm{I}} = p_{\min} + (p_{\max} - p_{\min}) \frac{l + a_c}{2l} \tag{9-37}$$

同理，当控制截面取在变阶处时，只要把 a'、b' 换成上阶处的边长 a_1、b_1，将 h_0 换成下阶处有效高度 h_{01}，将 $l_1 = \dfrac{l - a_1}{2}$ 代入式(9-33)、式(9-34)计算两个截面的弯矩。

2. 底板配筋

垂直于 I—I 剖面的受力钢筋按式(9-38)计算，即

$$A_{s\mathrm{I}} = \frac{M_{\mathrm{I}}}{0.9 h_0 f_y} \tag{9-38}$$

垂直于 II—II 剖面的受力钢筋按下式计算：

$$A_{s\mathrm{II}} = \frac{M_{\mathrm{II}}}{0.9(h_0 - d) f_y} \tag{9-39}$$

式中：f_y 为钢筋的抗拉强度设计值(MPa)；h_0 为基础有效高度(mm)；d 为钢筋直径(mm)。

小贴士：

　　关于基础长边、短边符号的规定及使用比较混乱。在地基基础设计中，以下几个方面涉及基础的尺寸，即基底压力计算、沉降计算(包括附加应力计算)、地基承载力验算、基底反力计算和基础结构内力计算。一般来说，基础的长边用 l、短边用 b 来表示，对于偏心荷载，偏心方向一般布置在长边方向，以保证基础的稳定。在基底压力计算矩形基础的抵抗矩 $W = bl^2/6$，此处 l 为偏心作用方向，即长边方向，b 为短边方向；地基承载力验算时，由于地基总是沿着基础短边方向先破坏，因此计算宽度总是基础的短边 b；基底反力计算和基础结构内力计算时，也要考虑偏心荷载作用方向。《建筑地基基础设计规范》(GB 50007—2002)关于扩展基础抗冲切承载力验算时，将基础长边定义为 b、短边为 l，有的教材中也

有类似的规定。本书则沿用了长边为 l、短边为 b 的习惯用法，由此给出的各种计算公式不相同，在设计时应区分使用。

9.8 柱下条形基础及十字交叉基础

9.8.1 柱下条形基础

柱下钢筋混凝土条形基础也称为基础梁，连接上部结构的柱列布置成单向条状的钢筋混凝土基础，通常在下列情况下采用。

(1) 多层与高层房屋，或上部结构传下的荷载较大，地基土的承载力较低，采用各种形式的单独基础不能满足设计要求时。

(2) 当采用单独基础所需的底面积由于邻近建筑物或设备基础的限制而无法扩展时。

(3) 地基土质变化较大或局部有不均匀的软弱地基，需作地基处理时。

(4) 各柱荷载差异过大，会引起基础之间较大的相对沉降差异时。

(5) 需要增加基础的刚度，以减少地基变形，防止过大的不均匀沉降量时。

1. 构造要求

(1) 柱下条形基础梁的高度宜为柱距的 1/8～1/4。翼板厚度不应小于 200mm。当翼板厚度大于 250mm 时，宜采用变厚度翼板，其顶面坡度宜小于或等于 1：3。

(2) 条形基础的端部宜向外伸出，其长度宜为第一跨距的 0.25 倍。

(3) 现浇柱与条形基础梁的交接处，基础梁的平面尺寸应大于柱的平面尺寸，且柱的边缘至基础梁边缘的距离不得小于 50mm(见图 9-26)。

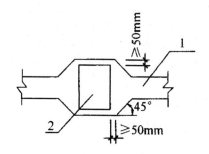

图 9-26 现浇柱与条形基础梁交接处的平面尺寸

1—基础梁；2—柱

(4) 条形基础梁顶部和底部的纵向受力钢筋除应满足计算要求外，顶部钢筋应按计算配筋全部贯通，底部通长钢筋不应少于底部受力钢筋截面总面积的 1/3。

(5) 柱下条形基础的混凝土强度等级不应低于 C20。

2. 内力简化计算

采用弹性地基梁法计算基础梁时，计算比较麻烦，计算工作量也较大。另外，由于地基土性的复杂多变，无论对地基采用文克尔假定还是半无限弹性体假定，均不能很好地反映地基的实际情况，因而其计算结果往往与实际情况仍有出入。所以在一般中小型工程中，为了便于计算，有时常采用一些简化计算方法。

梁、板式基础计算理论中要解决的关键问题是确定基底压力的分布，在简化计算法中，通常采用基底反力为直线分布的假设。这样，按偏心受压公式根据柱子传至梁上的荷载，利用力平衡条件，即可求得梁下地基反力的分布，如图 9-27 所示，可得

$$p_{\substack{j\max \\ j\min}} = \frac{\sum F_i}{bl} \pm \frac{6\sum M_i}{bl^2} \tag{9-40}$$

式中：$\sum F_i$ 为上部建筑物作用在基础梁上的各垂直荷载(包括均布荷载 q 在内)的总和(kN)；$\sum M_i$ 为各外荷载对基础梁中点的力矩代数和(kN·m)；b 为基础梁的宽度(m)；l 为基础梁的长度(m)；$p_{j\max}$ 为基础梁边缘处最大地基反力(kPa)；$p_{j\min}$ 为基础梁边缘处最小地基反力(kPa)。

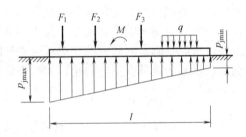

图 9-27　按直线分布关系求基础梁地基反力

当 $p_{j\max}$ 和 $p_{j\min}$ 相差不大时，可近似地取其平均值作为梁下均布的地基反力，这样计算更为方便。

1) 确定底面尺寸和压力分布

将条形基础视为一狭长的矩形基础，长边 l 由构造要求决定(只要决定伸出边柱的长度)，而后根据地基的承载力计算所需的宽度 b，如果荷载的合力是偏心的，则可如对待偏心荷载下的矩形基础那样，先初步选定宽度，再用边缘最大压力验算地基。

2) 内力分析(倒梁法)

这种方法将地基反力视为作用在基础梁上的荷载，将柱子视为基础梁的支座，这样就可将基础梁作为一倒置的连续梁进行计算，故称为倒梁法，如图 9-28 所示。

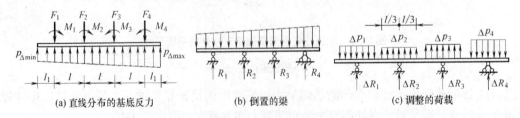

(a) 直线分布的基底反力　　(b) 倒置的梁　　(c) 调整的荷载

图 9-28　倒梁法计算简图

由于未考虑基础梁挠度与地基变形协调条件，且采用了地基反力直线分布假定，所以求得的支座反力往往不等于柱子传来的压力，即反力不平衡。为此，需要进行反力调整，

即将柱荷载 F_i 和相应支座反力 R_i 的差值均匀地分配在该支座两侧各 1/3 跨度范围内，再解此连续梁的内力，并将计算结果进行叠加。重复上述步骤，直至满意为止。一般经过几次调整，就能满足设计精度的要求(不平衡力不超过荷载的 20%)。

倒梁法把柱子看作基础梁的不动支座，即认为上部结构是绝对刚性的。由于计算中不涉及变形，不能满足变形协调条件，因此计算结果存在一定的误差。经验表明，倒梁法较适合于地基比较均匀，上部结构刚度较好，荷载分布较均匀，且条形基础梁的高度大于 1/6 柱距的情况。由于实际建筑物多半发生盆形沉降，导致柱荷载和地基反力重新分布。研究表明，端柱和端部地基反力均会增大，为此，宜在端跨适当增加受力钢筋，并且上、下均匀配筋。

9.8.2 十字交叉基础

当上部结构为空间框架，地基比较软弱时，常采用由纵、横向条形基础组成的十字交叉条形基础，如图 9-29 所示。这是一种十分复杂的空间体系，合理的分析方法应考虑空间框架、十字交叉条形基础和土的共同作用，用有限单元法进行分析。工程中常采用简化方法，分析方法的关键在于如何进行交叉点处柱荷载的分配，一旦确定了柱荷载的分配值，交叉条形基础就可分别按纵、横两个方向的条形基础计算。

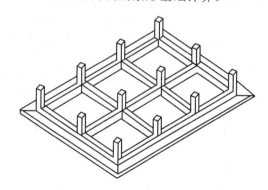

图 9-29 十字交叉条形基础

1. 十字交叉条形基础的适用条件

(1) 上部结构荷载较大，地基土承载力较低，采用条形基础不能满足设计要求时。

(2) 土的压缩性或柱的荷载分布沿两个柱列方向都很不均匀时。

(3) 需增加基础刚度以减少地基变形，防止过大的不均匀沉降时。

(4) 多层建筑在地震区需采用抗震措施时。

2. 构造要求

(1) 基础梁的高度宜为柱距的 1/8～1/4，翼板厚度不应小于 200mm。当翼板厚度大于 250mm 时，宜采用变厚度翼板，其坡度宜不大于 1∶3。

(2) 基础的端部宜向外伸出，其长度宜为第一跨距的 0.25 倍。

(3) 混凝土强度等级不应低于 C20。

(4) 基础梁顶部和底部的纵向受力钢筋除满足计算要求外，顶部钢筋按计算配筋全部贯通，底部通长钢筋不应少于底部受力钢筋截面总面积的 1/3。

(5) 其他构造同扩展基础。

3. 十字交叉条形基础的简化计算法

因需要沿用柱下条形基础内力计算方法,故此类基础计算主要是解决节点处荷载在纵、横两个方向上的分配问题。

十字交叉条形基础的交叉节点上,一般承受柱子传来的荷载,简化计算时,将柱子传来的荷载在两个方向条形基础上进行分配,分配荷载时应满足变形协调条件和静力平衡条件。

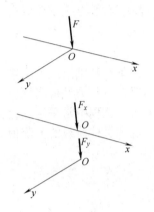

图 9-30　节点荷载分配示意图

1) 变形协调条件

变形协调条件,也就是说,经分配后的荷载,分别作用于纵向及横向基础梁上时,两个方向条形基础在各节点处变形应相等。

2) 静力平衡条件

静力平衡条件即指分配在纵、横条形基础上的两个力之和应等于作用在节点上总的荷载,如图 9-30 所示。

经过荷载分配的纵向与横向基础,各形成一组条形基础,即可按条形基础的计算方法来计算基础反力和内力。应该指出,十字交叉条形基础的纵向及横向基础的交点是现浇的刚性节点,将十字交叉空间格排状基础梁系拆开为单根基础梁进行计算分析后,还应根据格梁的构造及空间工作情况,将其反力布在节点处进行一些必要的调整,以使其更符合实际。

9.9　筏形基础和箱形基础

9.9.1　筏形基础

当柱子或承重墙传来的荷载很大,地基土质软弱又不均匀,以致单独基础或条形基础、十字交叉基础均无法满足地基承载力要求时,可以将柱下条形基础进一步扩展连成整体,以增加承载面积和加强基础整体刚度,能够承担更大荷载,并减小不均匀沉降。

筏形基础可分为平板式、柱下加厚的板、双向梁板、带台座的板式等,最普通的片筏设计为一块厚为 0.72~2m 的混凝土板,顶部和底部用双向连续配筋。

1. 筏形基础的构造要求

(1) 筏形基础的混凝土强度等级不应低于 C30,当有地下室时应采用防水混凝土。防水混凝土的抗渗等级应按表 9-11 选用。对重要建筑,宜采用自防水并设置架空排水层。

表 9-11　防水混凝土抗渗等级

埋置深度 d /m	设计抗渗等级	埋置深度 d /m	设计抗渗等级
$d < 10$	P6	$20 \leqslant d < 30$	P10
$10 \leqslant d < 20$	P8	$30 \leqslant d$	P12

(2) 采用筏形基础的地下室，钢筋混凝土外墙厚度不应小于 250mm，内墙厚度不宜小于 200mm。墙的截面设计除满足承载力要求外，尚应考虑变形、抗裂及外墙防渗等要求。墙体内应设置双面钢筋，钢筋不宜采用光面圆钢筋，水平钢筋的直径不应小于 12mm，竖向钢筋的直径不应小于 10mm，间距不应大于 200mm。

(3) 筏板最小厚度不应小于 400mm；对于 12 层以上的建筑梁板式筏板基础，其底板厚度与最大双向板格的短边净跨之比不应小于 1/14。当筏板的厚度大于 2000mm 时，宜在板厚中间部位设置直径不小于 12mm、间距不大于 300mm 的双向钢筋网。

2. 筏形基础底面尺寸的确定

筏形基础底面尺寸的确定应遵循天然地基上浅基础的设计原则。在基础底面尺寸确定时，为了减小偏心弯矩的作用，应尽可能使得荷载合力重心与筏板基础底面形心相重合，在永久荷载与可变荷载准永久组合下，偏心距应满足

$$e \leqslant \frac{0.1W}{A} \tag{9-41}$$

式中：W 为与偏心距方向一致的基础底面边缘抵抗矩(m^3)；A 为基础底面积(m^2)。

基础底面尺寸除需满足地基承载力要求外，对于有软弱下卧层的情况，还应满足软弱下卧层承载力要求。另外，在有变形验算要求及稳定性验算要求时，还应进行相应的验算。

3. 筏形基础厚度的确定

常见的梁板式筏形基础除计算正截面受弯承载力以外，其厚度还应满足抗冲切和抗剪的要求。底板受冲切承载力按式(9-42)计算，即

$$F_l \leqslant 0.7\beta_{hp}f_t u_m h_0 \tag{9-42}$$

式中：F_l 为作用在部分面积上的地基土平均净反力设计值(kN)；u_m 为距基础梁边 $h_0/2$ 处冲切临界截面的周长(m)；β_{hp} 为受冲切承载力截面高度影响系数(当 $h \leqslant 800mm$ 时，取 $h=1.0$；当 $h > 2000mm$ 时，取 $h=0.9$；其间按线性内插法取用)。

当底板区格为矩形双向板时，底板受冲切所需的厚度 h_0 按式(9-43)计算，即

$$h_0 = \frac{(l_{n1}+l_{n2}) - \sqrt{(l_{n1}+l_{n2})^2 - \dfrac{4pl_{n1}l_{n2}}{p_j + 0.7\beta_{hp}f_t}}}{4} \tag{9-43}$$

式中：l_{n1}、l_{n2} 分别为计算板格的短边与长边的净长度(m)；p_j 为相应于荷载效应基本组合的地基土平均净反力设计值(kPa)。

底板斜截面受剪切承载力按式(9-44)计算，即

$$V_s \leqslant 0.7\beta_{hs}f_t(l_{n2} - 2h_0)h_0 \tag{9-44}$$

$$\beta_{hs} = (800/h_0)^{1/4} \tag{9-45}$$

式中：V_s 为距梁边 h_0 处作用在部分面积上的地基土平均净反力设计值(kN)；β_{hs} 为受剪切承载力截面高度影响系数，当板的有效高度 $h_0 < 800mm$ 时取 800mm，当 $h_0 > 2000mm$ 时取 2000mm。

9.9.2 箱形基础

箱形基础是由钢筋混凝土底板、顶板、外墙以及一定数量的内隔墙构成的封闭箱体。基础中部可在内隔墙开门洞作为地下室。该基础具有整体性好，刚度大，调整不均匀沉降能力及抗震能力强，可消除因地基变形使建筑物开裂的可能性，减少基底处原有地基自重应力，降低总沉降量等特点。其适于作为软弱地基上的面积较小、平面形状简单、上部结构荷载大且分布不均匀的高层建筑物的基础和对沉降有严格要求的设备基础或特种构筑物基础。

1. 构造要求

(1) 箱形基础在平面布置上尽可能对称，以减少荷载的偏心距，防止基础过度倾斜。

(2) 混凝土强度等级不应低于C20，基础高度一般取建筑物高度的1/12～1/8，不宜小于箱形基础长度的1/18～1/16，且不小于3m。

(3) 底、顶板的厚度应满足柱或墙冲切验算要求，并根据实际受力情况通过计算确定。底板厚度一般取隔墙间距的1/10～1/8，为300～1000mm，顶板厚度为200～400mm，内墙厚度不宜小于200mm，外墙厚度不宜小于250mm。

(4) 为保证箱形基础的整体刚度，平均每平方米基础面积上墙体长度应不小于400mm，或墙体水平截面积不得小于基础面积的1/10，其中纵墙配置量不得小于墙体总配置量的3/5。

2. 箱形基础计算

1) 基底反力计算

基底反力是箱形基础结构计算的关键，因基底反力的大小与分布直接影响箱基承受的弯矩与剪力的大小、分布。目前基底反力计算方法均以弹性理论为依据，假定地基的应力与应变为线性关系，选用不同的地基模型建立不同的计算方法。《高层建筑箱形与筏形基础技术规范》(JGJ 6—1999)提供了地基反力确定方法，即将基础底面划分为若干个区格，每区基底反力为

$$p_i = \frac{\sum F + G}{bl} a_i \tag{9-46}$$

式中：p_i 为第 i 区格的基底反力(kPa)；$\sum F$ 为上部结构作用在箱形基础上的荷载(kN)；G 为箱形基础自重和挑出部分台阶上的自重(kN)；a_i 为地基反力系数，查《高层建筑箱形与筏形基础技术规范》(JGJ 6—1999)附表。

每区格基底净反力为

$$p_j = \frac{\sum F}{bl} a_i \tag{9-47}$$

该方法适用于上部结构与荷载比较匀称的框架结构，地基土比较均匀，底板悬挑部分不宜超过0.8m，不考虑相邻建筑物的影响以及满足规范构造的单体建筑物的箱形基础。

2) 箱形基础内力计算

当地基压缩层深度范围内的土层在竖向和水平向较均匀，且上部结构为立面布置较规

则的剪力墙、框架-剪力墙体系时，箱形基础的顶、底板可仅按局部弯曲计算，计算时底板反力应扣除板的自重。

对不符合上述要求的箱形基础，应同时考虑局部弯曲和整体弯曲的作用，底板局部弯曲产生的弯矩乘以 0.8 的折减系数；计算整体弯曲时，应考虑上部结构与箱形基础的共同作用；对框架结构，箱形基础的自重按均布荷载处理。

9.10 减少地基不均匀沉降的措施

建筑物的沉降和不均匀沉降虽然都是客观存在的，但二者对建筑物的危害不相同。均匀沉降的危害远小于不均匀沉降所带来的危害，因为即使沉降量很大，也不一定妨碍其使用。不均匀沉降则不同，即使量值很小，也可能引起建筑物的开裂或破坏。因此，如何防止或减少不均匀沉降，是设计中必须考虑的问题。通常有以下几种方法。

(1) 采用柱下条形基础、联合基础、筏形基础、箱形基础。

(2) 采用桩基础或其他深基础。

(3) 采用各种地基处理方法。

(4) 从地基、基础和上部结构相互作用观点出发，在建筑、结构和施工方面采取措施。

9.10.1 建筑措施

1. 建筑物体型力求简单

在满足使用和其他要求的前提下，建筑平面布置宜规则、对称，并应具有良好的整体性，建筑的立面和竖向剖面宜简单、规则。如建筑物的体型复杂，势必会削弱建筑物的整体刚度。平面形状复杂的建筑物，如 L 形、工字形，在纵、横交接处，地基中附加应力叠加，将造成较大的沉降；立面上高差悬殊(见图 9-31)或者荷载不均匀的建筑物，由于作用在地基上荷载的突变，使建筑物高低相接处出现过大的差异沉降，常造成建筑物的轻、低部分倾斜或开裂破坏。因此，在设计时，建筑物平面力求简单，立面高差尽可能不超过一层。

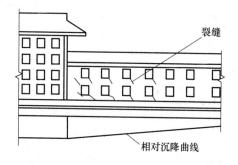

图 9-31 建筑物立面高差太大引起开裂的示意图

2. 控制建筑物的长高比

建筑物的长高比是作为砖石承重结构物刚度的重要指标。长高比小，则整体刚度好，调整不均匀沉降的能力强。过长的建筑物，纵墙将会因较大挠度出现开裂(见图9-32)。根据建筑实践经验，当基础沉降量大于120mm时，建筑物的长高比不宜大于2.5。

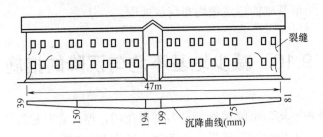

图9-32 过长的建筑物引起开裂的示意图

3. 合理布置纵、横墙

砖墙承重结构物的开裂或损坏，主要是由于建筑物的纵向挠度所引起，而建筑物的纵、横墙是纵向挠度时的主要受力构件，它具有调整地基不均匀沉降的能力，故纵墙应尽量避免转折、中断或开洞。横墙间距适当，一般以不大于建筑物宽度的1.5倍为宜，以提高建筑物的整体性。

4. 设置沉降缝

当遇到地基不均匀、建筑物平面形状复杂、高差悬殊等情况时，在建筑物的特定部位设置沉降缝，可以将建筑物(包括基础)分割成几个独立单元，可以有效地减少地基不均匀沉降。

沉降缝是指从建筑物的顶部到基础全部分开，分割成若干个长高比较小、整体刚度较好、体型简单和自成沉降体系的单元。一般在以下部位设置沉降缝。

(1) 平面形状复杂的建筑物转折部位。

(2) 层高高差处或荷载显著不同的部位。

(3) 地基土软、硬交界处。

(4) 建筑结构类型不同处。

(5) 分期建造房屋的分界处。

(6) 地基处理的方法不同处。

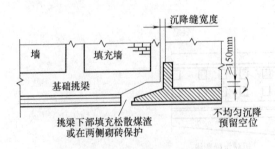

图9-33 沉降缝的构造

沉降缝的构造如图9-33所示。沉降缝的宽度一般为：二、三层房屋为50～80mm，四、五层为80～120mm，五层以上不小于120mm。沉降缝内一般不得填塞材料。

5. 合理安排建筑物的间距

建筑物荷载不仅使建筑物地基土产生压缩变形，而且由于基底压力扩散的影响，在相邻范围内的土层，也将产生压缩变形。这种变形随着相邻建筑物距离的增加而逐渐减少，由于软弱地基的压缩性很高，当两建筑物之间距离较近时，常常造成邻近建筑物的倾斜或损坏。为此应使建筑物之间相隔一定距离，相邻距离可参考表9-12。

表 9-12　相邻建筑物的间隔距离　　　　　　　　　　单位：m

新建筑物的预估平均沉降量 /mm	被影响建筑物的长高比	
	$2 \leqslant L/H < 3$	$3 \leqslant L/H < 0.5$
7～150	2～3	3～6
160～250	3～6	6～9
260～400	6～9	9～12
>400	9～2	≥12

6. 控制与调整建筑物各部分的标高

确定建筑物各部分的标高，应考虑沉降引起的变化。根据具体情况，可采取相应的措施。例如，室内地坪应根据预估的沉降量予以提高。建筑物各部分(或设备之间)有联系时，可将沉降量大的标高适当提高。建筑物与设备之间，应留有足够的净空。当建筑物有管道通过时，管道上方应预留足够尺寸的空洞或采用柔性的管道接头。

9.10.2　结构措施

1. 减轻建筑物自重

建筑物地基承受的荷载中，建筑物自重(包括基础自重和上覆土重)所占比例很大，民用建筑占 60%～70%，工业建筑占 40%～50%。故对软弱地基敏感的建筑物，应采取措施减轻自重。

(1) 减小墙体质量。应采用质轻高强墙体材料，如空心砖、多孔砖、混凝土板墙等。此外，非承重墙可用轻质隔墙代替。

(2) 选用轻型结构。例如，可用预应力钢筋混凝土结构、轻质结构和各种轻型空间结构等。工业厂房屋盖质量大，可将过去采用的大型屋面板加防水屋盖改成各种自防水轻型屋面板，以减小质量。

(3) 减小基础和回填土的质量。可采用空心基础、薄壳基础等自重小、回填土少的基础形式。

2. 在墙体内设置圈梁

设置圈梁是一般混合结构加强结构刚度、增强结构整体性、减少不均匀沉降的有效措施。圈梁一般沿外墙设置在楼板下或窗顶上，设在窗顶上的圈梁可兼作过梁。当建筑物过长时，在主要的内墙上也要适当设置圈梁，使内、外墙圈梁连成一个整体。圈梁数量对于二、三层建筑物可设一道或两道；对于四层或四层以上的建筑物，除在基础及建筑物上部各设一道外，可隔层设置，如遇土质较差则层层设置。

圈梁分为钢筋混凝土圈梁和配筋砖圈梁两种，钢筋混凝土圈梁的宽度一般与砖墙宽度相同，对一砖厚墙，常采用的断面尺寸为 240mm×180mm，当兼作较大跨度的窗过梁时用 240mm×240mm。混凝土的强度等级不低于 C15，主筋一般不小于 $6\phi10$mm 钢筋砖圈梁的截面一般为 6 皮砖高，用 M5 水泥砂浆砌筑，在上、下灰缝中各配 $3\phi6$mm 的钢筋。

3. 减小和调整基础底面附加应力

(1) 调整各部分的荷载分布、基础宽度和基础埋深。

(2) 设置地下室或半地下室也是减少建筑物沉降的有效措施，通过挖除的土重能抵消一部分作用在地基上的附加压力,从而减少建筑物的沉降。

(3) 对不均匀沉降限制严格或重要的建筑物,可增大基底面积、减小基底压力。

4. 上部结构采用静定结构体系

当发生不均匀沉降时,在静定结构体系中,构件不致引起很大的附加应力,故在软弱地基上的公共建筑物、单层工业厂房、仓库等可考虑采用静定结构体系,以减轻不均匀沉降产生的不利后果。

9.10.3 地基和基础措施

(1) 地基基础设计应以控制变形值为主,设计单位必须进行基础最终沉降量和偏心距离的验算。基础最终沉降量应当控制在规定的限值以内。在建筑物体型复杂、纵向刚度较差时,基础的最终沉降量必须在 15mm 以内,偏心距应当控制在 1.5%以内。

(2) 对于 3~6 层民用建筑基础设计时可采用薄筏形基础,上部结构采用轻型结构,利用软土上部的"硬壳"层作为基础的持力层,可减少施工期间对软土的扰动。

(3) 当天然地基不能满足建筑物沉降变形控制要求时,必须采取技术措施。例如,可采用打预制钢筋混凝土短桩、砂井真空预压、深层搅拌桩、碎石桩等方法进行技术处理。

(4) 基础设计时应有意识地加强基础的刚度和强度。基础在建筑物的最下面,对建筑物的整体刚度影响很大,特别是当建筑物产生正向挠曲时,受拉区在其下部,因而必须保证基础有足够的刚度和强度。为此应根据地基软弱程度和上部结构的不同情况,可采用钢筋混凝土十字交叉条形基础或筏形基础,有时甚至采用箱形基础。

(5) 同一建筑物尽量采用同一类型的基础并埋置于同一土层中,当采用不同的基础形式时上部结构必须断开,尤其是地震区,因为地震中软土上各类地基的附加下沉量是不同的。

9.10.4 施工措施

1. 保持地基土的原状结构

在淤泥、淤泥质土的地基开挖基坑时,要注意尽可能保持原状土的结构,通常在坑底保留约 200mm 厚的原土,待施工垫层时再挖除。如坑底土已被扰动,可先铺一层中粗砂,再铺碎石、块石进行处理。

2. 选择合理的施工方法

在已建的轻型建筑物周围,不宜堆放大量的建筑材料或土方,以免引起建筑物的附加沉降。在进行井点降水时,应注意对邻近建筑物可能产生的不良影响。拟建密集建筑群内如采用桩基础的建筑物,桩的设置应首先进行。

3. 合理安排施工顺序

当相邻的建筑物之间轻(低)重(高)悬殊时,一般按先重后轻、先高后低的顺序进行施工,有时还需要在较重建筑物竣工后一段时间,再建造轻的相邻建筑物。

4. 砂浆的品种、强度等级必须符合设计要求

影响砂浆强度的因素是计量不准、原材料质量不合格、塑化材料(如石灰膏)的稠度不准而影响到掺入量、砂浆试块的制作和养护方法不当。解决的办法是：加强原材料的进场验收，严禁将不合格的材料用于建筑工程上；对计量器具进行检测，并对计量工作派专人监控；将石灰膏调成标准稠度后称量，或测出其实际稠度后进行换算。

5. 砖的品种、强度必须符合设计要求

砌体组砌形式一定要根据所砌部位的受力性质和砖的规格来确定。一般采用一顺一丁、上下顺砖错缝的砌筑法，以大大提高砌筑墙体的整体性。当利用半砖时，应将半砖分散砌于墙中，同时也要满足搭接 1/4 砖长的要求。

6. 正确设置拉结筋

砖墙砌筑前，应事先按标准加工好拉结筋，以免工人拿错钢筋；使用前对操作工人进行技术交底；一般拉结筋按"三个 0.5m"，即埋入墙内 0.5m、伸出墙外 0.5m、上下间距 0.5mm。抗震构造柱埋入长 1m。半砖墙放 1 根，一砖墙放 2 根，考虑到水平灰缝为 8～12mm，为保证水平灰缝饱满度，拉结筋选用 ϕ6mm。

7. 不准任意留直槎甚至阴槎

构造柱的马牙槎不标准，将直接影响到墙体整体性和抗震性。为此要加强对操作工人的培训，不能图省事影响质量；为保证构造柱马牙槎的高度，不宜超过标准砖 5 皮，多孔砖 3 皮，转角及抗震设防地区临时间断处不得留直槎；严禁在任何情况下留阴槎。

8. 加强建筑物的沉降检测

施工期间，施工单位必须按设计要求及规范标准埋设专用水准点和沉降观测点。沉降观测包括从施工开始，整个施工期间和使用期间对建筑物进行的沉降观测，并以实测资料作为建筑物地基基础工程质量检查的依据之一。

思考题与习题

9-1 浅基础有哪些类型？各有何特点？

9-2 何谓基础的埋置深度？选择基础埋深时应考虑哪些因素？

9-3 地基土冻胀性分类所考虑的主要因素有哪些？确定基础埋深时，是否必须将基础底面放置到冻深之下？

9-4 基础底面积如何计算？对偏心受压基础，为何取基础长边平行于弯矩作用方向？

9-5 刚性基础有何特点？怎样确定刚性基础的剖面尺寸？

9-6 柱下十字交叉基础的轴力分配的原则是什么？

9-7 某内纵墙基础埋深 $d = 1.8$m，上部结构荷载标准值 $F_k = 280$kN/m，土的重度为 18kN/m³，持力层为中砂，地基承载力特征值 $f_{ak} = 170$kPa。试确定基础的宽度。

9-8 某砖承重墙，轴心荷载标准值 $F_k = 200$kN/m，地基承载力特征值 $f_{ak} = 180$kPa，基础埋深 $d = 1$m，设计此刚性基础。

9-9　某单层工业厂房，采用杯口基础，传至杯口顶面的荷载标准值 $F_k = 766kN$，力矩标准值 $M_k = 103kN \cdot m$，剪力 $V_k = 25kN$，杯口顶面的基本组合值 $F = 975kN$，$M = 236kN \cdot m$，$V = 40kN$，柱子尺寸为 450mm×350mm，混凝土强度等级为 C20($f_t = 10MPa$)，钢筋采用 HRB235 级钢筋($f_y = 210MPa$)，地基承载力特征值 $f_{ak} = 187kPa$，杯口顶面高程为-0.3m。试设计杯形基础。

9-10　一钢筋混凝土内柱截面尺寸为 300mm×300mm，作用在基础顶面的轴心荷载 $F_k = 400kN$。自地表起的土层情况为：素填土，松散，厚度为 1.0m，$\gamma = 16.4kN/m^3$；细砂，厚度为 2.6m，$\gamma = 18kN/m^3$，$\gamma_{sat} = 20kN/m^3$，标准贯入试验锤击数 $N = 10$；黏土，硬塑，厚度较大。地下水在地表下 1.6m 处。试确定扩展基础的底面尺寸并设计基础截面及配筋。

9-11　某厂房柱脚断面尺寸为 800mm×1000mm，采用无筋扩展基础。按荷载效应标准组合计算，传至±0.00m 处的竖向力为 $F_k = 600kN$，力矩 $M_k = 160kN \cdot m$，水平力 $H_k = 35kN$，基底面积为 2.0m×2.6m，外力偏心作用在基础长边方向，设计基础埋深 1.5m，基础材料采用 C15 混凝土，基础的最小高度应为多少？试设计该柱下无筋扩展基础。

第10章 桩 基 础

【学习要点及目标】

◆ 掌握桩基础的类型和使用条件。
◆ 掌握单桩静载试验的原理和方法，能根据载荷曲线确定单桩极限承
　　载力标准值、特征值。
◆ 掌握静力触探法、经验参数法确定单桩极限承载力标准值的方法。
◆ 掌握桩基水平承载力计算方法。
◆ 掌握负摩阻力验算、软弱下卧层的验算、抗拔承载力的验算。
◆ 掌握桩基沉降量计算原理和方法。

【核心概念】

　　单桩极限承载力标准值、水平承载力、负摩阻力、软弱下卧层的验算、抗
拔承载力的验算、桩基沉降量等。

【引导案例】

　　当地基浅层土质不良，采用浅基础无法满足结构物对地基强度、变形、稳
定性的要求时，往往需要采用桩基础方案。随着科学技术的发展，在工程实践
中已形成了各种类型的桩基础，各种桩型在构造和桩土相互作用机理上都不相
同，各具特点。本章主要介绍桩类型、单桩承载力计算、桩基础沉降计算、桩
基础验算等内容。

10.1 桩基础类型

深基础有桩基础、沉井基础、地下连续墙等几种类型，其中应用最广泛的是桩基础。桩基础具有较长的应用历史，我国很早就成功地使用了桩基础，如南京的石头城、上海的龙华塔及杭州湾海堤等。随着工业技术和工程建设的发展，桩的类型、成桩工艺、桩的设计理论及检测技术均有迅速的发展，已广泛地应用于高层建筑、桥梁、港口和水利工程中。

10.1.1 桩基础的组成与作用

桩基础是由若干根桩和承台两部分组成。桩基础的作用是将承台以上结构物传来的荷载通过承台，由桩传至较深的地基持力层中去，承台将各桩连成整体共同承担荷载。桩是基础中的柱形构件，其作用在于穿过软弱的土层，把桩基坐落在密实或压缩性较小的地基持力层上，各桩所承担的荷载由桩侧土的摩阻力及桩端土的抵抗力来承担。

桩基础具有以下特点：①承载力高、稳定性好、沉降量小；②耗材少、施工简单；③在深水河道中避免水下施工。

10.1.2 桩基础的适用性

桩基础(简称桩基)适宜在下列情况下采用。

(1) 荷载较大，地基上部土层软弱，适宜的地基持力层位置较深，采用浅基础或人工地基在技术、经济上不合理时。

(2) 不允许地基有过大沉降和不均匀沉降的高层建筑或其他重要的建筑物。

(3) 重型工业厂房和荷载很大的建筑物，如仓库、料仓等。

(4) 作用有较大水平力和力矩的高耸建筑物(烟囱、水塔等)的基础。

(5) 河床冲刷较大、河道不稳定或冲刷深度不易计算，如采用浅基础施工困难或不能保证基础安全时。

(6) 需要减弱其振动影响的动力机器基础。

(7) 在可液化地基中，采用桩基础可增加结构的抗震能力，防止砂土液化。

10.1.3 桩基设计原则

《建筑桩基技术规范》(JGJ 94—2008)规定：建筑桩基设计与建筑结构设计一样，应采用以概率理论为基础的极限状态设计方法，以可靠度指标来度量桩基的可靠度，采用分项系数的表达式进行计算。桩基的极限状态可分为以下两类。

(1) 承载能力极限状态。对应于桩基达到最大承载能力导致整体失稳或发生不适于继续承载的变形。

(2) 正常使用极限状态。对应于桩基达到建筑物正常使用所规定的变形值或达到耐久性要求的某项限值。

根据桩基破坏造成建筑物的破坏后果(危及人的生命、造成经济损失、产生社会影响)的严重性，桩基设计时应按表 10-1 确定设计等级。

表 10-1　建筑桩基设计等级

设计等级	建筑类型
甲级	(1) 重要的建筑 (2) 30 层以上或高度超过 100m 的高层建筑 (3) 体型复杂且层数相差超过 10 层的高低层(含纯地下室)连体建筑 (4) 20 层以上框架-核心筒结构及其他对差异沉降的特殊要求的建筑 (5) 场地和地基条件复杂的 7 层以上的一般建筑及坡地、岸边建筑 (6) 对相邻既有工程影响较大的建筑
乙级	除甲级、丙级以外的建筑
丙级	场地和地基条件简单、荷载分布均匀的 7 层及 7 层以下的一般建筑

10.1.4　桩基础类型

1. 按承台与地面相对位置分类

桩基一般由桩和承台组成，根据承台与地面的相对位置，将桩基划分为高承台桩和低承台桩两种。

1) 高承台桩

承台底面位于地面(或冲刷线)以上的桩称为高承台桩。

高承台桩由于承台位置较高，可避免或减少水下施工，施工方便。由于承台及桩身露出地面的自由长度无土来承担水平外力，在水平力的作用下，桩身的受力情况较差，内力位移较大，稳定性较差。

近年来由于大直径钻孔灌注桩的采用，桩的刚度、强度都很大，因而高承台桩在桥梁基础工程中得到广泛应用。另外，在海岸工程、海洋平台工程中都采用高承台桩。

2) 低承台桩

承台底面位于地面(冲刷线)以下的桩称为低承台桩。

低承台桩的受力、桩内的应力和位移、稳定性等方面均较好，因此在建筑工程中广泛应用。

2. 按桩数及排列方式分类

在桩设计时，当承台范围内布置一根桩时，称为单桩基础；当布置的桩数超过两根时，称为多桩基础。根据桩的布置形式，多桩基础又分为单排桩和多排桩两类。

1) 单排桩

桩基础除承担垂直荷载 N 外，还承担风荷载、汽车制动力、地震荷载等水平荷载 H。单排桩是指与水平外力 H 相垂直的平面上，只布置一排桩，该排的桩数多于一根的桩基础。如条形基础下的桩基，沿纵向布置桩数较多，但如果基础宽度方向上只布置一排桩，则称为单排桩。

2) 多排桩

多排桩是指与水平外力 H 相垂直的平面上，由多排桩组成，而每一排又有许多根桩组成的桩基础。如筏板基础下的桩基，在基础宽度方向上只布置多排，而在基础长度方向上，每一排又布置多根桩，这种桩基就是多排桩。

3. 按桩的承载性能分类

桩在竖向荷载作用下，桩顶荷载由桩侧摩阻力和桩端阻力共同承担，而桩侧摩阻力、桩端阻力的大小及分担荷载的比例是不相同的。传统上认为摩擦桩只有侧摩阻力，而端承桩只有端阻力，显然不符合实际情况。《建筑桩基技术规范》(JGJ 94—2008)根据桩的受力条件及桩侧摩阻力和桩端阻力的发挥程度及分担比例，将桩基分为摩擦型桩和端承型桩两大类和四个亚类，如图 10-1 所示。

1) 摩擦型桩

在竖向荷载作用下，桩顶荷载全部或主要由桩侧阻力承担，这种桩称为摩擦型桩。根据桩侧阻力分担荷载大小，又分为摩擦桩和端承摩擦桩两个亚类。

(1) 摩擦桩。当土层很深，无较硬的土层作为桩端持力层，或桩端持力层虽然较硬，但桩的长径比很大，传递到桩端的轴力很小，桩顶的荷载大部分由桩侧摩阻力分担，桩端阻力可忽略不计，这种桩称为摩擦桩，如图 10-1(a)所示。

(2) 端承摩擦桩。当桩的长径比不大，桩端有较坚硬的黏性土、粉土和砂土时，除桩侧阻力外，还有一定的桩端阻力，这种桩称为端承摩擦桩，如图 10-1(b)所示。

2) 端承型桩

在竖向荷载作用下，桩顶荷载全部或主要由桩端土来承担，桩侧摩阻力相对于桩端阻力而言较小，或可忽略不计的桩，这种桩称为端承型桩。根据桩端阻力发挥的程度及分担的比例，又可分为端承桩和摩擦端承桩两个亚类。

(1) 端承桩，是指当桩的长径比较小(一般小于 10)，桩穿过软弱土层，桩底支承在岩层或较硬土层上，桩顶荷载大部分由桩端土来支承，桩侧阻力可忽略不计，如图 10-1(c)所示。

(2) 摩擦端承桩，是指桩端进入中密以上的砂土、碎石类土或中、微风化岩层，桩顶荷载由桩侧摩阻力和桩端阻力共同承担，而主要由桩端阻力承担，如图 10-1(d)所示。

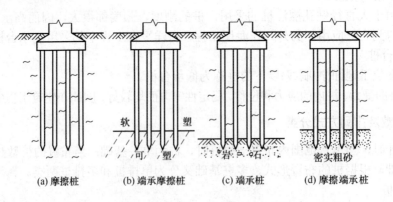

(a) 摩擦桩　　　(b) 端承摩擦桩　　　(c) 端承桩　　　(d) 摩擦端承桩

图 10-1　按桩的承载性能分类

4. 按施工方法分类

桩按施工方法不同，可分为预制桩和灌注桩两大类。

1) 预制桩

预制桩是指预先制成的桩，以不同的沉桩方式(设备)沉入地基内达到所需要的深度。预制桩具有以下特点：可大量工厂化生产、施工速度快，适用于一般土地基，但对于较硬地基则施工困难。预制桩沉桩有明显的排土作用，应考虑对邻近结构的影响，在运输、吊装、沉桩过程中应注意避免损坏桩身。

按不同的沉桩方式可分为以下三种。

(1) 打入桩(锤击桩)。

打入桩是通过桩锤将预制桩沉入地基，这种施工方法适用于桩径较小，地基土为可塑状黏土、砂土、粉土地基。对于含有大量漂卵石的地基，施工较困难。打入桩伴有较大的振动和噪声，在城市建筑密集区施工应考虑对环境的影响。主要设备包括桩架、桩锤、动力设备、起吊设备等。

(2) 振动下沉桩。

振动下沉桩是将大功率的振动打桩机安装在桩顶，一方面利用振动以减少土对桩的阻力，另一方面利用向下的振动力使桩沉入土中。这种方法适用于可塑状的黏性土和砂土。

(3) 静力压桩。

静力压桩是借助桩架自重及桩架上的压重，通过液压或滑轮组提供的静力将预制桩压入土中。它适用于可塑、软塑态的黏性土地基，对于砂土及其他较坚硬的土层，由于压桩阻力过大不宜采用。静力压桩在施工过程中无噪声、无振动，并能避免锤击时桩顶及桩身的破坏。

2) 灌注桩

灌注桩是现场地基钻孔，然后浇筑混凝土而形成的桩。它与预制桩相比，具有以下特点：①不必考虑运输、吊桩和沉桩过程中对桩产生的内力；②桩长可按土层的实际情况适当调整，不存在吊运、沉桩、接桩等工序，施工简单；③无振动和噪声。

灌注桩的种类很多，按成孔方式可分为以下几种。

(1) 钻孔灌注桩。

钻孔灌注桩是在预定桩位，用成孔机械排土成孔，然后在桩孔中放入钢筋笼，灌注混凝土而形成桩体。钻孔灌注桩施工设备简单、操作方便，适用于各种黏性土、砂土地基，也适用于碎石、卵石土和岩层地基。

(2) 挖孔灌注桩。

依靠人工(用部分机械配合)挖出桩孔，然后浇筑混凝土所形成的桩称为挖孔灌注桩。它的特点是：不受设备的限制，施工简单，场区各桩可同时施工，挖孔直径较大，可直接观察地层情况，孔底清孔质量有保证。为确保施工安全，挖孔深度不宜太深。挖孔灌注桩一般适用于无水或渗水量较小的地层，对可能发生流沙或较厚的软黏土地基，施工较为困难。

(3) 冲孔灌注桩。

利用钻锥不断地提锥、落锥反复冲击孔底土层，把土层中的泥沙、石块挤向四周或打成碎渣，利用掏渣筒取出，形成冲击钻孔。

冲击钻孔适用于含有漂卵石、大块石的土层及岩层，成孔深度一般不宜超过 50m。

(4) 冲抓孔灌注桩。

用兼有冲击和抓土作用的冲抓锥，通过钻架，由带离合器的卷扬机操纵。靠冲锥自重冲下使抓土瓣张开插入土中，然后由卷扬机提升锥头收拢抓土瓣将土抓出。冲抓成孔具有以下特点：①对地层适应性强，尤其适用于松散地层；②噪声小、振动小，可靠近建筑物施工；③设备简单，用套管护壁不会缩径；④用抓斗可直接抓取软土、松散砂土，遇到特大漂卵石、大石块时，可换用冲击钻头破碎，再用抓斗取土。

(5) 沉管灌注桩。

沉管灌注桩是将带有桩靴的钢管,用锤击、振动等方法将其沉入土中,然后在钢管中放入钢筋笼,灌注混凝土,形成桩体。桩靴有钢筋混凝土和活瓣式两种,前者是一次性的桩靴,后者沉管时桩尖闭合,拔管时张开。沉管灌注桩适用于黏性土、砂土地基。由于采用了套管,可以避免钻孔灌注桩的坍孔及泥浆护壁等弊端,但桩体直径较小。在黏性土中,由于沉管的排土挤压作用对邻桩有挤压影响,挤压产生的孔隙水压力易使拔管时出现混凝土桩缩颈现象。

(6) 爆扩桩。

成孔后,在孔内用炸药爆炸扩大孔底,浇筑混凝土而形成的桩称为爆扩桩。这种桩扩大了桩底与地基土的接触面积,提高了桩的承载力。爆扩桩适用于持力层较浅、黏性土地基。

5. 按组成桩身的材料分类

按组成桩身的材料可分为木桩、钢筋混凝土桩和钢桩。

1) 木桩

木桩是古老的预制桩,它常由松木、杉木等制成。其直径一般为 160~260mm,桩长一般 4~6m。木桩的优点是自重小,加工制作、运输、沉桩方便,但它具有承载力低、材料来源困难等缺点,目前已不大采用,只有在临时性小型工程中使用。

2) 钢筋混凝土桩

钢筋混凝土预制桩,常做成实心的方形、圆形或空心管桩。预制长度一般不超过 12m,当桩长超过一定长度后,在沉桩过程中需要接桩。

钢筋混凝土灌注桩的优点是承载力大,不受地下水位的影响,已广泛应用到各种工程中。

3) 钢桩

钢桩即用各种型钢做成的桩,常见的有钢管桩和工字形钢桩。钢桩的优点是承载力高,运输、吊桩和沉桩方便,但具有耗钢量大、成本高、易锈蚀等缺点,适用于大型、重型设备基础。目前我国最长的钢管桩达 88m。

6. 按桩的使用功能分类

1) 竖向抗压桩

竖向抗压桩主要承受竖向下压荷载的桩,应进行竖向承载力计算,必要时还需计算桩基沉降、验算下卧层承载力以及负摩阻力产生的下拉荷载。

2) 竖向抗拔桩

竖向抗拔桩主要承受竖向上拔荷载的桩,应进行桩身强度和抗裂计算以及抗拔承载力验算。

3) 水平受荷桩

水平受荷桩主要承受水平荷载的桩,应进行桩身强度和抗裂验算以及水平承载力验算和位移验算。

4) 复合受荷桩

复合受荷桩承受竖向、水平向荷载均较大的桩,应按竖向抗压桩及水平受荷桩的要求进行验算。

7. 按桩径大小分类

1) 小直径桩

小直径桩 $d \leqslant 250mm$。由于桩径较小，施工机械、施工场地及施工方法一般较为简单。其多用于基础加固(树根桩或静压锚杆托换桩)和复合基础。

2) 中等直径桩

$250mm < d < 800mm$。这类桩在工业与民用建筑中大量使用，成桩方法和工艺烦琐。

3) 大直径桩

大直径桩 $d \geqslant 800mm$。其近年来发展较快，常用于高重型建筑物基础。

关于桩基础，有以下几个概念应予以澄清：桩基表示由设置于岩土中的桩和与桩顶连接的承台共同组成的基础或由柱与桩直接连接的单桩基础；复合桩基表示由基桩和承台下地基土共同承担荷载的桩基础；基桩表示桩基础中的单桩；复合基桩表示单桩及其对应面积的承台下地基土组成的复合承载基桩。

10.2　单桩竖向极限承载力标准值

单桩竖向极限承载力标准值是指，单桩在竖向荷载作用下达到破坏状态前或出现不适于继续承载的变形时所对应的最大荷载，它取决于土对桩的支承阻力和桩身承载力；单桩竖向承载力特征值是指，单桩竖向极限承载力标准值除以安全系数后的承载力值。

考虑到地基土的复杂性、多变性，单桩竖向极限承载力标准值的确定方法很多，有桩的静载荷试验、静力触探法、经验参数法等。在工程设计中，往往需要选用几种方法作综合分析，从而合理地确定单桩竖向极限承载力标准值。

《建筑桩基技术规范》(JGJ 94—2008)对单桩竖向极限承载力标准值的确定有以下规定：①设计等级为甲级的建筑桩基，应通过单桩静载试验确定；②设计等级为乙级的建筑桩基，当地质条件简单时，可参照地质条件相同的试桩资料，结合静力触探等原位测试和经验参数综合确定，其余均应通过单桩静载试验确定；③设计等级为丙级的建筑桩基，可根据原位测试和经验参数确定。

10.2.1　单桩静载荷试验

1. 加载装置与量测仪器

一般采用油压千斤顶加载，试验前应对千斤顶进行标定。千斤顶的反力装置可根据现场条件选用。单桩静压试验的加载方法主要有锚桩法和压重法。

锚桩法主要由锚梁、横梁和液压千斤顶等组成，如图 10-2 所示。用千斤顶逐级施加荷载，反力通过横梁、锚梁传递给已经施工完毕的桩基，用油压表或压力传感器量测荷载的大小，用百分表或位移计量测试桩的下沉量，以便进一步分析。锚桩一般采用 4 根，如入土较浅或土质较松散时可增加至 6 根。锚桩与试桩的中心间距，当试桩直径(或边长)小于或等于 800mm 时，可为试桩直径(或边长)的 5 倍；当试桩直径大于 800mm 时，上述距离不得小于 4m。锚桩承载梁反力装置能提供的反力，应不小于预估最大荷载的 $1.3 \sim 1.5$ 倍。

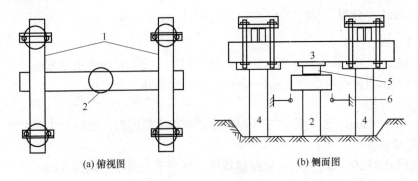

(a) 俯视图　　　　　　　　(b) 侧面图

图 10-2　锚桩法反力装置

1—锚梁；2—试桩；3—横梁；4—锚桩；5—千斤顶；6—百分表

压重法也称为堆载法，是在试桩的两侧设置枕木垛，上面放置型钢或钢轨，将足够重量的钢锭或铅块堆放其上作为压重，在型钢下面安放主梁，千斤顶则放在主梁与桩顶之间，通过千斤顶对试桩逐级施加荷载，同时用百分表或位移计量测试桩的下沉量，如图 10-3 所示。由于这种加载方法临时工程量较大，多用于承载力较小的桩基静载试验。压重不得小于预估最大试验荷载的 1.2 倍，压重应在试验开始前一次加上。

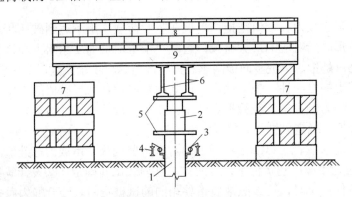

图 10-3　压重法反力装置

1—试桩；2—千斤顶；3—百分表；4—基准桩；5—钢板；6—主梁；7—枕木；8—堆放的荷载；9—次梁

测量仪表必须精确，一般使用百分表、水平仪等。支承仪表的基准梁应有足够的刚度和稳定性。基准梁的一端在其支承桩上可以自由移动而不受温度影响引起上拱或下挠。基准桩应埋入地基表面以下一定深度，不受气候条件等影响。基准桩中心与试桩、锚桩中心(或压重平台支承边缘)之间的距离应符合表 10-2 的规定。

表 10-2　基准桩中心至试桩、锚桩中心(或压重平台支承边)的距离

反力系统	基准桩与试桩	基准桩与锚桩(或压重平台支承边)
锚桩法反力装置	≥4d	≥4d
压重法反力装置	≥2.0m	≥2.0m

注：当试桩直径(或边长)小于或等于800mm 时，可为试桩直径(或边长)的 5 倍；当试桩直径大于800m 时，上述距离不得小于4m。

试桩受力后，会引起其周围的土体变形，为了能够准确地量测试桩的下沉量，测量装置的固定点，如基准桩，应与试桩、锚桩保持适当的距离，如表 10-3 所示。

表 10-3 测量装置的固定点与试桩、锚桩桩间的距离

锚桩数目	测量装置的固定点与试桩、锚桩桩间的最小距离/m	
	测量装置与试桩	测量装置与锚桩
4	2.4	1.6
6	1.7	1.0

2. 现场试验

1) 试桩试验时间要求

对于砂性土地基的打入式预制桩,沉桩后距静载试验的时间间隔不得少于 7d;对于黏性土地基的打入式预制桩,沉桩后距静载试验的时间间隔不得少于 14d;对于钻孔灌注桩要满足桩身混凝土养护时间要求,一般情况下不少于 28d。此外,试桩的桩顶应完好无损,桩顶露出地面的长度应满足试桩仪器设备安装的需要,一般不小于 600mm。

2) 试桩的加载、卸载方法

加载应分级进行,采用逐级等量加载。分级荷载宜为最大加载量或预估极限承载力的 1/10,其中第 1 级可取分级荷载的 2 倍。卸载应分级进行,每级卸载量取加载时分级荷载的 2 倍,逐级等量卸载。加、卸载时应使荷载传递均匀、连续、无冲击,每级荷载在持荷过程中的变化幅度不得超过分级荷载的 ±10%。

3) 试验步骤

(1) 每级荷载施加后按第 5min、15min、30min、45min、60min 测读桩顶沉降量,以后每隔 30min 测读一次。

(2) 试桩沉降相对稳定标准:每 1h 内的桩顶沉降量不超过 0.1mm,并连续出现两次(从分级荷载施加后第 30min 开始,按 1.5h 连续 3 次每 30min 的沉降观测值计算)。

(3) 当桩顶沉降速率达到相对稳定标准时,再施加下一级荷载。

(4) 卸载时,每级荷载维持 1h,按第 15min、30min、60min 测读桩顶沉降量后,即可卸下一级荷载。卸载至零后,应测读桩顶残余沉降量,维持时间为 3h,测读时间为第 15min、30min,以后每隔 30min 测读一次。

4) 终止加载条件

当出现下列情况之一时,一般认为试桩已达破坏状态,所施加的荷载即为破坏荷载,试桩即可终止加载:①试桩在某级荷载作用下的沉降量,大于前一级荷载沉降量的 5 倍。试桩桩顶的总沉降量超过 40mm。若桩长大于 40m,则控制的总沉降量可放宽,桩长每增加 10m,沉降量限值相应地增大 10mm。②试桩在某级荷载作用下的沉降量大于前一级荷载沉降量的 2 倍,且经 24h 尚未达到相对稳定。③已达到设计要求的最大加载量。④当工程桩做锚桩时,锚桩上拔量已达到允许值。⑤当荷载-沉降曲线为缓变型时,可加载至桩顶总沉降量 60~80mm;在特殊情况下,可根据具体要求加载至桩顶累计沉降量超过 80mm。

3. 单桩竖向极限承载力标准值

确定单桩竖向抗压承载力时,应绘制竖向荷载-沉降(Q-s)、沉降-时间对数(s-$\lg t$)曲线,需要时也可绘制其他辅助分析所需曲线。当进行桩身应力、应变和桩底反力测定时,应整理出有关数据的记录表。为了比较准确地确定试桩的极限承载力,根据试桩曲线来分析。常用方法有以下几种。

1) Q-s 曲线的转折点确定法

一般认为在极限荷载下，桩顶下沉量急剧增加，极限荷载就是 Q-s 曲线的转折点，即 Q-s 曲线在此点的切线斜率急剧增大，或从此点后的陡降直线段比较明显(见图 10-4(a))，这种转折点称为拐点，由 Q-s 曲线直接寻求拐点，从而确定桩的极限荷载的方法称为拐点法。该方法为我国目前各规程首推的方法。

拐点法的缺点是绘图所用比例尺寸大小以及荷载分级大小都会改变 Q-s 曲线的形状，影响极限荷载 Q 的选取，并存在一定的人为因素的影响。为克服比例尺寸方面的影响，需有统一的规定，一般可取坐标轴总长 s：Q=1∶1 或 1∶2。

有些时候，Q-s 曲线的转折点不够明显，此时极限荷载就难以确定，需借助其他方法辅助判断，如绘制各级荷载作用下的沉降-时间(s-t)曲线(见图 10-4(b))，或采用对数坐标绘制 $\lg Q$-$\lg s$ 曲线，可能会使转折点显得明确一些。

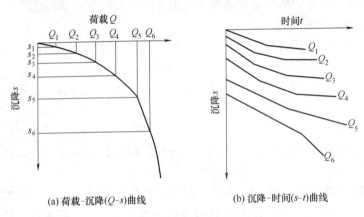

(a) 荷载-沉降(Q-s)曲线　　　　(b) 沉降-时间(s-t)曲线

图 10-4　试桩曲线

2) 桩顶下沉量确定法

桩的极限荷载往往与桩顶下沉量有关，由规定的桩顶下沉量所对应的荷载作为桩的极限荷载，我国《建筑基桩检测技术规范》(JGJ 106—2003)规定：对于缓变型 Q-s 曲线可根据沉降量确定，宜取 s=40mm 对应的荷载值；当桩长大于 40m 时，宜考虑桩身弹性压缩量；对直径大于或等于 800mm 的桩，可取 s=0.05D(D 为桩端直径)对应的荷载值。

3) 沉降速率法

沉降速率法是根据沉降-时间对数(s-$\lg t$)曲线来分析单桩抗压承载力，取曲线尾部出现明显向下弯曲的前一级荷载值作为单桩竖向抗压极限承载力标准值，如图 10-5 所示。

按照沉降随时间变化的特征来确定极限荷载，根据对以往大量试桩资料的分析，发现桩在破坏荷载之前的每级下沉量 s 与时间 t 的对数呈线性关系，即

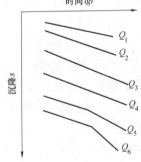

图 10-5　试桩 s-$\lg t$ 曲线

$$s = M \lg t \tag{10-1}$$

直线的斜率 M 在某种程度上反映了桩的沉降速率，斜率不是常数，它随着桩顶荷载的增大而增大，斜率越大则桩的沉降速率越大。当桩顶荷载继续增大时，如发现绘制的 s-$\lg t$ 线形不是一条直线而是折线时，则说明该级荷载作用下桩的沉降速率剧增，标志着桩已破坏。因此，可将相应于 s-$\lg t$ 线由直线变为折线的那一级荷载定为试桩的破坏荷载，其前一

级荷载即为桩的极限承载力标准值。

单桩竖向抗压极限承载力统计值的确定应符合下列规定。

(1) 参加统计的试桩结果，当满足其极差不超过平均值的 30% 时，取其平均值为单桩竖向抗压极限承载力。

(2) 当极差超过平均值的 30% 时，应分析极差过大的原因，结合工程具体情况综合确定，必要时可增加试桩数量。

(3) 对桩数为 3 根或 3 根以下的柱下承台，或工程桩抽检数量少于 3 根时，应取低值。

单位工程同一条件下的单桩竖向抗压承载力特征值应按单桩竖向抗压极限承载力统计值的一半取值。

小贴士：

桩基承载力自平衡测试技术。自平衡试桩法是接近于竖向抗压(拔)桩的实际工作条件的试验方法。其主要装置是一种特制的荷载箱，它与钢筋笼连接而安置于桩身下部。试验时，从桩顶通过输压管对荷载箱内腔施加压力，箱盖与箱底被推开，从而调动桩周土的摩阻力与端阻力，直至破坏。将桩侧土摩阻力与桩底土阻力叠加而得到单桩抗压承载力。自平衡测试法的主要装置为特制的荷载箱，它主要由活塞、顶盖、底盖及箱壁四部分组成。顶盖、底盖的外径略小于桩的外径，在顶盖、底盖上布置一定数量的位移棒。将荷载箱与钢筋笼焊接成一体放入桩体后即可浇捣混凝土。待桩身混凝土达到一定强度后，在地面上通过油泵对荷载箱内腔施加压力，随着油压的逐渐增加，荷载箱的箱盖和箱底被推开，产生向上与向下的双向推力，荷载箱将同时向上、向下发生一定位移，从而促进桩周土的侧摩阻力及桩端阻力的发挥，并通过埋设于桩土间钢筋计、传感器、频率仪等，获得桩的侧摩阻力、端阻力及位移等技术参数。

桩基承载力自平衡测试技术，具有试验装置简单、投资较低、缩短测试时间、测试结果可靠等优点，广泛应用于水上试桩、坡地试桩、基坑底试桩、狭窄场地试桩以及斜桩、嵌岩桩、抗拔桩、大吨位桩等情况，是一种很有发展前景的桩基测试技术。

10.2.2　静力触探法

1. 单探头

当根据单桥探头静力触探资料确定混凝土预制桩单桩竖向极限承载力标准值时，如无当地经验，可按式(10-2)计算，即

$$Q_{uk} = Q_{sk} + Q_{pk} = u\sum q_{sik}l_i + \alpha p_{sk}A_p \tag{10-2}$$

当 $p_{sk1} \leqslant p_{sk2}$ 时，有

$$p_{sk} = \frac{1}{2}(p_{sk1} + \beta p_{sk2}) \tag{10-3}$$

当 $p_{sk1} > p_{sk2}$ 时，有

$$p_{sk} = p_{sk2} \tag{10-4}$$

式中：Q_{sk}、Q_{pk} 分别为总极限侧阻力标准值和总极限端阻力标准值；u 为桩身周长；q_{sik} 为用静力触探比贯入阻力值估算的桩周第 i 层土的极限侧阻力；l_i 为桩周第 i 层土的厚度；α 为桩端阻力修正系数，可按表 10-4 取值；p_{sk} 为桩端附近的静力触探比贯入阻力标准值(平均

值）；A_p 为桩端面积；p_{sk1} 为桩端全截面以上 8 倍桩径范围内的比贯入阻力平均值；p_{sk2} 为桩端全截面以下 4 倍桩径范围内的比贯入阻力平均值，如桩端持力层为密实的砂土层，其比贯入阻力平均值 p_s 超过 20MPa 时，则需乘以表 10-5 中系数 C 予以折减后，再计算 p_{sk2} 及 p_{sk1} 值；β 为折减系数，按表 10-6 选用。

表 10-4　桩端阻力修正系数 α 值

桩长/m	$l<15$	$15 \leqslant l \leqslant 30$	$30 < l \leqslant 60$
α	0.75	0.75～0.90	0.90

注：桩长 $15 \leqslant l \leqslant 30$m，$\alpha$ 值按 l 值直线内插；l 为桩长(不包括桩尖高度)。

表 10-5　系数 C

p_{sk}/MPa	20～30	35	>40
系数 C	5/6	2/3	1/2

表 10-6　折减系数 β

p_{sk2}/p_{sk1}	$\leqslant 5$	7.5	12.5	$\geqslant 15$
β	1	5/6	2/3	1/2

注意：①q_{sik} 值应结合土工试验资料，依据土的类别、埋藏深度、排列次序，按图 10-6 所示折线取值；在图 10-6 中，直线Ⓐ(线段 gh)适用于地表下 6m 范围内的土层；折线Ⓑ($oabc$)适用于粉土及砂土土层以上(或无粉土及砂土土层地区)的黏性土；折线Ⓒ(线段 $odef$)适用于粉土及砂土土层以下的黏性土；折线Ⓓ(线段 oef)适用于粉土、粉砂、细砂及中砂。②p_{sk} 为桩端穿过的中密～密实砂土、粉土的比贯入阻力平均值，p_{sl} 为砂土、粉土的下卧软土层的比贯入阻力平均值。③采用的单桥探头，圆锥底面积为 15cm^2，底部带 7cm 高滑套，锥角 60°。④当桩端穿过粉土、粉砂、细砂及中砂层底面时，折线Ⓓ估算的 q_{sik} 值需乘以表 10-7 中系数 η_s 值。

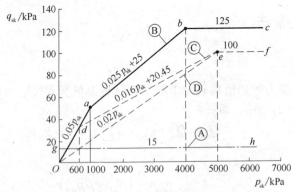

图 10-6　$q_{sk} - p_{sk}$ 曲线

表 10-7　系数 η_s 值

p_{sk}/p_{sl}	$\leqslant 5$	7.5	$\geqslant 10$
η_s	1.00	0.50	0.33

2. 双探头

当根据双桥探头静力触探资料确定混凝土预制桩单桩竖向极限承载力标准值时，对于黏性土、粉土和砂土，如无当地经验时可按式(10-5)计算，即

$$Q_{uk} = Q_{sk} + Q_{pk} = u\sum l_i\beta_i f_{si} + \alpha q_c A_p \tag{10-5}$$

式中：f_{si} 为第 i 层土的探头平均侧阻力(kPa)；q_c 为桩端平面上、下探头阻力，取桩端平面以上 $4d$ (d 为桩的直径或边长)范围内按土层厚度的探头阻力加权平均值(kPa)，然后再和桩端平面以下 $1d$ 范围内的探头阻力进行平均；α 为桩端阻力修正系数，对于黏性土、粉土取 2/3，饱和砂土取 1/2；β_i 为第 i 层土桩侧阻力综合修正系数，黏性土、粉土时 $\beta_i = 10.04(f_{si})^{-0.55}$，砂土时 $\beta_i = 5.05(f_{si})^{-0.45}$。

【例 10-1】 某预制混凝土方桩，截面尺寸 350mm×350mm，桩长 12m(其中桩尖部分长 0.5m)，埋深 2m。静力触探成果如下：①回填土，厚 3m，p_{sk}=2000kPa；②粉质黏土，厚 2m，p_{sk}=3500kPa；③黏质粉土，厚 3m，p_{sk}=3000kPa；④黏土，厚 5m，p_{sk}=4000kPa；⑤中砂，厚 3m，p_{sk}=7000kPa；⑥卵石。试求单桩竖向承载力标准值。

解 (1) 按规范确定各土层的 q_{sik}：地面下 6m 范围内，采用Ⓐ线，q_{sik}=15kPa。

第③层土，采用Ⓓ线，q_{sik}=0.02 p_{sk}=0.02×3000=60(kPa)。黏质粉土下卧层的比贯入阻力 p_{sl}=4000kPa，$\dfrac{p_{sk}}{p_{sl}}=\dfrac{3000}{4000}=0.75\leqslant 5$，$\eta_s$=1.00，$q_{sik}$=60×1=60(kPa)。

第④层黏土，应按Ⓑ线、Ⓒ线分别计算，取较小值。按Ⓑ线计算，q_{sik}=0.025 p_{sk}+25=125kPa；按Ⓒ线计算，q_{sik}=0.016 p_{sk}+20.45=84.45(kPa)，按安全考虑，取 q_{sik}=84.45kPa。

第⑤层中砂，按Ⓓ线计算，因为 p_{sk}>5000kPa，故 q_{sik}=100kPa。

(2) 确定桩端阻力修正系数 α 及 p_{sk}。

桩的入土深度为 11.5m，查表 10-4 得桩端阻力修正系数 α=0.75。

方桩换算为圆形桩的直径：$d=\dfrac{b}{0.886}$=0.395≈0.4m，$8d$=8×0.4=3.2(m)，$4d$=1.6m，

$p_{sk1}=\dfrac{0.5\times7000+2.7\times4000}{3.2}$=4468.75(kPa)，$p_{sk2}=\dfrac{1.6\times7000}{1.6}$=7000(kPa)，因 $\dfrac{p_{sk2}}{p_{sk1}}$=1.566≤5，

故折减系数 β=1，$p_{sk}=\dfrac{1}{2}(p_{sk1}+\beta p_{sk2})=\dfrac{1}{2}$×(4468.75+7000)=5734.4(kPa)。

(3) 单桩竖向极限承载力标准值。

$$Q_{uk}=u\sum q_{sik}l_i+\alpha p_{sk}A_p$$
$$=4\times0.35\times(15\times4+60\times2+5\times84.45+100\times0.5)+0.75\times5734.4\times0.35\times0.35=1440(kN)$$

10.2.3 经验参数法

1. 小直径桩(桩径 d <0.8m)

当根据土的物理指标与承载力参数之间的经验关系确定单桩竖向极限承载力标准值时，宜按式(10-6)估算，即

$$Q_{uk} = Q_{sk} + Q_{pk} = u\sum q_{sik}l_i + q_{pk}A_p \qquad (10\text{-}6)$$

式中：q_{sik} 为桩侧第 i 层土的极限侧阻力标准值，如无当地经验时，可按表 10-8 取值；q_{pk} 为极限端阻力标准值，如无当地经验时，可按表 10-9 取值。

2. 大直径桩(桩径 $d \geqslant 0.8$m)

大直径桩单桩极限承载力标准值时，可按式(10-7)计算：

$$Q_{uk} = Q_{sk} + Q_{pk} = u\sum \psi_{si}q_{sik}l_i + \psi_p q_{pk}A_p \qquad (10\text{-}7)$$

式中：q_{sik} 为桩侧第 i 层土极限侧阻力标准值，如无当地经验值时，可按表 10-8 取值，对于扩底桩变截面以上 $2d$ 长度范围不计侧阻力；q_{pk} 为桩径为 800mm 的极限端阻力标准值，可按表 10-9 取值。对于干作业挖孔(清底干净)可采用深层载荷板试验确定，当不能进行深层载荷板试验时，可按表 10-10 取值；ψ_{si}、ψ_p 分别为大直径桩侧阻、端阻尺寸效应系数，按表 10-11 取值；u 为桩身周长，当人工挖孔桩桩周护壁为振捣密实的混凝土时，桩身周长可按护壁外直径计算。

表 10-8　桩的极限侧阻力标准值 q_{sik} (kPa)

土的名称	土的状态		混凝土预制桩	泥浆护壁钻(冲)孔桩	干作业钻孔桩
填土			22～30	20～28	20～28
淤泥			14～20	12～18	12～18
淤泥质土			22～30	20～28	20～28
黏性土	流塑	$I_L>1$	24～40	21～38	21～38
	软塑	$0.75<I_L\leqslant1$	40～55	38～53	38～53
	可塑	$0.50<I_L\leqslant0.75$	55～70	53～68	53～66
	硬可塑	$0.25<I_L\leqslant0.50$	70～86	68～84	66～82
	硬塑	$0<I_L\leqslant0.25$	86～98	84～96	82～94
	坚硬	$I_L\leqslant0$	98～105	96～102	94～104
红黏土	$0.7<a_w\leqslant1$		13～32	12～30	12～30
	$0.5<a_w\leqslant0.7$		32～74	30～70	30～70
粉土	稍密	$e>0.9$	26～46	24～42	24～42
	中密	$0.75\leqslant e\leqslant0.9$	46～66	42～62	42～62
	密实	$e<0.75$	66～88	62～82	62～82
粉细砂	稍密	$10<N\leqslant15$	24～48	22～46	22～46
	中密	$15<N\leqslant30$	48～66	46～64	46～64
	密实	$N>30$	66～88	64～86	64～86
中砂	中密	$15<N\leqslant30$	54～74	53～72	53～72
	密实	$N>30$	74～95	72～94	72～94
粗砂	中密	$15<N\leqslant30$	74～95	74～95	76～98
	密实	$N>30$	95～116	95～116	98～120
砾砂	稍密	$5<N_{63.5}\leqslant15$	70～110	50～90	60～100
	中密(密实)	$N_{63.5}>15$	116～138	116～130	112～130
圆砾、角砾	中密、密实	$N_{63.5}>10$	160～200	135～150	135～150
碎石、卵石	中密、密实	$N_{63.5}>10$	200～300	140～170	150～170
全风化软质岩		$30<N\leqslant50$	100～120	80～100	80～100
全风化硬质岩		$30<N\leqslant50$	140～160	120～140	120～150
强风化软质岩		$N_{63.5}>10$	160～240	140～200	140～220
强风化硬质岩		$N_{63.5}>10$	220～300	160～240	160～260

注：1. 对于尚未完成自重固结的填土和以生活垃圾为主的杂填土，不计算其侧阻力。

　　2. a_w 为含水比，$a_w=\omega/\omega_L$，ω 为土的天然含水率，ω_L 为土的液限。

　　3. N 为标准贯入击数，$N_{63.5}$ 为重型圆锥动力触探击数。

　　4. 全风化、强风化软质岩和全风化、强风化硬质岩系指其母岩分别为 $f_{rk}\leqslant15$MPa，$f_{rk}>30$MPa 的岩石。

表 10-9　桩的极限端阻力标准值 q_{pk}

单位：kPa

土名称	桩型土的状态	混凝土预制桩桩长 l/m				泥浆护壁钻(冲)孔桩桩长 l/m				干作业钻孔桩桩长 l/m		
		$l≤9$	$9<l≤16$	$16<l≤30$	$l>30$	$5≤l<10$	$10≤l<15$	$15≤l<30$	$30≤l$	$5≤l<10$	$10≤l<15$	$15≤l$
黏性土 软塑	$0.75<I_L≤1$	210~850	650~1400	1200~1800	1300~1900	150~250	250~300	300~450	300~450	200~400	400~700	700~950
可塑	$0.50<I_L≤0.75$	850~1700	1400~2200	1900~2800	2300~3600	350~450	450~600	600~750	750~800	500~700	800~1100	1000~1600
硬可塑	$0.25<I_L≤0.50$	1500~2300	2300~3300	2700~3600	3600~4400	800~900	900~1000	1000~1200	1200~1400	850~1100	1500~1700	1700~1900
硬塑	$0<I_L≤0.25$	2500~3800	3800~5500	5500~6000	6000~6800	1100~1200	1200~1400	1400~1600	1600~1800	1600~1800	2200~2400	2600~2800
粉土 中密	$0.75≤e≤0.9$	950~1700	1400~2100	1900~2700	2500~3400	300~500	500~650	650~750	750~850	800~1200	1200~1400	1400~1600
密实	$e<0.75$	1500~2600	2100~3000	2700~3600	3600~4400	650~900	750~950	900~1100	1100~1200	1200~1700	1400~1900	1600~2100
粉砂 稍密	$10<N≤15$	1000~1600	1500~2300	1900~2700	2100~3000	350~500	450~600	600~700	650~750	500~950	1300~1600	1500~1700
中密、密实	$N>15$	1400~2200	2100~3000	3000~4500	3800~5500	600~750	750~900	900~1100	1100~1200	900~1000	1700~1900	1700~1900
细砂	$N>15$	2500~4000	3600~5000	4400~6000	5300~7000	650~850	900~1200	1200~1500	1500~1800	1200~1600	2000~2400	2400~2700
中砂 中密、密实	$N>15$	4000~6000	5500~7000	6500~8000	7500~9000	850~1050	1100~1500	1500~1900	1900~2100	1800~2400	2800~3800	3600~4400
粗砂	$N>15$	5700~7500	7500~8500	8500~10000	9500~11000	1500~1800	2100~2400	2400~2600	2600~2800	2900~3600	4000~4600	4600~5200
砾砂	$N>15$	6000~9500	6000~9500	9000~10500	9000~10500	1400~2000	1400~2000	2000~3200	2000~3200		3500~5000	3500~5000
角砾、圆砾 中密、密实	$N_{63.5}>10$	7000~10000	7000~10000	9500~11500	9500~11500	1800~2200	1800~2200	2200~3600	2200~3600		4000~5500	4000~5500
碎石、卵石	$N_{63.5}>10$	8000~11000	8000~11000	10500~13000	10500~13000	2000~3000	2000~3000	3000~4000	3000~4000		4500~6500	4500~6500
全风化软质岩	$30<N≤50$		4000~6000	4000~6000			1000~1600	1000~1600			1200~2000	1200~2000
全风化硬质岩	$30<N≤50$		5000~8000	5000~8000			1200~2000	1200~2000			1400~2400	1400~2400
强风化软质岩	$N_{63.5}>10$		6000~9000	6000~9000			1400~2200	1400~2200			1600~2600	1600~2600
强风化硬质岩	$N_{63.5}>10$		7000~11000	7000~11000			1800~2800	1800~2800			2000~3000	2000~3000

注：1. 土和碎石类土中桩的极限端阻力取值，宜综合考虑土的密实度，桩端进入持力层的深径比 h_b/d，土越密实，h_b/d 越大，取值越高。

2. 预制桩的岩石极限端阻力指桩端支承于中、微风化基岩表面或进入强风化岩、软质岩一定深度条件下极限端阻力。

3. 全风化、强风化软质岩和全风化、强风化硬质岩指其母岩分别为 $f_{rk}≤15MPa$、$f_{rk}>30MPa$ 的岩石。

表 10-10　干作业挖孔桩(清底干净，$D=800\text{mm}$)极限端阻力标准值 q_{pk}　　　单位：kPa

土 名 称		状 态		
黏性土		$0.25<I_L\leqslant0.75$	$0<I_L\leqslant0.25$	$I_L\leqslant0$
		$800\sim1800$	$1800\sim2400$	$2400\sim3000$
粉土			$0.75\leqslant e\leqslant0.9$	$e<0.75$
			$1000\sim1500$	$1500\sim2000$
砂土碎石类土		稍密	中密	密实
	粉砂	$500\sim700$	$800\sim1100$	$1200\sim2000$
	细砂	$700\sim1100$	$1200\sim1800$	$2000\sim2500$
	中砂	$1000\sim2000$	$2200\sim3200$	$3500\sim5000$
	粗砂	$1200\sim2200$	$2500\sim3500$	$4000\sim5500$
	砾砂	$1400\sim2400$	$2600\sim4000$	$5000\sim7000$
	圆砾、角砾	$1600\sim3000$	$3200\sim5000$	$6000\sim9000$
	卵石、碎石	$2000\sim3000$	$3300\sim5000$	$7000\sim11000$

注：1. 当桩进入持力层的深度 h_b 分别为 $h_b\leqslant D$，$D<h_b\leqslant4D$，$h_b>4D$ 时，q_{pk} 可相应取低、中、高值。

2. 砂土密实度可根据标贯击数判定，$N\leqslant10$ 为松散，$10<N\leqslant15$ 为稍密，$15<N\leqslant30$ 为中密，$N>30$ 为密实。

3. 当桩的长径比 $l/d\leqslant8$ 时，q_{pk} 宜取较低值。

4. 当对沉降要求不严时，q_{pk} 可取高值。

表 10-11　大直径灌注桩侧阻尺寸效应系数 ψ_{si}、端阻尺寸效应系数 ψ_p

土类型	黏性土、粉土	砂土、碎石类土
ψ_{si}	$(0.8/d)^{1/5}$	$(0.8/d)^{1/3}$
ψ_p	$(0.8/D)^{1/4}$	$(0.8/D)^{1/3}$

3. 钢管桩

当根据土的物理指标与承载力参数之间的经验关系确定钢管桩单桩竖向极限承载力标准值时，可按下列公式计算，即

$$Q_{uk}=Q_{sk}+Q_{pk}=u\sum q_{sik}l_i+\lambda_p q_{pk}A_p \tag{10-8}$$

$$\lambda_p=0.16h_b/d \quad (h_b/d<5) \tag{10-9}$$

$$\lambda_p=0.8 \quad (h_b/d\geqslant5) \tag{10-10}$$

式中：q_{sik}、q_{pk} 分别为按表 10-8、表 10-9 取与混凝土预制桩相同值；λ_p 为桩端土塞效应系数，对于闭口钢管桩 $\lambda_p=1$，对于敞口钢管桩按式(10-9)、式(10-10)取值；h_b 为桩端进入持力层深度；d 为钢管桩外径。

对于带隔板的半敞口钢管桩，应以等效直径 d_e 代替 d 确定 λ_p，$d_e=d/\sqrt{n}$，其中 n 为桩端隔板分割数(见图 10-7)。

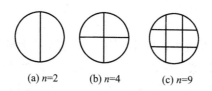

(a) $n=2$ (b) $n=4$ (c) $n=9$

图 10-7 隔板分割

4. 混凝土空心桩

当根据土的物理指标与承载力参数之间的经验关系确定敞口预应力混凝土空心桩单桩竖向极限承载力标准值时，可按下列各式计算，即

$$Q_{uk} = Q_{sk} + Q_{pk} = u\sum q_{sik}l_i + q_{pk}(A_j + \lambda_p A_{p1}) \tag{10-11}$$

$$\lambda_p = 0.16 h_b / d \quad (h_b / d < 5) \tag{10-12}$$

$$\lambda_p = 0.8 \quad (h_b / d \geqslant 5) \tag{10-13}$$

式中：q_{sik}、q_{pk} 分别为按表 10-8、表 10-9 取与混凝土预制桩相同值；A_j 为空心桩桩端净面积，为管桩时 $A_j = \dfrac{\pi}{4}(d^2 - d_1^2)$，为空心方桩时 $A_j = b^2 - \dfrac{\pi}{4}d_1^2$；$A_{p1}$ 为空心桩敞口面积，$A_{p1} = \dfrac{\pi}{4}d_1^2$；$\lambda_p$ 为桩端土塞效应系数；d、b 分别为空心桩外径、边长；d_1 为空心桩内径。

5. 嵌岩桩

桩端置于完整、较完整基岩的嵌岩桩单桩竖向极限承载力，由桩周土总极限侧阻力和嵌岩段总极限阻力组成。当根据岩石单轴抗压强度确定单桩竖向极限承载力标准值时，可按下列各式计算，即

$$Q_{uk} = Q_{sk} + Q_{rk} \tag{10-14}$$

$$Q_{sk} = u\sum q_{sik}l_i \tag{10-15}$$

$$Q_{rk} = \zeta_r f_{rk} A_p \tag{10-16}$$

式中：Q_{sk}、Q_{rk} 分别为土的总极限侧阻力、嵌岩段总极限阻力；q_{sik} 为桩周第 i 层土的极限侧阻力，无当地经验时，可根据成桩工艺按表 10-8 取值；f_{rk} 为岩石饱和单轴抗压强度标准值，黏土岩取天然湿度单轴抗压强度标准值；ζ_r 为嵌岩段侧阻和端阻综合系数，与嵌岩深径比 h_r / d、岩石软硬程度和成桩工艺有关，可按表 10-12 采用。表中数值适用于泥浆护壁成桩，对于干作业成桩(清底干净)和泥浆护壁成桩后注浆，ζ_r 应取表列数值的 1.2 倍。

表 10-12 嵌岩段侧阻和端阻综合系数 ζ_r

嵌岩深径比 h_r / d	0	0.5	1.0	2.0	3.0	4.0	5.0	6.0	7.0	8.0
极软岩、软岩	0.60	0.80	0.95	1.18	1.35	1.48	1.57	1.63	1.66	1.70
较硬岩、坚硬岩	0.45	0.65	0.81	0.90	1.00	1.04				

注：1. 极软岩、软岩指 $f_{rk} \leqslant 15$MPa，较硬岩、坚硬岩指 $f_{rk} > 30$MPa，介于二者之间可内插取值。

2. h_r 为桩身嵌岩深度，当岩面倾斜时，以坡下方嵌岩深度为准；当 h_r / d 为非表列值时，ζ_r 可内插取值。

6. 后注浆灌注桩

后注浆灌注桩是灌注桩在成桩后一定时间，通过预设于桩身内的注浆导管及与之相连的桩端、桩侧注浆阀注入水泥浆，使桩端、桩侧土体(包括沉渣和泥皮)得到加固，从而提高单桩承载力，减小沉降。在优化工艺参数的条件下，可使单桩承载力提高40%~120%，粗粒土增幅高于细粒土，软土增幅最小，桩侧、桩底复式注浆高于桩底注浆，桩基沉降减小30%左右。灌注桩后注浆技术适用于泥浆护壁钻、挖孔灌注桩及干作业钻、挖孔灌注桩。

后注浆灌注桩的单桩极限承载力，应通过静载试验确定。在符合后注浆技术实施规定的条件下，其后注浆单桩极限承载力标准值可按式(10-17)估算，即

$$Q_{uk} = Q_{sk} + Q_{gsk} + Q_{gpk} = u\sum q_{sjk}l_j + u\sum \beta_{si}q_{sik}l_{gi} + \beta_p q_{pk}A_p \tag{10-17}$$

式中：Q_{sk} 为后注浆非竖向增强段的总极限侧阻力标准值；Q_{gsk} 为后注浆竖向增强段的总极限侧阻力标准值；Q_{gpk} 为后注浆总极限端阻力标准值；u 为桩身周长；l_j 为后注浆非竖向增强段第 j 层土厚度；q_{sik}、q_{sjk}、q_{pk} 分别为后注浆竖向增强段第 i 土层初始极限侧阻力标准值、非竖向增强段第 j 土层初始极限侧阻力标准值、初始极限端阻力标准值；β_{si}、β_p 分别为后注浆侧阻力、端阻力增强系数，无当地经验时，可按表 10-13 取值；l_{gi} 为后注浆竖向增强段内第 i 层土厚度。对于泥浆护壁成孔灌注桩，当为单一桩端后注浆时，竖向增强段为桩端以上 12m；当为桩端、桩侧复式注浆时，竖向增强段为桩端以上 12m 及各桩侧注浆断面以上 12m，重叠部分应扣除；对于干作业灌注桩，竖向增强段为桩端以上、桩侧注浆断面上下各 6m。对于桩径大于 800mm 的桩，应按表 10-11 进行侧阻和端阻尺寸效应修正。

表 10-13 后注浆侧阻力增强系数 β_{si}、端阻力增强系数 β_p

土层名称	淤泥 淤泥质土	黏性土 粉土	粉砂 细砂	中砂	粗砂 砾砂	砾石 卵石	全风化岩 强风化岩
β_{si}	1.2~1.3	1.4~1.8	1.6~2.0	1.7~2.1	2.0~2.5	2.4~3.0	1.4~1.8
β_p	—	2.2~2.5	2.4~2.8	2.6~3.0	3.0~3.5	3.2~4.0	2.0~2.4

注：干作业钻、挖孔桩，β_p 按表列值乘以小于 1.0 的折减系数。当桩端持力层为黏性土或粉土时，折减系数取 0.6；为砂土或碎石土时，取 0.8。

10.3 桩基水平承载力

在水平荷载作用下，桩身产生挠曲并挤压桩侧土。相应地，土体对桩产生水平抗力。随着水平力的加大，桩的水平位移与土的变形加大。对于抗弯性能较差的桩，如低配筋率的灌注桩通常是桩身产生裂缝，然后断裂破坏；对于抗弯性能好的桩，如钢筋混凝土预制桩和钢桩，桩身虽未断裂，但当土体产生明显隆起时，或桩顶的水平位移超过容许值时，也认为桩达到水平承载力的极限状态。

影响桩基水平承载力的因素很多，如桩的截面尺寸、刚度、材料强度、桩顶的嵌固程度、地基土的性质、桩的入土深度、桩的间距等。确定单桩水平承载力的方法主要有水平

静载荷试验法、理论计算法两大类。

10.3.1　单桩水平载荷试验

桩的水平承载力静载试验的目的主要是确定桩的水平承载力、桩侧地基土水平抗力系数的比例系数。单桩水平载荷试验的适用性和试桩的选择条件，原则上与竖向静载试验相同，但在测试方法和步骤上不同。

1. 加载装置

加载方法宜根据工程桩实际受力特性选用单向多循环加载法或慢速维持荷载法，也可按设计要求采用其他加载方法。需要测量桩身应力或应变的试桩宜采用维持荷载法。

桩的水平荷载试验的加载方式如图 10-8 所示，主要设备由垫板、导木、滚轴(圆钢)和卧式液压千斤顶等组成，采用千斤顶而逐级施加荷载，反力直接传递给已经施工完毕的桩基，用油压表或力传感器量测荷载的大小，用百分表或位移计量测试桩的水平位移。

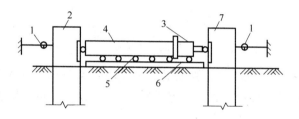

图 10-8　单桩水平荷载试验装置

1—百分表；2—桩；3—千斤顶；4—导木；5—钢管；6—垫层；7—试桩

2. 加荷方法

单向多循环加载法的分级荷载应小于预估水平极限承载力或最大试验荷载的 1/10。每级荷载施加后，恒载 4min 后可测读水平位移，然后卸载至零，停 2min 测读残余水平位移，至此完成一个加、卸载循环。如此循环 5 次，完成一级荷载的位移观测，试验不得中间停顿，直至试桩达到极限荷载为止。

当出现下列情况之一时，可终止加载。

(1) 桩身折断。

(2) 水平位移超过 30～40mm(软土取 40mm)。

(3) 水平位移达到设计要求的水平位移允许值。

3. 资料整理

(1) 采用单向多循环加载法时应绘制水平力-时间-作用点位移(H-T-x_0)关系曲线(见图 10-9)和水平力-位移梯度(H-$\Delta x_0 / \Delta H$)关系曲线。

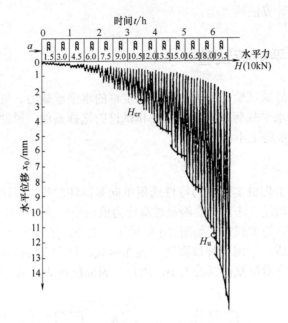

图 10-9 水平力-时间-位移($H-t-x_0$)曲线

(2) 采用慢速维持荷载法时应绘制水平力-力作用点位移($H-x_0$)关系曲线、水平力-位移梯度($H-\Delta x_0/\Delta H$)关系曲线、力作用点位移-时间对数($x_0-\lg t$)关系曲线和水平力-力作用点位移双对数($\lg H-\lg x_0$)关系曲线。

(3) 绘制水平力、水平力作用点水平位移-地基土水平抗力系数的比例系数的关系曲线($H-m$、 x_0-m)。

4. 单桩的水平临界荷载

单桩水平临界荷载 H_{cr} 是相当于桩身开裂、受拉区混凝土不参加工作时的桩顶水平力。按下列方法综合确定。

(1) 取 H_0-t-x_0 曲线出现突变点(相同荷载增量的条件下,出现比前一级明显增大的位移增量)的前一级荷载作为水平临界荷载 H_{cr}。

(2) 取 $H_0-\dfrac{\Delta x_0}{\Delta H_0}$ 曲线第一直线段的终点所对应的荷载作为水平临界荷载。

(3) 取 $H_0-\sigma_g$ 第一突变点对应的荷载为水平临界荷载。

5. 单桩水平极限承载力

单桩水平极限荷载是相当于桩身应力达到强度极限时的桩顶水平力,按下列规定计算。

(1) 取单向多循环加载法时的 $H-t-x_0$ 曲线产生明显陡降的前一级,或慢速维持荷载法时的 $H-x_0$ 曲线发生明显陡降的起始点对应的水平荷载值;可根据每级荷载下的位移包络线的凹凸形状来判别。若包络线向下凸出,则表明在该级荷载下,桩的位移逐渐趋于稳定;如包络线向上方凸出,则表明在该级荷载作用下,随着加、卸荷循环次数的增加,水平位移仍在增加,且不稳定,因此可以认为该级荷载为桩的破坏荷载,前一级荷载为水平极限荷载。

(2) 取慢速维持荷载法时的 $x_0-\lg t$ 曲线尾部出现明显弯曲的前一级水平荷载值。

(3) 取 $H-\Delta x_0/\Delta H$ 曲线或 $\lg H-\lg x_0$ 曲线上第二拐点对应的水平荷载值。

(4) 取桩身折断或受拉钢筋屈服时的前一级水平荷载值。

6. 水平荷载试验确定单桩水平承载力特征值

单桩水平极限承载力、单桩水平临界荷载的统计值,按单桩竖向静荷载试验方法确定。单位工程同一条件下的单桩水平承载力特征值的确定按下列规定进行。

(1) 当水平承载力按桩身强度控制时,取水平临界荷载的统计值为单桩水平承载力特征值。

(2) 当桩长期受水平荷载作用且桩不允许开裂时,取水平临界荷载统计值的 0.8 倍作为单桩水平承载力特征值。

(3) 当水平承载力按设计要求的允许水平位移控制时,可取设计要求的水平允许位移对应的水平荷载作为单桩水平承载力特征值。

10.3.2　水平承载力特征值

1. 单桩基础

(1) 对于受水平荷载较大的设计等级为甲级、乙级的建筑桩基,单桩水平承载力特征值应通过单桩水平静载试验确定。

(2) 对于钢筋混凝土预制桩、钢桩、桩身正截面配筋率不小于 0.65% 的灌注桩,可根据静载试验结果取地面处水平位移为 10mm(对于水平位移敏感的建筑物取水平位移 6mm)所对应的荷载的 75% 为单桩水平承载力特征值。

(3) 对于桩身配筋率小于 0.65% 的灌注桩,可取单桩水平静载试验临界荷载的 75% 为单桩水平承载力特征值。

(4) 当缺少单桩水平静载试验资料时,可按下列公式估算单桩水平承载力特征值。

① 桩身配筋率小于 0.65% 的灌注桩,有

$$R_{ha}=\frac{0.75\alpha\gamma_m f_t W_0}{v_m}(1.25+22\rho_g)\left(1\pm\frac{\zeta_N N}{\gamma_m f_t A_n}\right) \tag{10-18}$$

$$A_n=\frac{\pi d^2}{4}[1+(\alpha_E-1)\rho_g] \tag{10-19}$$

$$W_0=\frac{\pi d}{32}[d^2+2(\alpha_E-1)\rho_g d_0^{\,2}] \tag{10-20}$$

式中:± 号根据桩顶竖向力性质确定,压力取"+",拉力取"−";α 为桩的水平变形系数;γ_m 为桩截面模量塑性系数,圆形截面时 $\gamma_m=2$,矩形截面时 $\gamma_m=1.75$;f_t 为桩身混凝土抗拉强度设计值;W_0 为桩身换算截面受拉边缘的截面模量,圆形截面按式(10-20)计算,其中 d_0 为扣除保护层的桩直径;v_m 为桩身最大弯矩系数,单桩和单排桩纵向轴线与水平方向相垂直的情况,按桩顶铰接考虑;ρ_g 为桩身配筋率;ζ_N 为桩顶竖向力影响系数,竖向压力取 $\zeta_N=0.5$,竖向拉力取 $\zeta_N=1.0$,对于混凝土护壁的挖孔桩,计算单桩水平承载力时,其设计桩径取护壁内直径;α_E 为钢筋弹性模量与混凝土弹性模量的比值;A_n 为桩身换算截面积。

② 钢桩、预制桩、桩身配筋率大于 0.65% 的灌注桩。

单桩水平承载力特征值按式(10-21)估算，即

$$R_{ha} = \frac{0.75\alpha^3 EI}{v_x} x_{0a} \tag{10-21}$$

式中：EI 为桩身的抗弯刚度，对于钢筋混凝土桩，$EI = 0.85 E_c I_0$，其中 I_0 为桩身换算截面惯性矩，圆形截面时 $I_0 = W_0 d / 2$；x_{0a} 为桩顶容许水平位移；v_x 为桩顶水平位移系数，查表 10-14。

表 10-14　桩顶(身)最大弯矩系数 v_m 和桩顶水平位移系数 v_x

桩顶约束情况	桩的换算埋深 αh	v_m	v_x
铰接、自由	4.0	0.768	2.441
	3.5	0.750	2.502
	3.0	0.703	2.727
	2.8	0.675	2.905
	2.6	0.639	3.163
	2.4	0.601	3.526
刚接	4.0	0.926	0.940
	3.5	0.934	0.970
	3.0	0.967	1.028
	2.8	0.990	1.055
	2.6	1.018	1.079
	2.4	1.045	1.095

注：1. 铰接(自由)的 v_m 系桩身的最大弯矩系数，刚接的 v_m 系桩顶的最大弯矩系数。

2. 当 $\alpha h > 4$ 时取 $\alpha h = 4$。

2. 群桩基础

群桩基础的复合基桩水平承载力特征值应考虑承台、桩群、土的相互作用产生的群桩效应。群桩基础的群桩效应系数，一般由桩的相互影响效应、桩顶约束效应、承台侧抗效应和承台底摩阻力效应几部分组成。

1) 桩的相互影响效应

群桩基础各桩之间的相互影响，导致地基土水平抗力系数降低，各桩荷载分配不均匀。桩距越小、桩数越多，相互影响越大。沿荷载方向的影响远大于垂直荷载方向。根据大量的水平载荷试验结果的统计，得到桩的相互影响效应系数，即

$$\eta_i = \frac{\left(\dfrac{s_a}{d}\right)^{0.015n_2 + 0.45}}{0.15n_1 + 0.1n_2 + 1.9} \tag{10-22}$$

式中：s_a / d 为沿荷载方向桩的中心距与桩径之比；n_1、n_2 为分别为沿荷载方向与垂直于荷载方向每排桩中的桩数。

2) 桩顶约束效应

由于桩顶嵌入承台内的长度较短，承台混凝土为二次浇注，在较小的水平荷载作用下，桩顶周边混凝土出现塑变，形成传递剪力和部分弯矩的非完全嵌固状态。这种连接既能减少桩顶位移(相对于桩顶自由情况)，又能降低桩顶约束弯矩(相对于完全嵌固情况)。因此，

建筑桩基桩顶与承台连接的实际工作状态介于刚接与铰接之间。

为确定桩顶有限约束效应对群桩水平承载力的影响，以独立自由单桩与桩顶刚接状态的桩顶位移比、最大弯矩比为基准进行比较，得到桩顶的约束效应系数 η_r。该法对应的桩顶有限约束效应系数 η_r 如表 10-15 所示。

表 10-15 桩顶有限约束效应系数 η_r

换算深度 αh	2.4	2.6	2.8	3.0	3.5	≥4.0
位移控制	2.58	2.34	2.20	2.13	2.07	2.08
应力控制	1.44	1.57	1.71	1.82	2.00	2.07

3) 承台侧抗效应

桩基受到水平力位移时，承台侧面将受到弹性抗力。由于承台的刚度相对较大，产生的位移较小，不足以产生被动土压力，因此承台侧向抗力采用线弹性地基反力系数法计算。

承台侧抗效应系数 η_l 按式(10-23)计算，即

$$\eta_l = \frac{m x_{0a} B_c' h_c^2}{2 n_1 n_2 R_{ha}} \tag{10-23}$$

式中：x_{0a} 为桩顶水平位移的容许值，当以位移控制时，可取 $x_{0a}=10\text{mm}$(对于水平位移敏感的建筑物取 $x_{0a}=6\text{mm}$)；当以桩身强度控制时，按式(10-24)计算，即

$$x_{0a} = \frac{R_{ha} \nu_x}{\alpha^3 EI} \tag{10-24}$$

式中，B_c' 为承台计算宽度(m)，$B_c' = B_c + 1$，B_c 为承台宽度，对于阶形承台，B_c 为承台加权宽度，$B_c = \dfrac{B_{c1} h_1 + B_{c2} h_2 + \cdots}{h_c}$，$B_{c1}$、$B_{c2}$、$h_1$、$h_2$、$\cdots$ 为各阶宽度和高度；h_c 为承台高度。

4) 承台底摩阻力效应

承台底摩阻力效应系数按式(10-25)计算，即

$$\eta_b = \frac{\mu p_c}{n_1 n_2 R_{ha}} \tag{10-25}$$

式中：μ 为承台底与地基土的摩擦系数，按表 10-16 确定；p_c 为承台底地基土分担的竖向荷载，$p_c = \eta_c f_{ak}(A - n A_{ps})$；$A$ 为承台总面积；A_{ps} 为桩身截面积。

表 10-16 承台底与地基土间的摩擦系数 μ

土的类别		摩擦系数 μ
黏性土	可塑	0.25～0.30
	硬塑	0.30～0.35
	坚硬	0.35～0.45
粉土	密实、中密	0.30～0.40
中砂、粗砂、砾砂		0.40～0.50
碎石土		0.40～0.60
软质岩石		0.40～0.60
表面粗糙的硬质岩石		0.65～0.75

当承台底面以下存在可液化土、湿陷性黄土、高灵敏度软土、欠固结土、新填土或可能出现震陷、降水、沉桩过程中产生高孔隙水压力和土体隆起时，可不考虑承台效应，取 $\eta_b=0$；当承台侧面为可液化土时，取 $\eta_l=0$。

5) 综合群桩效应系数 η_h

考虑地震作用且 $s_a/d \leqslant 6$ 时，有

$$\eta_h = \eta_i\eta_r + \eta_l$$

其他情况，有

$$\eta_h = \eta_i\eta_r + \eta_l + \eta_b \tag{10-26}$$

6) 群桩基础复合基桩水平承载力特征值 R_h

$$R_h = \eta_h R_{ha} \tag{10-27}$$

10.3.3　桩基水平承载力验算

一般建筑物和水平荷载较小的高大建筑物，单桩基础和群桩中的复合基桩应满足

$$H_{ik} \leqslant R_h \tag{10-28}$$

式中：H_{ik} 为标准效应组合下单桩基础或复合基桩桩顶处水平力；R_h 为单桩基础或群桩中复合基桩的水平承载力特征值，对于单桩基础，可取单桩承载力特征值 R_{ha}。

【例 10-2】 由静载荷试验得到单桩承载力特征值 $R_{ha}=100\text{kN}$，桩径 $d=500\text{mm}$，承台为台阶状，受侧向土抗力一侧承台宽度如图 10-10 所示。地基土的 $m=10000\text{kN/m}^4$，摩擦系数 $\mu=0.55$，承台底土群桩效应系数 $\eta_c=0.2$，$f_{ak}=120\text{kPa}$，$x_{0a}=10\text{mm}$，桩顶按嵌固考虑，$\alpha h=3.0$。桩基承受水平力 750kN。试验算复合基桩水平承载力是否满足要求。

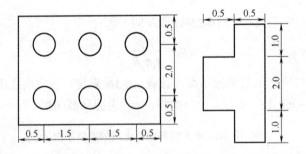

图 10-10　例 10-2 图

解　(1) 桩的相互影响效应系数

$$\eta_i = \frac{\left(\dfrac{s_a}{d}\right)^{0.015n_2+0.45}}{0.15n_1 + 0.1n_2 + 1.9} = \frac{\left(\dfrac{1.5}{0.5}\right)^{0.015\times2+0.45}}{0.15\times3 + 0.1\times2 + 1.9} = 0.664$$

(2) 按位移控制，桩顶有限约束效应系数 $\eta_r=2.13$。

(3) $B_c = \dfrac{B_{c1}h_1 + B_{c2}h_2}{h_c} = \dfrac{2\times0.5 + 4\times0.5}{1} = 3$，　$B_c' = B_c + 1 = 3 + 1 = 4\text{m}$。

承台侧抗效应系数

$$\eta_l = \frac{mx_{0a}B_c'h_c^2}{2n_1n_2R_{ha}} = \frac{10000 \times 0.01 \times 4 \times 1^2}{2 \times 3 \times 2 \times 100} = 0.333$$

(4) $A = 3 \times 4 = 12 \text{m}^2$，$A_{ps} = \frac{1}{4} \times 3.14 \times 0.5^2 = 0.1963 \text{ m}^2$。

$$p_c = \eta_c f_{ak}(A - nA_{ps}) = 0.2 \times 120 \times (12 - 6 \times 0.1963) = 259.7(\text{kPa})$$

承台底摩阻力效应系数

$$\eta_b = \frac{\mu p_c}{n_1 n_2 R_{ha}} = \frac{0.55 \times 259.7}{3 \times 2 \times 100} = 0.238$$

(5) 综合群桩效应系数

$$\eta_h = \eta_i\,\eta_r + \eta_l + \eta_b = 0.664 \times 2.13 + 0.333 + 0.238 = 1.985$$

(6) 群桩基桩水平承载力特征值

$$R_h = \eta_h R_{ha} = 1.985 \times 100 = 198.5(\text{kN})$$

基桩水平力 $H_{ik} = \dfrac{H}{n} = \dfrac{750}{6} = 125(\text{kN})$，$H_{ik} = 125\text{kN} < R_h = 198.5\text{kN}$，满足要求。

10.4 桩的负摩阻力

桩在竖向荷载作用下，相对于桩周土产生向下的位移，因而桩周土对桩身产生向上的摩阻力，该摩阻力称为正摩阻力，它是单桩竖向承载力的重要组成部分。但是，当桩周土层由于某种原因而产生向下位移时，桩周土对桩身产生向下的摩阻力，该摩阻力称为负摩阻力，如图 10-11 所示。负摩阻力的存在，相当于给桩施加一个下拉荷载，对桩起着不利影响。有关资料表明，20m 多的桩受到的下拉荷载，可达百余千牛。巨大的下拉荷载，使桩基产生过大的沉降，或使桩的结构受到破坏，因此，在桩基础设计时，必须分析计算负摩阻力出现的可能性以及采取相应的措施。

10.4.1 负摩阻力产生的原因

产生负摩阻力的原因是由于桩周土的下沉量超过了桩身的位移量，而引起桩侧土下沉的原因主要有以下几种。

(1) 桩周土为新填土或新近沉积的欠固结土，而桩端支承于相对密实的土层时。

(2) 在桩侧土层的表面有大面积堆荷或填土引起的地面下沉。

(3) 大面积的地下水位下降，原地下水以下土层的有效应力增大而引起的土层下沉。

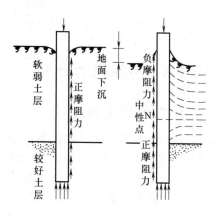

图 10-11　桩侧负摩阻力

(4) 自重湿陷性黄土由于浸水引起的湿陷下沉。

(5) 季节性冻土融化引起的下沉等。

(6) 排土群桩施工时,使土体发生隆起,施工结束后,随着孔隙水压力的消散,隆起的土体逐渐固结下沉,而桩基持力层较硬,桩本身位移量较小,也会产生较大的负摩阻力。

负摩阻力产生的根本原因是桩周土的下沉引起的,因此,它的产生、发展、大小均与土的固结沉降特性有关。一般土的固结是初期快、后期慢,因而负摩阻力也是初期发展得快、后期缓慢;土层越厚、固结时间越长,则负摩阻力发挥的时间越长;土的沉降量越大,则负摩阻力发挥越充分。

10.4.2 中性点及其位置的确定

1. 中性点

桩身负摩阻力并不是发生于整个软弱压缩土层中,产生负摩阻力的范围就是桩侧土层对桩产生相对下沉的范围。桩侧土层的压缩取决于地表荷载大小和土层的压缩性质,并随深度逐渐减少;而桩在荷载作用下,其位移量由桩身压缩量和桩端下沉量两部分组成。因此,桩周土的下沉量有可能在某一深度处与桩身的位移量相等,此处不产生摩阻力。在此深度以上,桩周土下沉量大于桩身位移量,桩身受到向下的负摩阻力;在此深度以下,桩的位移量大于桩周土的下沉量,桩身受到向上的正摩阻力,正负摩阻力的交点位置称为中性点。

2. 中性点位置的确定

中性点深度 l_n 应按桩周土层沉降与桩沉降相等的条件计算确定,也可参照表 10-17 确定。

表 10-17　中性点深度 l_n

持力层性质	黏性土、粉土	中密以上砂	砾石、卵石	基岩
中性点深度比 l_n/l_0	0.5～0.6	0.7～0.8	0.9	1.0

注: 1. l_n、l_0 分别为自桩顶算起的中性点深度和桩周软弱土层下限深度。

2. 桩穿过自重湿陷性黄土层时,l_n 可按表列值增大 10%(持力层为基岩除外)。

3. 当桩周土层固结与桩基固结沉降同时完成时,取 $l_n = 0$。

4. 当桩周土层计算沉降量小于 20mm 时,l_n 应按表列值乘以 0.4～0.8 折减。

10.4.3 负摩阻力计算

1. 负摩阻力标准值

符合下列条件之一的桩基,当桩周土层产生的沉降超过基桩的沉降时,在计算基桩承载力时应计入桩侧负摩阻力:①桩穿越较厚松散填土、自重湿陷性黄土、欠固结土、液化土层进入相对较硬土层时;②桩周存在软弱土层,邻近桩侧地面承受局部较大的长期荷载,或地面大面积堆载(包括填土)时;③由于降低地下水位,使桩周土有效应力增大,并产生显著的压缩沉降时。

中性点以上单桩桩周第 i 层土负摩阻力标准值，可按式(10-29)计算，即

$$q_{si}^n = \xi_{ni}\sigma_i' \tag{10-29}$$

当填土、自重湿陷性黄土湿陷、欠固结土层产生固结和地下水降低时：$\sigma_i' = \sigma_{ri}'$。

当地面分布大面积荷载时：$\sigma_i' = p + \sigma_{ri}'$。

$$\sigma_{ri}' = \sum_{m=1}^{i-1}\gamma_e\Delta z_e + \frac{1}{2}\gamma_i\Delta z_i \tag{10-30}$$

式中：q_{si}^n 为第 i 层土桩侧负摩阻力标准值，当按式(10-29)计算值大于正摩阻力标准值时，取正摩阻力标准值进行设计；ξ_{ni} 为桩周第 i 层土负摩阻力系数，可按表 10-18 取值；σ_{ri}' 为由土自重引起的桩周第 i 层土平均竖向有效应力，桩群外围桩自地面算起，桩群内部桩自承台底算起；σ_i' 为桩周第 i 层土平均竖向有效应力；γ_i、γ_e 分别为第 i 计算土层和其上第 e 土层的重度，地下水位以下取浮重度；Δz_i、Δz_e 分别为第 i 层土、第 e 土层的厚度；p 为地面均布荷载。

表 10-18　负摩阻力系数 ξ_n

土　类	ξ_n
饱和软土	0.15～0.25
黏性土、粉土	0.25～0.40
砂土	0.35～0.50
自重湿陷性黄土	0.20～0.35

注：1. 在同一类土中，对于挤土桩取表中较大值，对于非挤土桩取表中较小值；
　　2. 填土按其组成取表中同类土的较大值。

2. 下拉荷载

考虑群桩效应的基桩下拉荷载可按式(10-31)计算，即

$$Q_g^n = \eta_n u \sum_{i=1}^n q_{si}^n l_i \tag{10-31}$$

$$\eta_n = s_{ax}s_{ay}\Big/\left[\pi d\left(\frac{q_s^n}{\gamma_m} + \frac{d}{4}\right)\right] \tag{10-32}$$

式中：n 为中性点以上土层数；l_i 为中性点以上第 i 土层的厚度；η_n 为负摩阻力群桩效应系数；s_{ax}、s_{ay} 分别为纵、横向桩的中心距；q_s^n 为中性点以上桩周土层厚度加权平均负摩阻力标准值；γ_m 为中性点以上桩周土层厚度加权平均重度(地下水位以下取浮重度)。

对于单桩基础或按式(10-32)计算的群桩效应系数 $\eta_n > 1$ 时，取 $\eta_n = 1$。

10.4.4　负摩阻力验算

1. 摩擦型基桩

对于摩擦型基桩可取桩身计算中性点以上侧阻力为零，并可按式(10-33)验算基桩承载力，即

$$N_k \leqslant R_a \tag{10-33}$$

2. 端承型基桩

对于端承型基桩除应满足式(10-33)要求外，尚应考虑负摩阻力引起基桩的下拉荷载 Q_g^n，并可按式(10-34)验算基桩承载力，即

$$N_\mathrm{k} + Q_\mathrm{g}^n \leqslant R_\mathrm{a} \tag{10-34}$$

当土层不均匀或建筑物对不均匀沉降较敏感时，尚应将负摩阻力引起的下拉荷载计入附加荷载验算桩基沉降。

10.4.5 降低或克服负摩阻力的措施

降低负摩阻力方法较多，以下措施在桩基设计中予以考虑。

(1) 对于填土地基建筑场地，先填土并保证填土的密实度，待填土地面沉降基本稳定后成桩。

(2) 对于地面大面积堆载的建筑物，采取预压等处理措施，减少地面堆载引起的地面沉降。

(3) 对于自重湿陷性黄土地基，采用强夯、挤密法等先行处理，消除部分自重湿陷性。

(4) 对中性点以上的桩身进行处理，即涂层法：在桩上涂抹滑动层和保护层，滑动层是黏弹性质的特殊沥青或聚氯乙烯为主要成分的低分子化合物；保护层为 1.8~2mm 的合成树脂，可以保护滑动层在打桩和运输中不致脱落。这种方法可以有效地降低负摩阻力，材料消耗和施工费用节省约 20%。

(5) 钻孔法。用钻机在桩位预先钻孔，然后将桩插入，并在桩的周围灌入膨润土，此法可用于不适于涂层法的地层条件，在黏性土地层中效果较好。

(6) 桩周换土法。在松砂或其他粗粒土内设置桩基，可在打好桩之后挖去桩周的粗粒土，换成摩擦角小的土。

【例 10-3】桩径为 400mm 的桩穿越 8m 厚的饱和软土进入密实粉砂层，桩采用静压工艺压入土中，桩的平面布置如图 10-12 所示，计算基桩的下拉荷载。

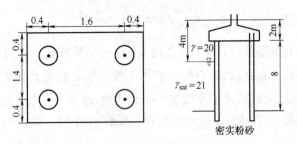

图 10-12 例 10-3 图

解 (1) 中性点 $l_\mathrm{n} = (0.7\sim0.8) l_0 = (0.7\sim0.8)\times10 = (7\sim8)\mathrm{m}$，取 $l_\mathrm{n} = 8\mathrm{m}$。

(2) $\xi_{ni} = (0.15\sim0.25)$，取 $\xi_{ni} = 0.20$。

水上部分(2~4m)：

$$\sigma'_{ri} = \sum_{m=1}^{i-1} \gamma_e \Delta z_e + \frac{1}{2}\gamma_i \Delta z_i = 2\times20 + \frac{1}{2}\times20\times2 = 60(\mathrm{kPa}), \qquad q_{s1}^n = \xi_n\, \sigma'_i = 0.20\times60 = 12(\mathrm{kPa})$$

水下部分(4～8m):

$$\sigma_{ri}' = \sum_{m=1}^{i-1} \gamma_e \Delta z_e + \frac{1}{2}\gamma_i \Delta z_i = 4 \times 20 + \frac{1}{2} \times (21-10) \times 4 = 102(\text{kPa}), \qquad q_{s2}^n = \xi_n \sigma_i' = 0.20 \times 102 = 20.4(\text{kPa})$$

(3) 负摩阻力群桩效应系数 η_n

$$q_s^n = \frac{12 \times 2 + 20.4 \times 4}{6} = 17.6 \ (\text{kPa}), \qquad \gamma_m = \frac{20 \times 4 + (21-10) \times 4}{8} = 15.5(\text{kN/m}^3)$$

负摩阻力群桩效应系数

$$\eta_n = s_{ax}s_{ay} \Big/ \left[\pi d \left(q_s^n / \gamma_m + \frac{d}{4} \right) \right] = \frac{1.4 \times 1.6}{3.14 \times 0.4 \times \left(\dfrac{17.6}{15.5} + \dfrac{0.4}{4} \right)} = 1.44 > 1$$

取 $\eta_n = 1$。

(4) 下拉荷载 $Q_g^n = \eta_n u \sum_{i=1}^n q_{si}^n l_i = 1 \times 3.14 \times 0.4 \times (12 \times 2 + 20.4 \times 4) = 132.6(\text{kN})$。

10.5　桩基沉降计算

10.5.1　桩基变形的控制指标

桩端持力层为软弱土的一、二级建筑桩基以及桩端持力层为黏性土、粉土或存在软弱下卧层的一级建筑桩基，应验算沉降，其桩基计算变形量不应大于桩基变形允许值。

桩基变形的控制指标包括沉降量、沉降差、倾斜和局部倾斜。沉降量是指平均沉降量或中心点的沉降量，沉降差是指承台各点的相对沉降差值，倾斜是指桩基倾斜方向两端点的沉降差与距离的比值，局部倾斜是指墙下条形承台沿纵向某一长度范围内桩基础两点沉降差与距离之比。

由于土层厚度与性质不均匀、荷载差异、体型复杂等因素引起的地基变形，对于砌体承重结构由局部倾斜控制，对于框架结构由相邻柱基的沉降差控制，对于多层或高层建筑和高耸结构由倾斜值控制。建筑物的桩基变形容许值可根据当地经验采用，建筑桩基沉降变形允许值，应按表 10-19 中的规定采用。

表 10-19　建筑桩基沉降变形允许值

变形特征	允 许 值
砌体承重结构基础的局部倾斜	0.002
各类建筑相邻柱(墙)基的沉降差 (1) 框架、框架-剪力墙、框架-核心筒结构 (2) 砌体墙填充的边排柱 (3) 当基础不均匀沉降时不产生附加应力的结构	0.002l_0 0.0007l_0 0.005l_0
单层排架结构(柱距为 6m)桩基的沉降量/mm	120
桥式吊车轨面的倾斜(按不调整轨道考虑) 纵向 横向	0.004 0.003

续表

变形特征		允 许 值
多层和高层建筑的整体倾斜	$H_g \leqslant 24$	0.004
	$24 < H_g \leqslant 60$	0.003
	$60 < H_g \leqslant 100$	0.0025
	$H_g > 100$	0.002
高耸结构桩基的整体倾斜	$H_g \leqslant 20$	0.008
	$20 < H_g \leqslant 50$	0.006
	$50 < H_g \leqslant 100$	0.005
	$100 < H_g \leqslant 150$	0.004
	$150 < H_g \leqslant 200$	0.003
	$200 < H_g \leqslant 250$	0.002
高耸结构基础的沉降量/mm	$H_g \leqslant 100$	350
	$100 < H_g \leqslant 200$	250
	$200 < H_g \leqslant 250$	150
体型简单的剪力墙结构高层建筑桩基最大沉降量/mm	—	200

注：l_0 为相邻柱(墙)二测点间距离；H_g 为自室外地面算起的建筑物高度。

10.5.2　桩基沉降量计算

1. 桩中心距不大于 6 倍桩径的桩基

对于桩中心距不大于 6 倍桩径的桩基，其最终沉降量计算可采用等效作用分层总和法。等效作用面位于桩端平面，等效作用面积为桩承台投影面积，等效作用附加压力近似取承台底平均附加压力。等效作用面以下的应力分布采用各向同性均质直线变形体理论，计算模式如图 10-13 所示。

1) 基本公式

桩基任一点最终沉降量可用角点法按式(10-35)计算，即

$$s = \psi \psi_e s' = \psi \psi_e \sum_{j=1}^{m} p_{0j} \sum_{i=1}^{n} \frac{z_{ij}\bar{\alpha}_{ij} - z_{(i-1)j}\bar{\alpha}_{(i-1)j}}{E_{si}} \quad (10\text{-}35)$$

式中：s 为桩基最终沉降量(mm)；s' 为采用布辛奈斯克解，按实体深基础分层总和法计算出的桩基沉降量(mm)；ψ 为桩基沉降计算经验系数；ψ_e 为桩基等效沉降系数；m 为角点法计算点对应的矩形荷载分块数；p_{0j} 为第 j 块矩形底面在荷载效应准永久组合下的附加压力(kPa)；n 为桩基沉降计算深度范围内所划分的土层数；E_{si} 为等效作用面以下第 i 层土的压缩模量(kPa)，采用地基土在自重压力至自重压力加附加压力作用时的压缩模量；z_{ij}、$z_{(i-1)j}$ 分别为桩端平面第 j 块

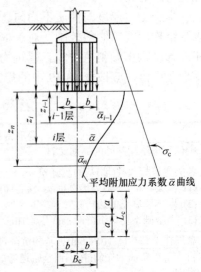

图 10-13　桩基沉降计算示意图

荷载作用面至第 i 层土、第 $i-1$ 层土底面的距离(m)；$\bar{\alpha}_{ij}$、$\bar{\alpha}_{(i-1)j}$ 分别为桩端平面第 j 块荷载计算点至第 i 层土、第 $i-1$ 层土底面深度范围内平均附加应力系数，可按《建筑桩基技术规范》(JGJ 94—2008)附录 D 选用。

矩形桩基中点沉降时，桩基沉降量可按式(10-36)简化计算，即

$$s = \psi\psi_{e}s' = 4\psi\psi_{e}p_{0}\sum_{i=1}^{n}\frac{z_{i}\bar{\alpha}_{i} - z_{i-1}\bar{\alpha}_{i-1}}{E_{si}} \tag{10-36}$$

2) 桩基沉降计算深度

桩基沉降计算深度 z_{n} 应按应力比法确定，即计算深度处的附加应力 σ_{z} 与土的自重应力 σ_{c} 应符合下列公式要求，即

$$\sigma_{z} \leqslant 0.2\sigma_{c} \tag{10-37}$$

$$\sigma_{z} = \sum_{j=1}^{m}a_{j}p_{0j} \tag{10-38}$$

式中：a_{j} 为附加应力系数，可根据角点法划分的矩形长宽比及深宽比按《建筑桩基技术规范》(JGJ 94—2008)附录 D 选用。

3) 桩基等效沉降系数

桩基等效沉降系数 ψ_{e} 可按式(10-39)简化计算，即

$$\psi_{e} = C_{0} + \frac{n_{b} - 1}{C_{1}(n_{b} - 1) + C_{2}} \tag{10-39}$$

$$n_{b} = \sqrt{nB_{c}/L_{c}} \tag{10-40}$$

式中：n_{b} 为矩形布桩时的短边布桩数，当布桩不规则时可按式(10-40)近似计算，$n_{b} > 1$；C_{0}、C_{1}、C_{2} 根据群桩距径比 s_{a}/d、长径比 l/d 及基础长宽比 L_{c}/B_{c}，按《建筑桩基技术规范》(JGJ 94—2008)附录 E 确定；L_{c}、B_{c}、n 分别为矩形承台的长、宽及总桩数。

当布桩不规则时，等效距径比可按下列公式近似计算，即

$$s_{a}/d = \sqrt{A}/(\sqrt{n}d) \qquad (圆形桩) \tag{10-41}$$

$$s_{a}/d = 0.886\sqrt{A}/(\sqrt{n}b) \qquad (方形桩) \tag{10-42}$$

式中：A 为桩基承台总面积；b 为方形桩截面边长。

4) 桩基沉降计算经验系数

当无当地可靠经验时，桩基沉降计算经验系数 ψ 可按表 10-20 选用。对于采用后注浆施工工艺的灌注桩，桩基沉降计算经验系数应根据桩端持力土层类别，乘以 0.7(砂、砾、卵石)～0.8(黏性土、粉土)的折减系数；饱和土中采用预制桩(不含复打、复压、引孔沉桩)时，应根据桩距、土质、沉桩速率和顺序等因素，乘以 1.3～1.8 的挤土效应系数，土的渗透性低、桩距小、桩数多、沉降速率快时取大值。

表 10-20　桩基沉降计算经验系数 ψ

$\bar{E}_{s}$/MPa	$\leqslant 10$	15	20	35	$\geqslant 50$
ψ	1.2	0.9	0.65	0.50	0.40

注：1. $\bar{E}_{s}$ 为沉降计算深度范围内压缩模量的当量值，可按下式计算：$\bar{E}_{s} = \sum A_{i}/\sum\dfrac{A_{i}}{E_{si}}$，其中 A_{i} 为第

　　 i 层土附加压力系数沿土层厚度的积分值，可近似按分块面积计算。

2. ψ 可根据 $\bar{E}_{s}$ 内插取值。

2. 单桩、单排桩、疏桩基础

对于单桩、单排桩、桩中心距大于 6 倍桩径的疏桩基础的沉降计算应符合下列规定。

1) 承台底地基土不分担荷载的桩基

桩端平面以下地基中由基桩引起的附加应力，按考虑桩径影响的明德林解附录 F 计算确定。将沉降计算点水平面影响范围内各基桩对应力计算点产生的附加应力叠加，采用单向压缩分层总和法计算土层的沉降，并计入桩身压缩 s_e。桩基的最终沉降量可按下列公式计算，即

$$s = \psi \sum_{i=1}^{n} \frac{\sigma_{zi}}{E_{si}} \Delta z_i + s_e \tag{10-43}$$

$$\sigma_{zi} = \sum_{j=1}^{m} \frac{Q_j}{l_j^2} [\alpha_j I_{p,ij} + (1 - \alpha_j) I_{s,ij}] \tag{10-44}$$

$$s_e = \xi_e \frac{Q_j l_j}{E_c A_{ps}} \tag{10-45}$$

2) 承台底地基土分担荷载的复合桩基

将承台底土压力对地基中某点产生的附加应力按布辛奈斯克解计算，与基桩产生的附加应力叠加，其最终沉降量可按下列公式计算，即

$$s = \psi \sum_{i=1}^{n} \frac{\sigma_{zi} + \sigma_{zci}}{E_{si}} \Delta z_i + s_e \tag{10-46}$$

$$\sigma_{zci} = \sum_{k=1}^{u} \alpha_{ki} p_{ck} \tag{10-47}$$

式中：m 为以沉降计算点为圆心、0.6 倍桩长为半径的水平面影响范围内的基桩数；n 为沉降计算深度范围内土层的计算分层数，分层数应结合土层性质，分层厚度不应超过计算深度的 0.3 倍；σ_{zi} 为水平面影响范围内各基桩对应力计算点桩端平面以下第 i 层土 1/2 厚度处产生的附加竖向应力之和，应力计算点应取与沉降计算点最近的桩中心点；σ_{zci} 为承台压力对应力计算点桩端平面以下第 i 计算土层 1/2 厚度处产生的应力，可将承台板划分为 u 个矩形块，可按《建筑桩基技术规范》(JGJ 94—2008)附录 D 采用角点法计算；Δz_i 为第 i 计算土层厚度(m)；E_{si} 为第 i 计算土层的压缩模量(MPa)，采用土的自重压力至土的自重压力加附加压力作用时的压缩模量；Q_j 为第 j 桩在荷载效应准永久组合作用下桩顶的附加荷载(kN)，当地下室埋深超过 5m 时，取荷载效应准永久组合作用下的总荷载为考虑回弹再压缩的等代附加荷载；l_j 为第 j 桩桩长(m)；A_{ps} 为桩身截面面积(m²)；α_j 为第 j 桩总桩端阻力与桩顶荷载之比，近似取极限总端阻力与单桩极限承载力之比；$I_{p,ij}$、$I_{s,ij}$ 分别为第 j 桩的桩端阻力和桩侧阻力对计算轴线第 i 计算土层1/2 厚度处的应力影响系数，可按《建筑桩基技术规范》(JGJ 94—2008)附录 F 确定；E_c 为桩身混凝土的弹性模量(MPa)；p_{ck} 为第 k 块承台底均布压力，可按 $p_{ck} = \eta_{ck} f_{ak}$ 取值，其中 η_{ck} 为第 k 块承台底板的承台效应系数，按表 10-22 确定，f_{ak} 为承台底地基承载力特征值；α_{ki} 为第 k 块承台底角点处桩端平面以下第 i 计算土层 1/2 厚度处的附加应力系数，可按《建筑桩基技术规范》(JGJ 94—2008)附录 D 确定；s_e 为计算桩身压缩；ξ_e 为桩身压缩系数。端承型桩取 ξ_e =1.0，摩擦型桩，当 $l/d \leqslant 30$ 时取 ξ_e =2/3，$l/d \geqslant 50$ 时取 ξ_e =1/2，介于两者之间可线性插值；ψ 为沉降计算经验系数，无当地经验时可取 1.0。

3) 沉降计算深度

对于单桩、单排桩、疏桩复合桩基础的最终沉降计算深度 z_n，可按应力比法确定，即 z_n 处由桩引起的附加应力 σ_z、由承台土压力引起的附加应力 σ_{zc} 与土的自重应力 σ_c 应符合式(10-48)要求，即

$$\sigma_z + \sigma_{zc} = 0.2\sigma_c \tag{10-48}$$

小贴士：

密桩、疏桩沉降计算方法的不同。密桩和疏桩的沉降计算方法，在很多方面有很大不同，在设计时应予以重视。

1. 计算方法不同

对于 $s_a \leqslant 6d$ 的密桩，其最终沉降量计算可采用等效作用分层总和法。等效作用面位于桩端平面，等效作用面积为桩承台投影面积，等效作用附加压力近似取承台底平均附加压力，等效作用面以下的土体，采用布辛奈斯克解的各向同性均质直线变形体理论计算附加应力；对于单桩、单排桩、$s_a \geqslant 6d$ 的疏桩桩基，其最终沉降量计算可采用单向压缩分层总和法计算。参与沉降量计算的附加应力有两大类。一类是基桩引起的附加应力 σ_z，采用明德林-盖得斯法计算。明德林给出了作用于半无限体内部任一点的集中力引起的应力与变形的解析解，盖得斯根据明德林解导出了单桩荷载下土中应力的三种解，即桩底压力引起的竖向应力、均匀分布摩阻力引起的竖向应力、随深度线性增加的摩阻力引起的竖向应力，按《建筑桩基技术规范》(JGJ 94—2008)附录 F 计算确定。另一类是由承台土压力引起的附加应力 σ_{zc}，采用布辛奈斯克解计算。

2. 压缩层分层的规定不同

桩基沉降计算的不同方法，依压缩层的分层有不同的规定。对于 $s_a \leqslant 6d$ 的密桩，计算方法采用等效作用分层总和法，按《建筑桩基技术规范》(JGJ 94—2008)附录 D，利用平均附加应力系数计算最终沉降量，因此分层时按土层的自然分层划分，即某一土层无论厚度为多少，皆按一层计算沉降量，不需要细分更多土层；对于单桩、单排桩、$s_a \geqslant 6d$ 的疏桩，计算方法采用单向压缩分层总和法，利用附加应力系数计算最终沉降量，因此应对压缩层分层，分层厚度不宜过大，一般不超过计算深度的 0.3 倍。

【**例 10-4**】某一级建筑桩基，竖向荷载效应基本组合，设计值 $F = 6200$kN，弯矩 $M = 350$kN·m，水平力 $H = 500$kN，承台埋深 2m，地下水位埋深 3m，地质条件如下：①粉质黏土，$\gamma = 19$kN/m³，$\gamma_{sat} = 19.5$kN/m³，可塑，厚12m；②细砂，中密，$\gamma_{sat} = 19.8$kN/m³，厚 2m；③砾石层，压缩模量为 30MPa，$\gamma_{sat} = 20$kN/m³，厚 5m；④粉质黏土，压缩模量为 25MPa，$\gamma_{sat} = 19$kN/m³，厚 9m；⑤卵石层，压缩模量为 28MPa，$\gamma_{sat} = 21$kN/m³，厚 7m，其他资料如图 10-14 所示。计算桩基础平均沉降量。

解　$s_a = 2.4$m $\leqslant 6d = 6 \times 0.8 = 4.8$(m)，按等效作用分层总和法计算桩基沉降量。

1) 等效作用面处的附加应力 p_0

承台连同土重 $G = 4 \times 4 \times 2 \times 20 = 640$(kN)，承台底面处的附加应力为

$$p_0 = \frac{F+G}{A} - \gamma d = \frac{6200+640}{4 \times 4} - 19 \times 2 = 389.5\text{(kPa)}$$

即等效作用面处的附加应力 p_0=389.5kPa。

2) 确定地基沉降计算深度 z_n

③砾石层底部，自重应力 σ_c=3×19+9×(19.5-10)+2×(19.8-10)+5×(20-10)=212.1(kPa)；$a=2$，$b=2$，$z=3$，$a/b=1$，$z/b=1.5$，查《建筑桩基技术规范》(JGJ 94—2008)附录 D 得 α=0.122，则附加应力 $\sigma_z = 4p_0\alpha$=4×389.5×0.122=190.1(kPa)，σ_z=190.1kPa>0.2 σ_c=0.2×212.1=42.4(kPa)，不满足要求。

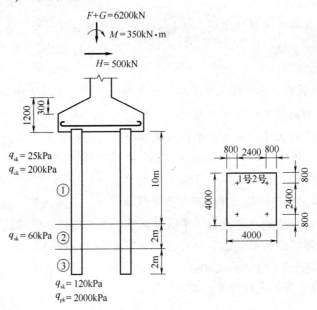

图 10-14　例 10-4 图

④粉质黏土底部，自重应力 σ_c=212.1+9×(19-10)=293.1(kPa)，$a=2$，$b=2$，$z=12$，$a/b=1$，$z/b=6$，查得 α=0.013，则附加应力 $\sigma_z = 4p_0\alpha$=4×389.5×0.013=20.3(kPa)，σ_z=20.3kPa<0.2 σ_c=0.2×293.1=58.6(kPa)，故地基沉降计算深度 z_n=12m。

3) 求桩基沉降量 s'

过矩形中点作四个小矩形，桩基沉降量 s' 计算如表 10-21 所示。

表 10-21　桩基沉降量 s' 计算表

计算点位置	z_i /m	a/b	$\bar{\alpha}_i$	$z_i\bar{\alpha}_i$	$z_i\bar{\alpha}_i - z_{i-1}\bar{\alpha}_{i-1}$	$s' = 4p_0\sum_{i=1}^{n}\dfrac{z_i\bar{\alpha}_i - z_{i-1}\bar{\alpha}_{i-1}}{E_{si}}$ /mm
桩端平面	0	0	1	0.25	0	
					0.5937	30.8
③层底部	3	1.5	1	0.1991	0.5937	
					0.4263	26.6
④层底部	12	6	1	0.085	1.02	

故 s'=30.8+26.6=57.4(mm)。

4) 桩基等效沉降系数 ψ_e

$n_b = 2$，由 $s_a/d = 3.0$，$l/d = 17.5$，$L_c/B_c = 1$ 查《建筑桩基技术规范》(JGJ 94—2008)附录 E 得 $C_0 = 0.084$，$C_1 = 1.446$，$C_2 = 6.390$。

桩基等效沉降系数 $\psi_e = C_0 + \dfrac{n_b - 1}{C_1(n_b - 1) + C_2} = 0.084 + \dfrac{2 - 1}{1.446 \times (2 - 1) + 6.390} = 0.212$。

5) 桩基沉降计算经验系数 ψ

$A_i = z_i \bar{\alpha}_i - z_{i-1} \bar{\alpha}_{i-1}$，由表 10-21 知，$A_1 = 0.5937$，$A_2 = 0.4263$，沉降计算深度范围内压缩模量的当量值 $\overline{E_s} = \sum A_i \Big/ \sum \dfrac{A_i}{E_{si}} = \dfrac{0.5937 + 0.4263}{\dfrac{0.5937}{30} + \dfrac{0.4263}{25}} = 27.7(\text{MPa})$，查表 10-20 得桩基沉降计算经验系数 $\psi = 0.573$。

6) 桩基最终沉降量

$$s = \psi \psi_e s' = 0.573 \times 0.212 \times 57.4 = 6.97(\text{mm})$$

10.6 桩 基 计 算

10.6.1 桩顶作用效应计算

对于一般建筑物和受水平力(包括力矩与水平剪力)较小的高层建筑群桩基础，应按下列公式计算柱、墙、核心筒群桩中基桩或复合基桩的桩顶作用效应。

1. 竖向力

在轴心竖向力作用下，有

$$N_k = \frac{F_k + G_k}{n} \tag{10-49}$$

在偏心竖向力作用下，有

$$N_{ik} = \frac{F_k + G_k}{n} \pm \frac{M_{xk} y_i}{\sum y_j^2} \pm \frac{M_{yk} x_i}{\sum x_j^2} \tag{10-50}$$

2. 水平力

$$H_{ik} = \frac{H_k}{n} \tag{10-51}$$

式中：F_k 为荷载效应标准组合下，作用于承台顶面的竖向力；G_k 为桩基承台和承台上土自重标准值，对稳定的地下水位以下部分应扣除水的浮力；N_k 为荷载效应标准组合轴心竖向力作用下，基桩或复合基桩的平均竖向力；N_{ik} 为荷载效应标准组合偏心竖向力作用下，第 i 基桩或复合基桩的竖向力；M_{xk}、M_{yk} 分别为荷载效应标准组合下，作用于承台底面，绕通过桩群形心的 x、y 主轴的力矩；x_i、x_j、y_i、y_j 分别为第 i、j 基桩或复合基桩至 y、

x 轴的距离；H_k 为荷载效应标准组合下，作用于桩基承台底面的水平力；H_{ik} 为荷载效应标准组合下，作用于第 i 基桩或复合基桩的水平力；n 为桩基中的桩数。

对于主要承受竖向荷载的抗震设防区低承台桩基，在同时满足下列条件时，桩顶作用效应计算可不考虑地震作用：①按现行国家标准《建筑抗震设计规范》(GB 50011—2010)规定可不进行桩基抗震承载力验算的建筑物；②建筑场地位于建筑抗震的有利地段。

10.6.2　桩基竖向承载力计算

1. 荷载效应标准组合

在轴心竖向力作用下，有

$$N_k \leqslant R \tag{10-52}$$

在偏心竖向力作用下，除满足式(10-52)外，尚应满足式(10-53)要求，即

$$N_{k\,max} \leqslant 1.2R \tag{10-53}$$

2. 地震作用效应和荷载效应标准组合

在轴心竖向力作用下，有

$$N_{Ek} \leqslant 1.25R \tag{10-54}$$

在偏心竖向力作用下，除满足式(10-54)外，尚应满足式(10-55)要求，即

$$N_{Ek\,max} \leqslant 1.5R \tag{10-55}$$

式中：N_k 为荷载效应标准组合轴心竖向力作用下，基桩或复合基桩的平均竖向力；$N_{k\,max}$ 为荷载效应标准组合偏心竖向力作用下，桩顶最大竖向力；N_{Ek} 为地震作用效应和荷载效应标准组合下，基桩或复合基桩的平均竖向力；$N_{Ek\,max}$ 为地震作用效应和荷载效应标准组合下，基桩或复合基桩的最大竖向力；R 为基桩或复合基桩竖向承载力特征值。

单桩竖向承载力特征值 R_a 应按式(10-56)确定，即

$$R_a = \frac{1}{K} Q_{uk} \tag{10-56}$$

式中：Q_{uk} 为单桩竖向极限承载力标准值；K 为安全系数，取 $K=2$。

对于端承型桩基、桩数少于 4 根的摩擦型柱下独立桩基或由于地层土性、使用条件等因素不宜考虑承台效应时，基桩竖向承载力特征值应取单桩竖向承载力特征值。

对于符合下列条件之一的摩擦型桩基，宜考虑承台效应，确定其复合基桩的竖向承载力特征值：①上部结构整体刚度较好、体型简单的建(构)筑物；②对差异沉降适应性较强的排架结构和柔性构筑物；③按变刚度调平原则设计的桩基刚度相对弱化区；④软土地基的减沉复合疏桩基础。

考虑承台效应的复合基桩竖向承载力特征值可按下列公式确定。

在不考虑地震作用时，有

$$R = R_a + \eta_c f_{ak} A_c \tag{10-57}$$

在考虑地震作用时，有

$$R = R_a + \frac{\zeta_a}{1.25} \eta_c f_{ak} A_c \tag{10-58}$$

$$A_c = \frac{A - nA_{ps}}{n} \qquad (10\text{-}59)$$

式中：η_c 为承台效应系数，可按表 10-22 取值；f_{ak} 为承台下 1/2 承台宽度且不超过 5m 深度范围内各层土的地基承载力特征值按厚度加权的平均值；A_c 为计算基桩所对应的承台底净面积；A_{ps} 为桩身截面面积；A 为承台计算域面积，对于柱下独立桩基，A 为承台总面积，对于桩筏基础，A 为柱、墙筏板的 1/2 跨距和悬臂边 2.5 倍筏板厚度所围成的面积，桩集中布置于单片墙下的桩筏基础，取墙两边各 1/2 跨距围成的面积，按条基计算 η_c；ζ_a 为地基抗震承载力调整系数，应按现行国家标准《建筑抗震设计规范》(GB 50011—2010)采用。

表 10-22　承台效应系数 η_c

B_c/l \ s_a/d	3	4	5	6	>6
≤0.4	0.06～0.08	0.14～0.17	0.22～0.26	0.32～0.38	
0.4～0.8	0.08～0.10	0.17～0.20	0.26～0.30	0.38～0.44	0.50～0.80
>0.8	0.10～0.12	0.20～0.22	0.30～0.34	0.44～0.50	
单排桩条形承台	0.15～0.18	0.25～0.30	0.38～0.45	0.50～0.60	

注：1. s_a/d 为桩中心距与桩径之比，B_c/l 为承台宽度与桩长之比。当计算基桩为非正方形排列时，$s_a = \sqrt{A/n}$，A 为承台计算域面积，n 为总桩数。

　　2. 对于桩布置于墙下的箱、筏承台，η_c 可按单排桩条形基础取值。

　　3. 对于单排桩条形承台，当承台宽度小于 1.5d 时，η_c 按非条形承台取值。

　　4. 对于采用后注浆灌注桩的承台，η_c 宜取低值。

　　5. 对于饱和黏性土中的挤土桩基、软土地基上的桩基承台，η_c 宜取低值的 0.8 倍。

当承台底为可液化土、湿陷性土、高灵敏度软土、欠固结土、新填土时，沉桩引起超孔隙水压力和土体隆起时，不考虑承台效应，取 $\eta_c = 0$。

【例 10-5】已知某厂房柱截面尺寸为 400mm × 600mm，柱底内力设计值分别为 $N = 3400$kN、$M = 500$kN · m、$V = 40$kN，承台埋深 2m，地质资料如表 10-23 所示，地下水位 2m，安全等级二级。灰黄色粉土为持力层，采用截面边长 300mm 的混凝土预制桩，桩端进入持力层深度 600mm，不包括桩尖部分，伸入承台 50mm，桩尖长度为 450mm（见图 10-15）。计算：①单桩竖向极限承载力标准值；②基桩承载力特征值；③基桩承载力验算。

表 10-23　例 10-5 表

土　层	γ l/(kN/m)		e	s_r/%	I_P	I_L	φ	f_{ak}/kPa
杂填土	2	16	—	—	—	—	—	—
灰色黏土	10.5	18.9	1.0	95.6	18.4	1.0	20	220
灰黄色粉土	未穿	19.6	0.7	96.5	8	0.6	23	300

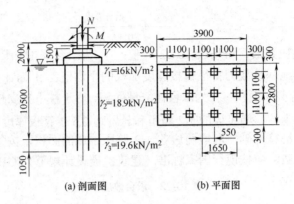

(a) 剖面图　　　　(b) 平面图

图 10-15　例 10-5 图

解　1) 单桩竖向承载力

(1) 极限侧阻力标准值 Q_{sk}。灰色黏土，$I_L=1.0$，$q_{sik}=48$kPa；灰黄色粉土，由 $e=0.7$，得 $q_{sik}=77$kPa。

则 $Q_{sk}=u\sum q_{sik}l_i=4\times0.3\times(48\times10.5+77\times0.6)=660.2$ (kN)。

(2) 极限端阻力标准值 Q_{pk}。桩的入土深度为 13.1m，粉土 $e=0.7$，取 $q_{pk}=2100$kPa，则 $Q_{pk}=q_{pk}A_p=2100\times0.3\times0.3=189$(kN)。

(3) 单桩竖向极限承载力标准值 $Q_{uk}=Q_{sk}+Q_{pk}=660.2+189=849.2$(kN)。

2) 单桩、复合基桩竖向承载力特征值

单桩竖向承载力特征值按式(10-56)计算得：$R_a=849.2/2=424.6$(kN)。

由于该桩基础属于端承摩擦桩，应考虑承台效应确定复合基桩竖向承载力特征值。$s_a/d=1.1/0.3=3.67$，$B_c/l=2.8/11.1=0.25$，查表 10-22 得到承台效应系数 $\eta_c=0.13$；$A_c=(A-nA_{ps})/n=(2.8\times3.9-12\times0.3\times0.3)/12=0.82$(m²)，按式(10-57)计算复合基桩竖向承载力特征值 $R=424.6+0.13\times220\times0.82=448.1$(kN)。

3) 桩基竖向承载力验算

承台以上土重及承台重为

$$G=20\times2\times2.8\times3.9=436.8\text{(kN)},\qquad N=\frac{F+G}{n}=\frac{3400+436.8}{12}=319.7\text{(kN)},\qquad N_{max}=\frac{F+G}{n}$$

$$+\frac{M_yx_i}{\sum x_i^2}=\frac{3400+436.8}{12}+\frac{(500+40\times1.5)\times1.65}{6\times(0.55^2+1.65^2)}=370.6\text{(kN)}$$

$N=319.7$kN<448.1kN，$N_{max}=370.6$kN$<1.2R=1.2\times448.1=537.7$(kN)，桩基竖向承载力满足要求。

10.6.3　桩基软弱下卧层验算

对于桩距不超过 $6d$ 的群桩基础，桩端持力层下存在承载力低于桩端持力层承载力 1/3 的软弱下卧层时，可按下列公式验算软弱下卧层的承载力(见图 10-16)：

$$\sigma_z+\gamma_mz\leqslant f_{az} \tag{10-60}$$

$$\sigma_z = \frac{(F_k + G_k) - 3/2(A_0 + B_0)\sum q_{sik}l_i}{(A_0 + 2t\tan\theta)(B_0 + 2t\tan\theta)} \tag{10-61}$$

式中：σ_z 为作用于软弱下卧层顶面的附加应力；γ_m 为软弱层顶面以上各土层重度(地下水位以下取浮重度)的厚度加权平均值；t 为硬持力层厚度；f_{az} 为软弱下卧层经深度 z 修正的地基承载力特征值；A_0、B_0 分别为桩群外缘矩形底面的长、短边边长；q_{sik} 为桩周第 i 层土的极限侧阻力标准值，无当地经验时，可根据成桩工艺按表 10-8 取值；θ 为桩端硬持力层压力扩散角，按表 10-24 取值。

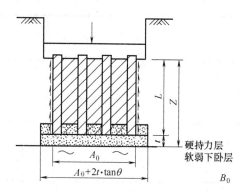

图 10-16　软弱下卧层承载力验算

表 10-24　桩端硬持力层压力扩散角 θ

E_{s1}/E_{s2}	$t = 0.25B_0$	$t \geqslant 0.50B_0$
1	4°	12°
3	6°	23°
5	10°	25°
10	20°	30°

注：1. E_{s1}、E_{s2} 分别为硬持力层、软弱下卧层的压缩模量。

2. 当 $t \leqslant 0.25$ 时，取 $\theta = 0°$，必要时，宜通过试验确定；当 $0.25B_0 < t < 0.50B_0$ 时，可内插取值。

10.6.4　抗拔承载力验算

在电力、石油、通信、交通设施及高层建筑中，往往采用桩基以承受较大的上拔荷载。例如，地下车库、地下室、船闸等地下建筑物，在这些构筑物下设置的桩基往往承受较大的浮力。码头、桥台、挡土墙下的斜桩、塔式建筑物等，也承受比较大的上拔荷载。另外，特殊地区的建筑物，如地震荷载作用下桩基、膨胀土、冻胀土上的建筑桩基，也承受上拔荷载。因此，在桩基设计中，必须进行基桩的抗拔承载力验算。

1. 基桩抗拔极限承载力标准值

对于设计等级为甲级和乙级的建筑桩基，基桩的抗拔极限承载力应通过现场单桩上拔静载荷试验确定。单桩上拔静载荷试验及抗拔极限承载力标准值的取值可按现行行业标准《建筑基桩检测技术规范》(JGJ 106—2003)进行。如无当地经验时，群桩基础及设计等级为丙级的建筑桩基，基桩的抗拔极限承载力标准值可按以下公式计算。

1) 群桩呈非整体破坏时

$$T_{uk} = \sum \lambda_i q_{sik} u_i l_i \tag{10-62}$$

式中：T_{uk} 为基桩抗拔极限承载力标准值；u_i 为桩身周长，对于等直径桩取 $u_i = \pi d$，对于扩底桩按表 10-25 取值；q_{sik} 为桩侧表面第 i 层土的抗压极限侧阻力标准值，可按表 10-8 取值；λ_i 为抗拔系数，可按表 10-26 取值。

表 10-25　扩底桩破坏表面周长 u_i

自桩底起算的长度 l_i	$\leqslant(4\sim10)d$	$>(4\sim10)d$
u_i	πD	πd

注：l_i 对于软土取低值，对于卵石、砾石取高值；l_i 取值按内摩擦角增大而增加。

表 10-26　抗拔系数 λ_i

土　类	λ 值
砂土	$0.50\sim0.70$
黏性土、粉土	$0.70\sim0.80$

注：桩长 l 与桩径 d 之比小于 20 时，λ 取小值。

2) 群桩呈整体破坏时

$$T_{gk} = \frac{1}{n} u_l \sum \lambda_i q_{sik} l_i \tag{10-63}$$

式中：u_l 为桩群外围周长。

2. 抗拔承载力验算

1) 承受抗拔承载力的桩基

应按下列公式同时验算群桩基础及基桩的抗拔承载力，并按照《混凝土结构设计规范》(GB 50010—2010)验算基桩材料的受拉承载力。

$$N_k \leqslant T_{gk}/2 + G_{gp} \tag{10-64}$$

$$N_k \leqslant T_{uk}/2 + G_p \tag{10-65}$$

式中：N_k 为按标准效应组合基桩上拔力；G_{gp} 为群桩基础所包围的体积的桩土总自重除以桩数，地下水位以下取浮重度；G_p 为基桩自重，地下水位以下取浮重度。

2) 膨胀土短桩基础抗拔承载力验算

膨胀土具有湿胀、干缩的可逆变形特性，在大气影响急剧层深度内，地基土的湿度、温度变化较大，因而产生收缩和膨胀。土体膨胀时，对桩侧表面产生向上的胀切力 q_e，胀切力使桩产生的胀拔力为 $u \sum q_{ei} l_{ei}$，因此膨胀土上轻型建筑的短桩基础按式(10-66)验算抗拔稳定性，即

$$u \sum q_{ei} l_{ei} \leqslant U_k/2 + N_G + G_p \tag{10-66}$$

式中：q_{ei} 为大气影响急剧层中第 i 层土的极限胀切力设计值，由现场浸水试验确定；l_{ei} 为大气影响急剧层中第 i 层土的厚度；U_k 为大气影响急剧层以下稳定土层桩的抗拔极限承载

力标准值；N_G 为单桩桩顶垂直荷载。

3) 季节性冻土短桩基础抗拔承载力验算

季节性冻土地区的轻型建筑物，当采用桩基础时，由于建筑物结构荷载较小，桩的入土深度较浅，常因地基土的冻胀而使基础上拔，造成建筑物的破坏。因此，对于季节性冻土地区的桩基，应验算在冻切力作用下基桩的抗拔承载力。

$$\eta_f q_f u z_0 \leqslant U_k/2 + N_G + G_p \tag{10-67}$$

式中：q_f 为切向冻胀力设计值，按表 10-27 计算；z_0 为标准冻深，可查全国标准冻深等值线图；η_f 为冻深影响系数，随冻深 z_0 的增大而减少。$z_0 \leqslant 2.0$，$\eta_f = 1.0$；$2.0 < z_0 \leqslant 3.0$，$\eta_f = 0.90$；$z_0 > 3.0$，$\eta_f = 0.80$。

表 10-27　冻胀力设计值 q_f　　　　　　　　　　　　　　　单位：kPa

类　　型	弱 冻 胀	冻　　胀	强 冻 胀	特强冻胀
黏性土、粉土	30～60	60～80	80～120	120～150
砂土、砾石(碎石)(黏粒、粉粒含量大于 15%)	<10	20～30	40～80	90～200

注：1. 表面粗糙的灌注桩，表列数据应乘以系数 1.1～1.3。

　　2. 本表不适用于含盐量大于 0.5% 的冻土。

【例 10-6】某钻孔扩底桩，干作业法施工，扩底直径为 1200mm，桩径 600mm，一级桩基，按标准组合单桩上拔力 $N_k = 630$kN，承台埋深 2m，地下水位 5m 以上土的重度为 19kN/m³，5m 以下饱和重度为 20.5kN/m³，各土层的 q_{sik} 和厚度如下：①层人工填土，$q_{sik} = 35$kPa，$h = 2$m；②层粉质黏土，$q_{sik} = 50$kPa，$h = 4$m；③层粉质黏土，$q_{sik} = 60$kPa，$h = 4$m；④层中砂，$q_{sik} = 70$kPa，$h = 4$m (见图 10-17)。试验算基桩上拔承载力。

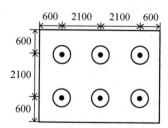

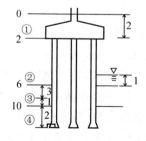

图 10-17　例 10-6 图

解　(1) 呈非整体破坏时，$l/d = 10/0.6 = 16.7 < 20$，②、③层粉质黏土，$\lambda_i = 0.70$，④层

中砂，λ_i =0.50(取小值)。对扩底桩，取 $5d$=3m 范围内的桩径为 1200mm。即从桩底起 3m 以内，桩径采用 1200mm，3m 以上采用 600mm，$T_{uk} = \sum \lambda_i q_{sik} u_i l_i$ =3.14 × 0.6 × (0.7×50×4+0.7×60×3)+ 3.14 × 1.2 × (0.7×60×1+0.5×70×2)=923.1(kN)。

钢筋混凝土与土的平均重度为20kN/m³，桩身混凝土重度为25kN/m³，则基桩自重为

$$G_p = \frac{3.3 \times 5.4 \times 2 \times 20}{6} + \frac{3.14 \times 0.6^2}{4} \times 3 \times 25 + \frac{3.14 \times 0.6^2}{4} \times 4 \times (25-10) + \frac{3.14 \times 1.2^2}{4} \times 3 \times (20-10)$$

=190.9(kN)

N_k =630kN< T_{uk} /2+ G_p =923.1/2+190.9=652.5(kN)，上拔承载力满足要求。

(2) 呈整体破坏时，有

$$T_{gk} = \frac{1}{n} u_l \sum \lambda_i q_{sik} l_i = \frac{(4.8+2.7) \times 2}{6} \times (0.7 \times 50 \times 4 + 0.7 \times 60 \times 4 + 0.5 \times 70 \times 2) = 945(kN)$$

$$G_{gp} = \frac{1}{6} \times (3.3 \times 5.4 \times 2 \times 20 + 4.8 \times 2.7 \times 3 \times 20 + 4.8 \times 2.7 \times 7 \times 10) = 399.6(kN)$$

N_k =630kN< T_{gk} /2+ G_{gp} =945/2+399.6=872.1(kN)，上拔承载力满足要求。

思考题与习题

10-1 桩基础有何特点？在什么情况下可以考虑采用桩基础？

10-2 试简述端承桩与摩擦桩有何特点。

10-3 什么是负摩阻力？它产生的条件是什么？如何进行验算？

10-4 试从桩的承载性状、桩的材料和成桩方法对桩进行分类。

10-5 单桩竖向承载力的确定方法有哪几种？单桩竖向承载力标准值与单桩竖向承载力设计值有何关系？

10-6 单桩水平承载力的确定方法有哪几种？

10-7 桩基础设计包括哪些内容？

10-8 在什么情况下要验算桩基础的地基沉降？

10-9 简述沉井和地下连续墙的施工工艺。

10-10 某钢筋混凝土预制桩边长 450mm × 450mm，桩长 12m，穿越土层：第一层黏土厚 1.8m，极限摩阻力标准值 q_{sik} =45kPa；第二层粉质黏土，厚 9m，极限摩阻力标准值 q_{sik} =52kPa；第三层为砾石层，极限摩阻力标准值 q_{sik} =70kPa，极限端阻力标准值 q_{sik} =6000kPa。

(1) 按土的支承能力，此桩竖向极限承载力标准值 Q_{uk} =_____kN。

(2) 取安全系数 K=2，单桩竖向承载力特征值 R_a =_____kN。

10-11 某场地土层分布情况为：第一层杂填土，厚0.5m;第二层为粉质黏土，厚1.5m;第三层为淤泥质土，厚 9.0m;第四层为黏土，厚度较大。土的有关物理力学性质指标如表10-28所示。拟建建筑物为8层住宅楼，确定基础形式为混凝土灌注桩，桩管采用 ϕ377mm。选择黏土层为持力层，桩尖进入持力层深度不小于1m，桩顶的承台厚 1.0m，承台顶面距地表 1.0m，桩长 11m，桩的入土深度 13m。试确定基桩的竖向承载力。

表 10-28　某场地土层物理力学性质指标

土层名称	厚度/m	γ /(kN/m^3)	ω /%	e	I_P	I_L	E_s/MPa
回填土	0.5	18					
粉质黏土	1.5	19	26.2	0.8	12	0.6	8.5
淤泥质土	9.0	16.4	74	2.09	21.3	2.55	2.18
黏土	>7.0	20.8	17.5	0.50	20	0.26	13

10-12　某一灌注桩，桩顶有 H_0=13.3kN 及 M_0=-10.7kN·m 作用，桩周围为中密填土，桩径 d=400mm，桩长 l=9m，混凝土为 C20。试计算此单桩水平承载力。

第11章 地基处理

【学习要点及目标】

◆ 了解地基处理方法及使用条件。

◆ 掌握换填垫层与褥垫法设计、施工工艺及质量检验方法。

◆ 掌握预压固结地基的设计、施工工艺及质量检验方法。

◆ 掌握压实地基和夯实地基设计、施工工艺及质量检验方法。

◆ 掌握振冲碎石桩和沉管砂石桩、水泥土搅拌桩、旋喷桩、灰土挤密桩和土挤密桩、夯实水泥土桩、水泥粉煤灰碎石桩、柱锤冲扩桩、多桩型等各种复合地基的设计、施工工艺。

◆ 了解石灰桩法、注浆加固法的设计、施工工艺及质量检验方法。

【核心概念】

换填垫层、预压地基、压实地基和夯实地基、振冲碎石桩和沉管砂石桩复合地基、水泥土搅拌桩复合地基、旋喷桩复合地基、灰土挤密桩和土挤密桩复合地基、夯实水泥土桩复合地基、水泥粉煤灰碎石桩复合地基、柱锤冲扩桩复合地基、多桩型复合地基。

【引导案例】

工程建设中，有时不可避免地遇到地质条件不好的地基或软弱地基，这样的地基不能满足设计建筑物对地基强度与稳定性和变形的要求时，常采用各种地基加固、补强等技术措施，改善地基土的工程性状，以满足工程要求，这些工程措施统称为地基处理。地基处理方法很多，有换填垫层与褥垫法、预压地基、基压实地基和夯实地基、振冲碎石桩和沉管砂石桩复合地基、水泥土搅拌桩复合地基、旋喷桩复合地基、灰土挤密桩和土挤密桩复合地基、夯实水泥土桩复合地基、水泥粉煤灰碎石桩复合地基、柱锤冲扩桩复合地基、多桩型复合地基法等。本章主要介绍各种地基处理方法。

11.1　换填垫层与褥垫法

换填垫层是将基础下一定深度范围内的软弱土层全部或部分挖除，然后分层回填并夯实砂、碎石、素土、灰土、粉煤灰、高炉干渣等强度较大、性能稳定和无侵蚀性的材料。

11.1.1　换填垫层的作用

(1) 提高浅层地基承载力。因地基中的剪切破坏从基础底面开始，随应力的增大而向纵深发展。故以抗剪强度较高的砂或其他建筑材料置换基础下较弱的土层，可避免地基的破坏。

(2) 减少沉降量。一般浅层地基的沉降量占总沉降量比例较大。加以密实砂或其他填筑材料代替上层软弱土层，就可以减少这部分的沉降量。由于砂层或其他垫层对应力的扩散作用，使作用在下卧层土上的压力较小，这样也会相应减少下卧层土的沉降量。

(3) 加速软弱土层的排水固结。砂垫层和砾石垫层等垫层材料透水性强，软弱土层受压后，垫层可作为良好的排水面，使基础下面的孔隙水压力迅速消散，加速垫层下软弱土层的固结和提高其强度，避免地基发生塑性破坏。

(4) 防止冻胀。因为粗颗粒的垫层材料孔隙大，不易产生毛细管现象，因此可以防止寒冷地区中结冰所造成的冻胀。

(5) 消除膨胀土的胀缩作用。

11.1.2　换垫材料

(1) 砂石。宜选用碎石、卵石、角砾、圆砾、砾砂、粗砂、中砂或石屑(粒径小于 2mm 的部分不应超过总重的 45%)，应级配良好，不含植物残体、垃圾等杂质。当使用粉细砂或石粉(粒径小于 0.075mm 的部分不超过总重的 9%)时，应掺入不少于总重 30%的碎石或卵石。砂石的最大粒径不宜大于 50mm。对湿陷性黄土地基，不得选用砂石等透水材料。

(2) 粉质黏土。土料中有机质含量不得超过 5%，也不得含有冻土或膨胀土。当含有碎石时，其粒径不宜大于 50mm。用于湿陷性黄土或膨胀土地基的粉质黏土垫层，土料中不得夹有砖、瓦和石块。

(3) 灰土。体积配合比宜为 2∶8 或 3∶7。土料宜用粉质黏土，不宜使用块状黏土和砂质粉土，不得含有松软杂质，并应过筛，其颗粒不得大于 15mm。石灰宜用新鲜的消石灰，其颗粒不得大于 5mm。

(4) 粉煤灰。可用于道路、堆场和小型建筑、构筑物等的换填垫层。粉煤灰垫层上宜覆土 0.3～0.5m。粉煤灰垫层中采用掺加剂时，应通过试验确定其性能及适用条件。作为建筑物垫层的粉煤灰应符合有关放射性安全标准的要求。粉煤灰垫层中的金属构件、管网宜采取适当防腐措施。大量填筑粉煤灰时，应考虑对地下水和土壤的环境影响。

(5) 矿渣。垫层使用的矿渣是指高炉矿渣，可分为分级矿渣、混合矿渣及原状矿渣。矿渣垫层主要用于堆场、道路和地坪，也可用于小型建筑、构筑物地基。选用矿渣的松散重度不小于 $11kN/m^3$，有机质及含泥总量不超过 5%。设计、施工前必须对选用的矿渣进行试验，在确认其性能稳定并符合安全规定后方可使用。作为建筑物垫层的矿渣应符合对放射性安全标准的要求。易受酸、碱影响的基础或地下管网不得采用矿渣垫层。大量填筑矿渣时，应考虑对地下水和土壤的环境影响。

(6) 其他工业废渣。在有可靠试验结果或成功工程经验时，对质地坚硬、性能稳定、无腐蚀性和放射性危害的工业废渣等均可用于填筑换填垫层。被选用工业废渣的粒径、级配和施工工艺等应通过试验确定。

(7) 土工合成材料。由分层铺设的土工合成材料与地基土构成加筋垫层。所用土工合成材料的品种与性能及填料的土类应根据工程特性和地基土条件，按照现行国家标准《土工合成材料应用技术规范》(GB 50290)的要求，通过设计并进行现场试验后确定。

11.1.3　换填垫层设计

垫层的设计内容主要包括垫层厚度和宽度，要求有足够的厚度以置换可能被剪切破坏的软弱土层，有足够的宽度防止砂垫层向两侧挤出。主要起排水作用的砂(石)垫层，一般厚度要求 30cm，并需在基底下形成一个排水面，以保证地基土排水路径的畅通，促进软弱土层的固结，从而提高地基强度。

1. 垫层厚度

垫层厚度应根据砂垫层下面软弱下卧层土的承载力和建筑物对地基变形要求来确定。如仅以软弱下卧层承载力为控制指标，则应满足：

$$p_z + p_{cz} \leqslant f_{az} \tag{11-1}$$

式中：p_z 为相应于荷载效应标准组合时，垫层底面处的附加压力值(kPa)；p_{cz} 为垫层底面处的自重压力值(kPa)；f_{az} 为垫层底面处经深度修正后的承载力特征值(kPa)。

垫层底面处的附加压力 p_z 按以下公式计算。

对于矩形基础，有

$$p_z = \frac{lb(p_k - p_c)}{(l + 2z\tan\theta)(b + 2z\tan\theta)} \tag{11-2}$$

对于条形基础，有

$$p_z = \frac{b(p_k - p_c)}{(b + 2z\tan\theta)} \tag{11-3}$$

式中：l、b 分别为基础底面的长度和宽度(m)；p_k 为相应于荷载效应标准组合时，基础底面处的平均压力值(kPa)；p_c 为基础底面处的自重压力值(kPa)；z 为基础底面下垫层的厚度(m)；θ 为垫层的压力扩散角，宜通过试验确定，当无试验资料时，按表 11-1 采用。

在换填法设计时，垫层厚度的大小需要进行试算，即先假定垫层厚度，再由式(11-1)复核，如果假定的厚度正好满足式(11-1)要求，则该厚度即为所确定的值；如果计算复核相差悬殊，则应重新假设进行计算。由此可见，计算工作量大。假设地基为均质土(对非均质土，计算误差不大)，分条形基础、方形基础、矩形基础三种情况，给出垫层厚度计算公式。

表 11-1 压力扩散角 θ 单位：°

换填材料 z/b	中砂、粗砂、砾砂、圆砾、角砾、石屑、卵石、碎石、矿渣	粉质黏土、粉煤灰	灰土
0.25	20	6	28
≥0.5	30	23	

注：①当 $z/b < 0.25$ 时，除灰土取 $\theta = 28°$ 外，其余材料均取 $\theta = 0°$；②当 $0.25 < z/b < 0.5$ 时，θ 值可用内插法求得；③土工合成材料加筋垫层其压力扩散角宜由现场静载荷试验确定。

1) 条形基础

设垫层厚度为 z，基底附加应力 $p_0 = p_k - p_c$，土的重度为 γ (地下水位以下取有效重度)，基础埋深 d，则 $p_{cz} = \gamma(z+d)$，$p_z = \dfrac{bp_0}{b+2z\tan\theta}$，$f_{az} = f_{ak} + \gamma(d+z-0.5)$，代入式 $p_z + p_{cz} = f_{az}$，得到

$$\frac{bp_0}{b+2z\tan\theta} + \gamma(d+z) = f_{ak} + \gamma(d+z-0.5)$$

由此解出垫层最小厚度为

$$z = \frac{b(p_0 - f_{ak} + 0.5\gamma)}{2\tan\theta(f_{ak} - 0.5\gamma)} \tag{11-4}$$

2) 方形基础

方形基础 $b = l$，则附加应力 $p_z = \dfrac{b^2 p_0}{(b+2z\tan\theta)^2}$，$\dfrac{b^2 p_0}{(b+2z\tan\theta)^2} + \gamma(d+z) = f_{ak} + \gamma(d+z-0.5)$，由此解出垫层最小厚度为

$$z = \frac{b(\sqrt{p_0} - \sqrt{f_{ak} - 0.5\gamma})}{2\tan\theta\sqrt{f_{ak} - 0.5\gamma}} \tag{11-5}$$

3) 矩形基础

$$p_z = \frac{lbp_0}{(l+2z\tan\theta)(b+2z\tan\theta)}$$

代入式(11-1)经过复杂的推导得

$$z^2 + \frac{b+l}{2\tan\theta}z + \frac{bl(f_{ak} - p_0 - 0.5\gamma)}{4\tan^2\theta(f_{ak} - 0.5\gamma)} = 0$$

这是一个一元二次方程，设 $m = \dfrac{b+l}{2\tan\theta}$，$n = \dfrac{bl(f_{ak} - p_0 - 0.5\gamma)}{4\tan^2\theta(f_{ak} - 0.5\gamma)}$，则方程为

$$z^2 + mz + n = 0$$

由此解出最小垫层厚度为

$$z = \frac{-m + \sqrt{m^2 - 4n}}{2} \tag{11-6}$$

将计算出的最小垫层厚度 z 适当增加一定数值，代入式(11-1)检验是否满足要求，计算过程将大为简化。

2. 垫层宽度

垫层宽度应满足基础底面压力扩散的要求,可按式(11-7)计算或根据当地经验确定,即

$$b' \geqslant b + 2z\tan\theta \tag{11-7}$$

式中: b' 为垫层底面宽度(m)。

垫层底面每边宜超出基础底边不小于 300mm,或从垫层底面两侧向上按当地开挖基坑经验的要求放坡确定。应防止垫层向两侧挤压而破坏侧面土质。如果垫层宽度不足,四周侧面土质又较软弱时,垫层就有可能部分挤入侧面软弱土中,造成基础沉降增大。

3. 垫层的压实标准

垫层的压实标准可按表 11-2 选用。矿渣垫层的压实系数可根据满足承载力要求的试验结果,按最后两遍压实的压实差确定。

表 11-2 各种垫层的压实标准

施工方法	换填材料类别	压实系数 λ_c
碾压、振密或夯实	碎石、卵石	≥0.97
	砂夹石(其中碎石、卵石占全重的30%~50%)	
	土夹石(其中碎石、卵石占全重的30%~50%)	
	中砂、粗砂、砾砂、角砾、圆砾、石屑	
	粉质黏土	≥0.97
	灰土	≥0.95
	粉煤灰	≥0.95

注:①压实系数 λ_c 为土的控制干密度 ρ_d 与最大干密度 $\rho_{d\max}$ 的比值;土的最大干密度宜采用击实试验确定,碎石或卵石的最大干密度可取 $2.1\sim2.2\text{g/cm}^3$;②表中的压实系数系使用轻型击实试验测定的土的最大干密度时给出的压实控制标准,采用重型击实试验时,对粉质黏性、灰土、粉煤灰及其他材料压实标准应为压实系数 $\lambda_c \geqslant 0.95$。

4. 换填垫层的承载力与垫层地基变形

换填垫层的承载力宜通过现场静载荷试验确定。对于垫层下存在软弱下卧层的建筑,在进行地基变形计算时应考虑邻近建筑物荷载对软卧下卧层顶面应力叠加的影响。当超出原地面标高的垫层或垫层材料的重度大于天然土层重度时,宜及时换填,并应考虑其附加荷载的不利影响。

垫层地基的变形由垫层自身变形和下卧层变形组成。换填垫层在满足垫层厚度、压实标准设计要求的条件下,换填垫层地基的变形可仅考虑其下卧层的变形。对沉降要求严格或垫层厚的建筑,应计算垫层自身的变形。垫层下卧土层的变形量可按现行国家标准《建筑地基基础设计规范》(GB 50007—2011)的有关规定计算。

【例 11-1】某建筑物承重墙下为条形基础,基础宽度为 1.5m,埋深为 1m,相应于荷载效应标准组合时上部结构传至条形基础顶面的荷载 F_k =247.5kN/m。地面下存在 5.0m 厚的淤泥层, γ =18kN/m³, γ_{sat} =19kN/m³,淤泥层地基的承载力特征值 f_{ak} =80kPa,地下水位距地面深 1m,试设计砂垫层。

解 (1) 相应于荷载效应标准组合时基础底面平均压力值为

$$p_k = \frac{F_k + G}{b} = \frac{247.5 + 1.5 \times 1 \times 20}{1.5} = 185(kPa)$$

基底附加应力

$$p_0 = 185 - 18 \times 1 = 167(kPa)$$

(2) 计算垫层厚度。

条形基础，垫层材料选用中砂，先假设垫层厚度 $z/b > 0.5$，则垫层的压力扩散角 $\theta = 30°$，根据式(11-4)计算垫层厚度 $z = \dfrac{1.5 \times (167 - 80 + 0.5 \times 18)}{2 \times \tan 30° \times (80 - 0.5 \times 18)} = 1.76(m)$，取垫层厚度 $z = 2m$。

(3) 垫层厚度验算。

$$z/b = 2/1.5 = 1.33 > 0.5$$

则垫层的压力扩散角 $\theta = 30°$，基础底面处土的自重压力 $p_c = 18 \times 1 = 18(kPa)$

垫层底面处的附加压力值 $p_z = \dfrac{b(p_k - p_c)}{b + 2z \tan \theta} = \dfrac{1.5 \times (185 - 18)}{1.5 + 2 \times 2 \times \tan 30°} = 65.8(kPa)$

垫层底面处土的自重应力 $p_{cz} = 18 \times 1 + (19 - 10) \times 2 = 36(kPa)$

$$\gamma_m = \frac{1 \times 18 + (19 - 10) \times 2}{1 + 2} = 12(kN/m^3), \quad \eta_d = 1.0$$

淤泥层地基经深度修正后的地基承载力特征值为

$$f_{az} = f_{ak} + \eta_d \gamma_m (d - 0.5) = 80 + 1.0 \times 12 \times (3 - 0.5) = 110(kPa)$$

$p_z + p_{cz} = 65.8 + 36 = 101.8 < f_{az} = 110(kPa)$，满足强度要求，垫层厚度选定为 2.0m 是合适的。

(4) 确定垫层宽度 b'。

$b' = b + 2z \tan \theta = 1.5 + 2 \times 2 \times \tan 30° = 3.81m$，取 $b' = 3.9m$，按 1：1.5 边坡开挖。

11.1.4 垫层施工

(1) 垫层施工应根据不同的换填材料选择施工机械。粉质黏土、灰土宜采用平碾、振动碾或羊足碾；中小型工程也可采用蛙式夯、柴油夯；砂石等宜用振动碾；粉煤灰宜采用平碾、振动碾、平板振动器、蛙式夯；矿渣宜采用平板振动器或平碾，也可采用振动碾。

(2) 垫层的施工方法、分层铺填厚度，每层压实遍数等宜通过试验确定。除接触下卧软土层的垫层底部应根据施工机械设备及下卧层土质条件确定厚度外，一般情况下，垫层的分层铺填厚度可取 200～300mm。为保证分层压实质量，应控制机械碾压速度。

(3) 粉质黏土和灰土垫层土料的施工含水率宜控制在最优含水率 $\omega_{op} \pm 2\%$ 的范围内，粉煤灰垫层的施工含水率宜控制在 $\omega_{op} \pm 4\%$ 的范围内。最优含水率可通过击实试验确定，也可按当地经验取用。

(4) 当垫层底部存在古井、古墓、洞穴、旧基础、暗塘等软硬不均的部位时，应根据建筑对不均匀沉降的要求予以处理，并经检验合格后方可铺填垫层。

(5) 基坑开挖时应避免坑底土层受扰动，可保留约 200mm 厚的土层暂不挖去，待铺填垫层前再挖至设计标高。严禁扰动垫层下的软弱土层，防止其被践踏、受冻或受水浸泡。

在碎石或卵石垫层底部宜设置 150～300mm 厚的砂垫层或铺一层土工织物，以防止软弱土层表面的局部破坏，同时必须防止基坑边坡坍土混入垫层。

(6) 换填垫层施工应注意基坑排水，除采用水撼法施工砂垫层外，不得在浸水条件下施工，必要时应采用降低地下水位的措施。

(7) 垫层底面宜设在同一标高上，如深度不同，基坑底土面应挖成阶梯或斜坡搭接，并按先深后浅的顺序进行垫层施工，搭接处应夯压密实。粉质黏土及灰土垫层分段施工时，不得在柱基、墙角及承重窗间墙下接缝。上下两层的缝距不得小于 500mm。接缝处应夯压密实，灰土应拌和均匀并应当日铺填夯压。灰土夯压密实后 3d 内不得受水浸泡。粉煤灰垫层铺填后宜当天压实，每层验收后应及时铺填上层或封层，防止干燥后松散起尘污染，同时应禁止车辆碾压通行。垫层竣工验收合格后，应及时进行基础施工与基坑回填。

(8) 土工合成材料加筋垫层。所用土工合成材料的品种与性能及填料的土类应根据工程特性和地基土条件，按照现行国家标准《土工合成材料应用技术规范》(GB 50290)的要求，通过现场试验后确定其适用性。

作为加筋的土工合成材料应采用抗拉强度较高、受力时伸长率不大于 4%～5%、耐久性好、抗腐蚀的土工格栅、土工格室、土工垫或土工织物等土工合成材料；垫层填料宜用碎石、角砾、砾砂、粗砂、中砂或粉质黏性等材料。当工程要求垫层具有排水功能时，垫层材料应具有良好的透水性。

11.1.5　褥垫法

岩土混合地基是山区的一种常见地基，特别是石芽密布并露出地基以及大块孤石地基，一般要进行处理；否则极易引起建筑物的不均匀沉降，造成工程事故，而褥垫法就是处理这种地基的一种简易、可靠、经济的方法。

1. 原理

褥垫法的作用在于合理调整地基的压缩性，当建筑物的基槽中地基岩土软硬差别很大时，可在压缩性低的部位上铺设一定厚度的可压缩的材料(即褥垫)，与压缩性较高的部位的地基变形相适应，以减少沉降差，从而调整岩土交界部位地基的相对变形，避免该处由于应力过于集中而使建筑物墙体出现裂缝。

2. 褥垫的构造

对于大块孤石或石芽出露的地基，如其周围土层承载力特征值大于 150kPa 时，当房里为单层排架结构或 1～3 层砌体承重结构时，宜将大块孤石或石芽顶部削低，铺填 0.3～0.5m厚的褥垫，其结构如图 11-1 所示。对于多层砌体承重结构，则应根据土质情况、建筑物对地基变形的要求，适当调整建筑物平面位置或采用桩基、梁、拱跨越等，在地基压缩性差异大的部位宜结合建筑平面形状、荷载条件设置沉降缝等措施进行处理。

3. 褥垫施工

(1) 首先把基底出露的岩石凿击一定的厚度并呈斜面状，使基槽略大于基础宽度，并在基础与岩石之间涂上沥青。

(2) 铺填可压缩性褥垫材料,并分层压(夯)实,采用黏性土时,应防止水泥浆渗入胶结;利用炉渣(颗粒级配相当于角砾)或粗、中砂作褥垫时,不仅调整幅度大,而且不受水的影响,性能较稳定,其效果最佳。

(3) 褥垫层厚度由所调整的沉降量而定,一般为 30～50cm,或由沉降计算确定。

(4) 褥垫的夯填度可用夯填密度 ρ_n (夯实后厚度与虚铺厚度之比)来控制施工质量, ρ_n 应根据设计要求和现场试验来确定,当无资料时,可参考下列数值控制施工质量:

中砂与粗砂:0.87±0.05;土夹石(其中砾石含量为 20%～30%):0.70±0.05;煤灰渣:0.65±0.05。

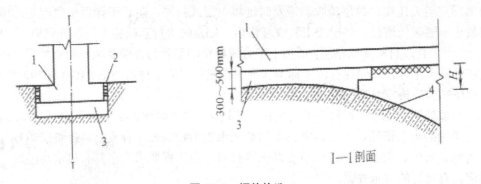

图 11-1　褥垫构造

1—基础;2—沥青层;3—褥垫;4—基岩

4. 使用褥垫法应注意的问题

由于褥垫厚度较薄,施工时表面外露,下面是岩层,易于进水,且难以下渗,它既不同于天然地基,也不同于大面积填土地基,褥垫遇到雨水容易聚集而泡软,蒸发时补给水分不足容易失水固结,这些特殊情况如果不注意,处理效果就会很差。在用作褥垫的材料中,炉渣(颗粒级配相当于角砾时)调整沉降的幅度较大,而且受水的影响性质比较稳定,所以效果最好,利用黏性土做褥垫,调整沉降虽然灵活性大,但应采用防止水分渗入的措施,以免影响褥垫的质量,如采用软散材料做褥垫,浇灌混凝土基础时应防止水泥浆渗入胶结,以免褥垫失去作用。

11.2　预 压 地 基

预压地基是在建筑物建造前,对建筑物场地进行预压,使土体中的水通过竖井或塑料排水带排出,逐渐固结,地基发生沉降,同时强度逐步提高的方法。预压地基分为堆载预压地基、真空预压地基、真空和堆载联合预压地基。

11.2.1　堆载预压地基

堆载预压法包括砂井堆载预压法、袋装砂井预压法、塑料排水板预压法。堆载预压就是在建筑物建造前，在建筑场地进行加载预压，使地基的固结沉降基本完成，提高地基土强度的方法。对于在持续荷载下体积发生很大的压缩和强度会增长的土，而又有足够的时间进行压缩时，这种方法特别适用。为了加速压缩过程，可采用比建筑物重量大的所谓超载进行预压。

1. 堆载预压固结法的组成

预压法由加压系统和排水系统两部分组成。

1) 排水系统

排水系统主要在于改变地基原有的排水边界条件、增加孔隙水排出的途径、缩短排水距离。该系统是由水平排水垫层和竖向排水体构成的。当软土层较薄，或土的渗透性较好而施工期允许较长时，可仅在地面铺设一定厚度的砂垫层，然后加载，土层中的水沿竖向流入砂垫层而排出。当工程上遇到透水性很差的深厚软土层时，可在地基中设置竖井等竖向排水体，地面连以排水砂垫层，构成排水系统。

2) 加压系统

加压系统是起固结作用的荷载。它使地基土的固结压力增加而产生固结。排水系统是一种手段，如没有加压系统，孔隙中的水没有压力差就不会自然排出，地基也就得不到加固。如果只增加固结压力，不缩短土层的排水距离，则不能在预压期间尽快地完成设计所要求的沉降量，强度不能及时提高，加载也就不能顺利进行。所以上述两个系统，在设计时总是联系起来考虑的。

对重要工程，应预先在现场选择试验区进行预压试验，在预压过程中应进行竖向变形、侧向位移、孔隙水压力等项目的观测以及原位十字板剪切试验。根据试验区获得的资料分析地基的处理效果，与原设计预估值比较，对设计作必要的修正，并指导全场的设计和施工。对主要以沉降控制的建筑，如冷藏库、机场跑道等，当地基经预压达到 80%以上时，方可卸载；对主要以地基承载力或抗滑稳定性控制的建筑，在地基土经预压增长的强度满足设计要求后方可卸载。

2. 堆载预压法的设计要点

1) 排水竖井体

(1) 确定竖井或塑料排水带直径。

竖井直径主要取决于土的固结性和施工期限的要求。竖井分普通竖井、袋装竖井和塑料排水带，普通竖井直径可取 300～500mm，袋装竖井直径可取 70～120mm，塑料排水带的当量换算直径可按式(11-8)计算，即

$$d_p = \frac{2(b+\delta)}{\pi} \tag{11-8}$$

式中：d_p 为塑料排水带当量换算直径(mm)；b 为塑料排水带宽度(mm)；δ 为塑料排水带厚度(mm)。

(2) 排水竖井或塑料排水带间距。

竖井或塑料排水带的间距可根据地基土的固结特性和预定时间内所要求达到的固结度确定。通常竖井的间距可按井径比 $n\left(n = \dfrac{d_e}{d_w} \right.$，$d_e$ 为竖井的有效排水圆柱体直径，d_w 为竖

井直径 }确定。普通竖井的间距可按 $n = 6 \sim 8$ 选用;袋装竖井或塑料排水带的间距可按 $n = 15 \sim 22$ 选用。

(3) 竖井的排列方式。

竖井的平面布置可采用等边三角形或正方形排列。竖井的有效排水直径 d_e 和竖井间距 s 的关系可按下列规定取用:等边三角形布置 $d_e = 1.05s$;正方形布置 $d_e = 1.13s$。

(4) 竖井深度。

竖井的深度应根据建筑物对地基的稳定性和变形要求确定。对以地基抗滑稳定性控制的工程,竖井深度至少应超过最危险滑动面以下 2m。对以沉降控制的建筑物,如压缩土层厚度不大,竖井宜贯穿压缩层。对深度大的压缩土层,竖井深度应根据在限定的预压时间内消除的变形量确定,若施工设备条件达不到设计深度,则可采用超载预压等方法来满足工程要求。若软土层厚度不大或软土层含较多薄粉砂夹层,预计固结速率能满足工期要求时,可不设置竖向排水体。

2) 水平排水砂层

预压处理地基必须在地表铺设与排水竖井相连的砂垫层,砂垫层应符合以下要求:①厚度不应小于 500mm;②砂垫层砂料宜用中粗砂,黏粒含量不应大于 3%,砂料中可混有少量粒径小于 50mm 的砾石。砂垫层的干密度应大于 1.5g/cm³,其渗透系数应大于 1×10^{-2}cm/s。在预压区边缘应设置排水沟,在预压区内宜设置与砂垫层相连的排水盲沟。

3) 预压荷载的大小、范围和速率

(1) 加载数量。

预压荷载大小应根据设计要求确定。对于沉降有严格限制的建筑,应采用超载预压法处理,超载量大小应根据预压时间内要求完成的变形量通过计算确定,并宜使预压荷载下受压土层各点的有效竖向应力大于建筑物荷载引起的相应点的附加应力。

(2) 加荷范围。

预压荷载顶面的范围应等于或大于建筑物基础外缘所包围的范围,以保证建筑物范围内的地基得到均匀加固。

(3) 加载速率。

加载速率应根据地基土的强度确定。当天然地基土的强度满足预压荷载下地基的稳定性要求时,可一次性加载;否则应分级逐渐加载,待前期预压荷载下地基土的强度增长满足下一级荷载下地基的稳定性要求时方可加载。

4) 地基的固结度

在一级或多级等速加载条件下,t 时间对应总荷载的地基平均固结度可按式(11-9)计算,即

$$U_t = \sum_{i=1}^{n} \frac{q_i}{\sum \Delta P} \left[(T_i - T_{i-1}) - \frac{\alpha}{\beta} e^{-\beta t} (e^{\beta T_i} - e^{\beta T_{i-1}}) \right] \tag{11-9}$$

式中:U_t 为 t 时间地基的平均固结度;q_i 为第 i 级荷载的加载速率(kPa/d);$\sum \Delta P$ 为各级荷载的累加值(kPa);T_{i-1}、T_i 分别为第 i 级荷载的起始和终止时间(d)(从零点起算),当计算第 i 级荷载过程中某时间 t 的固结度时,T_i 改为 t;α、β 为参数,按表 11-3 采用。

表 11-3 α、β 值

参　数	排水固结件		
	竖向排水固结 $\bar{U}_z > 30\%$	向内径向排水固结	竖向和向内径向排水固结(竖井贯穿受压土层)
α	$\dfrac{8}{\pi^2}$	1	$\dfrac{8}{\pi^2}$
β	$\dfrac{\pi^2 C_v}{4H^2}$	$\dfrac{8C_h}{F_n d_e^2}$	$\dfrac{8C_h}{F_n d_e^2} + \dfrac{\pi^2 C_v}{4H^2}$

注：C_v 为土的竖向排水固结系数(cm²/s)；C_h 为土的水平排水固结系数(cm²/s)；H 为土层竖向排水距离(cm)，双面排水时，H 为土层厚度的一半，单面排水时，H 为土层厚度；$\bar{U}_z$ 为双面排水土层或固结应力均匀分布的单面排水土层平均固结度。

$$F_n = \frac{n^2}{n^2-1}\ln(n) - \frac{3n^2-1}{4n^2} \tag{11-10}$$

表 11-3 中的 β 为竖井地基不考虑涂抹和井阻影响的参数值。当排水竖井采用挤土方式施工且竖井较长，而当竖井的纵向通水量与天然土层水平向渗透系数之比又较小时，应考虑涂抹和井阻对土体固结的影响。瞬时加载条件下，竖井地基径向排水平均固结度可按式(11-11)计算，即

$$\bar{U}_r = 1 - e^{\frac{8C_h t}{F d_e^2}} \tag{11-11}$$

$$F = F_n + F_s + F_r \tag{11-12}$$

$$F_n = \ln(n) - \frac{3}{4} \qquad n \geqslant 15 \tag{11-13}$$

$$F_s = \left[\frac{K_h}{K_s} - 1\right]\ln s \tag{11-14}$$

$$F_r = \frac{\pi L^2 K_h}{4 q_w} \tag{11-15}$$

式中：$\bar{U}_r$ 为固结时间时竖井地基径向排水平均固结度；K_h 为天然土层水平向渗透系数(cm/s)；K_s 为涂抹区土的水平向渗透系数(cm/s)，可取 $K_s = \left(\dfrac{1}{5} \sim \dfrac{1}{3}\right) K_h$；$s$ 为涂抹区直径与竖井直径的比值，可取 $s = 2.0 \sim 3.0$，对中等灵敏黏性土取低值，对高灵敏黏性土取高值；L 为竖井深度(cm)；q_w 为竖井纵向通水量，为单位水力梯度下单位时间的排水量(cm³/s)。

一级或多级等速加荷条件下，考虑涂抹和井阻影响时竖井穿透受压土层地基的平均固结度可按式(11-9)计算，其中 $\alpha = \dfrac{8}{\pi^2}$，$F = \dfrac{8C_h}{F d_e^2} + \dfrac{\pi^2 C_v}{4H^2}$。

【例 11-2】 某大面积饱和软土层，厚度 $H = 10\text{m}$，下卧层为不透水层，采用竖井堆载预压进行处理，竖井打到不透水层，竖井直径为 35cm，间距为 200cm，正三角形布置，土的竖向固结系数 $C_v = 1.6 \times 10^{-3}\,\text{cm}^2/\text{s}$，水平排水固结系数 $C_h = 3.0 \times 10^{-3}\,\text{cm}^2/\text{s}$，在大面积荷载 150kPa 作用下，加荷时间为 5d，求 60d 的固结度(不考虑涂抹和井阻影响)。

解 (1) $d_e = 1.05l = 1.05 \times 200 = 210\text{cm}$，井径比 $n = \dfrac{d_e}{d_w} = \dfrac{210}{35} = 6.0$

(2) $F_n = \dfrac{n^2}{n^2-1}\ln(n) - \dfrac{3n^2-1}{4n^2} = 1.1$

(3) $\alpha = \dfrac{8}{\pi^2} = 0.81$，$\beta = \dfrac{8C_h}{F_n d_e^2} + \dfrac{\pi^2 C_v}{4H^2} = \dfrac{8 \times 3 \times 10^{-3}}{1.1 \times 210^2} + \dfrac{3.14^2 \times 1.6 \times 10^{-3}}{4 \times 1000^2} = 0.498687 \times 10^{-6}(\text{s}^{-1}) =$

$0.043086(\text{d}^{-1})$

(4) $T_{i-1} = 0$，$T_i = 5\text{d}$，$t = 60\text{d}$，$q_i = \dfrac{150}{5} = 30\text{kPa/d}$，$\sum \Delta p = 150\text{kPa}$

$$U_t = \sum_{i=1}^{n} \frac{q_i}{\sum \Delta P}\left[(T_i - T_{i-1}) - \frac{\alpha}{\beta}e^{-\beta t}(e^{\beta T_i} - e^{\beta T_{i-1}})\right]$$

$$= \frac{30}{150}\left[(5-0) - \frac{0.81}{0.043086} \times e^{-0.043086 \times 60}(e^{0.043086 \times 5} - e^{0.043086 \times 0})\right] = 93.2\%。$$

5) 预压地基的最终竖向变形量

预压荷载下地基的最终竖向变形量可式(11-16)计算，即

$$s = \xi \sum_{i=1}^{n} \frac{e_{0i} - e_{1i}}{1 + e_{0i}} h_i \tag{11-16}$$

式中：s 为最终竖向变形量(m)；e_{0i} 为第 i 层中点土自重应力所对应的孔隙比，由室内固结试验曲线查得；e_{1i} 为第 i 层中点土自重应力与附加应力之和所对应的孔隙比，由室内固结试验曲线查得；h_i 为第 i 层土层厚度(m)；ξ 为经验系数，对正常固结饱和黏性土地基可取 $\xi = 1.1 \sim 1.4$。荷载较大或地基软弱土层厚度大时取较大值。

变形计算时，可取附加应力与土自重应力的比值为 0.1 的深度作为压缩层的计算深度。

3. 加载预压地基的施工工艺

1) 水平排水垫层施工

(1) 当地基表层有一定厚度的硬壳层，其承载力较好，能上一般运输机械时，一般采用机械分堆摊铺法，即先堆成若干砂堆，然后用机械或人工摊平。

(2) 当硬壳层承载力不足时，一般采用顺序摊铺法。

(3) 当软土地基表面很软，如新沉积或新吹填不久的超软地基，首先要改善地基表面的持力条件，使其能上施工人员和轻型运输工具。

(4) 尽管对超软层地基表面采取了加强措施，持力条件仍然很差，一般轻型机械上不去，在这种情况下，通常采用人工或轻便机械顺序推进铺设。

2) 竖向排水体施工

竖井施工一般先在地基中成孔，再在孔内灌砂形成竖井。竖井灌砂量，应按井孔的体积和砂在中密时的干密度计算，其实际灌砂量不得小于计算值的 95%。灌入砂袋的砂宜用干砂，并应灌制密实，砂袋放入孔内至少应高出孔口 200mm，以便埋入砂垫层中。竖井成孔施工方法有振动沉管法、射水法、螺旋钻成孔法和爆破法四种。

(1) 振动沉管法。它是以振动锤为动力，将套管沉到预定深度，灌砂后振动、提管形成竖井。采用该法施工不仅避免了砂随管带上，保证竖井的密实性，同时砂受到振密，竖井质量较好。

（2）射水法。它是指利用高压水通过射水管形成高速水流的冲击和环刀的机械切削，使土体破坏，并形成一定直径和深度的竖井孔，然后灌砂而成竖井。射水成孔工艺，对土质较好且均匀的黏性土地基是较适用的。但对土质很软的淤泥，因成孔和灌砂过程中容易缩孔，很难保证竖井的直径和连续性。对夹有粉砂薄层的软土地基，若压力不严，易在冲水成孔时出现串孔，对地基扰动较大。射水法成井的设备比较简单，对土的扰动较小，但在泥浆排放、塌孔、缩颈、串孔、灌砂等方面都还存在一定的问题。

（3）螺旋钻成孔法。它是用动力螺旋钻孔，属于干钻法施工，提钻后孔内灌砂成形。此法适用于陆上工程、竖井长度在 10m 以内，土质较好，不会出现缩颈和塌孔现象的软弱地基。此法在美国应用较广泛，该工艺所用设备简单而机动，成孔比较规整，但灌砂质量较难掌握，对很软弱的地基也不太适用。

（4）爆破法。它是先用直径为 73mm 的螺纹钻钻成一个竖井所要求设计深度的孔，在孔中放置由传爆线和炸药组成的条形药包，爆破后将孔扩大，然后往孔内灌砂形成竖井。这种方法施工简易，不需要复杂的机具，适用于深度为 6～7m 的浅竖井。

3）袋装竖井施工

袋装竖井是用具有一定伸缩性和抗拉强度很高的聚丙烯或聚乙烯编织袋装满砂子，它基本上解决了大直径竖井中存在的问题，使竖井的设计和施工更加科学化，保证了竖井的连续性。打设设备实现了轻型化，比较适应在软弱地基上施工，用砂量大为减少，施工速度加快，工程造价降低，是一种比较理想的竖向排水体。

砂袋中的砂用洁净的中砂，砂袋的直径、长度和间距，应根据工程对固结时间的要求、工程地质情况等通过固结理论计算确定。袋装竖井常用的直径为 70mm。其长度主要取决于软土层的排水固结效果，而排水固结效果与固结压力的大小成正比。由于在地基中固结应力随着深度而逐渐减小，所以，袋装竖井有一个最佳有效长度，竖井不一定打穿整个压缩层。然而当软土层不太厚或软土层下面又有砂层，且施工机具又具备深层打入能力时，则竖井尽可能地打穿软土层，这对排水固结有利。

4）塑料排水带施工

塑料排水带的滤膜应有良好的透水性，塑料排水带应具有足够的湿润抗拉强度和抗弯曲能力。

插带机械：用于插设塑料排水带的机械，种类很多。有专门机械，也有用挖掘机、起重机、打桩机及袋装竖井打设机械改装的。有轨道式、轮胎式、链条式、履带式和步履式等多种形式。

塑料排水带管靴与桩尖：一般打设塑料带的导管靴有圆形和矩形两种。由于导管靴断面不同，所用桩尖各异，并且一般都与导管分离。桩尖主要作用是在打设塑料带过程中防止淤泥进入导管内，并且对塑料带起锚定作用，防止提管时将塑料带拔出。

11.2.2 真空预压地基

真空预压地基是在需要加固的软黏土地基内设置竖井或塑料排水带，然后在地面铺设砂垫层，再在其上覆盖一层不透气的密封膜使之与大气隔绝，通过埋设于砂垫层中的吸水管道，用真空泵抽气使膜内保持较高的真空度，在土的孔隙水中产生负的孔隙水压力，孔隙水逐渐被排出从而达到预压效果。施工时必须采用措施防止漏气,才能保证必要的真空度,其作用原理如图11-2所示。

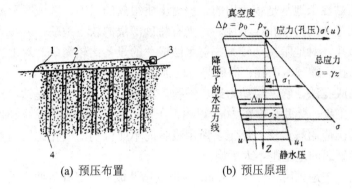

(a) 预压布置　　　　　　　(b) 预压原理

图11-2　真空预压地基的原理示意图

1—隔断幕;2—铺砂;3—真空泵;4—垂直排水体

真空预压处理地基必须设置排水竖井。设计内容包括:竖井断面尺寸、间距、排列方式和深度的选择;预压区面积和分块大小;真空预压工艺;要求达到的真空度和土层的固结度;真空预压和建筑物荷载下地基的变形计算;真空预压后地基土的强度增长计算等。

1. 竖向排水体尺寸

采用真空预压法处理地基必须设置竖井或塑料排水带。竖向排水体可采用直径为70mm的袋装竖井,也可采用普通竖井或塑料排水带。竖井或塑料排水带的间距可按照加载预压法设计的竖井或塑料排水带间距选用。真空预压竖向排水通道宜穿透软土层,但不应进入下卧透水层。软土层厚度较大且以地基抗滑稳定性控制的工程,竖向排水通道的深度至少应超过最危险滑动面3.0m。对以变形控制的工程,竖井深度应根据在限定的预压时间内需完成的变形量确定,且宜穿透主要受压土层。竖井的砂料应采用中粗砂,其渗透系数宜大于$1×10^{-2}$cm/s。

2. 预压区面积和分块大小

采用真空预压处理地基时,真空预压的总面积不得小于建筑物基础外缘所包围的面积。当真空预压加固面积较大时,宜采取分区加固,分区面积宜为20000~40000m²。每块预压区面积宜尽可能大且相互连接,因为这样可加快工程进度和消除更多的沉降量。两个预压区的间隔也不宜过大,需根据工程要求和土质决定,一般以2~6m为好。

3. 膜内真空度

真空预压效果与密封膜下所能达到的真空度大小关系极大。当采用合理的施工工艺和设备时,真空预压的膜下真空度应稳定地保持在650mmHg以上,且应均匀分布,竖井深度范围内土层的平均固结度应大于90%。对于表层存在良好的透气层或在处理范围内有充足水源补给的透水层时,应采取有效措施隔断透气层或透水层。

4. 变形计算

真空预压地基最终竖向变形可按式(11-16)计算,其中ξ可取0.8~0.9。

11.2.3 真空、堆载联合预压地基

当建筑物的荷载超过真空预压的压力，且建筑物对地基变形有严格要求时，可采用真空和堆载联合预压，其总压力宜超过建筑物的竖向荷载。

1. 设计要点

(1) 当设计地基预压荷载大于80kPa时，应在真空预压抽真空的同时再施加定量的堆载。

(2) 堆载体的坡肩线宜与真空预压边线一致。

(3) 对于一般软黏土，当膜下真空度稳定地达到650mmHg后，抽真空10d左右可进行上部堆载施工，即边抽真空边施加堆载。对于高含水率的淤泥类土，当膜下真空度稳定地达到650mmHg后，一般抽真空20～30d可进行堆载施工。

(4) 当堆载较大时，真空和堆载联合预压法应提出荷载分级施加要求，分级数应根据地基土稳定计算确定。分级逐渐加载时，应待前期预压荷载下地基土的强度增长满足下一级荷载下地基的稳定性要求时方可加载。

(5) 真空和堆载联合预压以真空预压为主时，最终竖向变形可按式(11-16)计算，其中ξ可取0.9。

2. 施工要点

(1) 采用真空和堆载联合预压时，先进行抽真空，当真空压力达到设计要求并稳定后，再进行堆载，并继续抽真空。

(2) 堆载前需在膜上铺设保护层，保护层可采用编织布或无纺布等，其上铺设100～300mm厚的砂垫层。

(3) 堆载时应采用轻型运输工具，并不得损坏密封膜。

(4) 在进行上部堆载施工时，应密切观察膜下真空度的变化，发现漏气应及时处理。

(5) 堆载加载过程中，应满足地基稳定性控制要求。在加载过程中应进行竖向变形、边缘水平位移及孔隙水压力等项目的监测，并应满足以下要求：①地基向加固区外的侧移速率不大于5mm/d；②地基沉降速率不大于30mm/d；③根据上述观察资料综合分析、判断地基的稳定性。

(6) 真空和堆载联合预压施工除上述规定外，尚应符合堆载预压和真空预压的有关规定。

11.3 压实地基和夯实地基

11.3.1 压实地基

1. 压实地基处理的基本要求

压实地基系指大面积填土经处理后形成的地基。当利用压实填土作为建筑工程的地基

持力层时，应根据结构类型、填料性能和现场条件等，对拟压实的填土提出质量要求。未经检验查明以及不符合质量要求的压实填土，均不得作为建筑工程的地基持力层；对大型的、重要的或场地地层复杂的工程，在正式施工前应通过现场试验确定其处理效果。

2. 压实填土的设计要点

1) 压实填土的填料

压实填土的填料可选用粉质黏性土、灰土、粉煤灰以及级配良好的砂土或碎石土、土工合成材料，质地坚硬、性能稳定、无腐蚀性和放射性危害的工业废料等，并符合下列规定：①以砾石、卵石或块石作填料时，分层压实时其最大粒径不宜大于200mm，分层夯实时其最大粒径不宜大于400mm；②以粉质黏性土、粉土作填料时，其含水率宜为最优含水率，可采用击实试验确定；③挖高填低或开山填沟的土料和石料，应符合设计要求；④不得使用淤泥、耕土、冻土、膨胀性土以及有机质含量大于5%的土。

2) 压实施工方法的选择

压实填土包括分层压实和分层夯实的填土。施工时应根据建筑体型、结构与荷载特点、场地土层条件、变形要求及填料等综合分析后选择施工方法并进行压实地基的设计。碾压法用于地下水位以上填土的压实；振动压实法用于振实非黏性土或黏粒含量少、透水性较好的松散填土地基；(重锤)夯实法主要适用于稍湿的杂填土、黏性土、砂性土、湿陷性黄土和碎石土、砂土、粗粒土与低饱和度细粒土的分层填土等地基。

采用碾压法和振动压实法施工时应根据压实机械的压实能量、地基土的性质、压实系数和施工含水率等来控制，选择适当的碾压分层厚度和碾压遍数。碾压分层厚度、碾压遍数、碾压范围和有效加固深度等施工参数宜由现场试验确定，初步设计时按表11-4确定。

表11-4　填土每层铺填厚度及压实遍数

施工设备	每层铺填厚度/mm	每层压实遍数
平碾(8~12t)	200~300	6~8
羊足碾(5~16t)	200~350	8~16
振动碾(8~15t)	500~1200	6~8
冲击碾压(冲击势能15~25kJ)	600~1500	20~40

重锤夯实法常用锤重为1.5~3.2t，落距为2.5~4.5m，夯打遍数一般取6~10遍。宜通过试夯确定施工方案，试夯的层数不宜小于两层。当最后两遍的平均夯沉量对于黏性土和湿陷性黄土等一般不大于1.0~2.0cm，对于砂性土等一般不大于0.5~1.0cm。

3. 压实填土施工质量控制

压实填土的质量以压实系数控制，压实系数 λ_c 是指土的干密度与最大干密度之比，即

$$\lambda_c = \frac{\rho_d}{\rho_{d\max}} \tag{11-17}$$

式中：ρ_d 为现场土的实际控制干密度(g/cm³)；$\rho_{d\max}$ 为土的最大干密度(g/cm³)。

土的最大干密度通过试验测定，当无试验资料时，可按式(11-18)估算，即

$$\rho_{d\,max} = \eta \frac{\rho_{w} G_{s}}{1 + 0.01\omega_{op} G_{s}} \qquad (11\text{-}18)$$

式中：ρ_{w} 为水的密度(g/cm^3)；η 为经验系数，黏性土取 0.95，粉质黏性土取 0.96，粉土取 0.97；G_{s} 为土的相对密度；ω_{op} 为土的最优含水率(%)。

压实填土的压实系数，应根据结构类型和压实填土所在部位按表 11-5 的要求确定。

表 11-5　压实填土的质量控制

结构类型	填土部位	压实系数 λ_c	控制含水率/%
砌体承重结构和框架结构	在地基主要受力层范围内	≥0.97	$\omega_{op} \pm 2$
	在地基主要受力层范围以下	≥0.95	
排架结构	在地基主要受力层范围内	≥0.96	
	在地基主要受力层范围以下	≥0.94	

4. 压实填土地基承载力特征值

压实填土地基承载力特征值应根据现场静载荷试验确定，或可通过动力触探、静力触探等试验，并结合静载荷结果确定，同时应验算软卧下卧层承载力是否满足要求。

11.3.2　夯实地基

夯实地基是指采用强夯法或强夯置换法处理的地基。强夯法是将很重的锤(一般为 8～30t，最重达 200t)，从高处自由落下(一般为 6～30m，最高达 40m)，给地基以强大冲击能量的夯击，使土中出现冲击波和很大应力，迫使土体中孔隙压缩，排除孔隙中的气和水，使土粒重新排列，迅速固结，从而提高地基土的强度并降低其压缩性的地基加固方法。强夯法适用于处理碎石、砂土、低饱和度的粉土与黏性土、湿陷性黄土、杂填土和素填土等地基。由于该法简单、快速和经济，在实践中已被证实为一种较好的地基处理方法而得到广泛应用。

对高饱和度的粉土与黏性土等地基，当采用在夯坑内回填块石、碎石或其他粗颗粒材料，称为强夯置换法。

1. 强夯法的设计要点

采用强夯法加固松软地基一定要根据现场的地质条件和工程的使用要求，正确地选定强夯参数，才能达到经济而有效的目的。强夯设计参数包括锤重和落距、最佳夯击能、夯点布置、夯击次数与遍数、两次夯击遍数的间歇时间和加固范围等。

1) 夯锤重与落距

夯锤重与落距是影响夯击能和加固深度的重要因素。锤重和落距越大，加固效果越好。我国夯锤一般为 10～25t，最大夯锤为 40t。夯锤确定后，根据要求的单点夯击能量，就能确定夯锤的落距。我国通常采用的落距为 8～20m。对相同的夯击能量，常选用大落距的施工方案，这是因为增大落距可获得较大的接地速度，能将大部分能量有效地传到地下深处，增加深层夯实效果，减少消耗在地表土层塑性变形的能量。

加固区影响深度与夯锤的重量、夯锤的落高有关，按经验公式估算，即

$$X = m\sqrt{WH/10} \tag{11-19}$$

式中：X 为加固区的影响深度(m)；W 为夯锤的重量(kN)；H 为夯锤的落高(m)；m 为经验系数，它与地基土的性质及厚度有关，砂类土、碎石类土 $m = 0.4\sim0.45$；粉土、黏性土及湿陷性黄土 $m = 0.35\sim0.40$。《建筑地基处理技术规范》(JGJ 79—2012)规定，由于影响 m 值变化的因素很多，应由现场试验或邻近地区的强夯经验来确定。

夯锤重与落距是影响夯击能和加固深度的重要因素。锤重和落距越大，加固效果越好。整个加固场地的总夯击能量(即锤重×落距×总夯击数)除以加固面积称为单位夯击能。强夯的单位夯击能应根据地基土类别、结构类型、荷载大小和要求处理的深度等综合考虑，并可通过现场试验确定。过大的夯击能可能会引起地基土的破坏和强度的降低，所以夯击能应控制在容许范围值内。根据经验，粗粒土单位面积的夯击能可取 $1000\sim5000\text{kN}\cdot\text{m/m}^2$，细粒土的单位面积夯击能为 $1500\sim6000\text{kN}\cdot\text{m/m}^2$，淤泥质土和泥炭土的单位面积夯击能小于 $3000\text{kN}\cdot\text{m/m}^2$。

2) 夯击点的布置与间距

夯击点位置可根据基底平面形状，采用等边三角形、等腰三角形或正方形布置。第一遍夯击点间距可取夯锤直径的 $2.5\sim3.5$ 倍，第二遍夯击点位于第一遍夯击点之间。以后各遍夯击点间距可适当减小。对处理深度较深或单击夯击能较大的工程，第一遍夯击点间距宜适当增大。

3) 夯击遍数

夯击遍数应根据地基土的性质确定，可采用点夯 $2\sim4$ 遍，对于渗透性较差的细颗粒土，必要时夯击遍数可适当增加。最后再以低能量满夯 $1\sim2$ 遍，满夯可采用轻锤或低落距锤多次夯击，锤印搭接。

4) 两遍间的间歇时间

两遍夯击之间应有一定的时间间隔，间隔时间取决于土中超静孔隙水压力的消散时间。当缺少实测资料时，可根据地基土的渗透性确定，对于渗透性较差的黏性土地基，间隔时间不应少于 $3\sim4$ 周；对于渗透性好的地基可连续夯击。

5) 加固范围

强夯处理范围应大于建筑物基础范围，每边超出基础外缘的宽度宜为基底下设计处理深度的 $1/2\sim2/3$，并不宜小于 3m。对可液化地基，扩大范围不应小于可液化土层厚度的 $1/2$，并不应小于 5m；对湿陷性黄土地基，尚应符合现行国家标准《湿陷性黄土地区建筑地筑规范》(GB 50025)有关规定。

【例 11-3】 某湿陷性黄土地基厚度 6m，采用强夯法处理，拟采用圆底夯锤，质量为 10t，$m = 0.5$，采用多大落距才能满足加固要求？

解 加固影响深度 $X = m\sqrt{WH/10}$，将 $X = 6$ m 代入得到：$H = \left(\dfrac{X}{m}\right)^2 \times \dfrac{10}{W}$

$= \left(\dfrac{6}{0.5}\right)^2 \times \dfrac{10}{10 \times 9.81} = 14.68\text{m}$，施工时可选取 15m。

2. 强夯法的施工工艺

1）平整场地

强夯施工前应查明场地范围内的地下构筑物和各处地下管线的位置及标高等，采取必要的措施，避免因强夯施工造成损坏，应估计强夯后可能产生的平均地面变形，并以此确定地面高程，然后用推土机推平。

2）垫层铺设

强夯前要求拟加固的场地必须具有一层稍硬的表层，使其能支承起重设备，并便于对所施工的夯击能得到扩散，同时也可加大地下水位与地表面的距离，因此有时必须铺设垫层。对场地地下水位在-2m 深度以下的砂砾石层，可直接施行强夯，无须铺设垫层。地下水位较高的饱和黏性土与易于液化流动的饱和砂土，都需要铺设砂、砂砾或碎石垫层才能进行强夯；否则土体会发生流动。垫层厚度随场地的土质条件、夯锤重量及其形状等条件而定。当场地土质条件好、夯锤小或形状构造合理、起吊时吸力小者，也可减少垫层厚度。垫层厚度一般为 0.5～2.0m，用推土机推平并来回碾压。

3）强夯施工的步骤

强夯施工可按下列步骤进行：①清理并平整施工场地；②标出第一遍夯点位置，并测量场地高程；③起重机就位，使夯锤对准夯点位置；④测量夯前锤顶高程；⑤将夯锤起吊到预定高度，待夯锤脱钩自由下落后，放下吊钩，测量锤顶高程，若发现因坑底倾斜而造成夯锤歪斜时，应及时将坑底整平；⑥重复步骤⑤，按设计规定的夯击数及控制标准，完成一个夯点的夯击；⑦重复步骤③～⑥，完成第一遍全部夯点的夯击；⑧用推土机将夯坑填平，并测量场地高程；⑨在规定的间隔时间后，按上述步骤逐次完成全部夯击遍数，最后用低能量满夯，将场地表层松土夯实，并测量夯后场地高程。夯击时，落锤应保持平稳，夯位应准确，夯击坑内积水应及时排除。坑底含水率过大时，可铺设砂石后再进行夯击。

4) 安全措施

(1) 当强夯施工时所产生的振动，对邻近建筑物或设备产生有害影响时，应采取防振或隔振措施。

(2) 为防止飞石伤人，现场工作人员应戴安全帽。在夯击时所有人员应退到安全线以外。

3. 强夯置换法

强夯置换地基的设计应符合下列规定。

(1) 强夯置换墩的深度由土质条件决定，除厚层饱和粉土外，应穿透软土层，到达较硬土层上。深度不宜超过 10m。

(2) 强夯置换法的单击夯击能应根据现场试验确定。

(3) 墩体材料可采用级配良好的块石、碎石、矿渣、建筑垃圾等坚硬粗颗粒材料，粒径大于300mm的颗粒含量不宜超过全重的30%。

(4) 夯点的夯击次数应通过现场试夯确定，且应同时满足下列条件：① 墩底穿透软弱土层，且达到设计墩长；②累计夯沉量为设计墩长的1.5～2.0倍；③最后两击的平均夯沉量不大于《建筑地基处理技术规范》(JGJ 79—2012)的规定数值。

(5) 墩位布置宜采用等边三角形或正方形。对独立基础或条形基础可根据基础形状与宽度相应布置。

(6) 墩间距应根据荷载大小和原土的承载力选定，当满堂布置时可取夯锤直径的 2～3 倍。对独立基础或条形基础可取夯锤直径的 1.5～2.0 倍。墩的计算直径可取夯锤直径的 1.1～1.2 倍。

(7) 当墩间净距较大时，应适当提高上部结构和基础的刚度。

(8) 强夯置换处理范围应大于建筑物基础范围，每边超出基础外缘的宽度宜为基底下设计处理深度的 1/2～2/3，并不宜小于 3m。对可液化地基，扩大范围不应小于可液化土层厚度的 1/2，并不应小于 5m。

(9) 墩顶应铺设一层厚度不小于 500mm 的压实垫层，垫层材料可与墩体相同，粒径不宜大于 100mm。

(10) 强夯置换设计时，应预估地面抬高值，并在试夯时校正。

(11) 确定软黏性土中强夯置换墩地基承载力特征值时，可只考虑墩体，不考虑墩间土的作用，其承载力应通过现场单墩载荷试验确定，对饱和粉土地基可按复合地基考虑，其承载力可通过现场单墩复合地基载荷试验确定。

11.4　复合地基理论

11.4.1　复合地基的概念

复合地基是指在地基处理过程中部分土体得到增强、被置换或在天然地基中设置加筋材料，加固区是由基体(天然地基土体)和增强体(竖向桩体或水平加筋材料)两部分组成的人工地基。复合地基的两个基本特征：一是加固区是由基体和增强体两部分组成的，是非均质的、各向异性的；二是加固区的基体和增强体共同承担荷载作用并协调变形。

根据竖向增强体的性质和成桩后的刚度进行分类，可分为柔性桩复合地基、半刚性桩复合地基和刚性桩复合地基。柔性桩复合地基如砂石桩、振冲碎石桩等，其桩体是由散体材料组成，散体材料只有依靠周围土体的围箍作用才能形成桩体，单独不能形成桩体；半刚性桩复合地基如水泥土搅拌桩、石灰桩等，半刚性桩桩体刚度较小；刚性桩复合地基为混凝土类桩复合地基，如树根桩、CFG 桩复合地基。下面所讲到的振冲碎石桩和沉管砂石桩、灰土挤密桩、夯实水泥土桩、水泥粉煤灰碎石桩、水泥土搅拌桩、柱锤冲扩桩、旋喷桩、石灰桩等均属于复合地基范畴。

11.4.2　复合地基破坏模式

复合地基有多种可能的破坏模式(见图 11-3)，其影响因素很多，它不仅与复合地基的结构形式、增强体性质有关，还与荷载形式、上部结构形式有关。一般可认为取决于桩体和桩间土的破坏特性，其中桩体的破坏特性是主要的。如不同的桩型有不同的破坏模式，同一桩型当桩身强度不同时，也会有不同的破坏模式。对同一桩，当土层条件不同时，也将发生不同的破坏模式。总之，对于具体的复合地基的破坏模式应考虑上述各种影响因素，通过综合分析加以估计。

1. 刺入破坏

当桩体刚度较大，地基土强度较低的情况下较易发生。桩体发生刺入破坏，不能承担荷载，进而引起复合地基桩间土破坏，造成复合地基全面破坏。刚性桩复合地基较易发生刺入破坏(见图 11-3(a))。

2. 鼓胀破坏

在荷载作用下，桩周土不能提供桩体足够的围压，以防止桩体发生过大的侧向变形，产生桩体鼓胀破坏。桩体发生鼓胀破坏造成复合地基全面破坏。松散材料桩体的柔性桩复合地基较易发生鼓胀破坏。在一定的条件下，半刚性桩复合地基也可能发生鼓胀破坏(见图 11-3(b))。

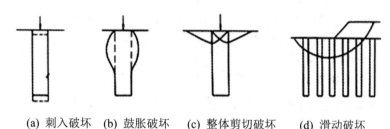

(a) 刺入破坏　(b) 鼓胀破坏　(c) 整体剪切破坏　(d) 滑动破坏

图 11-3　复合地基的破坏模式

3. 整体剪切破坏

柔性桩复合地基也比较容易发生整体剪切破坏，半刚性桩复合地基在一定条件下也可能发生整体剪切破坏(见图 11-3(c))。

4. 滑动破坏

在荷载作用下，复合地基沿某一滑动面产生滑动破坏。在滑动面上，桩体和桩间土均发生剪切破坏。各种复合地基均可能发生滑动破坏(见图 11-3(d))。

11.4.3　复合地基承载力

1. 散体材料增强体复合地基

散体材料增强体复合地基承载力按式(11-20)计算，即

$$f_{spk} = [1 + m(n-1)]f_{sk} \tag{11-20}$$

式中：f_{spk} 为复合地基的承载力特征值(kPa)；f_{sk} 为处理后桩间土承载力特征值(kPa)，可按地区经验确定；n 为桩土应力比，可按地区经验确定；m 为面积置换率，$m = d^2/d_e^2$；d 为桩身平均直径(m)；d_e 为一根桩分担的处理地基面积的等效圆直径(m)；对于等边三角形布置 $d_e = 1.05s$，正方形布置 $d_e = 1.13s$，矩形布置 $d_e = 1.13\sqrt{s_1 s_2}$，s、s_1、s_2 分别为桩的间距、

纵向间距和横向间距(m)。

2. 有黏结强度复合地基

有黏结强度复合地基承载力按式(11-21)计算,即

$$f_{spk} = \lambda m \frac{R_a}{A_p} + \beta(1-m)f_{sk} \tag{11-21}$$

式中:λ 为单桩承载力发挥系数,可按地区经验取值;A_p 为桩的截面积(m^2);β 为桩间土承载力折减系数,可按地区经验取值;R_a 为单桩竖向承载力特征值(kN)。

增强体单桩承载力特征值按式(11-22)计算,即

$$R_a = u_p \sum_{i=1}^{n} q_{si} l_{pi} + \alpha_p A_p q_p \tag{11-22}$$

式中:q_{si} 为桩周第 i 层土的侧阻力特征值(kPa),可按地区经验取值;l_{pi} 为桩长范围内第 i 层土的厚度(m);α_p 为桩端端阻力发挥系数,应按地区经验确定;q_p 为桩端端阻力特征值(kPa),可按地区经验取值;对于水泥土搅拌桩、旋喷桩应取未经修正的桩端地基土承载力特征值。

有黏结强度复合地基增强体强度应满足式(11-23)要求,即

$$f_{cu} \geqslant 4 \frac{\lambda R_a}{A_p} \tag{11-23}$$

式中:f_{cu} 为桩体试块(边长 150mm 的立方体)标准养护 28d 的立方体抗压强度平均值(kPa)。

当复合地基承载力进行基础埋深的深度修正时,其增强体桩身强度应满足式(11-24)要求,即

$$f_{cu} \geqslant 4 \frac{\lambda R_a}{A_p} \left[1 + \frac{\gamma_m (d-0.5)}{f_{spa}} \right] \tag{11-24}$$

式中:γ_m 为基础底面以上土的加权平均重度(kN/m^3),地下水位以下取有效重度;d 为基础埋置深度(m);f_{spa} 为深度修正后的复合地基承载力特征值(kPa)。

11.4.4 复合地基变形计算

复合地基变形计算应符合国家《建筑地基基础设计规范》(GB 50007—2011)的有关规定,地基变形计算深度应大于复合土层的深度。复合土层的分层与天然地基相同,复合土层的压缩模量可按式(11-25)计算,即

$$E_{sp} = \zeta E_s \tag{11-25}$$

式中:ζ 为复合地基压缩模量提高系数,按式(11-26)计算,即

$$\zeta = \frac{f_{spk}}{f_{ak}} \tag{11-26}$$

式中:f_{ak} 为基础底面下天然地基承载力特征值(kPa)。

复合地基的沉降计算经验系数 ψ_s 可根据地区沉降观测资料统计值确定,无经验取值时,可按表 11-6 取值。$\bar{E}_s$ 为变形计算深度范围内压缩模量的当量值,按式(11-27)计算,即

$$\bar{E}_{s} = \frac{\sum_{i=1}^{n} A_{i} + \sum_{j=1}^{m} A_{j}}{\sum_{i=1}^{n} \frac{A_{i}}{E_{spi}} + \sum_{j=1}^{m} \frac{A_{j}}{E_{sj}}}$$ 　　　　(11-27)

式中：A_{i} 为加固土层第 i 层附加应力系数沿土层厚度的积分值；A_{j} 为加固土层下第 j 层附加应力系数沿土层厚度的积分值。

表 11-6　沉降计算经验系数 ψ_{s}

$\bar{E}_{s}$ /MPa	4.0	7.0	15.0	20.0	35.0
ψ_{s}	1.0	0.7	0.47	0.25	0.2

11.5　振冲碎石桩和沉管砂石桩复合地基

11.5.1　振冲碎石桩和沉管砂石桩原理

1. 振冲碎石桩

振冲法也称为振动水冲法，就是利用振动器水冲成孔，填以碎石骨料，借振冲器的水平及垂直振动，振密填料，形成碎石桩体与原地基构成复合地基以提高地基承载力的方法。它是以起重机吊起振冲器，启动潜水电机带动偏心块，使振冲器产生高频振动，同时开动水泵通过喷嘴喷射高压水流。在振动和高压水流的联合作用下，振冲器沉到土中的预定深度，然后经过清孔工序，用循环水带出孔中稠泥浆后，从地面向孔中逐段添加填料，每段填料均在振动作用下被挤密实，达到所要求的密实度。

振冲法分为振冲密实法、振冲置换法两种类型。在砂性土中，振冲起密实作用，一方面依靠振冲器的强力振动使饱和砂层发生液化，砂颗粒重新排列，孔隙减少，另一方面通过振冲器的水平振动力，在加回填料情况下通过填料使砂层挤压加密，故称为振冲密实法；在黏性土中，在软弱黏性土地基中成孔，孔内分批填入碎石等坚硬材料制成一根根桩体，桩体和原来的黏性土构成复合地基，振冲主要起置换作用，故称为振冲置换法。

振冲置换法适用于处理不排水抗剪强度不小于 20kPa 的黏性土、粉土、饱和黄土和人工填土等地基。振冲密实法适用于处理砂土和粉土等地基。不加填料的振冲密实法仅适用于处理黏粒含量小于 10% 的粗砂、中砂地基。

2. 沉管砂石桩

沉管砂石桩是指采用振动或锤击沉管等方式，在软弱地基中成孔后，再将砂、碎石或砂石混合料通过桩管挤压入已成的孔中，在成桩过程中逐层挤密、振密，形成大直径的砂石体所构成的密实桩体。沉管砂石桩适用于处理松散砂土、粉土、可挤密的素填土及杂填土地基。

11.5.2 复合地基设计要点

1. 处理范围

地基处理范围应根据建筑物的重要性和场地条件确定,宜在基础外缘扩大 1~3 排桩。当要求消除地基液化时,在基础外缘扩大宽度不应小于基底下可液化土层厚度的 1/2,且不应小于 5m。

2. 桩位布置

桩位布置,对大面积满堂处理,可采用三角形、正方形、矩形布桩;对条形基础,可沿基础轴线采用单排布桩或对称轴线多排布桩。

3. 桩直径

砂石桩直径可根据地基土质情况、成桩方式和成桩设备等因素确定,其平均直径可按每根桩所用填料量计算。对采用振冲法成孔的碎石桩,直径通常采用 800~1200mm;当采用振动沉管法成桩时,直径通常采用 300~600mm。

4. 桩间距

桩的间距应通过现场试验确定,并符合下列规定。

1) 振冲碎石桩的间距

振冲桩的间距应根据上部结构荷载大小和场地土层情况,并结合所采用的振冲器功率大小综合考虑。用 30kW 振冲器时布桩间距可采用 1.3~2.0m;用 55kW 振冲器时布桩间距可采用 1.4~2.5m;用 75kW 振冲器时布桩间距可采用 1.5~3.0m。荷载大或对黏性土宜采用较小的间距,荷载小或对砂土宜采用较大的间距。

2) 沉管砂石桩的间距

沉管砂石桩间距,不宜大于砂石桩直径的 4.5 倍;初步设计时,对松散粉土和砂土地基,应根据挤密后要求达到的孔隙比 e_1 确定,按以下各式计算。

对于等边三角形布置,有

$$s = 0.95\xi d\sqrt{\frac{1+e_0}{e_0-e_1}} \tag{11-28}$$

对于正方形布置,有

$$s = 0.89\xi d\sqrt{\frac{1+e_0}{e_0-e_1}} \tag{11-29}$$

$$e_1 = e_{max} - D_{r1}(e_{max} - e_{min}) \tag{11-30}$$

式中:s 为砂石桩间距(m);d 为砂石桩直径(m);ξ 为修正系数,当考虑振动下沉密实作用时,可取 1.1~1.2;不考虑振动下沉密实作用时,可取 1.0;e_0 为地基处理前砂土的孔隙比,可按原状土样试验确定,也可按动力或静力触探等对比试验确定;e_1 为地基挤密后要求达到的孔隙比;e_{max}、e_{min} 分别为砂土的最大、最小孔隙比,可按现行国家标准《土工试验方法标准》(GB/T 50123)的有关规定确定;D_{r1} 为地基挤密后要求砂土达到的相对密度,可取

0.70～0.85。

5. 桩长

砂石桩桩长可根据工程要求和工程地质条件通过计算确定。

(1) 当松软土层厚度不大时，砂石桩桩长宜穿透松软土层。

(2) 当松软土层厚度较大时，对按稳定性控制的工程，砂石桩桩长应不小于最危险滑动面以下 2m 的深度；对按变形控制的工程，砂石桩桩长应满足处理后地基变形量不超过建筑物的地基变形允许值，并满足软弱下卧层承载力的要求。

(3) 对可液化的地基，砂石桩桩长应按现行国家标准《建筑抗震设计规范》(GB 50011) 的有关规定采用。

6. 桩体材料

振冲桩桩体材料可采用含泥量不大于 5% 的碎石、卵石、矿渣或其他性能稳定的硬质材料，不宜使用风化易碎的石料。常用的填料粒径：用 30kW 振冲器时粒径为 20～80mm；用 55kW 振冲器时粒径为 30～100mm；用 75kW 振冲器时粒径为 40～150mm；沉管砂石桩桩体材料可采用含泥量不大于 5% 的碎石、卵石、角砾、圆砾、粗砂、中砂或石屑等硬质材料，最大粒径不宜大于 50mm。

桩顶和基础之间宜铺设厚度 300～500mm 的垫层，垫层材料宜用中砂、粗砂、级配砂石和碎石等，最大粒径不宜大于 300mm，其夯填度(夯实后的厚度与虚铺厚度之比)不应大于 0.9。

7. 复合地基承载力特征值

复合地基承载力特征值，初步设计时可按式(11-20)估算，处理后桩间土承载力特征值，可按地区经验确定，如无经验时，对于一般黏性土地基，可取天然地基承载力特征值；松散的砂土、粉土可取天然地基承载力特征值的 1.2～1.5 倍；桩土应力比宜根据实测值确定，如无实测资料时，对于黏性土可取 2.0～4.0，砂土、粉土可取 1.5～3.0。

8. 复合地基变形计算

复合地基的变形计算，应符合现行国家标准《建筑地基基础设计规范》(GB 50007—2011) 的有关规定。

【例 11-4】建筑物修建在松散砂土地基上，天然孔隙比 $e_0 = 0.85$，$e_{max} = 0.90$，$e_{min} = 0.55$，含水率为 18%，土粒比重为 2.67，天然地基承载力特征值为 100kPa，采用沉管砂石桩处理，桩长 8m，按等边三角形布置，砂桩直径为 0.6m，按抗震要求，加固后地基的相对密度 $D_{r1} = 0.70$，确定砂石桩的间距、复合地基承载力特征值。

解　(1) 由式(11-30)得到 $e_1 = 0.90 - 0.70 \times (0.90 - 0.55) = 0.655$。

(2) 不考虑振动下沉密实作用，$\xi = 1.0$，$s = 0.95 \xi d \sqrt{\dfrac{1 + e_0}{e_0 - e_1}} = 0.95 \times 1.0 \times 0.6$

$\sqrt{\dfrac{1 + 0.85}{0.85 - 0.655}} = 1.76$m，间距可取 1.7m。

(3) 对于等边三角形布置，$d_e = 1.05 \times 1.7 = 1.79(\text{m})$，置换率 $m = \dfrac{0.6^2}{1.79^2} = 0.112$。

(4) 取应力比 $n = 4$，复合地基承载力特征值 $f_{spk} = [1 + m(n-1)] \, f_{sk} = [1 + 0.112 \times (4-1)] \times 100 = 133.6(\text{kPa})$。

11.5.3　施工工艺

(1) 清理平整施工场地，布置桩位。

(2) 施工机具就位，使振冲器对准桩位。

(3) 启动供水泵和振冲器，水压可用 200～600kPa，水量可用 200～400L/min，将振冲器徐徐沉入土中，造孔速度宜为 0.5～2.0m/min，直至达到设计深度，记录振冲器经各深度的水压、电流和留振时间。

(4) 造孔后边提升振冲器边冲水直至孔口，再放至孔底，重复两三次扩大孔径并使孔内泥浆变稀，开始填料制桩。

(5) 大功率振冲器投料可不提出孔口，小功率振冲器下料困难时，可将振冲器提出孔口填料。每次填料厚度不宜大于 50cm。将振冲器沉入填料中进行振密制桩，当电流达到规定的密实电流值和规定的留振时间后，将振冲器提升 30～50cm。

(6) 重复以上步骤，自下而上逐段制作桩体直至孔口记录各段深度的填料量、最终电流值和留振时间，并均应符合设计规定。

(7) 关闭振冲器和水泵。

振冲置换法施工，可分为成孔、清孔、填料和振密。若土层中夹有硬层时应适当进行扩孔，即在此硬层中将振冲器多次往复上下几次，使孔径扩大以便加填料。由于在黏性土层中制桩，孔中的泥浆水太稠时，填料在孔内下降的速度将减慢，且影响施工速度，所以在成孔后要留有 1～2min 清孔时间，将回水把稠泥浆带出地面，以降低孔内泥浆密度。加填料宜少吃多餐，每次往孔内倒入的填料数量，约为堆积在孔内 0.8m 高，然后用振冲器振密后再继续加填料，此时电机电流值为超过原空振时电流值 35～45A。

在强度很低的软土地基中施工，则要用"先护壁，后制桩"的施工方法，即在成孔时，可将振冲器先到达第一层软弱层，然后加些填料进行初步挤振，让这些填料被挤到此层的软弱层周围去，把此段孔壁保护好，接着再往下成孔到第二层软弱层也同样处理，直至加固至要求深度。

11.6　水泥土搅拌桩复合地基

11.6.1　水泥土搅拌桩加固机理

水泥土搅拌法就是以水泥作为固化剂，通过特制的深层搅拌机械，将固化剂和地基土强制搅拌，使软土硬结成为具有整体性、水稳定性和一定强度的桩体。水泥土搅拌法分为深层搅拌法(以下简称"湿法")和粉体喷搅法(以下简称"干法")。水泥土搅拌法适用于处理正常固结的淤泥与淤泥质土、粉土、饱和黄土、素填土、黏性土以及无流动地下水的饱和松散砂土等地基。当地基土的天然含水率小于 30%(黄土含水率小于 25%)、大于 70%或地下水的 pH 值小于 4 时不宜采用干法。冬期施工时，应注意负温对处理效果的影响。

水泥加固土的物理、化学反应过程与混凝土的硬化机理不同，混凝土的硬化主要是在粗填充料(比表面积不大、活性很弱的介质)中进行水解和水化作用，所以凝结速度较快。而在水泥加固土中，由于水泥掺量很小，水泥的水解和水化反应完全是在具有一定活性的介质—土的围绕下进行，所以水泥加固土的强度增长过程比混凝土缓慢。

1. 水泥的水解和水化反应

普通硅酸盐水泥主要是氧化钙、二氧化硅、三氧化二铝、三氧化二铁及三氧化硫等组成，由这些不同的氧化物分别组成了不同的水泥矿物：硅酸三钙、硅酸二钙、铝酸三钙、铁铝酸四钙、硫酸钙等。用水泥加固软土时，水泥颗粒表面的矿物很快与软土中的水发生水解和水化反应，生成氢氧化钙、含水硅酸钙、含水铝酸钙及含水铁酸钙等化合物。所生成的氢氧化钙、含水硅酸钙能迅速溶于水中，使水泥颗粒表面重新暴露出来，再与水发生反应，这样周围的水溶液就逐渐达到饱和。当溶液达到饱和后，水分子虽继续深入颗粒内部，但新生成物已不能再溶解，只能以细分散状态的胶体析出，悬浮于溶液中，形成胶体。

2. 土颗粒与水泥水化物的作用

当水泥的各种水化物生成后，有的自身继续硬化，形成水泥石骨架；有的则与其周围具有一定活性的黏性颗粒发生反应。

(1) 离子交换和团粒化作用。黏性和水结合时就表现出一种胶体特征，如土中含量最多的二氧化硅遇水后形成硅酸胶体微粒，其表面带有钠离子 Na^+或钾离子 K^+，它们能和水泥水化生成的氢氧化钙中钙离子 Ca^{2+}进行当量吸附交换，使较小的土颗粒形成较大的土团粒，从而使土体强度提高。

(2) 硬凝反应。随着水泥水化反应的深入，溶液中析出大量的钙离子，当其数量超过离子交换的需要量后，在碱性环境中，能使组成黏性矿物的二氧化硅及三氧化二铝的一部分或大部分与钙离子进行化学反应，逐渐生成不溶于水的稳定结晶化合物，增大了水泥土的强度。

3. 碳酸化作用

水泥水化物中游离的氢氧化钙能吸收水中和空气中的二氧化碳，发生碳酸化反应，生成不溶于水的碳酸钙，这种反应也能使水泥土增加强度，但增长的速度较慢，幅度也较小。

11.6.2　水泥土搅拌桩复合地基设计要点

1. 固化剂

固化剂宜选用强度等级不低于 32.5 级的普通硅酸盐水泥。水泥掺量应根据设计要求的水泥土强度经试验确定；块状加固时水泥掺量不应小于被加固天然土质量的 7%，作为复合地基增强体时不应小于 12%，型钢水泥土搅拌墙(桩)不应小于 20%。湿法的水泥浆水灰比可选用 0.45～0.55，应根据工程需要和土质条件选用具有早强、缓凝、减水以及节约水泥等作用的外掺剂；干法可掺加二级粉煤灰等材料。

设计前应进行拟处理土的室内配比试验。针对现场拟处理的软弱层软土的性质，选择合适的固化剂、外掺剂及其掺量，为设计提供不同龄期、不同配比的强度参数。对竖向承载的水泥土强度宜取 90d 龄期试块的立方体抗压强度平均值；对承受水平荷载的水泥土强度宜取 28d 龄期试块的立方体抗压强度平均值。

2. 褥垫层

竖向承载水泥土搅拌桩复合地基宜在基础和桩之间设置褥垫层，刚性基础下褥垫层厚度可取 150～300mm。褥垫层材料可选用中粗砂、级配砂石等，最大粒径不宜大于 20mm，褥垫层的压实系数不应小于 0.94。

3. 水泥土搅拌桩形式

根据目前的深层搅拌法施工工艺，搅拌桩可布置成柱状、壁状和块状等处理形式。

1) 柱状

每间隔一定的距离打设一根搅拌桩，即成为柱状加固形式。适合于单层工业厂房独立柱基础和多层房屋条形基础下的地基加固。

柱状处理可采用正方形或等边三角形布桩形式，其桩数可按式(11-31)计算，即

$$n = \frac{mA}{A_p} \tag{11-31}$$

式中：n 为桩数；m 为置换率；A 为基础底面积(m^2)；A_p 为桩的截面积(m^2)。

2) 壁状

将相邻搅拌桩部分重叠搭接即成为壁状加固形式。适用于深坑开挖时的软土边坡加固以及建筑物长高比较大、刚度较小，对不均匀沉降比较敏感的多层砖混结构房屋条形基础下的地基加固。深层搅拌壁状处理用于地下临时挡土结构时，可按重力式挡土墙设计。为了增强其整体性，相邻桩搭接宽度宜大于 100mm。

3) 块状

对上部结构单位面积荷载大，对不均匀下沉控制严格的构筑物地基进行加固时可采用这种布桩形式。另外，在软土地区开挖基坑时，为防止坑底隆起和封底时也可采用块状加固形式。它是纵、横两个方向的相邻桩搭接而形成的。

竖向承载搅拌桩的平面布置可根据上部结构特点及对地基承载力和变形的要求，采用柱状、壁状、格栅状或块状等加固形式。独立基础下的桩数不宜少于 4 根。柱状加固可采用正方形、等边三角形等布桩形式。

4. 桩长

竖向承载搅拌桩的长度应根据上部结构对承载力和变形的要求确定，并应穿透软弱土层到达承载力相对较高的土层；设置的搅拌桩同时为提高抗滑稳定性时，其桩长应超过危险滑弧 2.0m 以上。干法的加固深度不宜大于 15m；湿法及型钢水泥土搅拌墙(桩)的加固深度应考虑力学性能的限制。单头、双头加固深度不宜大于 20m，多头及型钢水泥土搅拌墙(桩)

的深度不宜超过 35m。

竖向承载搅拌桩复合地基中的桩长超过 10m 时，可采用变掺量设计。在全桩水泥总掺量不变的前提下，桩身上部 1/3 桩长范围内可适当增加水泥掺量及搅拌次数；桩身下部 1/3 桩长范围内可适当减少水泥掺量。

5. 水泥土搅拌桩承载力特征值

1) 单桩承载力特征值

单桩竖向承载力特征值应通过现场载荷试验确定。初步设计时也可按式(11-22)估算，桩周第 i 层土的侧阻力特征值，对淤泥可取 4～7kPa；对淤泥质土可取 6～12kPa；对软塑状态的黏性土可取 10～15kPa；对可塑状态的黏性土可以取 12～18kPa；对稍密砂类土可取 15～20kPa；对中密砂类土可取 20～25kPa；桩端端阻力发挥系数 α 可取 0.4～0.6，天然地基承载力高时取低值。

按式(11-22)估算的单桩承载力特征值应同时满足式(11-32)的要求，应使由桩身材料强度确定的单桩承载力大于(或等于)由桩周土和桩端土的抗力所提供的单桩承载力，即

$$R_{a} = \eta f_{cu} A_{p} \tag{11-32}$$

式中：f_{cu} 为与搅拌桩桩身水泥土配比相同的室内加固土试块(边长为 70.7mm 的立方体，也可采用边长为 50mm 的立方体)在标准养护条件下 90d 龄期的立方体抗压平均值(kPa)；η 为桩身强度折减系数，干法可取 0.20～0.25，湿法可取 0.25。

2) 复合地基的承载力特征值

水泥土搅拌桩复合地基的承载力特征值应通过现场单桩或多桩复合地基荷载试验确定。初步设计时也可按公式(11-21)估算，f_{sk} 为处理后桩间土承载力特征值(kPa)，可取天然地基承载力特征值；β 为桩间土承载力发挥系数。对于淤泥、淤泥质土和流塑状软土等处理土层，可取 0.1～0.4，对其他土层可取 0.4～0.8，单桩承载力发挥系数 λ 可取 1.0。

【例 11-5】某小区六层居民楼，地基土为淤泥质粉质黏土，f_{sk}=80kPa，采用湿法水泥土搅拌桩处理，水泥土 f_{cu}=2870kPa，η=0.25，β=0.7，单桩载荷试验 R_{a}=256kN，桩径 0.7m，A_{p}=0.3847m²，总面积为 228m²，要求加固后复合地基承载力 f_{spk}=152.2kPa，确定桩的根数。

解　(1) $R_{a} = \eta f_{cu} A_{p} = 0.25 \times 2870 \times 0.3847 = 276$(kN)，为安全起计取 $R_{a} = 256$(kN)。

(2) 单桩承载力发挥系数 λ=1.0，由式(11-21)得置换率 $m = \dfrac{f_{spk} - \beta f_{sk}}{\dfrac{R_{a}}{A_{p}} - \beta f_{sk}}$

$$= \frac{152.2 - 0.7 \times 80}{\dfrac{256}{0.3847} - 0.7 \times 80} = 0.1578。$$

(3) $n = \dfrac{mA}{A_{p}} = \dfrac{0.1578 \times 228}{0.3847} = 93.6$(根)，取 n=94 根。

11.6.3 水泥土搅拌法的施工工艺

1. 定位

起重机(塔架)悬吊深层搅拌机到达指定桩位对中。当地面起伏不平时,应使起吊设备保持水平。

2. 预拌下沉

将深层搅拌机用钢丝绳吊挂在起重机上,用输泵胶管将储料出罐砂浆泵同深层搅拌机接通,待深层搅拌机冷却水循环正常后,启动搅拌机电机,放松起重机钢丝绳,使搅拌机借设备自重沿导向架搅拌切土下沉,工作电流不应大于 70A。如果下沉速度太慢,可从输浆系统补给清水以利钻进。

3. 制备水泥浆

待深层搅拌机下沉到一定深度时,即开始按设计确定的配合比拌制水泥浆,待压浆前将水泥浆倒入集料斗中。

4. 喷浆搅拌提升

深层搅拌机下沉到达设计深度后,开启灰浆泵将水泥浆从搅拌机中心管不断压入地基中,边喷边搅拌,直至提出地面完成一次搅拌过程。同时严格按照设计确定的提升速度提升深层搅拌机,一般以 0.3~0.5m/min 的均匀速度提升。

5. 重复上下搅拌

深层搅拌机提升至设计加固深度的顶面标高时,集料斗中的水泥浆应正好排空。为使软土和水泥浆搅拌均匀,可再次将搅拌机边旋转边沉入土中,至设计加固深度后再将搅拌机提升出地面,即完成一根柱状加固体,外形呈"8"字形,一根接一根搭接,即成壁状加固体,几个壁状加固体连成一片即成块体。

6. 清洗

向集料斗中注入适量清水,开启灰浆泵,清洗全部管路中残存的水泥浆,直至基本干净,并将黏附在搅拌头上的软土清洗干净。

7. 移位

重复上述 1~6 步骤,进行下一根桩的施工。考虑到搅拌桩顶部与上部结构的基础或承台接触部分受力较大,因此通常还可对桩顶 1.0~1.5m 范围内再增加一次输浆,以提高其强度。

11.7 旋喷桩复合地基

11.7.1 旋喷桩的原理

旋喷桩复合地基是指通过钻杆的旋转、提升,高压水泥浆通过钻杆由水平方向的喷嘴喷出，形成喷射流，以此切割土体并与土拌和形成水泥土增强体的复合地基。钻机把带有特制喷嘴的注浆管钻进至土层的预定位置后，以高压设备使浆液或水成为 20MPa 左右的高压流从喷嘴中喷射出来，冲击破坏土体。钻杆以一定速度渐渐向上提升，使液浆与土粒强制混合，待浆液凝固后，便在土中形成一个固结体。固结体的形状与喷射流移动方向有关，一般分为旋转喷射(简称"旋喷")、定向喷射(简称"定喷")和摆动喷射(简称"摆喷")三种注浆形式。作为地基加固，通常采用旋喷注浆形式。高压喷射注浆法的基本种类有单管法、双管法和三管法三种方法。它们各有特点，可根据工程需要和机具设备条件选用。加固形状可分为柱状、壁状、条状和块状。

旋喷桩复合地基适用在淤泥、淤泥质土、一般黏性土、粉土、砂土、黄土、素填土等地基中采用高压旋喷注浆形成增强体的地基处理；当土中含有较多的大粒径块石、大量植物根茎或有较高的有机质时，以及地下水流速过大和已涌水的工程，应根据现场试验结果确定其适应性。

11.7.2 高压喷射注浆法设计要点

1. 旋喷桩平面布置

旋喷桩的平面布置可根据上部结构和基础形式确定。独立基础下的桩数一般不应少于 4 根。

2. 旋喷桩直径

通常应根据估计直径来选用喷射注浆的种类和喷射方式。对于大型的或重要的工程，估计直径应在现场通过试验确定。在无试验资料的情况下，对小型的或不太重要的工程，可根据经验选用表 11-7 所列数值。可采用矩形或梅花形布桩形式。

表 11-7 旋喷桩的设计直径 单位：m

土 质		方 法		
		单 管 法	双 管 法	三 管 法
黏性土	0<N<5	0.5～0.8	0.8～1.2	1.2～1.8
	6<N<10	0.4～0.7	0.7～1.1	1.0～1.6
砂性土	0<N<10	0.6～1.0	1.0～1.4	1.5～2.0
	11<N<20	0.5～0.9	0.9～1.3	1.2～1.8
	21<N<30	0.4～0.8	0.8～1.2	0.9～1.5

注：N 值为标准贯入击数。

3. 旋喷桩强度

旋喷桩的强度，应通过现场试验确定。当无现场试验资料时，也可参照相似土质条件下的其他喷射工程的经验。喷射固结体有较高的强度，外形凹凸不平，因此有较大的承载力。固结体直径越大，承载力越高。

4. 褥垫层

旋喷桩复合地基宜在基础和桩顶之间设置褥垫层。褥垫层厚度可取 200~300mm,其材料可选用中砂、粗砂、级配砂石等,最大粒径不宜大于 30mm。

5. 复合地基承载力特征值

旋喷桩复合地基承载力特征值、单桩承载力特征值,应通过现场单桩或多桩复合地基载荷试验确定。初步设计时,可按式(11-21)、式(11-22)估算,同时应满足式(11-23)、式(11-24)的要求。

6. 地基变形计算

桩长范围内复合土层以及下卧层地基变形值应按现行国家标准《建筑地基基础设计规范》(GB 50007—2011)有关规定计算。

【例 11-6】某旋喷桩复合地基桩长 8m,桩径为 0.5m,等边三角形布桩,间距为 1.2m,单桩竖向承载力特征值为 480kPa,桩间土天然地基为粉质黏土,承载力特征值为 110kPa,压缩模量为 6MPa,桩群顶部的平均附加应力为 164kPa,底部受到平均附加应力 78kPa,计算加固区的变形量。

解 (1) 计算复合地基承载力特征值。

等边三角形布桩, $d_e = 1.05s = 1.05 \times 1.2 = 1.26$(m),面积置换率 $m = 0.5^2/1.26^2 = 0.157$, $A_p = 0.19625\text{m}^2$,单桩承载力发挥系数取 $\lambda = 1.0$,桩间土承载力发挥系数取 $\beta = 0.5$,按式(11-21)计算复合地基承载力特征值 $f_{spk} = 0.157 \times \dfrac{480}{0.19625} + 0.5 \times (1 - 0.157) \times 110 = 430.4$(kPa)。

(2) 计算复合地基压缩模量。

由式(11-26)得复合地基压缩模量提高系数 $\zeta = \dfrac{f_{spk}}{f_{ak}} = \dfrac{480}{110} = 4.36$,复合地基压缩模量 $E_{sp} = \zeta E_s = 4.36 \times 6 = 26.16$(MPa)。

(3) 加固区的平均压力 $\Delta p = (164 + 78)/2 = 121$(kPa)。

(4) 加固区的变形量 $s = \dfrac{\Delta p}{E_{sp}} h = \dfrac{121}{26.16} \times 8 = 37.0$(mm)。

11.7.3 施工工艺

1. 钻机就位

喷射注浆施工的第一道工序就是将使用的钻机安置在设计的孔位上,使钻杆头对准孔位中心。同时为保证钻孔达到设计要求的垂直度,钻机就位后,必须做水平校正,使其钻杆垂直对准钻孔中心位置。喷射注浆管的允许倾斜度不得大于 1.5%。

2. 钻孔

钻孔的目的是将喷射注浆插入预定的地层中。钻孔的方法很多,主要视地层中地质情况、加固深度、机具设备等条件而定。通常单管喷浆多使用 76 型旋转振动钻机,钻进深度可达 30m 以上，适用于标准贯入度小于 40 的砂土和黏性土层，当遇到比较坚硬的地层时宜用地质钻机钻孔。一般在双管和三管喷浆法施工中，采用地质钻机钻孔。钻孔的位置与设计位置的偏差不得大于 50mm。

3. 插管

插管是将喷射注浆管插入地层预定的深度，使用 76 型振动钻机钻孔时，插管与钻孔两道工序合二为一，即钻孔完毕，插管作业同时完成。使用地质钻机钻孔完毕，必须拔出岩芯管，并换上喷射注浆管插入预定深度。在插管过程中，为防止泥砂堵塞喷嘴，可边射水边拔管，水压力一般不超过 1MPa。如压力过高，则易将孔壁射塌。

4. 喷射注浆

当喷射注浆管插入预定深度后，由下而上进行喷射注浆，值班技术人员必须时刻注意检查浆液初凝时间、注浆流量、风量、压力、旋转提升速度等参数是否符合设计要求，并且随时做好记录，绘制作业过程曲线。

11.8　灰土挤密桩和土挤密桩复合地基

11.8.1　灰土挤密桩和土挤密桩原理

灰土挤密桩就是利用横向成孔设备成孔，使桩间土得以挤密，用灰土填入孔内分层夯实形成土桩，并与桩间土组成复合地基。土挤密桩就是利用横向成孔设备成孔，使桩间土得以挤密，用素土填入孔内分层夯实形成土桩，并与桩间土组成复合地基。灰土挤密桩和土挤密桩适用于处理地下水位以上的湿陷性黄土、素填土和杂填土等地基，处理地基的深度为 5～15m。当以消除地基土的湿陷性为主要目的时，宜选用土挤密桩。当以提高地基土的承载力或增强其水稳性为主要目的时，宜选用灰土挤密桩法。当地基土的含水率大于24%、饱和度大于 65%时，在成孔和拔管过程中，桩孔及其周边土容易缩颈和隆起，挤密效果差，应通过试验确定其适宜性。

灰土挤密桩有以下特点。

(1) 灰土桩挤密法是横向挤密，但可同样达到所要求加密处理后的最大干密度的密度指标。

(2) 与土垫层相比，无须开挖回填，因而节约了开挖和回填土方的工作量，比换填法缩短工期约一半。

(3) 由于不受开挖和回填的限制，处理深度可达 15m。由于填入桩孔的材料均属就地取材，因而通常比其他处理湿陷性黄土和人工填土的造价为低。

(4) 该法适用于处理地下水位以上的新填土、杂填土、湿陷性黄土以及含水率较大的软弱地基。经过处理后，持力层范围内土的变形减少，承载力可提高 1～2.5 倍，并可消除填土及湿陷性黄土的湿陷性，同时施工设备简单，可节省挖土量，降低工程造价。

11.8.2 设计要点

1. 地基处理面积

灰土挤密桩和土挤密桩处理地基的面积,应大于基础或建筑物底层平面的面积,并应符合下列规定。

(1) 当采用整片处理时,超出建筑物外墙基础底面外缘的宽度,每边不宜小于处理土层厚度的 1/2,并不应小于 2m。

(2) 当采用局部处理时,超出基础底面的宽度:对非自重湿陷性黄土、素填土和杂填土等地基,每边不应小于基底宽度的 0.25 倍,并不应小于 0.5m;对自重湿陷性黄土地基,每边不应小于基底宽度的 0.75 倍,并不应小于 1.0m。

2. 地基处理深度

灰土挤密桩和土挤密桩处理地基的深度,应根据建筑场地的土质情况、工程要求和成孔及夯实设备等综合因素确定。对湿陷性黄土地基,应符合现行国家标准《湿陷性黄土地区建筑规范》(GB 50025)的有关规定。

3. 桩孔直径

桩孔直径宜为 300～600mm。桩孔宜按等边三角形布置,桩孔之间的中心距离,可为桩孔直径的 2.0～3.0 倍,也可按式(11-33)估算,即

$$s = 0.95d \sqrt{\frac{\bar{\eta}_c \rho_{d\max}}{\bar{\eta}_c \rho_{d\max} - \bar{\rho}_d}} \tag{11-33}$$

式中:s 为桩孔之间的中心距离(m);d 为桩孔直径(m);$\rho_{d\max}$ 为桩间土的最大干密度(g/cm³);$\bar{\rho}_d$ 为地基处理前土的平均干密度(g/cm³);$\bar{\eta}_c$ 为桩间土经成孔挤密后的平均挤密系数,不宜小于 0.93。

桩间土的平均挤密系数 $\bar{\eta}_c$,应按式(11-34)计算,即

$$\bar{\eta}_c = \frac{\bar{\rho}_{d1}}{\rho_{d\max}} \tag{11-34}$$

式中:$\bar{\rho}_{d1}$ 为在成孔挤密深度内,桩间土的平均干密度,平均试样数不应少于 6 组。

4. 桩孔数量

桩孔的数量可按式(11-35)估算,即

$$n = \frac{A}{A_e} \tag{11-35}$$

式中:n 为桩孔数量;A 为拟处理地基面积(m²);A_e 为一根土或灰土挤密桩所承担的处理地基面积(m²),$A_e = \frac{\pi d_e^2}{4}$,$d_e$ 为一根桩分担的处理地基面积的等效圆直径(m),对于等边三角形布置 $d_e = 1.05s$;正方形布置 $d_e = 1.13s$。

5. 填料及压实标准

桩孔内的灰土填料，其消石灰与土的体积配合比，宜为 2∶8 或 3∶7。土料宜选用粉质黏性，土料中的有机质含量不应超过 5%，且不得含有冻土，渣土垃圾粒径不应超过 15mm。石灰可选用新鲜的消石灰或生石灰粉，粒径不得大于 5mm。消石灰的质量应合格，有效 CaO+MgO 含量不得低于 60%。

孔内填料应分层回填夯实，填料的平均压实系数值 $\bar{\lambda}_c$ 应低于 0.97，其中压实系数最小值不应低于 0.93。桩孔回填夯实后，在桩顶标高以上应设置 300~600mm 厚的褥垫层，一方面可使桩顶与桩间土找平，另一方面保证应力扩散，调整桩土应力比。垫层材料可根据工程要求采用 2∶8 或 3∶7 灰土、水泥土等。其压实系数不应低于 0.95。

6. 复合地基承载力

灰土挤密桩和土挤密桩复合地基承载力特征值，应通过现场单桩或多桩复合地基载荷试验确定。初步设计时，可按式(11-20)估算。桩土应力比应按试验或地区经验确定。灰土挤密桩复合地基的承载力特征值，不宜大于处理前的 2.0 倍，且不宜大于 250kPa；对土挤密桩复合地基的承载力特征值，不宜大于处理前的 1.4 倍，且不宜大于 180kPa。

7. 变形计算

灰土挤密桩和土挤密桩复合地基的变形计算，应符合现行国家标准《建筑地基基础设计规范》(GB 50007—2011)的有关规定。

【例 11-7】 某场地为湿陷性黄土地基，平均干密度 $\bar{\rho}_d$ =1.28g/cm^3，采用挤密灰土桩消除黄土的湿陷性，桩间土的最大干密度为 1.60g/cm^3，处理面积为 675m^2，桩径为 0.4m，按等边三角形布置，桩间土的平均压实系数为 0.93，确定灰土桩的间距和桩数量。

解　(1)　$s=0.95\times0.4\sqrt{\dfrac{0.93\times1.6}{0.93\times1.6-1.28}}=1.016(m)$，取 1.0m。

(2)　对于等边三角形布置，一根桩等效影响圆直径 $d_e=1.05s=1.05m$，

$A_e=\dfrac{3.14\times1.05^2}{4}=0.865(m^2)$，桩根数 $n=\dfrac{A}{A_e}=\dfrac{675}{0.865}=780(根)$。

11.8.3　灰土挤密桩法和土挤密桩法的施工工艺

1. 成孔挤密

成孔应按设计要求、成孔设备、现场土质和周围环境等情况，选用沉管(振动、锤击)或冲击等方法。

1) 沉管法成孔

使用振动或锤击打桩机，将带有特制桩尖的钢制桩管打入土层中至设计深度，然后慢慢拔出桩管即成桩孔。其孔壁光滑规整，挤密效果和施工技术都比较容易控制和掌握，因此，沉管是最常用的成孔方法。但是，沉管法成孔的最大深度受到桩架高度的限制，一般不超过 7~8m。

选用的打桩机技术性能应与桩管直径、长度、重量以及地基土特性等相适应。锤重不

宜小于桩管重量的 2 倍。

2) 冲击法成孔

冲击法成孔是使用定型或简易冲击机，将锤头提升一定高度后自由落下，反复冲击土层成孔。成孔深度不受机架高度的限制，可达 20m 以上，孔径为 500~600mm。本法特别适用于处理自重湿陷性厚度较大的土层。

3) 爆扩法成孔

爆扩法成孔无须打桩机械，工艺简便，适用于缺少施工机械的新建工程场地。

2. 桩孔回填夯实

回填夯实施工前，应进行回填试验，以确定每次合理填料数量和夯击数。根据回填夯实质量标准确定检测方法应达到的指标，如轻便触探的鉴定锤击数。

桩孔填料夯实机目前有两种。一种是偏心轮夹杆式夯实机，夯锤重 100~150kg，夯锤钢管一般长 6~8m，管径 60~80mm，钢管与夯锤焊成整体，钢管夹在一双同步反向偏心轮中间，由偏心轮转动时半轮瓦片夹带上升和半轮转空自由落锤的作用，往返循环，夯实填料。此机可用拖拉机或翻斗车改装，因此移动轻便，夯击速度快，可上、下自动夯实，但必须严格控制每次填料量，较难保证夯实质量。另一种是采用电动卷扬机提升式夯实机，锤重可达 450kg，落距为 1~3m。夯击能量大，一次可填入较多的土料，夯实效果较好，但需人工操作。

回填桩孔用的夯锤，宜采用倒置抛物线形锥体或尖锥形，锤重不宜小于 100kg。夯锤最大直径应比桩孔直径小 100~160mm，使夯锤自由落下时将填料夯实。填料时每一锹料夯击一次或二次，夯击 25~30 次/min，长为 6m 的桩孔在 15~20min 内夯击完成。

11.9 夯实水泥土桩复合地基

11.9.1 夯实水泥土桩复合地基的概念

夯实水泥土桩复合地基是指将水泥和土按比例拌和均匀，在孔内分层夯实形成增强体的复合地基。桩、桩间土和褥垫层一起形成复合地基。夯实水泥土桩作为中等黏结强度桩，不仅适用于地下水位以上淤泥质土、素填土、粉土、粉质黏土等地基加固，对地下水位以下情况，在进行降水处理后，采取夯实水泥土桩进行地基加固，也是行之有效的一种方法。夯实水泥土桩通过两方面作用使地基强度提高：一是成桩夯实过程中挤密桩间土，使桩周土强度有一定程度的提高；二是水泥土本身夯实成桩，且水泥与土混合后可产生离子交换等一系列物理、化学反应，使桩体本身有较高强度，具水硬性。处理后的复合地基强度和抗变形能力有明显提高。

夯实水泥土桩具有桩身强度高，抗冻性较好，且施工机具简单，施工质量容易控制，施工速度快，工期短，不受停水、停电影响，造价低廉(每立方米桩体仅用水泥 200kg 左右)，施工无泥浆污染和无噪声等特点。通常复合地基承载力可达 180~300kPa，地基处理综合造价比素混凝土桩、旋喷桩、搅拌桩复合地基低 30%~50%。与柔性桩复合地基相比，可大幅度降低建筑成本，工程造价节省 20%～30%。夯实水泥土桩复合地基适用于处理地下水位以上的粉土、素填土、杂填土、黏性土等地基。

11.9.2　夯实水泥土桩设计要点

1. 地基处理范围

夯实水泥土桩宜在建筑物基础范围内布置；基础边缘距离最外一排桩中心的距离不宜小于 1.0 倍桩径。

2. 桩长

夯实水泥土桩的桩长主要取决于地质条件，当相对硬土层埋藏较浅时，应按相对硬土层的埋藏深度确定；当相对硬土层埋藏较深时，可按建筑物地基的变形允许值确定。

3. 桩孔直径

桩孔直径宜为 300～600mm，可根据所选用的成孔设备或成孔方法确定。桩孔宜按等边三角形布置，桩孔之间的中心距离，可为桩孔直径的 2.0～4.0 倍。

4. 填料及压实标准

桩孔内的填料，应根据工程要求进行配比试验，夯实水泥土桩体强度宜取 28d 龄期试块的立方体抗压强度平均值。水泥与土的体积配合比宜为 1∶5～1∶8。孔内填料应分层回填夯实，填料的平均压实系数 $\bar{\lambda}_c$ 值，不应低于 0.97，其中压实系数最小值不应低于 0.93。

5. 褥垫层

桩顶标高以上应设置 100～300mm 厚的褥垫层。垫层材料可采用粗砂、中砂、碎石等，最大粒径不宜大于 20mm。褥垫层的夯填度不应大于 0.9。

6. 复合地基承载力

复合地基承载力特征值，应通过现场单桩或多桩复合地基载荷试验确定。初步设计时，可按式(11-21)估算。桩间土承载力发挥系数 β 可取 0.9～1.0；单桩承载力发挥系数 λ 可取 1.0。

7. 变形计算

复合地基的变形计算，应符合现行国家标准《建筑地基基础设计规范》(GB 50007—2011) 的有关规定。

11.9.3　夯实水泥土桩的施工工艺

(1) 成孔应按设计要求、成孔设备、现场土质和周围环境等情况，选用钻孔、洛阳铲成孔等方法。

(2) 桩顶设计标高以上的预留覆盖土层厚度不宜小于 0.5m。

(3) 成孔和孔内回填夯实应符合下列要求：①宜选用机械成孔；②向孔内填料前，孔底应夯实；分段夯填时，夯锤落距和填料厚度应满足夯填密实度的要求；③土料有机质含量不应大于 5%，不得含有冻土和膨胀土，使用时应过 2mm 的筛，混合料含水率应满足最优含水率的偏差不大于 2%，土料和水泥应拌和均匀；④桩孔的垂直度偏差不宜大于 1.5%；⑤桩孔中心点的偏差不宜超过桩距设计值的 5%；⑥经检验合格后，应按设计要求，向孔内分层填入拌和好的水泥土，并应分层夯实至设计标高。

(4) 铺设垫层前，应按设计要求将桩顶标高以上的预留松动土层挖除或夯(压)密实。垫层施工严禁扰动基底土层。

(5) 施工过程中，应有专人监理成孔及回填夯实的质量，并应做好施工记录。如发现地基土质与勘察资料不符，应立即停止施工，待查明情况或采取有效措施处理后方可继续施工。

(6) 雨季或冬季施工，应采取防雨或防冻措施，防止填料受雨水淋湿或冻结。

11.10 水泥粉煤灰碎石桩复合地基

11.10.1 水泥粉煤灰碎石桩原理

CFG 桩就是水泥粉煤灰碎石桩的简称，它的桩身材料是由水泥、粉煤灰与碎石三者构成的。水泥粉煤灰碎石桩(CFG 桩)法适用于处理黏性土、粉土、砂土和已自重固结的素填土等地基。对淤泥质土应按地区经验或通过现场试验确定其适用性。

1. CFG 桩优点

CFG 桩就是水泥粉煤灰碎石桩的简称，它的桩身材料是由水泥、粉煤灰与碎石三者构成的。水泥粉煤灰碎石桩(CFG 桩)法适用于处理黏性土、粉土、砂土和已自重固结的素填土等地基。对淤泥质土应按地区经验或通过现场试验确定其适用性。通过调整水泥掺量及配比，可使桩体强度等级在 C5～C20 变化。这种地基加固方法吸取了振冲碎石桩和水泥搅拌桩的优点。

(1) 施工工艺与普通振动沉管灌注桩一样，工艺简单，与振冲碎石桩相比，无场地污染，振动影响也较小。

(2) 所用材料仅需少量水泥，便于就地取材，基础工程不会与上部结构争"三材"，这也是比水泥搅拌桩的优越之处。

(3) 受力特性与水泥搅拌桩类似。

CFG 桩在受力特性方面介于碎石桩和钢筋混凝土桩之间。与碎石桩相比，CFG 桩桩身具有一定的刚度，不属于散体材料桩，其桩体承载力取决于桩侧摩阻力和桩端端承力之和或桩体材料强度。当桩间土不能提供较大侧阻力时，CFG 桩复合地基承载力高于碎石桩复合地基。与钢筋混凝土桩相比，桩体强度和刚度比一般混凝土小得多，这样有利于充分发挥桩体材料的潜力，降低地基处理费用。

CFG 桩加固软弱地基，桩和桩间土一起通过褥垫层形成 CFG 桩复合地基。此处的褥垫层不是基础施工时通常做的 10cm 厚的素混凝土垫层，而是由粒状材料组成的散体垫层。由于 CFG 桩系高黏结强度桩，褥垫层是桩和桩间土形成复合地基的必要条件，亦即褥垫层是 CFG 桩复合地基不可缺少的一部分。

2. CFG 桩的作用

CFG 桩的加固软弱地基主要是桩体作用、挤密作用、褥垫层作用。

1) 桩体作用

CFG 桩不同于碎石桩，是具有一定黏结强度的混合料。在荷载作用下 CFG 桩的压缩性明显比其周围软土小，因此基础传给复合地基的附加应力随地基的变形逐渐集中到桩体上，出现应力集中现象，复合地基的 CFG 桩起到了桩体作用。

2) 挤密与置换作用

当 CFG 桩用于挤密效果好的土时，由于 CFG 桩采用振动沉管法施工，其振动和挤压作用使桩间土得到挤密，复合地基承载力的提高既有挤密又有置换；当 CFG 桩用于不可挤密的土时，其承载力的提高只是置换作用。

3) 褥垫层作用

由级配砂石、粗砂、碎石等散体材料组成的褥垫，能保证桩、土共同承担荷载、减少基础底面的应力集中，褥垫厚度还可以调整桩土荷载分担比。

11.10.2　水泥粉煤灰碎石桩的设计要点

1. 布桩范围

水泥粉煤灰碎石桩可只在基础内布桩，并可根据建筑物荷载分布、基础形式、地基土性状，合理确定布桩参数。①内筒外框结构内筒部位可采用减小桩距、最大桩长或桩径布桩，以提高复合地基承载力和模量；②对相邻柱荷载水平相差较大的独立基础，应按变形控制确定桩长和桩距；③筏板厚度与跨距之比小于 1/6 的平板式筏基、梁的高跨比大于 1/6 以及板的厚跨比(筏板厚度与梁的中心距之比)小于 1/6 的梁板式筏基，宜在柱边(平板式筏基)和梁边(梁板式筏基)边缘每边外扩 2.5 倍板厚的面积范围布桩；④对荷载水平不高的墙下条形基础可采用墙下单排布桩。

2. 桩径

桩径大小与选用的施工工艺有关，对于长螺旋钻中心压灌、干成孔和振动沉管成桩宜取 350～600mm；泥浆护壁钻孔灌注素混凝土成桩宜取 600～800mm；钢筋混凝土预制桩宜取 300～600mm。其他条件相同，桩径越小，桩的比表面积越大，单方混合料提供的承载力高。

3. 桩距

桩距应根据基础形式、设计要求的复合地基承载力和复合地基变形、土性、施工工艺确定。设计的桩距首先要满足承载力和变形的要求。从施工的角度考虑，尽量选用较大的桩距，防止新打桩对已打桩的不良影响。①采用非挤土成桩工艺和部分挤土成桩工艺，桩间距宜为 3～5 倍桩径；②采用挤土成桩工艺和墙下条形基础单排布桩，桩间距宜为 3～6

倍桩径；③桩长范围内有饱和粉土、粉细砂、淤泥、淤泥质土层，为防止施工发生窜孔、缩颈、断桩，宜采用大桩距。

4. 褥垫层

桩和基础之间应设置褥垫层，褥垫层厚度宜为桩径的40%～60%。褥垫材料宜用中砂、粗砂、级配砂石和碎石等，最大粒径不宜大于30mm。褥垫层具有以下作用：①保证桩土共同承担荷载，它是水泥粉煤灰桩形成复合地基的首要条件；②通过改变褥垫层的厚度，调整桩垂直荷载的分担，通常褥垫层越薄，桩承担的荷载百分比越高；③减少基础底面的应力集中；④调整桩土水平荷载的分担，褥垫层厚度越厚，土分担的水平荷载占总荷载的百分比越大。对于抗震设防区，不宜采用厚度过薄的褥垫层设计。

5. 复合地基承载力

水泥粉煤灰碎石桩复合地基承载力特征值，应通过现场复合地基载荷试验确定，初步设计时也可按式(11-21)估算，其中单桩承载力发挥系数λ、桩间土承载力折减系数β宜按地区经验取值，如无经验时λ可取0.8～0.9，β可取0.9～1.0；处理后桩间土的承载力特征值f_{sk}，对挤土成桩工艺，一般黏性土可取天然地基承载力特征值；松散砂土、粉土可取天然地基承载力特征值的1.2～1.5倍，原土强度低的取大值。按式(11-22)确定单桩承载力时，桩端端阻力发挥系数α_p可取1.0，同时桩身强度应满足式(11-23)的要求。

6. 处理后的变形量

地基处理后的变形计算应按现行国家标准《建筑地基基础设计规范》(GB 50007—2011)的有关规定执行。地基变形计算深度应大于复合土层的厚度。

11.10.3 水泥粉煤灰碎石桩复合地基施工工艺

1. 施工方法

(1) 长螺旋钻孔灌注成桩。

该法适用于地下水位以上的黏性土、粉土、素填土、中等密实以上的砂土；该工艺属非挤土成桩工艺，具有穿透能力强、无振动、低噪声、无泥浆污染等特点；要求施工桩长范围内无松散砂土，无地下水。以保证成孔时不塌孔，顺利灌注振捣混合料。

(2) 长螺旋钻孔、管内泵压混合料灌注成桩。

适用于黏性土、粉土、砂土、粒径不大于60mm土层厚度不大于4m的卵石(卵石含量不大于30%)，以及对噪声或泥浆污染要求严格的场地；该工艺属非挤土成桩工艺，具有穿透能力强、无振动、低噪声、无泥浆污染、施工效率高及质量容易控制等特点，施工时不受地下水的影响。

(3) 振动沉管灌注成桩。

适用于粉土、黏性土及素填土地基。该工艺属挤土成桩工艺，施工时不受地下水的影响，无泥浆污染。对桩间土有振(挤)密作用，可消除饱和粉土的液化。振动沉管灌注桩工艺难以穿透厚的硬土层、砂层和卵石层等。在饱和黏性土中成桩，会造成地面隆起，挤断已打的桩，且振动噪声污染严重，在城市居民区施工受到限制。

(4) 泥浆护壁成孔灌注成桩，适用于地下水位以下的黏性土、粉土、砂土、填土、碎石土及风化岩层等地基。桩长范围和桩端有承压水的土层应通过试验确定其适应性。

2. 注意事项

(1) 冬期施工时混合料入孔温度不得低于 5℃，对桩头和桩间土应采取保温措施。

(2) 清土和截桩时，应采取措施防止桩顶标高以下桩身断裂和桩间土扰动。

(3) 褥垫层铺设宜采用静力压实法，当基础底面下桩间土的含水率较小时，也可采用动力夯实法，夯填度不得大于 0.9。

(4) 施工垂直度偏差不应大于 1%；对满堂布桩基础，桩位偏差不应大于 0.4 倍桩径；对条形基础，桩位偏差不应大于 0.25 倍桩径，对单排布桩桩位偏差不应大于 60mm。

(5) 泥浆护壁成孔灌注成桩和锤击、静压预制桩施工，应符合《建筑桩基技术规范》(JGJ 94)的有关规定执行。对预应力管桩桩顶可设置桩帽或采用相同标号混凝土灌芯。

11.11　柱锤冲扩桩复合地基

11.11.1　柱锤冲扩桩的原理及适用范围

柱锤冲扩桩是采用直径 300～500mm、长度 2～6m、质量 1～8t 的柱状锤，通过自行杆式起重机或其他专用设备，将柱锤提升到一定高度自行落下，在地基中冲击成孔，在孔内分层填料，分层夯实形成桩体，同时对桩间土挤密，形成柔性复合地基，在顶部设置 200～300mm 的砂垫层。

柱锤冲扩桩法适用于处理地下水位以上的杂填土、粉土、黏性土、素填土和黄土等地基；对地下水位以下饱和土层，应通过现场试验确定其适用性。地基处理深度不宜超过 6m，复合地基承载力特征值不宜超过 160kPa。对大型、重要的或场地复杂的工程，在正式施工前，应在有代表性的场地上进行试验。

11.11.2　柱锤冲扩桩的设计要点

1. 处理面积

处理范围应大于基底面积。对一般地基，在基础外缘应扩大 1～3 排桩，并不应小于基底下处理土层厚度的 1/2；对可液化地基，在基础外缘扩大的宽度，不应小于基底下可液化土层厚度的 1/2，且不应小于 5m。

2. 桩径及布桩要求

(1) 桩径。柱锤冲扩桩的柱锤直径已经形成系列，常用直径为 300～500mm，其冲孔直径往往比柱锤直径大，对于可塑状态的黏性土，冲孔直径一般比柱锤直径要大，桩径是桩身填料后的平均直径，它又比冲孔直径大，如 ϕ377mm 柱锤夯实后形成的桩径可达 600～

800mm，桩孔内填料量应通过现场试验确定。

(2) 桩位布置宜为正方形和等边三角形，桩距宜为 1.5～2.5m，或取桩径的 2～3 倍。

3. 地基处理深度

地基处理深度可根据工程地质情况及设计要求确定，对相对硬土层埋藏较浅地基，应达到相对硬土层深度；对相对硬土层埋藏较深地基，应按下卧层地基承载力及建筑物地基的变形允许值确定；对可液化地基，应按现行国家标准《建筑抗震设计规范》(GB 50011) 的有关规定确定。

4. 桩体材料

桩体材料可采用碎砖三合土、级配砂石、矿渣、灰土、水泥混合土等。当采用碎砖三合土时，其体积比可采用生石灰：碎砖：黏性土为 1：2：4。对地下水位以下流塑状态软土层，宜适当加大碎砖及生石灰用量。石灰宜采用块状生石灰，CaO 含量应在 80% 以上，黏性土尽量选用就地开挖的黏性土料，不应含有有机物质，不应使用淤泥质土、盐渍土和冻土。土料含水率对桩身密实度影响很大，应采用最优含水率施工。为保证桩身均匀及触探的可靠性，碎砖粒径不宜大于 120mm，成桩过程中严禁使用粒径大于 240mm 的砖料及混凝土块。当采用其他材料时，应经试验确定其适用性和配合比。

在桩顶部应铺设 200～300mm 厚砂石垫层，垫层的夯填度不应大于 0.9；对湿陷性黄土，垫层材料应采用灰土，压实系数不应小于 0.95。

5. 复合地基承载力

柱锤冲扩桩复合地基承载力特征值应通过现场复合地基载荷试验确定，初步设计时，也可按式(11-20)估算，置换率宜取 0.2～0.5；桩土应力比应通过试验或地区经验确定，无经验时可取 2～4，桩间土承载力低时取大值。

6. 地基沉降量

地基处理后变形计算应按现行国家标准《建筑地基基础设计规范》(GB 50007—2011) 的有关规定执行。当柱锤冲扩桩处理深度以下存在软弱下卧层时，应按现行国家标准《建筑地基基础设计规范》(GB 50007—2011)的有关规定进行下卧层地基承载力验算。

11.11.3 柱锤冲扩桩法施工工艺

柱锤冲扩桩法宜用直径为 300～500mm、长度 2～6m、质量 1～8t 的柱状锤(柱锤)进行施工。柱锤冲扩桩法施工可按下列步骤进行。

(1) 清理平整施工场地，布置桩位。

(2) 施工机具就位，使柱锤对准桩位。

(3) 柱锤冲孔。根据土质及地下水情况可分别采用下述三种成孔方式：①冲击成孔，将柱锤提升至一定高度，自动脱钩下落冲击土层，如此反复冲击，接近设计成孔深度时，可在孔内填少量粗骨料继续冲击，直到孔底被夯密实；②填料冲击成孔，成孔时出现缩颈或坍孔时，可分次填入碎砖和生石灰块，边冲击边将填料挤入孔壁及孔底，当孔底接近设计成孔深度时，夯入部分碎砖挤密桩端土；③反复打成孔，当坍孔严重难以成孔时，可提锤反复冲击至设计孔深，然后分次填入碎砖和生石灰块，待孔内生石灰吸水膨胀、桩间土性质有所改善后，再进行二次冲击复打成孔。

当采用上述方法仍难以成孔时，也可以采用套管成孔，即用柱锤边冲孔边将套管压入土中，直至桩底设计标高。

(4) 成桩。用标准料斗或运料车将拌和好的填料分层填入桩孔夯实。当采用套管成孔时，边分层填料夯实，边将套管拔出。

锤的质量、锤长、落距、分层填料量、分层夯填度、夯击次数、总填料量等应根据试验或按当地经验确定。每个桩孔应夯填至桩顶设计标高以上至少 0.5m，其上部桩孔宜用原槽土夯封。施工中应做好记录，并对发现的问题及时进行处理。

(5) 施工机具移位，重复上述步骤进行下一根桩施工。

11.12 多桩型复合地基

多桩型复合地基是指由两种及两种以上不同材料增强体或由同一材料增强体而桩长不同时形成的复合地基，适用于处理存在浅层欠固结土、湿陷性土、液化土等特殊土，或场地土层具有不同深度持力层以及存在软弱下卧层，地基承载力和变形要求较高时的地基处理。

11.12.1 多桩型复合地基设计原则

(1) 应考虑土层情况、承载力与变形控制要求、经济性、环境要求等选择合适的桩形及施工工艺进行多桩型复合地基设计。

(2) 多桩型复合地基中，两种桩可选择不同直径、不同持力层；对复合地基承载力贡献较大或用于控制复合土层变形的长桩；应选择相对更好的持力层并应穿越软弱下卧层；对处理欠固结土的桩，桩长应穿越欠固结土层；对需要消除湿陷性的桩，应穿越湿陷性土层；对处理液化土的桩，桩长应穿越液化土层。

(3) 浅部存有较好持力层的正常固结土选择多桩型复合地基方案时，可采用刚性长桩与刚性短桩、刚性长桩与柔性短桩的组合方案。

(4) 对浅部存在欠固结土，宜先采用预压、压实、夯实、挤密方法或柔性桩等处理浅层地基而后采用刚性或柔性长桩进行处理的方案。

(5) 对湿陷性黄土应根据黄土地区建筑规范，选择压实、夯实或土桩、灰土桩、夯实水泥土桩等处理湿陷性，再采用刚性长桩进行处理的方案。

(6) 对可液化地基，应根据建筑抗震设计规范对可液化地基的处理设计要求，采用碎石桩等方法处理液化土层，再采用刚性或柔性长桩进行处理的方案。

(7) 对膨胀土地基采用多桩型复合地基方案时，应采用灰土桩等处理膨胀性，长桩宜穿越膨胀土层及大气影响层以下进入稳定土层，且不应采用桩身透水性较强的桩；多桩型复合地基单桩承载力应由载荷试验确定，其设计计算可按本规范有关章节要求进行，但应考虑施工顺序对桩承载力的相互影响；对刚性桩施工较为敏感的土层，不宜采用刚性桩与静压桩的组合，刚性桩与其他桩组合时，应对其他桩的单桩承载力进行折减。

11.12.2 布桩

(1) 多桩型复合地基的布桩宜采用正方形或三角形间隔布置。

(2) 刚性桩可仅在基础范围内布置，柔性桩布置要求应满足建筑抗震设计规范、湿陷性黄土地区建筑规范、膨胀土地区建筑技术规范对不同性质土处理的规定。

11.12.3 复合地基垫层

(1) 对刚性长短桩复合地基应选择砂石垫层，垫层厚度宜取对复合地基承载力贡献较大桩直径的 1/2；对刚性桩与柔性桩组合的复合地基，垫层厚度宜取刚性桩直径的 1/2；对柔性长短桩复合地基及长桩采用微型桩的复合地基，垫层厚度宜取 100～150mm。

(2) 对未完全消除湿陷性的黄土及膨胀土，宜采用灰土垫层，其厚度宜为 300mm。

11.12.4 多桩型复合地基承载力特征值

多桩型复合地基承载力特征值应采用多桩复合地基承载力载荷试验确定，初步设计时可采用以下方式估算。

1. 具有黏结强度增强体的长短桩组成的复合地基

具有黏结强度的两种桩组合形式的多桩型复合地基承载力特征值按式(11-36)计算，即

$$f_{spk} = m_1 \frac{\lambda_1 R_{a1}}{A_{p1}} + m_2 \frac{\lambda_2 R_{a2}}{A_{p2}} + \beta(1 - m_1 - m_2)f_{sk} \tag{11-36}$$

式中：λ_1、λ_2 分别为桩 1、桩 2 的单桩承载力发挥系数；应由单桩复合地基试验按等应变准则或多桩复合地基静载荷试验确定，有地区经验可按地区经验确定；R_{a1}、R_{a2} 分别为桩 1、桩 2 的单桩承载力(kN)；A_{p1}、A_{p2} 分别为桩 1、桩 2 的截面面积(m²)；β 为桩间土承载力发挥系数，无经验时可取 0.9～1.0；f_{sk} 为处理后复合地基桩间土承载力特征值(kPa)；m_1、m_2 分别为桩 1、桩 2 的面积置换率。

2. 由有黏结强度的桩与散体材料桩组成的复合地基

具有黏结强度的桩与散体材料桩组合形成的多桩型复合地基承载力特征值按式(11-37)计算，即

$$f_{spk} = m_1 \frac{\lambda_1 R_{a1}}{A_{p1}} + \beta[1 - m_1 - m_2(n-1)]f_{sk} \tag{11-37}$$

多桩型复合地基面积置换率，应根据基础面积与该面积范围内实际的布桩数量进行计算，当基础面积较大时或条形基础较长时，可用单元面积置换率替代。单元面积置换率的

计算模型如图 11-4 所示。当按矩形布桩时，$m_1 = \dfrac{A_{p1}}{2s_1s_2}$，$m_2 = \dfrac{A_{p2}}{2s_1s_2}$；当按三角形布桩且 $s_1=s_2$

时，$m_1 = \dfrac{A_{p1}}{2s_1^2}$，$m_2 = \dfrac{A_{p2}}{2s_1^2}$。

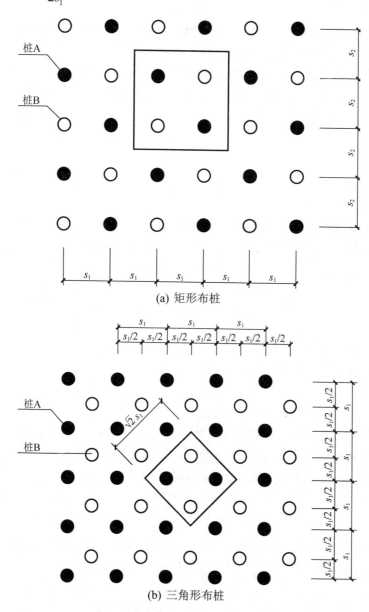

图 11-4　多桩型复合地基面积置换率计算模型

11.12.5　复合地基变形计算

复合地基的压缩模量根据下列情况分别进行计算。

1. 具有黏结强度增强体的长短桩组成的复合地基

地基的总变形量由三部分组成,即长短桩复合加固区压缩变形、短桩桩端至长桩桩端的加固区压缩变形、复合土层下卧土层压缩变形。

$$s = s_1 + s_2 + s_3 \tag{11-38}$$

式中: s_1 为长短桩复合土层产生的压缩变形(mm); s_2 为短桩桩端至长桩桩端复合土层产生的压缩变形(mm); s_3 为下卧土层的压缩变形(mm)。

加固区的压缩变形 s_1、s_2 可采用复合压缩模量法计算,即 $E_{sp} = \zeta E_s$,长短桩复合加固区、短桩桩端至长桩桩端加固区各土层的模量提高系数 ζ_1、ζ_2 分别按式(11-39)、式(11-40)计算,即

$$\zeta_1 = \frac{f_{spk}}{f_{ak}} \tag{11-39}$$

$$\zeta_2 = \frac{f_{spk1}}{f_{ak}} \tag{11-40}$$

式中: ζ_1 为长短桩复合加固区土层压缩模量提高系数; ζ_2 为仅由长桩加固区土层压缩模量提高系数; f_{spk1} 为仅由长桩处理形成复合地基承载力特征值(kPa); f_{spk} 为由长短桩形成复合地基承载力特征值(kPa)。

复合土层下卧土层变形 s_3 宜按现行国家标准《建筑地基基础设计规范》(GB 50007—2011)的规定,采用分层总和法计算。

2. 由有黏结强度的桩与散体材料桩组成的复合地基

加固区土层压缩模量提高系数按式(11-41)计算,即

$$\zeta_1 = \frac{f_{spk}}{f_{spk2}} [1+m(n-1)]\alpha \tag{11-41}$$

式中: f_{spk2} 为仅由散体材料桩加固处理后复合地基承载力特征值(kPa); α 为处理后桩间土地基承载力调整系数, $\alpha = f_{sk} / f_{ak}$; m 为散体材料桩的面积置换率。

将 $f_{spk2} = [1+m(n-1)]f_{sk}$ 代入式(11-41)得到:

$$\zeta_1 = \frac{f_{spk}}{f_{ak}} \tag{11-42}$$

复合地基变形计算深度必须大于复合土层的厚度,并应满足现行国家标准《建筑地基基础设计规范》(GB 50007—2011)中地基变形计算深度的有关规定。

11.13 石 灰 桩 法

11.13.1 石灰桩法原理

石灰桩法是指用生石灰作为主要固化剂与粉煤灰或火山灰、炉渣、黏性土等掺和料按

一定比例均匀混合后，在桩孔中经机械或人工分层振压或夯实所形成的密实桩体。为提高桩身强度，还可掺加石膏、水泥等外加剂。石灰桩主要适用于杂填土、素填土、一般黏性土、淤泥质土、淤泥及透水性小的粉土。对于透水性大的砂土和砂质粉土，以及超高含水率的软土则不适用。

石灰桩法在形成桩身强度的同时也加固了桩间土，当用于建筑物地基时，石灰桩与桩间土组成了石灰桩复合地基，共同承担上部结构的荷载。石灰桩加固地基的机理包含以下几个方面。

1. 石灰桩的挤密作用

通常施工石灰桩时用的是振动下沉管法，在将钢管打入土中时，向四周挤开等于自身体积的土，将桩间土挤密，作用大小与石灰桩置换率有关。挤密效果还与土质、上覆压力及地下水位状况有密切关系。一般情况下，地基土的渗透性越大，打桩挤密效果越好，地下水位以上的土比地下水位以下的土挤密效果好。但是，对于高灵敏度的饱和黏性土，尤其是淤泥，成桩时不仅不能挤密桩间土，而且还会破坏土的原有结构，强度会下降。

2. 吸水膨胀挤密作用

石灰桩在成孔后灌入生石灰，生石灰便吸收桩间土中的水分而发生体积膨胀，使桩间土产生强大的挤压力，这对地下水位以下软黏土的挤密起主导作用。生石灰的主要成分是 CaO，生石灰吸水形成熟石灰 $Ca(OH)_2$，CaO 水化消解成 $Ca(OH)_2$ 时，理论上体积增大约 1 倍。对于石灰桩，从大量的原位测试及土工试验结果分析，桩体的膨胀对周围土产生很大的挤压力，其大小与生石灰中有效钙的含量、桩体所受约束力的大小和方向、桩身材料的配合比、生石灰的水化速度等有关。在完全约束的条件下，生石灰的膨胀压力可高达 10MPa 以上，而土中石灰桩的膨胀压力会大大减小，二灰桩的膨胀压力比纯石灰桩小。石灰桩的膨胀压力尤其对土体侧向加压，使非饱和土挤密，使饱和土排水固结。

3. 脱水挤密

石灰桩的吸水量包括两部分：一部分是 CaO 消解水化所需的吸水量，另一部分是石灰桩身，主要是水化产物 $Ca(OH)_2$ 的孔隙吸水量。

软黏土的含水率可高达 40%～80%，1kg 的 CaO 完全消解反应的理论吸水量为 0.32kg 且生成 $Ca(OH)_2$(不含水)，因此，继续从桩四周的土中吸收水分，储存在桩体孔隙中。另外，由于在生石灰消解反应中放出大量的热量，提高了地基土的温度，实测桩间土的温度在 50℃ 以上。使土产生一定的汽化脱水，从而使土中含水率下降，这对基础开挖施工是有利的。

4. 桩和地基土的反应热作用

生石灰水化过程中能释放出大量的反应热，1kg 的 CaO 水化生成 $Ca(OH)_2$ 时，理论上可释放出 278kcal 的热量。经测定放热时间在水化充分进行时为 1h。我国加掺和料的石灰桩，桩内温度可高达 200～300℃，桩间土温度的升高滞后于桩体。在正常置换率的情况下，桩间土的温度可高达 40～50℃。由于桩数多，桩区内温度消散很慢，在全部桩施工完毕后 15d，地温仍达 25℃。完全恢复原来地温至少要 20～30d 甚至更长时间。通常生石灰 CaO 含量越高，桩内生石灰用量越大时温度越高。

5. 石灰桩的排水固结作用

石灰桩体的排水固结作用,在不同配合比时,测得的渗透系数为 $4.07 \times 10^{-3} \sim 6.13 \times 10^{-5}$ cm/s,相当于粉细砂,比一般黏性土的渗透系数大 $10 \sim 100$ 倍。经测定,石灰桩体具有 $1.3 \sim 1.7$ 的大孔隙比且组成颗粒大,这就证明了石灰桩体具有大孔隙结构。

6. 石灰桩加固层的减载作用

由于石灰的密度为 0.8 g/cm³,掺和料的密度一般为 0.6~0.8g/cm³,明显小于桩间土的密度。即使桩体饱和后,其密度也小于桩间土的天然密度。当采用排土成桩的施工工艺时,虽然挤密效果差些,但由于石灰桩数较多,加固层的自重就会减轻。因为桩有一定的长度,作用在桩底平面的自重应力就会减小。这样就可减小桩底下卧层顶面的附加压力。如果存在软弱下卧层,这种减载作用对下卧层的强度是有利的,这也是在深厚的软土中,石灰桩沉降量小于计算值的原因之一。

7. 桩体材料的胶凝作用

活性掺和料与生石灰桩在特定条件下的反应是很复杂的,国内外都进行过许多研究。通过 X 射线衍射、化学分析、差热分析及电子显微镜照片,总的看法是 $Ca(OH)_2$ 与活性掺和料中 SiO_2、Al_2O_3 反应生成水化硅酸钙和水化铝酸钙等水化物,从本质上改善了土的结构,提高了土的强度。

8. 石灰与桩间土的化学反应

石灰熟化中的吸水、膨胀、发热等物理效应可在短时间内完成,一般约 4 周即可趋于稳定,这是生石灰能迅速取得改良软土效果的原因。但是,石灰与桩间土的化学反应则要进行较长时间。石灰桩和桩间土的化学反应包括离子化、离子交换作用、固结作用。这些反应进行得很复杂,成为胶结物后,土的强度就显著提高,且随着时间的延续而增大,具有长期稳定性。

9. 生石灰的置换作用

对单一的以生石灰作原料的石灰桩,当生石灰水化后,石灰桩的直径可胀到原来直径的 1.1~1.5 倍;如充填密实和纯 CaO 的含量高,则生石灰密度可达 1.1~1.2g/cm³。大量试验可以证明,石灰桩吸水膨胀后的挤密作用使桩间土的孔隙比减小、土的含水率降低,结合石灰桩和桩间土的化学作用,在桩周形成一圈类似空心桩的硬土壳,可使土的强度提高。

11.13.2 石灰桩的设计要点

石灰桩的设计参数主要有桩径、桩长、置换率、桩距、布桩原则、桩土应力比、承载力及地基沉降等计算。通过这些参数可以确定桩数及平面布置。

1. 桩径

从石灰桩的加固原理看,采用细而密的布桩方案较好,但要受施工技术设备的限制。因此,国内常用直径一般为 150~400mm,具体直径数由当地施工条件来决定。桩径的大小还与桩长有关。为避免过大的长细比，一般较长的桩其桩径也较大。

2. 桩长

石灰桩作为一种柔性桩，其有效长度的概念比别的胶体程度更好，桩身强度越高的柔性桩越明显。当桩长大于其有效桩长时，再加大桩长对提高石灰桩的承载力影响甚微。根据这一概念，选择桩长的原则为：当上面是软土层且软土层较薄，下面是好土层时，石灰桩宜打穿土层进入好土层；当软弱土层深而厚时，应视不同情况进行处理。

3. 桩距及桩的平面布置

桩的布置一般可分为正方形、正三角形两种形式。桩距的确定既要满足地基承载力和变形的要求，又要做一定的经济分析。另外，桩距还依赖于所需的置换率。当土质较差、建筑物对复合地基承载力要求较高时，桩距应小些。但过分小的桩距或过分大的置换率不一定是好的处理办法，这样，可能会造成地面较大隆起并破坏土的结构，尤其是对结构破坏后不易恢复的土类。桩距应通过试桩确定，无试桩资料时可参考表 11-8 选择桩距。

表 11-8　石灰桩的参考桩距

土　类	桩距/桩径
淤泥、淤泥质土	2～3
较差的填土和一般黏性土	3～4
较好的填土和一般黏性土	≤5

4. 复合地基承载力特征值

石灰桩复合地基承载力特征值应通过单桩或多桩复合地基载荷试验确定。初步设计时可按式(11-43)估算，即

$$f_{spk} = m'f_{pk} + (1-m')f_{sk} \tag{11-43}$$

式中：f_{spk} 为复合地基的承载力特征值(kPa)；f_{pk} 为桩体承载力特征值(kPa)，由单桩竖向载荷试验测定，初步设计时可取 350～500kPa，土质软弱时取低值；f_{sk} 为处理后桩间土承载力特征值(kPa)，宜按当地经验取值，如无经验时，可取天然地基承载力特征值；m' 为膨胀后的面积置换率，$m' = \varepsilon m$，m 为膨胀前桩土面积置换率，ε 为石灰桩的膨胀率，按表 11-9 取值。

表 11-9　不同掺和料的石灰桩膨胀率 ε 参考值

纯石灰桩	2∶8 粉煤灰	3∶7 粉煤灰	2∶8 火山灰	3∶7 火山灰	备　注
1.2～1.5	1.15～1.40	1.10～1.35	1.10～1.35	1.05～1.25	桩身约束力大时取小值

5. 地基变形量

处理后地基变形应按现行的国家标准《建筑地基基础设计规范》(GB 50007—2011)有关规定进行计算，变形经验系数 ψ_s 可按地区沉降观测资料及经验确定。石灰桩复合土层的压缩模量宜通过桩身及桩间土压缩试验确定，初步设计时可按式(11-44)估算，即

$$E_{sp} = \alpha[1 + m(n-1)]E_s \tag{11-44}$$

式中：E_{sp} 为复合土层的压缩模量(MPa)；α 为系数，可取 1.1～1.3，成孔对桩周土挤密效应好或置换率大时取高值；n 为桩土应力比，可取 3～4，长桩取大值。E_s 为天然土的压缩模量(MPa)。

11.14　注 浆 加 固

注浆加固是指将水泥浆或其他化学浆液注入地基土层中，增强土颗粒间的连接，使土体强度提高、变形减少、渗透性降低的加固方法。注浆加固适用于砂土、粉土、黏性土和人工填土等地基加固。

11.14.1　注浆加固的类型

1. 根据注浆材料分类

1) 水泥浆

水泥注浆可得到高强度的固结体，应用最广泛的是普通硅酸盐水泥。在某些特殊条件下也可采用矿渣水泥、火山灰水泥和抗硫酸水泥。在灌注较大裂隙和孔隙时，常在浆液中掺加砂，以节约水泥，并能更好地充填。

2) 水泥黏土浆

在砂砾石地基注浆时，水泥浆容易过早凝固，不能充分填充密实。加入黏土后，黏土颗粒能够很好地充填水泥颗粒不易灌入的孔隙，密实性更好。另外，黏土可以就地取材，比较经济。

配制水泥黏土浆所使用的黏土，应具有一定的稳定性和黏结力，应满足下列要求：①黏土的塑性指数一般为 10～20；②小于 0.005mm 的黏粒含量不少于 40%；③砂粒含量(粒径 0.25～0.05mm)的含量不大于 5%。

3) 硅酸盐

硅酸盐是一种无机材料，具有价格低廉、渗入性好、无毒等特点。其主剂是水玻璃，与无机胶凝剂(如氯化钙、磷酸、硫酸铝等)或有机胶凝剂(如乙二醛、醋酸乙酯等)反应生成硅胶，起到加固作用。

4) 聚氨酯

它是采用多异氰酸酯和聚醚树脂的预聚体作为原材料，加入增塑剂、稀释剂、表面活性剂、催化剂等配成浆液，遇水反应而成胶凝体。反应时能发泡使体积膨胀，能充填密实，防渗性好。

5) 丙烯酰胺

国外称为 AM-9，国内称为丙凝，其黏度与水相似，凝结时间可在瞬间到几个小时，凝结后几分钟即可达到极限强度，可用于灌注细小裂隙，达到很好的防渗效果。丙烯酰胺具有强度低、干缩性大的缺点。

6) 环氧树脂类

环氧树脂是工程上较早采用的高强化学材料。采用活性稀释剂和各种外加剂改性后，黏度大大降低，但强度仍然较大，并且解决了水下和低温固化问题。

2. 按注浆方法分类

1) 渗透注浆

渗透注浆是指在压力作用下使浆液充填土的孔隙和岩石的裂隙，排挤出孔隙中存在的自由水和气体，而基本上不改变原状土的结构和体积，所用注浆压力相对较小。这类注浆一般只适用于中砂以上的砂性土和有裂隙的岩石。

2) 劈裂注浆

劈裂注浆是指在压力作用下，浆液克服地层的初始应力和抗拉强度，引起岩石和土体结构的破坏和扰动，使其沿垂直于小主应力的平面上发生劈裂，使地层中原有的裂隙或孔隙张开，形成新的裂隙或孔隙，浆液的可灌性和扩散距离增大，而所用的注浆压力相对较高。

对岩石地基，目前常用的注浆压力尚不能使新鲜岩体产生劈裂，主要是使原有的隐裂隙或微裂隙产生扩张；对于砂砾石地基，其透水性较大，浆液掺入将引起超静水压力，到一定程度后将引起砂砾石层的剪切破坏，土体产生劈裂；对黏性土地基，在具有较高注浆压力作用下，土体可能沿垂直于小主应力的平面产生劈裂，浆液沿劈裂面扩散，并使劈裂面延伸。在荷载作用下地基中各点小主应力方向是变化的，而且应力水平不同，在劈裂注浆中，劈裂缝的发展走向较难估计。

3) 挤密注浆

挤密注浆是指通过钻孔在土中灌入极浓的浆液，在注浆点使土体挤密，在注浆管端部附近形成浆泡。当浆泡的直径较小时，注浆压力基本上沿钻孔的径向扩展。随着浆泡尺寸的逐渐增大，便产生较大的上抬力而使地面抬动。经研究证明，向外扩张的浆泡将在土体中引起复杂的径向和切向应力体系。紧靠浆泡处的土体将遭受严重破坏和剪切，并形成塑性变形区，在此区内土体的密度可能因扰动而减小；离浆泡较远的土则基本上发生弹性变形，因而土的密度有明显的增加。浆泡的形状一般为球形或圆柱形。在均匀土中的浆泡形状相当规则，而在非均质土中则很不规则。浆泡的最后尺寸取决于很多因素，如土的密度、湿度、力学性质、地表约束条件、注浆压力和注浆速率等。有时浆泡的横截面直径可达 1m 或更大，实践证明，离浆泡界面 0.3～2.0m 内的土体都能受到明显的加密。

挤密注浆常用于中砂地基，黏土地基中若有适宜的排水条件也可采用。如遇排水困难而可能在土体中引起高孔隙水压力时，就必须采用很低的注浆速率。挤密注浆可用于非饱和的土体，以调整不均匀沉降进行托换技术，以及在大开挖或隧道开挖时对邻近土进行加固。

4) 电动化学注浆

电动化学注浆是指在施工时将带孔的注浆管作为阳极，用滤水管作为阴极，将溶液由阳极压入土中，并通以直流电(两电极间电压梯度一般为 0.3～1.0V/cm)，在电渗作用下，孔隙水由阳极流向阴极，促使通电区域中土的含水率降低，并形成渗浆通路，化学浆液也随之流入土的孔隙中，并在土中硬结。因而电动化学注浆是在电渗排水和注浆法的基础上发展起来的一种加固方法。但由于电渗排水作用，可能会引起邻近既有建筑物基础的附加下沉，这一情况应予注意。

11.14.2 单液硅化法和碱液法

单液硅化法和碱液法适用于处理地下水位以上渗透系数为0.10~2.00m/d的湿陷性黄土等地基。在自重湿陷性黄土场地，当采用碱液法时，应通过试验确定其适用性。

对于下列建(构)筑物，宜采用单液硅化法或碱液法。

(1) 沉降不均匀的既有建(构)筑物和设备基础。

(2) 地基受水浸湿引起湿陷，需要立即阻止湿陷继续发展的建(构)筑物或设备基础。

(3) 拟建的设备基础和构筑物。

采用单液硅化法或碱液法加固湿陷性黄土地基，应于施工前在拟加固的建(构)筑物附近进行单孔或多孔灌注溶液试验，确定灌注溶液的速度、时间、数量或压力等参数。灌注溶液试验结束后，隔 7~10d，应在试验范围的加固深度内量测加固土的半径，并取土样进行室内试验，测定加固土的压缩性和湿陷性等指标。必要时，应进行浸水载荷试验或其他原位测试，以确定加固土的承载力和湿陷性。

1. 单液硅化法

单液硅化法按其灌注溶液的工艺，可分为压力灌注和溶液自渗两种。

(1) 压力灌注可用于加固自重湿陷性黄土场地上拟建的设备基础和构筑物的地基，也可用于加固非自重湿陷性黄土场地上的既有建(构)筑物和设备基础的地基。

(2) 溶液自渗宜用于加固自重湿陷性黄土场地上的既有建(构)筑物和设备基础的地基。

单液硅化法采用浓度为 10%~15% 的硅酸钠($Na_2O \cdot nSiO_2$)溶液，掺入 2.5%氯化钠组成。其相对密度宜为 1.13~1.15，并不应小于 1.10。

加固湿陷性黄土的溶液用量，可按式(11-45)估算，即

$$Q = V\bar{n}d_{N1}\alpha \tag{11-45}$$

式中：Q 为硅酸钠溶液的用量(m^3)；V 为拟加固湿陷性黄土的体积(m^3)；$\bar{n}$ 为地基加固前土的平均孔隙率；d_{N1} 为灌注时硅酸钠溶液的相对密度；α 为溶液填充孔隙的系数，可取 0.60~0.80。

(3) 当硅酸钠溶液的浓度大于加固湿陷性黄土所要求的浓度时，应将其加水稀释，加水量可按式(11-46)估算，即

$$Q' = \frac{d_N - d_{N1}}{d_{N1} - 1} \times q \tag{11-46}$$

式中：Q' 为稀释硅酸钠溶液的加水量(t)；d_N 为稀释前硅酸钠溶液的相对密度；q 为拟稀释硅酸钠溶液的质量(t)。

(4) 采用单液硅化法加固湿陷性黄土地基，灌注孔的布置应符合下列要求。

① 灌注孔的间距。压力灌注宜为 0.80~1.20m，溶液自渗宜为 0.40~0.60m。

② 加固拟建的设备基础和建(构)筑物的地基，应在基础底面下按等边三角形满堂布置，超出基础底面外缘的宽度，每边不得小于1m。

③ 加固既有建(构)筑物和设备基础的地基，应沿基础侧向布置，每侧不宜少于两排。

当基础底面宽度大于 3m 时，除应在基础每侧布置两排灌注孔外，必要时，可在基础两侧布置斜向基础底面中心以下的灌注孔或在其台阶上布置穿透基础的灌注孔，以加固基础底面下的土层。

2. 碱液法

当 100g 干土中可溶性和交换性钙镁离子含量大于 10mg · ep 时，可采用单液法，即只灌注氢氧化钠一种溶液加固；否则，应采用双液法，即需采用氢氧化钠溶液与氯化钙溶液轮番灌注加固。

(1) 碱液加固地基的深度应根据场地的湿陷类型来确定。根据地基湿陷等级和湿陷性黄土层厚度，并结合建筑物类别与湿陷事故的严重程度等综合因素确定,加固深度宜为2~5m。对非自重湿陷性黄土地基，加固深度可为基础宽度的 1.5~2.0 倍；对Ⅱ级自重湿陷性黄土地基，加固深度可为基础宽度的 2.0~3.0 倍。

(2) 碱液加固土层的厚度 h，可按式(11-47)估算，即

$$h = l + r \tag{11-47}$$

式中：l 为灌注孔长度(m)，从注液管底部到灌注孔底部的距离；r 为有效加固半径(m)。

(3) 碱液加固地基的半径 r 宜通过现场试验确定。有效加固半径与碱液灌注量之间，可按式(11-48)估算，即

$$r = 0.6\sqrt{\frac{V}{nl \times 10^3}} \tag{11-48}$$

式中：V 为每孔碱液灌注量(L)，试验前可根据加固要求达到的有效加固半径按式(11-49)进行估算；n 为拟加固土的天然孔隙率，当无试验条件或工程量较小时，r 可取 0.40~0.50m。

(4) 当采用碱液加固既有建(构)筑物的地基时，灌注孔的平面布置，可沿条形基础两侧或单独基础周边各布置一排。当地基湿陷较严重时，孔距可取 0.7~0.9m；当地基湿陷较轻时，孔距可适当加大至 1.2~2.5m。

(5) 每孔碱液灌注量可按式(11-49)估算，即

$$V = \alpha\beta\pi r^2(1+r)n \tag{11-49}$$

式中：α 为碱液充填系数，可取 0.6~0.8；β 为工作条件系数，考虑碱液流失影响，可取 1.1。

思考题与习题

11-1　地基处理的目的是什么？常用的地基处理方法有哪些？其适用范围如何？

11-2　试述换填垫层的作用与适用范围，如何计算垫层厚度和宽度？

11-3　强夯法适于处理哪些地基？其处理地基的机理是什么？

11-4　试述预压地基的加固机理及适用范围。

11-5　堆载预压法的设计需要考虑哪些因素？

11-6　简述沉管砂石桩复合地基的原理、设计要点、施工工艺。

11-7　简述水泥粉煤灰碎石桩复合地基的概念、设计要点、施工工艺。

11-8　简述夯实水泥土桩复合地基的概念、设计要点、施工工艺。

11-9　简述石灰桩法的原理、设计要点、施工工艺。

11-10　什么是柱锤冲扩桩复合地基？简述设计要点、施工工艺。

11-11　某五层砖石混合结构的住宅建筑，墙下为条形基础，宽度为1.2m，埋深为1m，上部建筑物作用于基础上的荷载为150kN/m。地基土表层为粉质黏土，厚度为1m，重度$\gamma =17.8kN/m^3$；第二层为淤泥质黏土，厚度为15m，重度$\gamma =17.5kN/m^3$，地基承载力$f_{ak}=50kPa$；第三层为密实砂砾石。地下水距地表面为1m。因地基土比较软弱，不能承受上部建筑荷载，试设计砂垫层的厚度和宽度。

11-12　某工程建在饱和软黏土地基上，砂桩长度为12m，$d=1.5m$，为正三角形布置，$d_w=30cm$，$C_v=C_h=1\times 10^{-3}cm^2/s$，求一次加荷3个月时砂井地基的平均固结度。

11-13　某工程的地基为淤泥质黏土层，受压土层厚度为18m，固结系数$C_v=1.5\times 10^{-3}cm^2/s$，$C_h=2.95\times 10^{-3}cm^2/s$。拟用堆载预压法进行地基处理，袋装砂井直径$d_w=70mm$，为等边三角形布置，间距$l=1.6m$，深度$H=18m$，砂井底部为不透水层，砂井打穿受压土层。预压荷载总压力$p=100kPa$，分两级等速加载。计算加载120d时受压土层的平均固结度(不考虑竖井井阻和涂抹影响)。

11-14　建筑物建在饱和软黏土地基上，采用砂桩加固，砂桩直径$d=0.6m$，为正三角形布置，软黏土地基的孔隙比$e_1=0.85$，$\gamma =16kN/m^3$，$G_s=2.65$，$e_{max}=0.9$，$e_{min}=0.55$。依抗震要求，加固后地基的相对密度$D_r=0.6$。求砂桩的中心距L。

11-15　某桩基面积为4.5m×3m，地基土属于滨海相沉积的粉质黏土，现场十字板剪切强度$c_u=22kPa$，天然地基的承载力特征值为75kPa。要求地基处理后地基承载力特征值为120kPa。经过方案比较后，拟采用振冲碎石桩处理地基，若布置6根碎石桩，桩的长度为8m，为正方形布置，间距为1.5m，碎石桩平均直径为800mm，加固后的地基承载力是否能满足要求？

第 12 章　特殊土地基

【学习要点及目标】

◆　了解软弱土特征及对建筑物的影响。

◆　掌握湿陷性黄土湿陷性评价及地基湿陷等级的确定。

◆　掌握湿陷性黄土地基承载力、沉降量的计算及地基处理措施。

◆　掌握膨胀土自由膨胀率、收缩系数的确定，掌握膨胀土胀缩变形量
　　的计算。

◆　掌握饱和砂土地基液化等级的判别方法。

◆　了解冻土、盐渍土的成因及特征。

◆　掌握山区地基类型及处理措施。

◆　掌握地基土类型划分，掌握地基强度抗震验算。

【核心概念】

淤泥、淤泥质土、湿陷性黄土、地基湿陷等级、膨胀土、自由膨胀率、胀
缩变形量、地基液化等级等。

【引导案例】

特殊性土是指某些具有特殊物质成分和结构，而工程地质性质也较特殊的
土。根据成土环境，这些特殊土的分布都具有区域性的特点，因此特殊性土也
称为区域性土。特殊性土的种类甚多，主要有软弱土地基、湿陷性黄土地基、
膨胀土地基、饱和砂土和饱和粉土地基、冻土地基、盐渍土地基、山区地基等。
本章主要介绍各种特殊土地基和地震区地基基础。

12.1　软土地基

软弱土是指抗剪强度较低、压缩性较高、渗透性较小、天然含水率较大的饱和黏性土。常见的软弱土有淤泥、淤泥质土、泥炭和泥炭质土以及其他高压缩性的黏土及粉土等,其中淤泥和淤泥质土是软弱土的主要类型。淤泥一般是指天然含水率大于液限、天然孔隙比不小于1.5的黏土,而淤泥质土则是指天然含水率大于液限、天然孔隙比为1.0~1.5的黏土或粉土。这些软弱土广泛分布在我国东南沿海地区和内陆的江、河、湖沿岸及周边地区。

12.1.1　软弱土的特征

软弱土按其沉积环境的不同,可分为海岸沉积、湖泊沉积、河滩沉积、沼泽沉积四种类型。软弱土厚度大的地区,地表面常有一层厚度不等(0~4m)的硬壳层,其承载力较高,压缩性也较小,可作为浅基础的持力层。硬壳层下则为厚度不等的软弱土,河滩沉积淤泥厚度一般小于20m,湖泊沉积淤泥厚度一般为5~25m,海岸沉积淤泥厚度可达5~65m。软弱土主要有以下特征。

1. 天然含水率高、孔隙比大

软弱土主要是由黏粒和粉粒组成,并含有机质。其中,表面带负电荷的黏粒矿物与周围介质中的水分子和阳离子相互吸引形成水膜,在不同的地质环境中形成各种絮状结构。所以这种土含水率高、孔隙比大。天然含水率高于液限,据统计一般都大于30%,常为35%~80%;孔隙比大于1.0,常为1.0~2.0。在山区变化幅度更大,含水率有时可达70%,甚至高达200%,而孔隙比有时也高达6.0。

软弱土的饱和度一般大于90%,液限一般在35%~60%,随土的矿物成分、胶体矿物活性等因素而定。液性指数一般大于1.0,重度较小,一般为15~19kN/m³。软弱土因其天然含水率高、孔隙比大而使软弱土地基具有变形大、强度低的不良地质特性。

2. 渗透性小

软弱土黏粒含量高,渗透性很弱,其渗透系数一般为$10^{-8} \sim 10^{-6}$cm/s,所以在荷载作用下,排水固结缓慢、沉降时间长、强度不易提高。当土中有机质含量较大时,还可能会产生气泡,堵塞排水通道进一步降低渗透性。

对于夹有带状或片状薄砂层的软弱土地基,其水平渗透性可能会显著增大,可达$10^{-5} \sim 10^{-4}$cm/s。所以,这种土层的固结速率比均质软土层要快得多。

3. 压缩性较高

软弱土孔隙比大,因此压缩性高。同时,又由于微生物作用,软弱土层中产生大量气体,致使土层的压缩性进一步增大,在自重和外荷载作用下长期得不到固结。软弱土的压缩系数一般为$0.5 \sim 2.0$MPa^{-1},最大可达4.5MPa^{-1}。在其他条件相同的情况下,软弱土的压缩性随液限的增大而增大,一般淤泥的液限较淤泥质土大,因此,淤泥的压缩性也较淤泥质土大。

4. 抗剪强度低

由于软弱土天然含水率高、天然孔隙比大，因此软弱土地基变形大、强度低。此外，软弱土的强度低，其大小还与加荷速度和排水条件有着密切的关系。

5. 具有明显的流变性

土的流变性是指土在一定剪切应力作用下，发生缓慢长期变形的性质。在荷载作用下，软弱土承受剪应力的作用产生缓慢的剪切变形，并可能导致抗剪强度的衰减，在主固结沉降完成后还可能产生可观的次固结沉降。因流变产生的沉降持续时间可达几十年。

6. 具有明显的触变性

软弱土在未破坏时具有固态特性，一经扰动或破坏，即转变为稀释流动状态，是结构性沉积物，尤其以海相黏土更为明显，因此具有较强的触变性。特别是软弱土中亲水矿物多时，结构性强，触变性更加显著。这种土一旦受到扰动，结构被破坏，土的强度将明显降低，但随着静置时间的延长，部分强度会逐渐有所恢复。

在软弱土中钻孔取样时，常可能使土发生触变，以致取出的土样不能完全反映土的实际情况。因此，在高灵敏度黏土地基上进行地基处理、开挖基坑或打桩作业时，应该尽量减少或避免对土的扰动。

12.1.2 软弱土对建筑物的影响及危害

由于软弱土压缩性高、强度低，因此软弱地基沉降大，且多为不均匀沉降，极易造成建筑物墙体开裂、柱倾覆或折断、建筑物倾覆。另外，山区软土下部常存在有倾斜基岩或其他坚硬地层倾斜面，且坡度较大时对建筑物来说是一个隐患，除造成不均匀沉降外，还可能发生倾斜基岩面上软弱土蠕变滑移，导致地基失稳。因此，软弱土对建筑物的影响及危害非常大。

12.2 湿陷性黄土地基

12.2.1 湿陷性黄土的特征和分布

在一定压力作用下受水浸湿，土结构迅速破坏并发生显著附加下沉，称为湿陷性黄土。

1. 湿陷性黄土的特征

湿陷性黄土具有与一般粉土和黏性土不同的特性，有肉眼可见的大孔隙，在覆盖土层的自重应力或自重应力和建筑物附加应力的综合作用下浸水，则土的结构迅速破坏，并发生显著的附加下沉。它具有以下特征：①土的颜色在干燥时呈淡黄色，稍湿时呈黄色，湿润时呈褐黄色；②在天然状态下，具有肉眼可见的大孔隙，孔隙比大于 1；③颗粒组成以粉土颗粒为主，含量常占 60%以上，富含碳酸盐类，含盐量大于 0.3%；④透水性强，土样浸入水中以后，很快崩解，同时有气泡产生；⑤黄土在干燥状态下，有较高的强度和较小的压缩性，但在遇水后，土的结构迅速破坏，发生显著的沉降，产生严重湿陷，故称为湿陷性黄土。

2. 湿陷性黄土的分布

世界上黄土主要分布于中纬度干旱和半干旱地区。如法国的中部和北部，东欧的罗马尼亚、保加利亚、俄罗斯、乌克兰、乌兹别克斯坦，美国沿密西西比河流域及西部不少地方均可遇到。在我国，黄土地域辽阔，其分布面积约 45 万 km^2，其沉积过程经历了整个第四纪时期。按形成年代的早晚，可分为午城黄土、离石黄土、马兰黄土和黄土状土。按照黄土是否具有湿陷性，将黄土分为老黄土和新黄土，如表 12-1 所示。老黄土土质密实，颗粒均匀，无大孔或稍带大孔结构，一般不具湿陷性。新黄土，土质均匀或较为均匀，结构疏松，大孔发育，一般具有湿陷性。

表 12-1 黄土地层划分

时　代	地层划分	按是否具有湿陷性划分
全新世 Q_4	黄土状土	新黄土，具有湿陷性
晚更新世 Q_3	马兰黄土	
中更新世 Q_2	离石黄土	老黄土，不具有湿陷性
早更新世 Q_1	午城黄土	

注：全新世 Q_4 黄土包括湿陷性黄土 Q_4^1 和新近堆积黄土 Q_4^2。

小贴士：

新近堆积黄土 Q_4^2，具有湿陷性、承载力低等特点。在工程勘察、设计中，一般通过现场判别和试验指标判别。

(1) 现场判别。

① 堆积环境：黄土塬、梁、峁，冲沟两侧和山前坡积地带，河道拐弯处的内侧，河漫滩及低阶地，平原上被掩埋的沼泽洼地。

② 颜色：灰黄、黄褐、棕褐，常相杂或相间。

③ 结构：土质不均，松散，大孔结构，多含植物根系。

④ 包含物：常含有人类活动遗迹，在孔壁上含白色钙质粉末。

(2) 当现场鉴别不明显时，按下列指标判定。

① 在 50～150kPa 压力段变形敏感，e-p 曲线前陡后缓，小压力作用下具有高压缩性。

② 利用判别式判别。当 $R > R_0$ 时，可判为新近堆积黄土，$R_0 = -154.8$。

$$R = -68.45e + 10.98a - 7.16\gamma + 1.18\omega$$

式中：e 为土的天然孔隙比；a 为土的压缩系数(MPa^{-1})；ω 为天然含水率(%)；γ 为土的天然重度(kN/m^3)。

【例 12-1】某黄土的孔隙比为 0.87，压缩系数为 0.36 MPa^{-1}，重度为 18.2kN/m^3，天然含水率为 20.5%，判别是否为新近堆积黄土。

解 $R = -68.45 \times 0.87 + 10.98 \times 0.36 - 7.16 \times 18.2 + 1.18 \times 20.5 = -161.72 < R_0 = -154.8$，故该土不是新近堆积黄土。

12.2.2 黄土湿陷性评价

1. 湿陷系数

黄土在一定压力作用下，受水浸湿后结构迅速破坏而产生显著附加沉陷的性能，称为湿陷性，可以用浸水压缩试验求得的湿陷性系数评价。天然黄土土样在某压力 p 作用下压缩稳定后(这时土样高度为 h_p)，不增加荷重而将土样浸水饱和，土样产生附加变形(这时测得土样的高度为 h_p')，h_p 和 h_p' 之差越大，说明土的湿陷性越明显。一般用 h_p 和 h_p' 之差(湿陷值)与土样原始高度 h_0 之比来衡量黄土的湿陷程度，这个指标叫作湿陷系数 δ_s ，即

$$\delta_s = \frac{h_p - h_p'}{h_0} \tag{12-1}$$

δ_s 值越大，说明黄土的湿陷性越强烈。但在不同压力下，黄土的 δ_s 是不一样的，一般以 0.2MPa 压力作用下的 δ_s 作为评价黄土湿陷性的标准。黄土的湿陷系数 $\delta_s > 0.015$ 时，则认为该黄土为湿陷性黄土，且该值越大，黄土湿陷性越强烈。工程实践中还规定：当 δ_s 为 0.015~0.03 时，湿陷性轻微；当 δ_s 为 0.03~0.07 时，湿陷性中等；当 $\delta_s > 0.07$ 时，湿陷性强烈。当 $\delta_s < 0.015$ 时，则为非湿陷性黄土，可按一般土对待。

2. 自重湿陷系数

黄土受水浸湿后，在上部土层的饱和自重压力作用下而发生湿陷的，称为自重湿陷性黄土。自重湿陷性黄土的湿陷起始压力较小，低于其上部土层饱和自重压力。非自重湿陷性黄土的湿陷起始压力一般较大，高于其上部土层的饱和自重压力。

划分非自重湿陷性黄土和自重湿陷性黄土，可取土样在室内做浸水压缩试验，在土的饱和自重压力下测定土的自重湿陷系数 δ_{zs} ，即

$$\delta_{zs} = \frac{h_z - h_z'}{h_0} \tag{12-2}$$

式中：h_z 为保持天然含水率和结构的土样，加压至土的饱和自重压力时下沉稳定后的高度(mm)；h_z' 为上述加压稳定后的土样，在浸水作用下下沉稳定后的高度(mm)；h_0 为土样的原始高度(mm)。

测定自重湿陷系数用的自重压力，自地面算起，至该土样顶面为止的上覆土的饱和(S_r =85%)自重压力。当 $\delta_{zs} < 0.015$ 时，应定为非自重湿陷性黄土；当 $\delta_{zs} \geqslant 0.015$ 时，应定为自重湿陷性黄土。

3. 湿陷起始压力

黄土在某一压力作用下浸水后开始出现湿陷时的压力叫作湿陷起始压力。如果作用在湿陷性黄土地基上的压力小于这个起始压力，地基即使浸水也不会发生湿陷。湿陷起始压力值常通过室内浸水压缩试验和现场浸水载荷试验确定。

按压缩试验有单线法和双线法，其方法如下。

1) 双线法

应在同一取土点的同一深度处,以环刀切取两个试样,一个在天然湿度下加第一级荷重,下沉稳定后浸水,待湿陷稳定后再分级加荷。分别测定这两个试样在各级压力下下沉稳定后的试样高度 h_p 和浸水下沉稳定后的试样高度 h_p',就可以绘出不浸水试样的 $p\text{-}\delta_s$ 曲线和浸水试样的 $p\text{-}h_p'$ 曲线,然后按公式 $\delta_s = \dfrac{h_p - h_p'}{h_0}$ 计算各级荷载下的湿陷系数 δ_s,从而绘制 $p\text{-}\delta_s$ 曲线。在 $p\text{-}\delta_s$ 曲线上取 δ_s 值为 0.015 所对应的压力作为湿陷起始压力 p_{sh}。

2) 单线法

应在同一取土点的同一深度处,至少以环刀切取 5 个试样。各试样均分别在天然湿度下分级加荷至不同的规定压力。待下沉稳定测出土样高度 h_p 后浸水,并测定湿陷稳定后的土样高度 h_p'。绘制 $p\text{-}\delta_s$ 曲线后,确定 p_{sh} 值的方法同双线法。

按现场载荷试验确定时,应在 $p\text{-}s$ 曲线上取转折点所对应的压力作为湿陷起始压力。当曲线上的转折点不明显时,可取浸水下沉量 s 与承压板宽度 b 之比小于 0.015 所对应的压力作为湿陷起始压力。

【例 12-2】某场地载荷试验的承压板面积为 0.25m^2,压力与浸水下沉量关系如表 12-2 所示,确定黄土的湿陷起始压力。

表 12-2　压力与浸水下沉量关系

载荷板底面压力/kPa	25	50	75	100	125	150	175	200	225
浸水下沉量/mm	4.8	6.0	7.2	8.5	9.8	11.0	14.0	16.8	19.9

解 (1) 以压力为横坐标,浸水下沉量为纵坐标,绘制 $p\text{-}s$ 曲线(见图 12-1)。

(2) 确定湿陷起始压力。

从 $p\text{-}s$ 曲线中可看出,曲线存在一个明显的拐点,拐点坐标为(160kPa,1.15cm),故场地的湿陷起始压力 p_{sh} =160kPa。

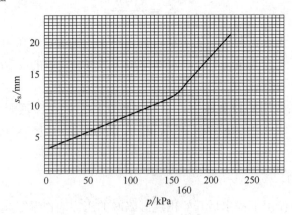

图 12-1　压力与浸水下沉量关系曲线

4. 湿陷性黄土场地的自重湿陷量

湿陷性黄土场地的湿陷类型,应按自重湿陷量的实测值 Δ_{zs}' 或计算值 Δ_{zs} 判定,并应符合下列规定:①当自重湿陷量的实测值 Δ_{zs}' 或计算值 Δ_{zs} 小于或等于 70mm 时,应定为非自重湿陷性黄土场地；②当自重湿陷量的实测值 Δ'_{zs} 或计算值 Δ_{zs} 大于 70mm 时，应定为自重湿陷性黄土场地；③当自重湿陷量的实测值和计算值出现矛盾时，应按自重湿陷量的实测值判定。

湿陷性黄土场地自重湿陷量的计算值 Δ_{zs}，应按式(12-3)计算，即

$$\Delta_{zs} = \beta_0 \sum_{i=1}^{n} \delta_{zsi} h_i \tag{12-3}$$

式中：δ_{zsi} 为第 i 层土自重湿陷系数；h_i 为第 i 层土的厚度(mm)；β_0 为因地区土质而异的修正系数，在缺乏实测资料时，按下列规定取值：陇西地区取 1.50，陇东—陕北—晋西地区取 1.20，关中地区取 0.90，其他地区取 0.50。

自重湿陷量的计算值 Δ_{zs} 应自天然地面(当挖、填方的厚度和面积较大时，应自设计地面)算起，至其下非湿陷性黄土层的顶面止，其中自重湿陷系数 δ_{zs} 值小于 0.015 的土层不累计。

5. 湿陷性黄土地基的湿陷等级

湿陷性黄土地基的湿陷等级根据湿陷量 Δ_s 和计算自重湿陷量 Δ_{zs} 按表 12-3 确定，湿陷量 Δ_s 按式(12-4)计算，即

$$\Delta_s = \sum_{i=1}^{n} \beta \delta_{si} h_i \tag{12-4}$$

式中：δ_{si} 为第 i 层土的湿陷系数；h_i 为第 i 层土的厚度(mm)；β 为考虑地基土的受水浸湿可能性和侧向挤出等因素的修正系数，在缺乏实测资料时，按下列规定取值：基底下 0～5m 深度内，取 $\beta = 1.50$；基底下 5～10m 深度内，取 $\beta = 1$；基底下 10m 以下至非湿陷性黄土层顶面，在自重湿陷性黄土场地，可取工程所在地区的 β_0 值。

表 12-3　湿陷性黄土地基的湿陷等级

湿陷类型	非自重湿陷性场地	自重湿陷性场地	
计算自重湿陷量/mm 总湿陷量/mm	$\Delta_{zs} \leqslant 70$	$70 < \Delta_{zs} \leqslant 350$	$\Delta_{zs} > 350$
$\Delta_s \leqslant 300$	I (轻微)	II (中等)	—
$300 < \Delta_s \leqslant 600$	II (中等)	II (中等)或III(严重)	III(严重)
$\Delta_s > 600$	II (中等)	III(严重)	IV(很严重)

注：当总湿陷量 $\Delta_s \geqslant 600mm$，计算自重湿陷量 $\Delta_{zs} \geqslant 300mm$ 时，可判为III级，其他情况可判为II级。

湿陷量的计算值 Δ_s 的计算深度，应自基础底面(如基底标高不确定时，自地面下 1.50m)算起；在非自重湿陷性黄土场地，累计至基底下 10m(或地基压缩层)深度止；在自重湿陷性黄土场地，累计至非湿陷性黄土层的顶面止。其中，湿陷系数 δ_s(10m 以下为 δ_{zs})小于 0.015 的土层不累计。

【例 12-3】陕北某黄土勘察资料如表 12-4 所示，建筑物为丙类建筑，基础埋深 2.5m，确定地基的湿陷等级。

表 12-4 例 12-3 表

层 号	层厚/m	自重湿陷系数 δ_{zs}	湿陷系数 δ_s
1	4	0.024	0.032
2	5	0.016	0.025
3	5	0.008	0.021
4	2	0.007	0.020
5	3	0.006	0.018
6	8	0.001	0.010

解 (1) 计算自重湿陷量。

自天然地面算起,至其下全部湿陷性黄土层面止,对陕北地区 $\beta_0 = 1.2$,自重湿陷量

$$\Delta_{zs} = \beta_0 \sum_{i=1}^{n} \delta_{zsi} h_i = 1.2 \times (0.024 \times 4000 + 0.016 \times 5000) = 211.2 \text{(mm)} > 70\text{mm}$$,故该场地判定为自重湿陷性黄土场地。

(2) 计算湿陷量。

基底下 0~5m 深度内,取 $\beta = 1.50$;基底下 5~10m 深度内,取 $\beta = 1$。自重湿陷性黄土场地,计算深度累计至非湿陷性黄土层的顶面止。基底下 10m 以下至非湿陷性黄土层顶面,在自重湿陷性黄土场地可取工程所在地区的 β_0 值。

$$\Delta_s = \sum_{i=1}^{n} \beta \delta_{si} h_i = 1.5 \times 0.032 \times 1500 + 1.5 \times 0.025 \times 3500 + 1.0 \times 0.025 \times 1500 + 1.0 \times 0.021 \times 3500 + 1.2 \times$$

$0.021 \times 1500 + 1.2 \times 0.020 \times 2000 + 1.2 \times 0.018 \times 3000 = 464.9 \text{(mm)}$

(3) 确定地基的湿陷等级。

由 $\Delta_{zs} = 211.2$mm,$\Delta_s = 464.9$mm 查表 12-3 可知,该湿陷性黄土地基的湿陷等级可判定为 Ⅱ(中等)。

12.2.3 湿陷性黄土地基承载力

湿陷性黄土地基承载力的确定,应符合下列规定。

(1) 地基承载力特征值,应保证地基在稳定的条件下使建筑物的沉降量不超过允许值。

(2) 甲、乙类建筑的地基承载力特征值,可根据静载荷试验或其他原位测试、公式计算,并结合工程实践经验等方法综合确定。

(3) 当有充分依据时,对丙、丁类建筑,可根据当地经验确定。

(4) 对天然含水率小于塑限含水率的土,可按塑限含水率确定土的承载力。

当基底宽度大于 3m 或埋深大于 1.5m 时,地基承载力特征值应按式(12-5)修正,即

$$f = f_{ak} + \eta_b \gamma (b - 3) + \eta_d \gamma_m (d - 1.5) \tag{12-5}$$

式中:f 为修正后地基承载力(kPa);f_{ak} 为地基承载力特征值(kPa);η_b、η_d 分别为基础宽度和埋深的承载力修正系数,按表 12-5 确定;b 为基础底面宽度(m),当基底宽度小于 3.0m 时按 3.0m 考虑,大于 6.0m 时按 6.0m 考虑;γ 为基底以下土的重度(kN/m³),地下水位以下取浮重度;γ_m 为基础底面以上土的加权平均重度(kN/m³),地下水位以下取浮重度。

表 12-5 承载力修正系数

地基土的类别	有关物理指标	η_b	η_d
晚更新世 Q_3、全新世湿陷性黄土 Q_4^1	$\omega < 24\%$	0.2	1.25
	$\omega > 24\%$	0	1.1
饱和黄土[①②]	$e < 0.85$, $I_L < 0.85$	0.2	1.25
	$e > 0.85$, $I_L > 0.85$	0	1.1
	$e \geqslant 1.0$, $I_L \geqslant 1.0$	0	1.0
新近堆积黄土 Q_4^2		0	1.0

注：①只适用于 $I_p > 10$ 的饱和黄土。

②饱和度 $S_r \geqslant 80\%$ 的晚更新世 Q_3、全新世湿陷性黄土 Q_4^1。

12.2.4　黄土地基沉降量

湿陷性黄土地区的沉降量包括压缩变形和湿陷变形两部分，按式(12-6)计算，即

$$s = s_h + s_w \tag{12-6}$$

$$s_h = \psi_s \sum_{i=1}^{n} \frac{p_0}{E_{si}} (z_i \bar{\alpha}_i - z_{i-1} \bar{\alpha}_{i-1}) \tag{12-7}$$

$$s_w = \sum_{i=1}^{n} \frac{e_{mi}}{1 + e_{1i}} h_i \tag{12-8}$$

式中：s 为黄土地基总沉降量(mm)；s_h 为黄土未浸水的沉降量(mm)；s_w 为黄土浸水后的湿陷变形量(mm)；ψ_s 为沉降计算经验系数，按表 12-6 选用；e_{mi} 为第 i 土层浸水前后孔隙比变化值，即大孔隙系数；e_{1i} 为第 i 土层浸水前孔隙比；h_i 为第 i 土层厚度。

表 12-6 黄土计算经验系数 ψ_s

$\bar{E}_s$/MPa	3.3	5.0	7.5	10.0	12.5	15.0	17.5	20.0
ψ_s	1.80	1.22	0.82	0.62	0.50	0.40	0.35	0.30

$\bar{E}_s$ 为沉降计算深度范围内压缩模量的当量值，按式(12-9)计算，即

$$\bar{E}_s = \frac{\sum_i A_i}{\sum \dfrac{A_i}{E_{si}}} \tag{12-9}$$

式中：A_i 为基底以下第 i 土层的附加应力面积(MPa·m)；E_{si} 为第 i 土层的压缩模量(MPa)。

12.3　膨胀土地基

膨胀土是土中黏粒成分，主要由亲水性矿物组成，具有显著的吸水膨胀和失水收缩两种变形特性的黏性土。虽然一般黏性土也都有膨胀、收缩特性，但其变形量不大；而膨胀土的膨胀—收缩—再膨胀的周期性变形特性非常显著，并给工程带来危害，因而将其作为

特殊土从一般黏性土中区别出来。我国膨胀土分布很广，以云南、广西、湖北、安徽、河北、河南等省(区)的山前丘陵和盆地边缘最严重。此外，贵州、陕西、山东、江苏、四川等地都有分布。

12.3.1　膨胀土的特性

膨胀土一般强度较高，压缩性低，易被认为是建筑性能较好的地基土。但由于其具有膨胀和收缩的特性，当利用这种土作为建筑物地基时，如果对它的特性缺乏认识，或在设计和施工中没有采取必要的措施，结果会给建筑物造成危害。

1. 膨胀土的特征

一般根据野外特征，结合室内试验指标及建筑物的破坏特点进行综合判别的方法来判定膨胀土。其主要特征如下。

(1) 在自然条件下，土的结构致密，多呈硬塑或坚硬状态；具有黄红、褐、棕红、灰白或灰绿等多种颜色。

(2) 裂隙发育，常见裂隙有竖向、斜交和水平三种，裂隙中常充填灰绿、灰白色黏土，土被浸湿后裂隙回缩变窄或闭合。

(3) 自由膨胀率大于 40%，天然含水率接近塑限，塑性指数大于 17，多数为 22～35，液性指数小于零，天然孔隙比变化范围为 0.5～0.8。

(4) 多出现于二级及三级以上河谷阶地、垅岗、山梁、斜坡、山前丘陵和盆地边缘，地形坡度平缓，无明显自然陡坎。

(5) 土中成分含有较多亲水性强的蒙脱石、多水高岭石、伊利石(水云母)和硫化铁、蛭石等，有明显的湿胀干缩效应。

(6) 膨胀土地区旱季地表常出现地裂，雨季则裂缝闭合。地裂上宽下窄，一般长 10～80m，深度多为 3.5～8.5m，壁面陡立而粗糙。

2. 影响膨胀土胀缩变形的主要因素

膨胀土的胀缩变形特性主要由土的内在因素决定，同时受到外部因素的制约。胀缩变形的产生是膨胀土的内在因素在外部适当的环境条件下综合作用的结果。影响土的胀缩变形的主要内外因素如下。

1) 矿物及化学成分

膨胀土主要由蒙脱石、伊利石等矿物组成，亲水性强，胀缩变形大。化学成分以氧化硅、氧化铝、氧化铁为主。如氧化硅含量大，则胀缩量大。

2) 黏粒的含量

由于黏土颗粒细小，比表面积大，因而具有很大的表面能，对水分子和水中阳离子的吸附能力强。因此，土中黏粒含量越大，则土的胀缩性越强。

3) 土的密度

如土的密度大即孔隙比小，则浸水膨胀强烈，失水收缩小；反之，如密度小即孔隙比大，则浸水膨胀小，失水收缩大。

4) 土的含水率

若初始含水率与膨胀后含水率接近，则膨胀小，收缩大；反之则膨胀大，收缩小。

5) 土的结构强度

结构强度越大，则土体限制胀缩变形的能力也越大，而当土的结构被破坏后，土的胀缩性也增大。

6) 气候条件

气候条件是影响土胀缩变形的首要因素，包括降雨量、蒸发量、气温、相对湿度和地温等，雨季土体吸水膨胀，旱季失水收缩。

7) 地形、地貌条件

地形、地貌条件也是一个重要的因素，实质上仍然要联系到土中水分的变化问题。同类膨胀地基，地势低处比高处胀缩变形小得多；在边坡地带，坡脚地段比坡肩地段的同类地基的胀缩变形又要小得多。

8) 建筑物周围的树木

建筑物周围的树木尤其是阔叶乔木，旱季树根吸水，加剧地基土的干缩变形，使邻近有成排树木的房屋产生裂缝。

9) 日照的时间和强度

房屋向阳面开裂多，背阴面开裂少。

12.3.2 膨胀土的胀缩性指标

1. 自由膨胀率

将人工制备的磨细烘干土样经无颈漏斗注入量土杯(容积为 10mL)，盛满刮平后，将试样倒入盛有蒸馏水的量筒(容积为 50mL)后加入凝聚剂并用搅拌器上、下均匀搅拌 10 次。土粒下沉后每隔一定时间读取土样的体积数，直至认为膨胀达到稳定为止。自由膨胀率为

$$\delta_{ef} = \frac{V_w - V_0}{V_0} \tag{12-10}$$

式中：V_0 为干土样原有体积(mL)，即量土杯的体积；V_w 为土样在水中膨胀稳定后的体积(mL)。

自由膨胀率越大，土的胀缩性越大，一般自由膨胀率 $\delta_{ef} \geqslant 40\%$ 的土应判定为膨胀土。根据自由膨胀率的大小，膨胀土的膨胀潜势分为三类，即弱($40\% \leqslant \delta_{ef} < 65\%$)、中($65\% \leqslant \delta_{ef} < 90\%$)、强($\delta_{ef} \geqslant 90\%$)。

2. 膨胀率

有荷膨胀率表示原状土在侧限压缩仪中，在一定压力作用下，浸水膨胀稳定后，土样增加的高度与原高度之比，表示为

$$\delta_{ep} = \frac{h_w - h_0}{h_0} \tag{12-11}$$

式中：h_0 为土样的原始高度(mm)；h_w 为土样浸水膨胀稳定后的高度(mm)。

有荷膨胀率所施加的荷载有 50kPa、100kPa，为了比较不同土的膨胀性，需要统一规定压力值，这个压力我国规定采用 50kPa。

3. 线缩率

线缩率是指土的竖向收缩变形与原状土样高度之比，可表示为

$$\delta_s = \frac{h_0 - h_i}{h_0} \tag{12-12}$$

式中：h_0 为土样的原始高度(mm)；h_i 为试验中某含水率对应的土样高度(mm)。

4. 收缩系数

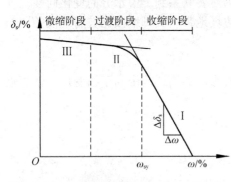

图 12-2　收缩曲线

根据不同时刻的线缩率及相应的含水率，可绘制收缩曲线(见图 12-2)。从图中可以看出，当含水率减小时，土的收缩过程分为三个阶段，即收缩阶段(I)、过渡阶段(II)和微缩阶段(III)。在收缩阶段中含水率每降低 1%时，所对应的线缩率的改变即为收缩系数 λ_s，即

$$\lambda_s = \frac{\Delta \delta_s}{\Delta \omega} \tag{12-13}$$

式中：$\Delta \delta_s$ 为收缩过程中与两点含水率之差对应的竖向线缩率之差(%)；$\Delta \omega$ 为收缩过程中直线变化阶段两点含水率之差(%)。

12.3.3　膨胀土地基变形量

膨胀土地基的变形量按下列三种情况计算：①当离地表 1m 处地基土的天然含水率等于或接近最小值时，或地面覆盖且无蒸发可能时，一级建筑物使用期间，经常有浸水的地基，可按膨胀变形量计算；②当离地表 1m 处地基土的天然含水率大于 1.2 倍塑限含水率时，或直接受高温作用的地基，可按收缩膨胀量计算；③其他情况下按胀缩变形量计算。

1. 膨胀变形量

地基膨胀变形量按式(12-14)计算，即

$$s_e = \psi_e \sum_{i=1}^{n} \delta_{epi} h_i \tag{12-14}$$

式中：s_e 为地基土的膨胀变形量(mm)；ψ_e 为经验系数，根据当地经验确定，对于三层及三层以下建筑物，可采用 0.6；δ_{epi} 为基础底面下第 i 层土在压力为该层土的平均自重应力与平均附加应力之和作用下的膨胀率，由室内试验确定；h_i 为第 i 层土计算厚度(mm)。

2. 收缩变形量

收缩变形量按式(12-15)计算，即

$$s_s = \psi_s \sum_{i=1}^{n} \lambda_{si} \Delta \omega_i h_i \tag{12-15}$$

式中：s_s 为地基土的收缩变形量(mm)；ψ_s 为经验系数，根据当地经验确定，对于三层及三层以下建筑物，可采用 0.8；λ_{si} 为第 i 层土的收缩系数，由室内试验确定；$\Delta \omega_i$ 为地基土在

收缩过程中，第 i 层土可能发生的含水率变化平均值，按式(12-16)计算，即

$$\Delta\omega_i = \Delta\omega_1 - (\Delta\omega_1 - 0.01)\frac{z_i - 1}{z_n - 1} \tag{12-16}$$

$$\Delta\omega_1 = \omega_1 - \psi_w \omega_P \tag{12-17}$$

式中：ω_1、ω_P 为分别为地表下 1m 处土的天然含水率和塑限(%)；z_n 为计算深度(m)，可取大气影响深度，大气影响深度按表 12-7 确定；z_i 为第 i 层土的深度(m)；ψ_w 为土的湿度系数。

表 12-7　大气影响深度

土的湿度系数	大气影响深度/m
0.6	5
0.7	4
0.8	3.5
0.9	3

说明：①在地表下 4m 土层深度内，存在不透水基岩时，可假定含水率变化值为常数；②在计算深度内有稳定地下水位时，可计算至水位以上 3m。

3. 胀缩变形量

$$s_c = \psi\sum_{i=1}^n(\delta_{epi} + \lambda_{si}\Delta\omega_i)h_i \tag{12-18}$$

式中：ψ 为计算胀缩变形量的经验系数，可取 0.7；其他符号含义同前。

【例 12-4】某建筑物场地为膨胀土地基，地表 1m 处的天然含水率为 29.2%，塑限为 22%，土的收缩系数为 0.15，基础埋深为 1.5m，土的湿度系数为 0.7。试计算地基土的收缩变形量。

解　由于天然含水率大于塑限的 1.2 倍，故按收缩变形量计算。

(1) 根据土的湿度系数查表 12-7，得到大气影响深度 d =4m。

(2) 土层中点深度 z_i =1.5+1.25=2.75(m)。

(3) 地表下 1m 处含水率变化值 $\Delta\omega_1$ = 0.292−0.7×0.22=0.138。

(4) 土层含水率变化值 $\Delta\omega_i$ = 0.138 − (0.138 − 0.01)×$\dfrac{2.75 - 1}{4 - 1}$ =0.06。

(5) 收缩变形量 s_s = 0.8×0.15×0.06×2.5 =0.018(m)=18mm。

12.3.4　膨胀土地基评价

1. 膨胀土的判别

具有下列工程地质特征的场地，且自由膨胀率 $\delta_{ef} \geqslant 40\%$ 的土，应判定为膨胀土。

(1) 裂隙发育，常有光滑面和擦痕，有的裂隙中充填着灰白、灰绿色黏土，在天然条件下呈坚硬或硬塑状态。

(2) 多出露于二级或二级以上阶地、山前和盆地边缘丘陵地带，地形平缓，无明显自然陡坎。

(3) 常见浅层塑性滑坡、地裂，新开挖坑(槽)壁易发生坍塌。

(4) 建筑物裂缝随气候变化而张开和闭合。

2. 膨胀土地基的胀缩等级

根据地基的膨胀、收缩变形对低层砖混结构房屋的影响程度，膨胀土地基的胀缩等级按分级胀缩变形量 s_c 大小进行划分，可按表 12-8 分为三级，等级越高其膨胀性越大。

表 12-8　膨胀土地基的胀缩等级

地基分级变形量 s_c /mm	级　别
$15 \leqslant s_c < 35$	I
$35 \leqslant s_c < 70$	II
$s_c \geqslant 70$	III

12.4　饱和砂土和饱和粉土地基

12.4.1　饱和砂土和饱和粉土的液化

饱和松散的砂土或粉土在强烈的地震作用下，会产生剧烈的状态变化，使原砂土或粉土结构受到破坏、抗剪强度丧失，成为液体状态。当覆盖土层被震裂时，则受压水挟带砂粒和粉粒喷出地面，出现喷水、冒砂现象，常常导致建筑物产生不均匀沉降，甚至失稳，造成建筑物开裂、倾斜或破坏，这种现象称为砂土的液化。

饱和松砂与粉土主要是单粒结构，处于不稳定状态。在强烈地震作用下，疏松不稳定的砂粒与粉粒移动到更稳定的位置。但地下水位下土的孔隙已完全被水充满，在地震作用的短暂时间内，土中的孔隙水无法排出，砂粒与粉粒位移至孔隙水中漂浮，此时土体的有效应力为零，地基丧失承载力，造成地基不均匀下沉，导致建筑物破坏。

在地震作用下，地基土往往会表现出一些特殊的动力特性，如土的抗剪强度降低、地基产生附加沉降、饱和砂土和饱和粉土产生液化以及黏性土产生触变等。

1. 液化机理

饱和砂土和粉土是由土粒和水组成的复合体。在未振动前，外力由土粒骨架承担，水只受其本身(静水)压力，此时砂土或粉土地基是稳定的。但在地震动荷载反复作用下，饱和砂土和粉土颗粒在强烈振动下发生相对位移，颗粒结构趋于压密，颗粒间孔隙水来不及排出而受到挤压，因而使孔隙水压力急剧增加。但孔隙水压力上升到与土颗粒所受到的总的正压应力接近或相等时，土粒之间因摩擦产生的抗剪能力消失，土颗粒便形同"液体"一样处于悬浮状态，形成液化现象。

2. 液化形成的条件

液化形成的条件与本身特性(土粒径、密度)、土层埋深、地下水位(有效覆盖压力)及振动特性(地震的强度、地震持续时间)等密切相关。实际调查发现，土的粒径和级配是影响砂土液化的重要因素，土中粉粒含量大，平均粒径在 0.075～0.10mm 的土容易产生液化。土的密度是影响动力稳定性的根本因素，相对密度小于 70%时往往会产生液化，大于 70%时一般不易液化；土层埋深大、地下水位低，则有效覆盖压力大，不易产生液化现象。据调查，有效覆盖压力小于 50kPa 的地段，易发生液化喷水、冒砂现象。地震是土层产生液化的外因，在地震烈度高的地区，地面运动强度大，作用土层的往复切应力大。地震持续时间长，振动次数多，孔隙水压力累积高，容易引起液化。若土的颗粒粗、级配良好、密度大，土粒间有黏性，排水条件好，所受静载大，振动时间短，振动强度低时，则不易引起液化。

12.4.2　液化性判别

1. 初步判别

饱和的砂土或粉土(不含黄土)当符合下列条件之一时，可初步判别为不液化或可不考虑液化影响。

(1) 地质年代为第四纪晚更新世(Q_3)及其以前时，地震烈度 7 度、8 度时可判为不液化土。

(2) 粉土的黏粒(粒径小于 0.005mm 的颗粒)含量百分率，当地震烈度为 7 度、8 度和 9 度时分别不小于 10、13 和 16，可判为不液化土。

(3) 天然地基的建筑，当地下水位深度和上覆非液化土层厚度满足式(12-19)至式(12-21)之一时，可不考虑液化影响，即

$$d_u > d_0 + d_b - 2 \tag{12-19}$$
$$d_w > d_0 + d_b - 3 \tag{12-20}$$
$$d_u + d_w > 1.5 d_0 + 2 d_b - 4.5 \tag{12-21}$$

式中：d_w 为地下水位深度(m)，按设计基准期内年平均最高水位，也按近期内年最高水位；d_u 为上覆盖非液化土层厚度(m)，计算时应注意将淤泥和淤泥质土层扣除；d_b 为基础埋置深度(m)，不超过 2m 时应按 2m 计算；d_0 为液化土特征深度(m)，按表 12-9 采用。

表 12-9　液化土特征深度 d_0

饱和土类别	7 度	8 度	9 度
粉土	6	7	8
砂土	7	8	9

2. 标准贯入试验判别

当初步判别认为需要进一步进行液化判别时，应采用标准贯入试验进一步判别其是否液化。

地面下 15m 深度范围内，液化判别标准贯入试验锤击数临界值可按式(12-22)计算。土的实测标准贯入试验锤击数小于式(12-22)确定的临界值时则应判别为液化土；否则为不液化土。

$$N_{cr} = N_0[0.9 + 0.1(d_s - d_w)]\sqrt{3/\rho_c} \quad d_s \leq 15m \tag{12-22}$$

式中：N_{cr} 为液化判别标准贯入锤击数临界值；N_0 为液化判别标准贯入锤击数基准值，按表 12-10 采用；d_s 为饱和土标准贯入点深度(m)；ρ_c 为黏粒含量百分率，当小于 3 或为砂土时应取 3。

表 12-10　标准贯入锤击数基准值 N_0

设计地震分组	7 度	8 度	9 度
第一组	6(8)	10(13)	16
第二、三组	8(10)	12(15)	18

注：括号内数值用于设计基本地震加速度为 0.15g 和 0.3g 的地区。

一般情况下，只需要判别地面下 15m 深度范围内土的液化可能性。而当采用桩基或埋深大于 5m 的深基础时，尚应判别 15～20m 范围土的液化可能性。此时标准贯入锤击数临界值为

$$N_{cr} = N_0(2.4 - 0.1d_s)\sqrt{3/\rho_c} \qquad 15\text{m} \leqslant d_s \leqslant 20\text{ m} \qquad (12\text{-}23)$$

【例 12-5】 某建筑场地位于 8 度烈度区，场地土为砂土及黏土，自地表至 7m 为黏土，可塑状态，7m 以下为松散砂土，地下水位埋深 6m，拟建建筑基础埋深 2m，场地处于全新世 I 级阶地上，判断场地的液化性。

解 根据题意得到 d_u=7m，d_b=2m，d_w=6m，8 度烈度区的特征深度 d_0=8m。

(1) d_u=7m$\not>$$d_0 + d_b$-2=8+2-2=8(m)，不满足式(12-19)。

(2) d_w=6m$\not>$$d_0 + d_b$-3=8+2-3=7(m)，不满足式(12-20)。

(3) $d_u + d_w$=13>1.5d_0+2d_b-4.5=1.5×8+2×2-4.5=11.5，满足式(12-21)，因此可不考虑该场地的液化影响。

3. 液化等级

当经过上述判别证实地基土存在液化趋势后，应进一步定量分析、评价液化土可能造成的危害程度，确定液化等级。

地基土的液化指数可按式(12-24)确定，即

$$I_{lE} = \sum_{i=1}^{n}\left(1 - \frac{N_i}{N_{cri}}\right)d_i W_i \qquad (12\text{-}24)$$

式中：I_{lE} 为液化指数；n 为在判别深度范围内每一个钻孔标准贯入试验点的总数；N_i、N_{cri} 分别为第 i 点标准贯入锤击数的实测值和临界值，当实测值大于临界值时应取临界值的数值；d_i 为 i 点所代表的土层厚度(m)，可采用与该标准贯入试验点相邻的上、下两标准贯入试验点深度差的一半，但上界不高于地下水位深度，下界不深于液化深度；W_i 为第 i 土层单位土层厚度的层位影响权函数值(m^{-1})。若判别深度为 15m，当该层中点深度不大于 5m 时应采用 10，等于 15m 时应采用零值，为 5～15m 时按线性内插法取值；若判别深度为 20m，当该层中点深度不大于 5m 时应采用 10，等于 20m 时应采用零值，为 5～20m 时应按线性内插法取值。

根据液化指数的大小可将液化地基划分为三个等级，如表 12-11 所示。

表 12-11 液化等级

液化等级	轻微	中等	严重
判别深度为 15m 时的液化指数	$0 < I_{lE} \leqslant 5$	$5 < I_{lE} \leqslant 15$	$I_{lE} > 15$
判别深度为 20m 时的液化指数	$0 < I_{lE} \leqslant 6$	$6 < I_{lE} \leqslant 18$	$I_{lE} > 18$

【例 12-6】 某建筑场地位于冲积平原上，地下水位 3m，地表至 5m 为黏性土，可塑状态，水位以上重度为 19kN/m³，水位以下饱和重度为 20kN/m³，5m 以下为砂层，黏粒含量 4%，稍密状态，标准贯入试验资料如表 12-12 所示，拟采用桩基础，设计地震分组为第一组，8 度烈度，设计基本地震加速度为 0.30g，判别砂土的液化性及液化等级。

表 12-12 例 12-6 表

标准贯入深度	6	8	10	12	14	16	18
实测标准贯入击数	10	18	16	17	20	18	26

解 (1) 设计地震分组为第一组，8 度烈度，设计基本地震加速度为 0.30g，查表 12-10 得到标准锤击数基准值 N_0=13。

(2) 对于桩基，液化判别深度为 20m。

(3) 计算标准贯入击数临界值：15m 以上土层采用式(12-22)计算。

测试深度为 6m 时，$N_{cr} = 13 \times [0.9 + 0.1(6-3)] \times \sqrt{3/3} = 15.6$。

测试深度为 8m 时，$N_{cr} = 13 \times [0.9 + 0.1(8-3)] \times \sqrt{3/3} = 18.2$，其他各点的计算原理相同，具体如表 12-13 所示。15m 以下土层采用式(12-23)计算。

表 12-13　地震液化判别计算表

测试点深度	6	8	10	12	14	16	18
实测标准贯入击数	10	18	16	17	20	18	26
临界标准贯入击数	15.6	18.2	20.8	23.4	26	10.4	7.8
土层厚度/m	2	2	2	2	2	2	3
权函数值 W_i	9.33	8	6.67	5.33	4	2.67	1.33

(4) 比较标准贯入击数实测值和临界值，15m 以上土层的标准贯入击数实测值均小于临界值，土层液化；15～20 m 的标准贯入击数实测值均大于临界值，不会产生液化。

(5) 计算液化等级。

确定各土层厚度，如表 12-13 所示；确定第 i 层土单位土层厚度的层位影响权系数值：

当测点深度为 6m 时，$W_i = \dfrac{2}{3} \times (20-6) = 9.33$；当测点深度为 8m 时，$W_i = \dfrac{2}{3} \times (20-8) = 8$。依次类推，计算结果如表 12-13 所示。

计算液化指数为

$$I_{\mathrm{IE}} = \left(1 - \frac{10}{15.6}\right) \times 2 \times 9.33 + \left(1 - \frac{18}{18.2}\right) \times 2 \times 8 + \left(1 - \frac{16}{20.8}\right) \times 2 \times 6.67 + \left(1 - \frac{17}{23.4}\right) \times 2 \times 5.33 +$$

$$\left(1 - \frac{20}{26}\right) \times 2 \times 4 = 14.7$$

液化等级为中等。

12.5　冻　土　地　基

12.5.1　冻土及冻土类别

凡温度等于或低于 0℃，且含有冰的土，称为冻土。其类别如下。

1. 季节性冻土

季节性冻土又称融冻层。只在冬季气温降至 0℃ 以下才冻结；春季气温上升而融化，因此冻土的深度不大。我国华北、东北与西北大部分地区为此类冻土。

2. 多年冻土

多年冻土指当地气温连续三年保持在不大于 0℃ 的温度下并含有冰的土层。这种冻土很厚，常年不融化，具有特殊的性质。当温度条件改变时，其物理力学性质随之改变，并产生冻胀、融陷、热融滑塌等现象。

12.5.2 冻土的冻胀性指标

1. 冻胀量

土在冰冻过程中的相对体积膨胀称为冻胀量，以小数表示，按式(12-25)计算，即

$$V_p = \frac{\gamma_r - \gamma_d}{\gamma_r} \tag{12-25}$$

式中：γ_r、γ_d 分别为冻土融化后和融化前的干重度(kN/m³)。

据冻胀量的大小，可将冻土分为三类：$V_p < 0$，为不冻胀土；$0 \leqslant V_p \leqslant 0.22$，为弱冻胀土；$V_p > 0.22$，为冻胀土。

2. 融陷

冻土在融化过程中，在无外荷载条件下所产生的沉降，称为融化下沉或融陷。融陷的大小常用融陷系数 A_0 表示，即

$$A_0 = \frac{\Delta h}{h} \quad \% \tag{12-26}$$

式中：Δh 为融陷量(mm)；h 为融化层厚度(mm)。

融陷量 Δh 可由式(12-27)计算，即

$$\Delta h = \frac{e_1 - e_2}{1 + e_1} h \tag{12-27}$$

式中：e_1 为冻土融化前的孔隙比；e_2 为冻土起始融沉孔隙比。

3. 融化压缩系数

冻土融化后，在外荷载作用下产生的压缩变形称为融化压缩，一般用融化压缩系数 a_0 表示，即

$$a_0 = \frac{\dfrac{s_2 - s_1}{h}}{p_2 - p_1} \tag{12-28}$$

式中：p_1、p_2 为分级荷载(MPa)；s_1、s_2 为相应于 p_1、p_2 荷载下的稳定下沉量(mm)；h 为试样高度(mm)。

融陷系数和融化压缩系数在无试验资料时可查表 12-14 和表 12-15。

表 12-14　冻结黏性土、粉土融陷系数和融陷压缩系数参考值

冻土总含水率 ω /%	$\leqslant \omega_p$	$\omega_p \sim$ $\omega_p + 7$	$\omega_p + 7 \sim$ $\omega_p + 15$	$\omega_p + 15 \sim$ 50	$50 \sim 60$	$60 \sim 80$	$80 \sim 100$
A_0/%	<2	2~5	5~10	10~20	20~30	30~40	>40
a_0 /MPa^{-1}	<0.1	0.1~0.2	0.2~0.3	0.3~0.4	0.4~0.5	0.5~0.6	0.6~0.7

表 12-15　冻结砂类土、碎石类土融陷系数和融化压缩系数参考值

冻土总含水率 ω /%	<10	10~15	15~20	20~25	25~30	30~35	>35
A_0 /%	0	0~3	3~6	6~10	10~15	15~20	>20
a_0 /MPa^{-1}	0	<0.1	0.1	0.2	0.3	0.4	0.5

4. 冻胀力

土在冻结时由于体积膨胀对基础产生的作用力称为土的冻胀力。冻胀力按其作用方向可分为作用在基础底面的法向冻胀力和作用在侧面的切向冻胀力。

法向冻胀力一般都很大，非建筑物自重所能克服的，所以一般要求基础埋深在冻结深度以下，或采取相应消除的措施。切向冻胀力可在建筑物使用条件下通过现场或室内试验求得，也可根据经验查表 12-16 确定。

表 12-16　土冻结时对混凝土基础的切向冻胀力

黏性土	液性指数 I_L	$I_L \leq 0$	$0 < I_L \leq 0.5$	$0 < I_L \leq 1$	$I_L > 1$
	切向冻胀力/kPa	<50	50~100	100~150	150~250
砂土、碎石土	总含水率 ω /%	$\omega \leq 12$	$12 < \omega \leq 18$	\multicolumn{2}{c}{$\omega > 18$}	
	切向冻胀力/kPa	<40	40~80	\multicolumn{2}{c}{80~160}	

我国多年冻土地区，建筑物基底融化深度约 3m，所以对多年冻土融陷性分级评价也按 3m 考虑。根据计算融陷量及融陷系数对冻土的融陷性分为 5 级，如表 12-17 所示。

表 12-17　多年冻土按融陷量的划分

融陷性分级	I	II	III	IV	V
A_0 /%	<1	1~5	5~10	10~25	>25
按 3m 计算的融陷量/mm	<30	30~150	150~300	300~750	>750

I 级为少冰冻土(不融陷土)：为基岩以外最好的地基土，一般建筑可不考虑冻融问题。

II 级为多冰冻土(弱融陷土)：为多年冻土中较良好的地基土，一般可直接作为建筑物的地基，当最大融化深度控制在 3m 以内时，建筑物均未遭受明显破坏。

III 级为富冰冻土(中融陷土)：这类土不但有较大的融陷量和压缩量，而且在冬天回冻时有较大的冻胀性。作为地基，一般应采取专门处理措施，如深基础、保温及防止基底融化等。

IV 级为饱冰冻土(强融陷土)：作为天然地基，由于融陷量大，常造成建筑物的严重破坏。这类土作为建筑物地基，原则上不允许发生融化，宜采用保持冻结设计原则，或采用桩基、架空基础等。

V 级为含土冰层(极融陷土)：这类土含有大量的冰，当直接作为地基时，若发生融化将产生严重融陷，造成建筑物极大破坏。如受长期荷载作用将产生流变作用，所以作为地基应专门处理。

【例 12-7】某路基通过多年冻土区，地基为粉质黏土，土粒比重为 2.7，密度为 2.0g/cm³，冻土总含水率为 40%，起始融沉含水率为 21%。计算多年冻土融陷系数并判别融陷等级。

解　(1) 冻土融化前的孔隙比为

$$e_1 = \frac{G_s(1+\omega)\rho_w}{\rho} - 1 = \frac{2.7 \times (1+0.4) \times 1}{2} - 1 = 0.89$$

冻土起始融沉孔隙比为

$$e_2 = \frac{2.7 \times (1 + 0.21) \times 1}{2} - 1 = 0.634$$

(2) 融陷量为

$$\Delta h = \frac{e_1 - e_2}{1 + e_1} h = \frac{0.89 - 0.634}{1 + 0.89} h = 0.135 h$$

(3) 融陷系数 $A_0 = \dfrac{\Delta h}{h} = 0.135 = 13.5\%$，由表 12-17 可知，冻土的融陷性为IV级。

12.6　盐渍土地基

12.6.1　盐渍土的分类及腐蚀性

盐渍土是指含易溶盐超过一定量的土，工程上对盐渍土划分界限各不相同。我国也沿用苏联分类标准，即规定易溶盐含量大于 0.5%或中溶盐含量大于 5%为盐渍土。

1. 盐渍土的分类

按含盐性质可分为氯盐渍土、亚氯盐渍土、亚硫酸盐渍土、硫酸盐渍土、碱性盐渍土。按含盐量大小可分为弱盐渍土、中盐渍土、强盐渍土、超盐渍土。

2. 盐渍土的腐蚀性

盐渍土对基础或地下设施的腐蚀，一般来说属于结晶性质的腐蚀。其可分为物理侵蚀和化学腐蚀两种。在地下水位深或地下水位变化幅度大的地区，物理侵蚀相对显著；而在地下水位浅、变化幅度小的地区，化学腐蚀作用显著。

1) 物理侵蚀

含于土中的易溶盐类，在潮湿情况下呈溶液状态，通过毛细管作用，浸入建筑物基础或墙体。在建筑物表面，由于水分蒸发，盐类便结晶析出。而盐类在结晶时体积膨胀产生很大的内应力，使建筑物由表及里逐渐疏松剥落。在建筑物经常处于干湿交替或温度变化较大的部位，由于晶体不断增加，其侵蚀作用相对明显。

2) 化学腐蚀

地下水或低洼处积水中的混凝土基础或其他地下设施，当水中硫酸根含量超过一定限量时，它与混凝土中的碱性游离石灰和水泥中的水化铝酸钙相化合，生成硫铝酸钙结晶或石膏结晶。这种结晶体的体积增大，产生膨胀压力，使混凝土受内应力作用而破坏。

对于钢筋混凝土基础或构件，一旦混凝土遭到破坏产生裂纹，则构件中的钢筋很快腐蚀。因此，在腐蚀严重的盐渍土地区，浇筑钢筋混凝土基础或构件时，应加入适量的钢筋防锈剂。

12.6.2　盐渍土的融陷性

盐渍土融陷性可用融陷系数 δ 作为评定的指标。溶陷系数可由室内压缩试验和现场浸水载荷试验确定。

1. 室内压缩试验

在一定压力 p 作用下，由式(12-29)确定溶陷系数 δ，即

$$\delta = \frac{h_p - h'_p}{h_0} \qquad (12\text{-}29)$$

式中：h_0 为原状试样的(原始)高度(mm)；h_p 为加压至 p 时土样变形稳定后的高度(mm)；h'_p 为上述土样在维持压力 p，经浸水融陷待其变形稳定后的高度(mm)。

2. 现场浸水荷载试验

按式(12-30)确定平均融陷系数，即

$$\delta = \Delta_s / h \qquad (12\text{-}30)$$

式中：Δ_s 为压力为 p 时浸水融陷过程中所测得盐渍土层的溶陷量(mm)；h 为压板下盐渍土湿润深度(mm)。

上述两种方法所采用的压力 p，一般应按试验土层实际的设计平均压力取值，但有时为方便起见，也可取为 200kPa。当 $\delta < 0.01$ 时，盐渍土为非溶陷性；当 $\delta \geqslant 0.01$ 时，则为溶陷性盐渍土。

12.7　山　区　地　基

山区地基主要包括土岩组合地基、岩石地基、岩溶、土洞等。山区地基的设计，应对下列设计条件分析认定：①建设场区内，在自然条件下，有无滑坡现象，有无影响场地稳定性的断层、破碎带；②在建设场地周围，有无不稳定的边坡；③施工过程中，因挖方、填方、堆载和卸载等对山坡稳定性的影响；④地基内岩石厚度及空间分布情况、基岩面的起伏情况、有无影响地基稳定性的临空面；⑤建筑地基的不均匀性；⑥岩溶、土洞的发育程度，有无采空区；⑦出现危岩崩塌、泥石流等不良地质现象的可能性；⑧地面水、地下水对建筑地基和建设场区的影响。

12.7.1　土岩组合地基

1. 土岩组合地基概念

土岩组合地基是山区常见的地基形式之一，其主要特点是不均匀变形。当地基受力范围内存在刚性下卧层时，会使上覆土体中出现应力集中现象，从而引起土层变形增大。在建筑地基(或被沉降缝分隔区段的建筑地基)的主要受力层范围内，如遇下列情况之一者，属于土岩组合地基：①下卧基岩表面坡度较大的地基；②石芽密布并有出露的地基；③大块孤石或个别石芽出露的地基。

2. 土岩组合地基设计

当地基中下卧基岩面为单向倾斜、岩面坡度大于 10%、基底下的土层厚度大于 1.5m 时，应按下列规定进行设计。

(1) 当结构类型和地质条件符合表 12-18 的要求时，可不作地基变形验算。

表 12-18 下卧基岩表面允许坡度值

地基土承载力特征值 f_{ak}/kPa	四层及四层以下的砌体承重结构，三层及三层以下的框架结构	具有 150kN 和 150kN 以下吊车的一般单层排架结构	
		带墙的边柱和山墙	无墙的中柱
≥150	≤15%	≤15%	≤30%
≥200	≤25%	≤30%	≤50%
≥300	≤40%	≤50%	≤70%

(2) 不满足上述条件时，应考虑刚性下卧层的影响，按式(12-31)计算地基的变形，即

$$s_{gz} = \beta_{gz} s_z \tag{12-31}$$

式中：s_{gz} 为刚性下卧层时地基土的变形计算值(mm)；β_{gz} 为刚性下卧层对上覆土层的变形增大系数，按表 12-19 采用；s_z 为变形计算深度相当于实际土层厚度，按《建筑地基基础设计规范》(GB 50007—2011)计算确定的地基最终变形计算值(mm)。

表 12-19 具有刚性下卧层时地基变形增大系数 β_{gz}

h/b	0.5	1.0	1.5	2.0	2.5
β_{gz}	1.26	1.17	1.12	1.09	1.00

注：h 为基底下的土层厚度；b 为基础底面宽度。

(3) 在岩土界面上存在软弱层(如泥化带)时，应验算地基的整体稳定性。

(4) 当土岩组合地基位于山间坡地、山麓洼地或冲沟地带，存在局部软弱土层时，应验算软弱下卧层的强度及不均匀变形。

3. 土岩组合地基处理

(1) 对于石芽密布并有出露的地基，当石芽间距小于 2m，其间为硬塑或坚硬状态的红黏土时，对于房屋为六层和六层以下的砌体承重结构、三层和三层以下的框架结构或具有 150kN 和 150kN 以下吊车的单层排架结构，其基底压力小于 200kPa，可不作地基处理。如不能满足上述要求时，可利用经检验稳定性可靠的石芽作支墩式基础，也可在石芽出露部位作褥垫。当石芽间有较厚的软弱土层时，可用碎石、土夹石等进行置换。

(2) 对于大块孤石或个别石芽出露的地基，当土层的承载力特征值大于 150kPa、房屋为单层排架结构或一、二层砌体承重结构时，宜在基础与岩石接触的部位采用褥垫进行处理(见图 12-3)。

(3) 褥垫可采用炉渣、中砂、粗砂、土夹石等材料，其厚度宜取 300~500mm，夯填度应根据试验确定。当无资料时，夯填度可按下列数值进行设计：

中砂、粗砂   0.87±0.05；

土夹石(其中碎石含量为 20%~30%) 0.70±0.05。

注：夯填度为褥垫夯填后的厚度与虚铺厚度的比值。

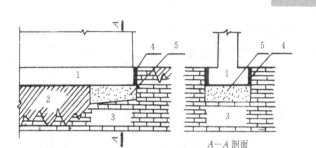

图 12-3   褥垫构造

1—基础；2—土层；3—基岩；4—沥青；5—褥垫

(4) 对于多层砌体承重结构，应根据土质情况，适当调整建筑物平面位置，也可采用桩基或梁、拱跨越等处理措施。在地基压缩性相差较大的部位，宜结合建筑平面形状、荷载条件设置沉降缝。沉降缝宽度宜取 30～50mm，在特殊情况下可适当加宽。

12.7.2   岩石地基

岩石地基基础设计应符合下列规定。

(1) 置于完整、较完整、较破碎岩体上的建筑物可仅进行地基承载力计算。

(2) 地基基础设计等级为甲、乙级的建筑物，同一建筑物的地基存在坚硬程度不同，两种或多种岩体变形模量差异达 2 倍及 2 倍以上，应进行地基变形验算。

(3) 地基主要受力层深度内存在软弱下卧岩层时，应考虑软弱下卧岩层的影响进行地基稳定性验算。

(4) 桩孔、基底和基坑边坡开挖应采用控制爆破，到达持力层后，对软岩、极软岩表面应及时封闭保护。

(5) 当基岩面起伏较大且都使用岩石地基时，同一建筑物可以使用多种基础形式。

(6) 当基础附近有临空面时，应验算向临空面倾覆和滑移稳定性。存在不稳定的临空面时，应将基础埋深加大至下伏稳定基岩；也可在基础底部设置锚杆，锚杆应进入下伏稳定岩体，并满足抗倾覆和抗滑移要求。同一基础的地基可以放阶处理，但应满足抗倾覆和抗滑移要求。

(7) 对于节理、裂隙发育及破碎程度较高的不稳定岩体，可采用注浆加固和清爆填塞等措施。

12.7.3   岩溶

1. 岩溶地形概述

岩溶是指石灰岩、白云岩、石膏、岩盐等可溶性岩层，受水的化学和机械作用产生沟槽、裂隙、溶洞，以及由于溶洞的顶板塌落使地表产生陷穴、洼地等各类现象和作用的总称。岩溶的发育必须有可溶性的岩层存在，而可溶性的岩层本身要能透水，当受到地下水(岩溶水)的溶蚀作用时，就能形成岩溶现象。岩溶的发育必须有地下水的活动，而水又要具侵蚀性，并处于不断流动的状态。这样，水能增大溶解岩石中碳酸钙的能力，岩溶也就发育较快。当富含 CO_2 的大气降水和地表水渗入地下后，不断地替换原有水质，就能保持着地下水的侵蚀力，加速岩溶的发展。大气降水丰富的潮湿气候地区，地下水经常得到地表水的补给，来源充沛，岩溶的发育就能加速。

主要的地表形态有以下几种。

(1) 石芽、石林。地表岩体受地表水的溶蚀作用后，残留的锥状柱体称为石芽。石芽林立称为石林。

(2) 溶沟、溶槽。地表水沿岩石表面侵蚀形成沟槽。

(3) 漏斗、塌陷洼地。由于水的侵蚀作用，岩层塌陷成漏斗状的地貌形态称为漏斗。塌陷后由堆积物堆积形成的洼地称为塌陷洼地。

(4) 落水洞、竖井。起着地表水流入地下通道作用的竖向溶洞称为落水洞。目前无水流入的竖向溶洞称为竖井。

(5) 坡立谷。面积较大而四周边缘陡峭的封闭洼地。

主要的地下形态有以下两种。

(1) 溶蚀裂隙。水在岩层裂隙中运动，被溶蚀作用扩大的裂隙。

(2) 溶洞、暗河。地下水以溶蚀作用为主所形成的孔洞称为溶洞。相互连通的溶洞中有较大流量水流的地下河称为暗河。

2. 岩溶地基处理措施

岩溶地基的正确处理只有在查明岩溶形态并做出评价结论的前提下才能获得解决。在岩溶地区建筑，应尽量避开岩溶强烈发育的暗河、溶洞等地段，这样，可以减少昂贵的地基处理费用，保证建筑物的安全、使用。如果建筑场地和地基经过工程地质评价，属于条件差或不稳定的岩溶地基，又必须在这里建筑，就得事先进行处理。选择正确的处理措施，应根据岩溶形态的具体情况、工程使用要求、施工条件、安全与经济相结合的原则考虑。当前，在工程实践中岩溶地基的处理，一般采用的方法有以下几种。

(1) 对个体溶洞与溶蚀裂隙，采用调整柱距，或用钢筋混凝土的梁板跨越。当采用梁板跨越处理时，应查明支承端岩体结构强度及其稳定性。

(2) 对浅层洞体，洞顶板不稳定，可进行清、爆、挖、填处理，即清除覆土、爆开顶板、挖去软土，用块石、碎石、黏土或毛石混凝土等分层填实；当溶洞的顶板已被破坏，又有沉积物充填，除前述的挖、填处理外，还可根据溶洞和软土的具体条件采用石砌柱、灌注柱、换土或沉井等办法处理。

(3) 溶洞位于地基内，洞体较大，顶板具有一定厚度，但条件较差，如能进入洞内，为增加顶板岩体的稳定性，可用钢筋混凝土支撑。

(4) 地下水宜疏不宜堵，在建筑物地基内可用管道疏导，或在地下水流经地段的建筑物基础底部作滤水层。当条件许可时，可调整地表水流，阻截地下水的来源或打排水隧洞使地下水改道。

(5) 地基内岩体的裂隙，用水泥、沥青或黏土泥浆等作填充处理。

(6) 对建筑物附近排泄地表水的漏斗、落水洞以及建筑范围内的岩溶泉(包括季节性泉)，应注意清理和疏导，防止水流通道堵塞，避免场地或地基造成季节性淹没。

上述各种措施，应根据工程的具体情况，单独采用或综合采用。

12.7.4　土洞

1. 土洞的形成

土洞是岩溶地层上覆盖的土层被地表水冲蚀或被地下水潜蚀所形成的洞穴。这种洞穴，顶部的土体能塌陷成土坑和形成碟形洼地，土洞顶部土体的这种塌陷称为地表塌陷。地表塌陷多分布在土层厚度较薄的地段。

土洞及其在地表引起的塌陷都属于岩溶现象在土层中的一种表现形态。它们对建筑物的稳定性影响很大，在不同程度上威胁着建筑物的安全和正常使用。主要原因是土洞埋藏浅、分布密、发育快、顶板强度低，有时在建筑物施工中没有土洞，但建成后，由于人为因素或自然条件的影响可以出现新的土洞和地表塌陷，因此，在土洞可能产生的地区进行建设，必须注意做调查研究，了解土洞的形成条件，查明土洞的发育程度与分布，才能做出正确的设计和经济合理的处理。

土质不同，土洞的发育程度则不同。一般土洞多位于黏性土中，砂土及碎石土中比较少见。对于黏性土，由于土粒成分、土的内聚力和透水性不同，土洞的形成便不一样。土粒细，黏性强，胶结好，透水性差的土层难以形成土洞；反之，土粒粗，黏性弱，透水性较好，遇水易崩解(湿化)的土层，就容易形成土洞。此外，在石灰岩的溶沟、溶槽地带，经常有软黏土分布，它抵抗水冲蚀的能力弱，且处于地下水流首先作用的场所，往往是土洞发育的有利部位。

2. 土洞的探查

在土洞发育的地区进行工程建设时，应查明土洞的发育程度和分布规律，查明土洞和塌陷的形状、大小、深度和密度，以便提供选择建筑场地和进行建筑总平面布置所需的资料。对建筑物地基内的土洞应查明其位置、埋深、大小及形成条件。

查明土洞的方法目前采用的有下列几种。

(1) 地球物理勘探法：主要用电探法。这种方法在查明个体土洞时，对土层厚度与洞径相近的浅埋洞体能获得较好的效果。

(2) 井探法：即在土洞部位挖探井，对代表性的塌陷地带及浅埋土洞都宜采用。

(3) 钎探法：它是查明土洞的简便可行的方法。

(4) 夯探法：这种方法是在基槽开挖后沿基槽进行夯击；夯击时根据回声来判断有无土洞，若有空洞回声，再用钎探进一步查明。

(5) 钻探法：勘探深埋土洞时使用，可采用小直径钻孔配合注水的方法进行钻探工作。在土洞和地表塌陷发育地段，每个柱基均需布置钻探点，对重大柱基和重大设备基础应适当加密。钻探深度一般至最低地下水位或基岩面。

建筑场地最好选择在地势较高或地下水的最高水位低于基岩面的地段，并避开岩溶强烈发育及基岩面上软黏土厚而集中的地段。若地下水位高于基岩面，在建筑施工或建筑物使用期间，应注意由于人工降低地下水位或取水时形成土洞或发生地表塌陷的可能性。

3. 处理方法

(1) 由地表水形成的土洞或塌陷地段，在采取地表截流防渗或堵漏措施后，再根据其埋深分别采用挖填、灌砂等办法处理。

(2) 地下水形成塌陷及浅埋的土洞，应清除软泥，底填砂子或抛石块作反滤层，上部及面层用黏土加碎石夯实。对地下水采取截流改道的办法，阻止土洞和地表塌陷的发展。

(3) 深埋土洞，可打洞用沙砾或细石混凝土填灌；对重要建筑物，可用桩或沉井穿过覆土层将上部建筑物荷载传至基岩，或采用梁、板跨越土洞，以支承上部建筑物，但应注意洞体的承载力和稳定性。

(4) 加强上部结构刚度，提高基底标高，减小基础对洞上部土层的附加压力。

(5) 梁板跨越。当土洞发育剧烈，可用梁、板跨越土洞，以支承上部建筑物，采用这种方案时，应注意洞旁土体的承载力和稳定性。

(6) 采用桩基或沉井。对重要的建筑物，当土洞较深时，可用桩或沉井穿过覆盖土层，将建筑物的荷载传至稳定的岩层上。

12.8 地震区的地基基础

12.8.1 地震的基本知识

地震是大地的振动。它发源于地下某一点，该点称为震源。振动从震源传出，在地球中传播。地面上离震源最近的一点称为震中，它是接受振动最早的部位。大地震动是地震最直观、最普遍的表现。在海底或滨海地区发生的强烈地震，能引起巨大的波浪，称为海啸。地震是极其频繁的，全球每年发生地震约 500 万次。

1. 地震的类型

地震的类型根据不同的需要和角度，有多种不同的分类方法。

1) 按照地震的成因分类

(1) 构造地震。构造地震发生的原因，是地下岩层受地应力的作用，当所受的地应力太大，岩层不能承受时，就会发生突然、快速破裂或错动，岩层破裂或错动时会激发出一种向四周传播的地震波，当地震波传到地表时，就会引起地面的振动。世界上 85%~90% 的地震以及所有造成重大灾害的地震都属于构造地震。

(2) 火山地震。由于火山爆发引起的地震。

(3) 水库地震。由于水库蓄水、放水引起库区发生地震。

(4) 陷落地震。由于地层陷落引起的地震。

(5) 人工地震。由于核爆炸、开炮等人为活动引起的地震。

2) 按照震源深度分类

(1) 浅源地震。震源深度小于 60km 的地震，大多数破坏性地震是浅源地震。

(2) 中源地震。震源深度为 60~300km。

(3) 深源地震。震源深度在 300km 以上的地震，到目前为止，世界上记录到的最深地震的震源深度为 786 km。

全球所有地震释放的能量约有 85%来自浅源地震，12%来自中源地震，3%来自深源地震。

3) 按照地震的远近分类

(1) 近震。震中距为 100～1000km。

(2) 远震。震中距大于 1000km 的地震。

4) 按照震级大小分类

(1) 弱震。震级小于 3 级的地震。

(2) 有感地震。指震级在 3.0～4.5 级，人能感觉到的地震。

(3) 中强地震。震级大于 4.5 级而小于 6 级的地震。

(4) 强震。震级大于 6.0 级的地震，其中又把震级小于 8.0 级的地震称为强烈破坏性地震，大于 8.0 级的地震称为巨大地震。

2. 震源、震中与地震波

(1) 震源与震中。震源是指地壳内部发生地震处。震源在地表的投影称为震中，这是地震影响最大的区域，又称为极震区。

(2) 地震波。震源的震动，以弹性波的形式传播。这种地震波由震源沿各个不同方向传播到地表各点，在传播过程中，震波的能量逐渐消耗，因而离震源越远振动越弱。地震波可分为体波和面波两类。

3. 地震震级

震级是指一次地震时释放出的能量大小。震级用里氏震级表示，从 0～9 划分为 10 个等级。地震释放的能量越多，震级就越高，迄今为止，世界上记录到最大的地震震级为 8.9 级，是 1960 年发生在南美洲的智利地震。一般 7 级以上的浅源地震称为大地震，5 级和 6 级的地震称为强震或中震，3 级和 4 级的地震称为弱震或小震，3 级以下的地震称为微震。每一次地震只有一个震级。

4. 地震烈度

地震烈度是指地震时地面及房屋等建筑物受到的影响及破坏程度，地震烈度从 Ⅰ～Ⅻ 共分为 12 个等级。

Ⅰ～Ⅲ度：振动微弱，少有人察觉。

Ⅳ～Ⅵ度：振动显著，有轻微破坏，但不引起灾害。

Ⅶ～Ⅸ度：振动强烈，有破坏性，引起灾害。

Ⅹ～Ⅻ度：严重破坏性地震，引起巨大灾害。

对于同一次地震，不同的地区烈度大小是不一样的。距离震源近，破坏就大，烈度就高；反之，距离震源远，破坏就小，烈度就低。

由上可见，Ⅵ度以下的地震一般不会对建筑物造成破坏，无须设防；Ⅹ度及其以上的地震造成的破坏是毁灭性的，难以有效预防。因此，对建筑物设防的重点是Ⅶ、Ⅷ、Ⅸ度地震。在进行工程设计时，常用的地震烈度有基本烈度和设防烈度。

1) 基本烈度

在 1977 年公布的地震烈度区划图中(第二代区划图),基本烈度是 100 年以内,一般场地条件下该地区可能遭遇的最大烈度。20 世纪 80 年代中期以后,我国要求各类设计均要求用概率方法。随之地震烈度区划也进行了概率标定,并于 1990 年颁发了新的地震烈度区划图(第三代区划图),并赋予基本烈度定义:50 年期限内,一般场地条件下,可能遭遇超越概率为 10%的烈度值。50 年内超越概率为 10%的风险水平是目前国际上普遍采用的一般建筑物抗震设防标准。

2) 设防烈度

设防烈度指根据建筑物重要性,按抗震规范做适当的调整;经调整后的烈度即为抗震设计中实际采用的设防烈度。

(1) 一般情况下,抗震设防烈度可采用中国地震动参数区划图的地震基本烈度(或与规范设计基本地震加速度值对应的烈度值)。对已编制抗震设防区划的城市,可按批准的抗震设防烈度或设计地震动参数进行抗震设防。

(2) 建筑所在地区遭受的地震影响,应采用相应于抗震设防烈度的设计基本地震加速度和设计特征周期。

(3) 抗震设防烈度和设计基本地震加速度取值的对应关系,应符合表 12-20 的规定。设计基本地震加速度为 0.15g 和 0.30g 地区内的建筑,除另有规定外,应分别按抗震设防烈度Ⅶ度和Ⅷ度的要求进行抗震设计。

表 12-20　抗震设防烈度和设计基本地震加速度值的对应关系

抗震设防烈度/度	VI	VII	VIII	IX
设计基本地震加速度值	0.05g	0.10(0.15)g	0.20(0.30)g	0.40g

(4) 建筑的设计特征周期应根据其所在地的设计地震分组和场地类别确定。设计地震共分为三组。对Ⅱ类场地,第一组、第二组和第三组的设计特征周期,应分别按 0.35s、0.40s 和 0.45s 采用。

(5) 我国主要城镇(县级及县级以上城镇)中心地区的抗震设防烈度、设计基本地震加速度值和所属的设计地震分组,可按《建筑抗震设计规范》(GB 50011—2010)附录 A 采用。

12.8.2　房屋建筑抗震设防类别、建筑场地选择

1. 房屋建筑抗震设防类别

《建筑抗震设计规范》(GB 50011—2010)将建筑抗震设防类别分为四类。

1) 甲类建筑

重大建筑工程(如大型体育场馆等)和地震时可能发生严重次生灾害的建筑(如放射性物质和有毒有害气体等的储存地)。地震作用应高于本地区抗震设防烈度的要求,其值应按批准的地震安全性评价结果确定。抗震措施:当抗震设防烈度为Ⅵ~Ⅷ度时,应符合本地区抗震设防烈度提高一度的要求;当为Ⅸ度时,应符合比Ⅸ度抗震设防更高的要求。

2) 乙类建筑

地震时使用功能不能中断或需尽快恢复的建筑,即生命线工程的建筑(如消防、急救、供水、供电等重要建筑)。地震作用应符合本地区抗震设防烈度的要求。抗震措施:一般情

况下，当抗震设防烈度为Ⅵ～Ⅷ度时，应符合本地区抗震设防烈度提高一度的要求；当为Ⅸ度时，应符合比Ⅸ度抗震设防更高的要求。

3) 丙类建筑

一般工业与民用建筑(公共建筑、住宅、旅馆、厂房等)。地震作用和抗震措施均应符合本地区抗震设防烈度的要求。

4) 丁类建筑

抗震次要建筑(如一般仓库、人员较少的辅助性建筑)，遇地震破坏时不易造成人员伤亡和较大经济损失的建筑。一般情况下，地震作用仍应符合本地区抗震设防烈度的要求。抗震措施：应允许比本地区抗震设防烈度的要求适当降低，但抗震设防烈度为Ⅵ度时不应降低。

2. 建筑场地选择

1) 场地建筑抗震地段的划分

选择建筑场地时，按表 12-21 的划分对建筑抗震有利、不利和危险的地段。

表 12-21　有利、不利和危险地段的划分

地段类型	地质、地形、地貌
有利地段	稳定基岩，坚硬土，开阔、平坦、密实、均匀的中硬土等
不利地段	软弱土，液化土，条状突出的山嘴，高耸孤立的山丘，非岩质的陡坡，河岸和边坡的边缘，平面分布上成因、岩性、状态明显不均匀土层(如古河道、疏松的断层破碎带、半挖半填地基等)
危险地段	地震时可能发生滑坡、崩塌、地陷、地裂、泥石流及发震断裂带上可能发生地表位错的部位

不利地段(山包、山梁、悬崖、陡坡等)对设计地震动参数的放大作用按下列方法确定。

(1) 当需要在条状突出的山嘴、高耸孤立的山丘、非岩石的陡坡、河岸和边坡边缘等不利地段建造丙类及丙类以上的建筑时，除保证其在地震作用下的稳定性外，尚应估计不利地段对设计地震动参数可能产生的放大作用，其地震影响系数最大值应乘以放大系数。其值可根据不利地段的具体情况确定，但不宜大于 1.6。

(2) 局部突出地形地震影响系数的放大系数按式(12-32)计算，即

$$\lambda = 1 + \xi\alpha \tag{12-32}$$

式中：λ 为局部突出地形地震影响系数的放大系数；α 为局部突出地形地震动参数的增大幅度，按表 12-22 确定；ξ 为附加调整系数，与建筑场地离突出台地边缘的距离 L_1 与相对高差 H 的比值有关。当 $L_1/H < 2.5$ 时，ξ 可取 1.0；当 $2.5 \leqslant L_1/H < 5$ 时，ξ 可取 0.6；当 $L_1/H > 5$ 时，ξ 可取 0.3。L、L_1 均应按距离场地的最近点考虑。

表 12-22　局部突出地形地震动参数的增大幅度 α

突出地形的高度 H/m	非岩质地层	$H<5$	$5\leqslant H<15$	$15\leqslant H<25$	$H\geqslant25$
	岩质地层	$H<20$	$20\leqslant H<40$	$40\leqslant H<60$	$H\geqslant60$
局部突出台地边缘的侧向平均坡降 H/L	$H/L<0.3$	0	0.1	0.2	0.3
	$0.3\leqslant H/L<0.6$	0.1	0.2	0.3	0.4
	$0.6\leqslant H/L<1.0$	0.2	0.3	0.4	0.5
	$H/L\geqslant1$	0.3	0.4	0.5	0.6

2）建筑抗震对场地和地基的要求

（1）选择建筑场地时，应根据工程需要，掌握地震活动情况、工程地质和地震地质的有关资料，对建筑抗震有利、不利和危险地段做出综合评价。对不利地段，应提出避开要求，当无法避开时应采取有效措施。不应在危险地段建造甲、乙、丙类建筑。

（2）建筑场地为Ⅰ类时，甲、乙类建筑应允许按本地区抗震设防烈度的要求采取抗震构造措施；丙类建筑应允许按本地区抗震设防烈度降低一度的要求采取抗震构造措施，但抗震设防烈度为Ⅵ度时仍按本地区抗震设防烈度的要求采取抗震构造措施。

（3）建筑场地为Ⅲ、Ⅳ类时，设计基本地震加速度为 $0.15g$ 和 $0.30g$ 的地区，除另有规定外，宜分别按抗震设防烈度Ⅷ度($0.20g$)和Ⅸ度($0.40g$)设计时各类建筑的要求采取抗震构造措施。

（4）地基和基础设计应符合以下要求：①同一结构单元的基础不宜设置在性质截然不同的地基上；②同一结构单元不宜部分采用天然地基、部分采用桩基；③地基为软弱黏性土、液化土、新近填土或严重不均匀土时，应估计地震时地基不均匀沉降或其他不利影响，并采取相应的措施。

12.8.3　土层的等效剪切波速与建筑场地类别

1. 土层的等效剪切波速

（1）在场地初步勘察阶段，对大面积的同一地质单元，测量土层剪切波速的钻孔数量，应为控制性钻孔数量的 1/5～1/3，山间河谷地区可适当减少，但不宜少于 3 个。

（2）在场地详细勘察阶段，对单幢建筑，测量土层剪切波速的钻孔数量不宜少于两个，数据变化较大时，可适量增加；对小区中处于同一地质单元的密集高层建筑群，测量土层剪切波速的钻孔数量可适当减少，但每幢高层建筑下不得少于一个。

（3）对于丁类建筑及层数不超过 10 层且高度不超过 30m 的丙类建筑，当无实测剪切波速时，可根据岩土名称和性状，按表 12-23 划分土的类型，再利用当地经验在表 12-23 所示的剪切波速范围内估计各土层的剪切波速。

表 12-23　土的类型划分和剪切波速范围

土的类型	岩土名称和形状	土层剪切波速范围/(m/s)
坚硬土或岩石	稳定岩石，密实的碎石土	$v_s > 500$
中硬土	中密、稍密的碎石土，密实、中密的砾、粗、中砂，$f_{ak} > 200$ 的黏性土和粉土，坚硬黄土	$500 \geq v_s > 250$
中软土	稍密的砾、粗、中砂，除松散外的细、粉砂，$f_{ak} \leq 200$ 的黏性土和粉土，$f_{ak} \geq 130$ 的填土，可塑黄土	$250 \geq v_s > 140$
软弱土	淤泥和淤泥质土，松散的砂，新近沉积的黏性土和粉土，$f_{ak} < 130$ 的填土，流塑黄土	$v_s \leq 140$

注：f_{ak} 为由载荷试验等方法得到的地基土静承载力特征值(kPa)；v_s 为岩土剪切波速(m/s)。

土层的等效剪切波速按式(12-33)计算，即

$$v_{se} = \frac{d_0}{t} \tag{12-33}$$

$$t = \sum_{i=1}^{n} \frac{d_i}{v_{si}} \tag{12-34}$$

式中：v_{se} 为土层等效剪切波速(m/s)；d_0 为计算深度(m)，取覆盖层厚度和 20m 二者的较小值；t 为剪切波在地面至计算深度之间的传播时间(s)；d_i 为计算深度范围内第 i 土层的厚度(m)；v_{si} 为计算深度范围内第 i 土层的剪切波速(m/s)；n 为计算深度范围内土层的分层数。

2. 建筑场地类别划分

建筑场地类别的划分，应以土层等效剪切波速和场地覆盖层厚度为准，按表 12-24 划分为四类。当有可靠的剪切波速和覆盖层厚度且处于表 12-24 所列场地类别的分界线附近时，应允许按插值方法确定地震作用计算所用的设计特征周期。

表 12-24　各类建筑场地的覆盖层厚度　　　　　　单位：m

等效剪切波速/(m/s)	场地类别			
	I	II	III	IV
$v_{se} > 500$	0			
$500 \geqslant v_{se} > 250$	<5	≥5		
$250 \geqslant v_{se} > 140$	<3	3～50	>50	
$v_{se} < 140$	<3	3～15	>15～80	>80

【例 12-8】某工程场地钻孔资料如表 12-25 所示，确定该场地类别。

表 12-25　例 12-8 表

土层底部深度/m	土层厚度/m	岩土名称	剪切波速/(m/s)
2.5	2.5	杂填土	200
4.0	1.5	粉土	280
4.9	0.9	中砂	310
6.1	1.2	砾砂	500

解　因地面下 4.9m 以下土层的剪切波速 $v_s = 500$m/s，所以场地计算深度 $d_0 = 4.9$m。

土层等效剪切波速 $v_{se} = \dfrac{d_0}{\sum_{i=1}^{n} \dfrac{d_i}{v_{si}}} = \dfrac{4.9}{\dfrac{2.5}{200} + \dfrac{1.5}{280} + \dfrac{0.9}{310}} = 236$(m/s)，查表 12-24 知，该场地为 II 类场地。

12.8.4　地基强度抗震验算

1. 地震荷载

天然地基基础抗震验算时，应采用地震作用效应标准组合，且地震抗震承载力应取地基承载力特征值乘以地基抗震承载力调整系数计算。

2. 地基抗震承载力

地基抗震承载力应按式(12-35)计算，即

$$f_{aE} = \zeta_a f_a \tag{12-35}$$

式中：f_{aE} 为调整后的地基抗震承载力(kPa)；ζ_a 为地基抗震承载力调整系数，应按表 12-26 采用；f_a 为深宽修正后的地基承载力特征值(kPa)，按现行国家标准《建筑地基基础设计规范》(GB 50007—2011)取用。

表 12-26　地基土抗震承载力调整系数

岩土名称和性状	ζ_a
岩石，密实的碎石土，密实的砾、粗、中砂，$f_{ak} \geq 300kPa$ 的黏性土和粉土	1.5
中密、稍密的碎石土，中密和稍密的砾、粗、中砂，密实和中密的细、粉砂，$150kPa \leq f_{ak} < 300kPa$ 的黏性土和粉土，坚硬黄土	1.3
稍密的细、粉砂，$100kPa \leq f_{ak} < 150kPa$ 的黏性土和粉土，可塑黄土	1.1
淤泥，淤泥质土，松散的砂，杂填土，新近堆积黄土及流塑黄土	1.0

注：1. $1.0 \leq \zeta_a \leq 1.5$；

2. f_{ak} 为经深宽修正后的地基承载力特征值。

3. 地基抗震承载力验算

验算天然地基地震作用下的竖向承载力时，按地震作用效应标准组合的基础底面平均压力和边缘最大压力应符合下列各式要求，即

$$p \leq f_{aE} \tag{12-36}$$

$$p_{max} \leq 1.2 f_{aE} \tag{12-37}$$

式中：p 为地震作用效应标准组合的基础底面平均压力(kPa)；p_{max} 为地震作用效应标准组合的基础边缘的最大压力(kPa)。

高宽比大于 4 的高层建筑，在地震作用下基础底面不宜出现拉应力；其他建筑，基础底面与地基土之间零应力区面积不应超过基础底面面积的 15%。

【例 12-9】 某地基土为黏性土，深宽修正后的承载力特征值 $f_{ak} = 200kPa$，基础埋深 2m，按地震作用效应标准组合考虑的单独基础的竖向荷载为 3000kN，地面处的水平荷载为 500kN，基础尺寸为 4m×4m。试验算地基抗震承载力是否满足要求。

解　(1) 确定地震效应标准组合的荷载。

$M = 500 \times 2 = 1000(kN \cdot m)$，$F + G = 3000 + 4 \times 4 \times 2 \times 20 = 3640(kN)$，偏心距 $e = 1000/3640 = 0.275(m)$，平均基底压力为

$$p = (3000 + 4 \times 4 \times 2 \times 20)/(4 \times 4) = 227.5(kPa)，$$

$$p_{min}^{max} = \frac{F+G}{A}\left(1 \pm \frac{6e}{l}\right) = 227.5 \times \left(1 \pm \frac{6 \times 0.275}{4}\right) = \frac{321.34}{133.66}(kPa)$$

(2) 计算地基抗震承载力。

查表 12-26 得到地基土抗震承载力调整系数为 1.3，由式(12-35)得到 $f_{aE} = 1.3 \times 200 = 260(kPa)$。

(3) 验算地震作用下的竖向承载力。

$p_{max} = 321.34kPa > 1.2 f_{aE} = 312kPa$，因此地基抗震承载力不满足要求。

思考题与习题

12-1　我国区域性特殊土有哪些？

12-2　软弱土有哪些特征？

12-3　如何判别黄土是否具有湿陷性？

12-4　自重湿陷性黄土场地如何判别，湿陷性黄土地基的湿陷等级如何判别？

12-5　膨胀土地基的胀缩等级是如何划分的？

12-6　什么是砂土的液化？

12-7　冻土分哪些种类？如何划分冻土的融陷性等级？

12-8　什么是盐渍土？其腐蚀性主要有哪些？

12-9　地震主要有哪几种类型？场地类型是如何划分的？

12-10　什么是地震的震级和烈度？二者有何区别？

12-11　陇西地区某建筑地基为自重湿陷性黄土，初勘结果：第一层黄土的湿陷系数 $\delta_{s1}=0.012$，层厚 $h_1=1m$；第二层，$\delta_{s2}=0.017$，$h_2=3.0m$；第三层，$\delta_{s3}=0.029$，$h_3=1.5m$；第四层，$\delta_{s4}=0.050$，$h_4=7.6m$。计算自重湿陷量 $\Delta_{zs}=17cm$。判别该黄土地基的湿陷等级。

12-12　对某黄土样进行压缩试验，试验时切取原状土样用的环刀高 2.0cm，土样浸水前后的压缩变形量如表 12-27 所示。已知黄土的比重 $G_s=2.71$，干重度 $\gamma_d=14.1kN/m^3$。要求绘出浸水前后压力与孔隙比关系曲线，并求 $p=200kPa$ 时土的湿陷系数 δ_s。

表 12-27　习题 12-12 表

土样浸水情况	天然含水率					浸水饱和			
垂直压力/kPa	0	50	100	150	200	200	250	300	400
土样变形量/mm	0	0.22	0.41	0.43	0.45	2.51	2.56	2.62	2.82

12-13　对某地区膨胀土样进行自由膨胀率试验，已知土样原始体积为 10mL，膨胀稳定后测得土样体积为 16.2mL。试求此膨胀土的自由膨胀率。

12-14　某学校四层教学楼地基为膨胀土，由试验测得第一层膨胀率 $\delta_{ep1}=1.8\%$，收缩系数 $\lambda_{s1}=1.3$，含水率变化 $\Delta\omega_1=0.01$，土层厚度 $h_1=150cm$；第二层土，$\delta_{ep2}=0.7\%$，$\lambda_{s2}=1.1$，$\Delta\omega_2=0.01$，$h_2=250cm$。计算此膨胀土地基的胀缩变形量并判别胀缩等级。

12-15　某办公楼地基表层为素填土，层厚 $h_1=1.5m$；第二层为粉土，深 3.5m 处，$N=8$，层厚 $h_2=4.5m$；第三层为粉砂，深度 8.00m 处，$N=9$，层厚 $h_3=3.2m$；第四层为细砂，深度 11.00m 处，$N=15$，层厚 $h_4=5.4m$；第五层为卵石，层厚 $h_5=4.8m$，地下水位埋深 2.20m，地震烈度为Ⅷ度区，地基是否会发生液化？

12-16　某地基土为黏性土，经深宽修正后的地基承载力特征值 $f_{ak}=300kPa$，基础埋深 1.5m，底面尺寸为 2m×2m，按地震作用效应标准组合考虑，竖向荷载为 800kN，荷载偏心距为 0.40m。试验算地基抗震承载力是否满足要求。

第13章 岩土工程勘察

【学习要点及目标】

◆ 掌握工程地质基本知识。

◆ 了解各个勘察阶段的任务和要求。

◆ 了解岩土工程勘察的阶段划分方法及要求。

◆ 了解坑探、钻探的基本原理和方法。

◆ 了解地球物理勘探的原理和方法。

◆ 掌握动力触探试验、标准贯入试验、静力触探试验以及波速试验的原理、方法、资料整理及成果应用。

◆ 了解岩土工程勘察报告的主要内容，能阅读岩土工程勘察报告。

◆ 熟悉地基验槽的内容、地基验槽方法。

◆ 掌握地基局部处理的常见方法。

【核心概念】

地质年代、勘察等级、地基等级、地球物理勘探、标准贯入试验、动力触探试验、静力触探试验、波速试验、岩土工程勘察报告、地基验槽。

【引导案例】

岩土工程勘察报告是建设项目中重要的工程技术资料，是基本建设项目中设计和施工的地质依据。《岩土工程勘察规范》（GB 50021—2001）规定，各项工程建设在设计和施工之前，必须按基本建设程序进行岩土工程勘察。本章主要介绍岩土工程勘察方法、手段，勘察报告的编写，地基验槽的内容与方法，地基局部处理方法等内容。

岩土工程勘察是工程规划、设计、施工中极为重要的前期工作和基础工作之一，直接关系到工程的运行安全、建设周期和工程造价。岩土工程勘察是研究、评价建设场地的工程地质条件所进行的地质测绘、勘探、室内试验、原位测试等工作的统称。岩土工程勘察应按工程建设各勘察阶段的要求，正确反映工程地质条件，查明不良地质作用和地质灾害，精心勘察、精心分析，提出资料完整、评价正确的勘察报告。

13.1 工程地质基本知识

13.1.1 岩石

地球是太阳系的成员之一，地球体的表层称为地壳，地壳是由岩石组成的。地壳是人类生存和发展的场所，一切工程建筑物(或构筑物)都建在地壳上。岩石按成因可以分为岩浆岩、沉积岩和变质岩三大类。

1. 岩浆岩

岩浆岩又称为火成岩，是由岩浆侵入地壳上部或喷出地表冷凝而成的岩石。当构造运动使岩石圈局部压力降低时，岩浆就会沿地壳的薄弱地带和压力较低的部位侵入上升。若岩浆喷出地表，冷凝形成的岩石称为喷出岩；如果岩浆侵入到地表以下周围岩层中，冷凝所形成的岩石称为侵入岩。侵入岩按侵入部位的深浅，分为深成侵入岩(深度大于3km)和浅成侵入岩(深度小于3km)。岩浆岩种类很多，常见的有花岗岩、花岗斑岩、流纹岩、正长岩、正长斑岩、闪长岩、辉长岩、辉绿岩、玄武岩等。

2. 沉积岩

在地表或接近地表的条件下，由母岩(先形成的岩石)的风化产物、火山碎屑、生物残体及溶液析出物经搬运、沉积及硬结成岩作用而形成的岩石称为沉积岩。沉积岩种类很多，常见的有砾岩、砂岩、页岩、泥岩、石灰岩、白云岩等。

3. 变质岩

地壳中先成的岩石受到构造运动、岩浆活动、高温、高压及化学活动性很强的气体和液体影响，其矿物成分、结构、构造等发生一系列的变化，这些变化称为变质作用。经变质作用形成的岩石称为变质岩。变质岩的种类很多，常见的有花岗片麻岩、片岩、板岩、千枚岩、大理岩、石英岩等。

13.1.2 地形地貌

1. 地质作用

地壳是不断变化的，地壳表面形态也在不断变化着。地球上沧海桑田的地表形态，都是地壳变动的结果。引起地壳及其表面形态不断发生变化的作用，就是地质作用。地质作用按其能量来源，可分为内力作用和外力作用。内力作用的能量来自地球本身，它表现为地壳运动、岩浆活动、变质作用等。地表形态就是在内、外力相互作用下不断地发展变化着。

地质作用有些进行得很迅速、很激烈，如地震、火山喷发、山崩、泥石流等；有些则进行得十分缓慢，不易被人们觉察，但年久日长，却会使地表形态发生更为显著的变化。在漫长的地质时期，许多大山被夷为平地，曾经的沧海变成桑田。

地壳在不断地运动。按照地壳运动的性质和方向，可以分为水平运动和垂直运动两种类型。水平运动引起地壳物质水平位移，使地表岩层在有些地方发生弯曲隆起，形成巨大的褶皱山系；有些地方则断裂张开，形成裂谷或海洋。垂直运动又称为升降运动，表现为地壳的抬升或下沉，从而引起地表高低起伏和海陆变迁。

2. 地形地貌

地形是指地表形态的外部特征，如高低起伏、坡度大小和空间分布等。地貌则是从地质学和地理学观点考察研究地形形成的地质原因、年代及其在漫长的地质历史时期中不断演化的过程和将来发展趋势的地表形态。在岩土工程勘察中，常按地形的成因类型、形态类型等进行地貌单元的划分。下面介绍几种常见的地貌单元。

1) 山地

山地是地壳上升运动或岩浆活动等复杂演变过程形成的。它同时又受到流水及其他外力的剥蚀作用，于是呈现出山区那种崎岖不平、复杂多变的地貌。按构造形式，山地可分为断块山、褶皱断块山、褶皱山；按山的绝对高度和相对高度，山地可分为最高山、高山、中山和低山。山区的暂时性水流和河流，侵蚀山地形成冲沟和河谷，并在山坡、山麓和河谷堆积了坡积物、洪积物和冲积物，从而形成了各种侵蚀和堆积地貌，如河谷阶地、洪积锥等。

2) 丘陵

丘陵是山地经过外力地质作用长期剥蚀切割而成的外貌低矮平缓的起伏地形。丘陵地区的基岩一般埋藏较浅。丘顶裸露，岩石风化严重，有时表层为残积物所覆盖，谷底则往往堆积有较厚的洪积物或坡积物，边缘地带则常堆积有结构疏松的新近坡积物。在丘陵地区的挖方地段，岩石外露，承载力高，填方地段的承载力则较低，因此要特别注意地基软硬不均以及边坡稳定性等问题。

3) 平原

平原是高度变化微小，表面平坦或者只有轻微波状起伏的地区。在我国东部地区，大河流的中下游，河谷非常开阔，沉积作用十分强烈，每当雨季，洪水溢出河床，淹没河床以外的广大面积，沉积细小的物质，形成一片广阔的冲积平原。冲积平原的基岩一般埋藏较深，第四纪沉积层较厚。但由于地形平坦，地层常较均匀，一般常选作建筑场地。在冲积平原上，凡是地形比较低洼或水草茂盛的地段，可能是过去的河漫滩、湖泊或牛轭湖，常分布有较厚的带状淤泥，对工程建设不利。

4) 河谷

河流是改造地表的主要地质营力之一。由河流作用所形成的谷地称为河谷。河谷的形态要素包括谷坡和谷底两大部分。谷底包括河床和河漫滩。河床是指平水期河水所占的谷底，也称为河槽。河漫滩是洪水淹没的谷底部分。谷坡是河谷两侧因河流侵蚀而形成的岸坡。古老的谷坡上常发育洪水不能淹没的阶地，阶地是被抬升的河谷谷底。谷坡与谷底的交界为坡麓，谷坡与山坡的转折处称为谷缘，也称为谷肩。河水通过侵蚀、搬运、沉积作用形成河床，并使河床的形态不断发生变化，河床形态的变化反过来又影响着河水的流动，从而使河床发生新的变化，两者相互作用。河流地质作用包括侵蚀作用、搬运作用和沉积作用。

5) 河口三角洲

河口三角洲通常在河流的入海或入湖口处形成。由于在三角洲中堆积大量的碎屑物,所以河口三角洲往往是很厚的淤泥层,地下水位一般很浅,常常是软土地基,其承载力都较低。

13.1.3 地质构造

1. 地质构造

在漫长的地质历史发展过程中,地壳在内、外力地质作用下不断运动演变,所造成的地层形态统称为地质构造。

1) 褶皱

当岩层受到地壳运动产生的强大挤压作用时,便会发生弯曲变形,这叫作褶皱。地壳发生褶皱隆起,常常形成山脉。世界许多高大的山脉,如喜马拉雅山、阿尔卑斯山、安第斯山等都是褶皱山脉。

褶皱的基本单元是褶曲,它是褶皱中的一个弯曲。褶曲有背斜和向斜两种基本形态。背斜岩层一般向上拱起,向斜岩层一般向上弯曲。在地貌上,背斜常成为山岭,向斜常成为谷地或盆地。但是,不少褶皱构造的背斜顶部因受张力作用,容易被侵蚀成谷地,而向斜槽部受到挤压,岩性坚硬不易被侵蚀,反成为山岭。

2) 断层

地壳运动产生的强大压力或张力,超过了岩石所能承受的程度,岩体就会破裂。岩体发生破裂,并且沿断裂面两侧岩块有明显的错动、位移,这叫作断层。

在地貌上,大的断层常常形成裂谷或陡崖,如著名的东非大裂谷、我国华山北坡大断崖等。断层一侧上升的岩块,常成为块状山地或高地,如我国的华山、庐山、泰山,另一侧相对下沉的岩块则常形成谷地或低地,如我国的渭河平原、汾河谷地。在断层构造地带,由于岩石破碎,易受风化侵蚀,常常发育成沟谷、河流。

3) 裂隙(节理)

裂隙就是岩石中的裂缝,并且裂缝两侧的岩块沿断裂面没有或仅有微小的移动。裂隙按成因可分为原生裂隙、次生裂隙,按作用力的性质可分为张节理(拉应力引起的裂隙,裂隙明显,节理面粗糙)、剪节理(剪应力作用产生,节理面光滑,呈 X 形)。

4) 整合与不整合

岩层在沉积过程中无间断,按一定的次序连续堆积,相互平行排列,称为整合。如岩层在沉积过程中发生长期的中断或侵蚀,然后又再堆积称为不整合。

根据形成的条件和原因,不整合可分为下列三种,即平行不整合、角度不整合和假角度不整合。在工程上,山坡地质的第四纪堆积物和基岩之间的不整合应特别注意,因为这种岩土的接触面(不整合面)是软弱结构面,当它具有一定的坡度时,堆积物常有可能沿此面发生滑动。另外,由于岩土性质不同,建筑物也可能发生不均匀沉降。

2. 地质年代的概念

地质年代是指地壳发展历史与地壳运动、沉积环境及生物演化相应的时代段落。

地质年代有绝对地质年代和相对地质年代之分,相对地质年代在地史的分析中广为应用。它是根据古生物的演化和岩层形成的顺序,将地壳历史划分成一些自然阶段。在地质学中，根据地层对比和古生物学方法，把地质相对年代划分为五代(太古代、元古代、古生代、中生代和新生代)，每代又分为若干纪，每纪又分为若干世及期。在新生代中最新近的一个纪为第四纪，由原岩风化产物——碎屑物质，经各种外力地质作用(剥蚀、搬运、沉积)形成尚未胶结硬化的沉积物(层)，统称"第四纪沉积物(层)"或"土"。它沉积在地表，覆盖在基岩之上。第四纪地质年代的划分如表 13-1 所示。

表 13-1 第四纪地质年代

纪(系)	世(统)		距今年代/百万年
第四纪(系)Q		全新世(统)Q_4	0.025
	更新世(统)	晚更新世(早更新统)Q_3	0.150
		中更新世(中更新统)Q_2	0.500
		早更新世(下更新统)Q_1	1.000

13.1.4 地下水

1. 地下水类型

地下水是赋存在地表以下岩土空隙中的水，主要来源于大气降水、冰雪融水、地面流水、湖水及海水等，经土壤渗入地下形成的。根据埋藏条件，可以把地下水划分为包气带水、潜水和承压水三类；根据含水层空隙性质不同，可以将地下水划分为孔隙水、裂隙水和岩溶水三类，如表 13-2 所示。

表 13-2 地下水分类表

含水介质埋藏条件	孔 隙 水	裂 隙 水	岩 溶 水
包气带水	土壤水局部黏性土隔水层上季节性存在的重力水(上层滞水)过路及悬留毛细水及重力水	裂隙岩层浅部季节性存在的重力水及毛细水	裸露岩溶化层上部岩溶通道中季节性存在的重力水
潜水	各类松散沉积物浅部的水	裸露于地表的各类裂隙岩层中的水	裸露于地表的岩溶化岩层中的水
承压水	山间盆地及平原松散沉积物深部的水	组成构造盆地、向斜构造或单斜断块的被掩覆的各类裂隙岩层中的水	组成构造盆地、向斜构造或单斜断块的被掩覆的岩溶化岩层中的水

1) 包气带水

地表到地下水面之间的岩土空隙中既有空气，又含有地下水，这部分地下水称为包气带水。包气带水存在于包气带中，其中包括土壤水和上层滞水。上层滞水是局部或暂时储存于包气带中局部隔水层或弱透水层之上的重力水。这种局部隔水层或弱透水层在松散堆积物地区可能由黏土、亚黏土等组成的透镜体组成。由于上层滞水的埋藏最接近地表，因而它和气候、水文条件的变化密切相关。上层滞水主要接受大气降水和地表水的补给，而消耗于蒸发和逐渐向下渗透补给潜水，其补给区与分布区一致。上层滞水通常其分布范围较小，因而不能保持常年有水，水量随季节性变化较大。上层滞水常突然涌入基坑危害施工安全，应考虑排水的措施。

2) 潜水

潜水主要是埋藏在地表以下第一个连续稳定的隔水层以上、具有自由水面的重力水。一般是存在于第四纪(系)散堆积物的孔隙中(孔隙潜水)及出露于地表的基岩裂隙和溶洞中(裂隙潜水和岩溶潜水)。潜水的自由水面称为潜水面。潜水面上每一点的绝对(或相对)高程称为潜水位。潜水水面至地面的距离称为潜水的埋藏深度。由潜水面往下到隔水层顶板之间充满了重力水的岩层称为潜水含水层,其间距离则为含水层厚度。

3) 承压水

充满于两个隔水层(弱透水层)之间的含水层中承受水压力的地下水,称为承压水。承压含水层上部的隔水层(弱透水层)称为隔水顶板,下部的隔水层(弱透水层)称为隔水底板。隔水顶、底板之间的距离为承压含水层厚度。承压水多埋藏在第四系以前岩层的孔隙中或层状裂隙中,第四系堆积物中也有孔隙承压水存在。

4) 孔隙水

孔隙水广泛分布于第四纪松散沉积物中,其分布规律主要受沉积物的成因类型控制。孔隙水最主要的特点是其水量在空间分布上连续性好,相对均匀。孔隙水一般呈层状分布,同一含水层中的水有密切的水力联系,具有统一的地下水面,一般在天然条件下呈层流运动。

5) 裂隙水

埋藏于基岩裂隙中的地下水称为裂隙水。裂隙的密集程度、张开程度、连通情况和充填情况等直接影响裂隙水的分布、运动和富集。由于岩石中裂隙大小悬殊,分布不均匀,所以裂隙水的埋藏、分布和水动力性质都不均匀。在某些方向上裂隙的张开程度和连通性较好,那么这些方向上的裂隙导水性强,水力联系好,常成为裂隙水径流的主要通道。在另一些方向上裂隙闭合,导水性差,水力联系也差,径流不畅。所以裂隙岩石的导水性呈现明显的各向异性。裂隙水根据裂隙成因不同,可分为风化裂隙水、成岩裂隙水与构造裂隙水。

6) 岩溶水

赋存并运移于岩溶化岩层(石灰岩、白云岩)中的水称为岩溶水(喀斯特水),它可以是潜水也可以是承压水。岩溶水的补给是大气降水和地面水,其运动特征是层流和紊流、有压流与无压流、明流与暗流、网状流与管道流并存。岩溶常沿可溶岩层的构造裂隙带发育,通过水的溶蚀,常形成管道化岩溶系统,并把大范围的地下水汇集成一个完整的地下河系。因此,岩溶水在某种程度上带有地表水系的特征:空间分布极不均匀,动态变化强烈,流动迅速,排泄集中。岩溶水分布地区易发生地面塌陷,给工程建设带来很大危害,应予以注意。

2. 地下水对地基基础工程的影响

地下水对地基基础工程设计、施工尤为重要,地下水对地基基础影响巨大,基坑涌水不利于工程施工,地下水常常是产生滑坡、地面沉降、建筑物浮起、流土、管涌的主要原因,一些地下水还腐蚀建筑材料。若对地下水处理不当,还可能产生不良影响,甚至出现工程事故。

1) 地下水的浮托作用

当建筑物基础底部位于地下水位以下时,地下水将对基础产生浮力。对于刚竣工的箱形基础、未蓄水的水池、油罐,如浮力大于基础重量,将会使基础浮起或发生破坏。基础发生浮力破坏的案例较多,在地基基础工程设计中应进行抗浮验算。

如果基础位于粉土、砂性土、碎石土和节理裂隙发育的岩石地基上,则按地下水位 100%

计算浮力；如基础位于节理裂隙不发育的岩石地基上，则按地下水位 50% 计算浮力；如基础位于黏性土地基上，浮力较难确定，应结合地区经验考虑。

2) 基坑突涌

当基坑下伏有承压含水层时，开挖基坑减少了底部隔水层的厚度。当隔水层厚度较薄经受不住水头压力时，承压水会冲破基槽，这种工程地质现象称为基坑突涌。

3) 地下水位升降

地下水位的升降，土体的重度、含水率、压缩性、抗剪强度等指标随之变化，因此地下水的升降对地基基础的影响巨大。

(1) 水位上升。

地下水位上升，土的含水率增加，使黏性土软化，增大压缩性，地基承载力降低。对于湿陷性黄土地基，产生湿陷变形，产生不均匀沉降；膨胀土地基吸水膨胀，引起基础破坏。地下水位的上升会对地下室的防水造成压力，如某大学一幢五层教学楼的地下室，因防水层质量差，夏季雨水下渗，邻近河道倒灌，造成地下室积水深达 30cm，无法使用，翻修以后仍然漏水，十分潮湿。

(2) 水位下降。

在基坑降水工程中，会引起地下水位大幅度下降，土的重度由有效重度变为天然重度，土中自重应力增加，会产生附加沉降，严重危害周围建筑物的安全。我国相当一部分城市由于过量开采地下水，出现了地表大面积沉降、地面塌陷等严重问题。在进行基坑开挖时，如降水过深、时间过长，则常引起坑外地表下沉，从而导致邻近建筑物开裂、倾斜。

4) 渗透变形破坏

由于渗透水流将土体中的细颗粒冲出、带走或局部土体产生移动，导致土体变形而引起的，这类问题常称为渗透变形问题，此类问题如不及时加以纠正，会酿成整个建筑物的破坏。渗透变形主要包括流土和管涌。

5) 地下水对基础的侵蚀性

在某些地区存在不良地质环境时，如含有化学物的工业废水渗入地区，硫化矿、煤矿废水渗入地区，沿海地区，地下水质对混凝土和钢筋有侵蚀性，对建筑物产生破坏。地下水的侵蚀性有结晶性侵蚀、分解性侵蚀、结晶分解复合性侵蚀三种。

13.2　岩土工程勘察的目的

岩土工程勘察的目的是以各种勘察手段和方法，了解和查明建筑场地与地基的工程地质条件和天然建筑材料资源，分析可能存在的工程地质问题，为建筑物选址、规划设计和施工提供所需的基本资料，并提出地基和基础设计方案建议。

13.2.1　岩土工程勘察等级

为了保证岩土工程勘察设计在经济上的合理性，《岩土工程勘察规范》(GB 50021—2001)中提出了岩土工程勘察分级的要求。岩土工程勘察的等级，应根据工程安全等级、场地等级和地基等级，综合分析确定。具体划分标准如表 13-3～表 13-6 所示。

表 13-3　工程安全等级划分标准

安全等级	工程类型	破坏后果
一	重要工程	很严重
二	一般工程	严重
三	次要工程	不严重

表 13-4　场地等级划分标准

场地等级	地震地段	不良地质现象	地质环境	地形地貌	地下水
一	抗震危险地段	强烈发育	已经或可能受到强烈破坏	复杂	复杂
二	抗震不利地段	一般发育	已经或可能受到一般破坏	较复杂	基础以上
三	抗震烈度小于或等于Ⅵ度，或抗震有利地段	不发育	基本未受到破坏	简单	无影响

　　注：地震地段、不良地质现象、地质环境、地形地貌、地下水标准中满足任何一条即可定级；从一级开始，向二级、三级推定，以最先满足为准。

表 13-5　地基等级划分标准

地基等级	岩土种类	土层性质	特殊岩土
一	多	很不均匀、变化大	严重湿陷、膨胀、盐渍、污染的特殊性岩土，以及其他情况复杂，需作专门处理的岩土
二	较多	不均匀、变化较大	除"一"级中规定以外的特殊性岩土
三	单一	均匀、变化不大	无

　　注：岩土种类、土层性质、特殊岩土标准中满足任何一条即可定级。

表 13-6　岩土工程勘察等级划分标准

勘察等级	工程重要性等级	场地等级	地基等级
甲	一项或多项为一级		
乙	除甲级、丙级以外勘察项目		
丙	均为三级		

13.2.2　岩土工程勘察阶段

　　岩土工程勘察工作通常分阶段进行，一般按工程类别、规模大小、重要性和地质条件复杂程度而定，工作范围由面到点逐渐深入，工作内容由一般到具体，精度由粗到细。岩土工程勘察分为可行性研究勘察、初步勘察、详细勘察、施工勘察。

1. 可行性研究勘察

　　可行性研究地质勘察的任务是取得拟建场地的主要工程地质资料，并对拟选场地的稳定性和适宜性做出方案比较和岩土工程评价。主要勘察内容如下。

（1）搜集区域地质、地形地貌、地震、矿产、当地的工程地质、岩土工程和建筑经验等资料。

（2）在充分搜集和分析已有资料的基础上，通过踏勘了解场地的地层、构造、岩性、不良地质作用和地下水等工程地质条件。

（3）当拟建场地工程地质条件复杂，已有资料不能满足要求时，应根据具体情况进行工程地质测绘和必要的勘探工作。

2. 初步勘察

初步勘察是在建筑物场址已经确定后进行，任务是对场内拟建建筑物地段的稳定性作了评价，并确定建筑物总平面布置、主要建筑物的地基基础方案以及不良地质现象的防治措施提供工程地质资料和依据。主要勘察内容如下。

（1）搜集拟建工程的有关文件、工程地质和岩土工程资料以及工程场地范围的地形图。

（2）初步查明地质构造、地层结构、岩土工程特性，地下水埋藏条件、地下水对建筑材料的腐蚀性、冻结深度等。

（3）查明场地不良地质现象的成因、分布、规模及其发展趋势，并对场地稳定性做出评价。

（4）对抗震设防烈度大于或等于Ⅵ度的场地，应对场地和地基的地震效应做出初步评价。

初步勘察工作应符合下列要求。

（1）勘探线应垂直于地貌单元、地质构造和地层界线布置。

（2）每个地貌单元均应布置勘探点，在地貌单元交接部位和地层变化较大的地段，勘探点应予以加密。

（3）在地形平坦地区，可按网格布置勘探点。

勘探线和勘探点的布置，勘探孔的深度可根据表 13-7、表 13-8 确定或按当地经验确定。

表 13-7　初步勘察勘探线、勘探点间距　　　　　　　　　　　　单位：m

地基复杂程度等级	勘探线间距	勘探点间距
一级（复杂）	50～100	30～50
二级（中等复杂）	75～150	40～100
三级（简单）	150～300	75～200

注：表中间距不适用于地球物理勘探；控制性勘探点宜占勘探点总数的 1/5～1/3，且每一个地质单元均应有控制性勘探点。

表 13-8　初步勘察勘探孔深度　　　　　　　　　　　　　　　　单位：m

工程重要性等级	一般性勘探孔	控制性勘探孔
一级（重要工程）	≥15	≥30
二级（一般工程）	10～15	15～30
三级（次要工程）	6～10	10～20

注：勘探孔包括钻孔、探井和原位探测孔等，特殊用途钻孔除外。

3. 详细勘察

经过可行性研究勘察和初步勘察之后，为配合技术设计和施工图设计需进行详细地质勘察。详细勘察的任务是对具体的建筑物提出详细的岩土工程资料和设计、施工所需的岩土参数;对建筑地基做出岩土工程评价,并对地基类型、基础形式、地基处理、基坑支护、工程降水和不良地质作用的防治提出建议。主要工作内容如下。

(1) 搜集附有坐标和地形的建筑物总平面图,场区的地面整平标高,建筑物的性质、规模、荷载、结构特点、基础形式、埋置深度,地基允许变形等资料。

(2) 查明不良地质作用的类型、成因、分布范围、发展趋势和危害程度,提出整治方案的建议。

(3) 查明建筑范围内岩土层的类型、深度、分布、工程特性,分析和评价地基的稳定性、均匀性和承载力。

(4) 对需进行沉降计算的建筑物,提供地基变形计算参数,预测建筑物的变形特征。

(5) 查明地下水的埋藏条件和侵蚀性,提供地下水位及其冻结深度。

(6) 对抗震设防烈度大于或等于VI度的场地,应划分场地土类型和场地类别;对抗震设防烈度大于或等于VII度的场地,尚应分析预测地震效应,判定饱和土与粉土的地震液化,并应计算液化指数,判定液化等级。

(7) 对深基坑开挖尚应提供稳定计算和支护设计所需的岩土技术参数,论证和评价基坑开挖、降水对邻近工程的影响。

(8) 若可能采用桩基,则需要提供桩基设计所需的岩土技术参数,并确定单桩承载力;提出桩的类型、长度和施工方法等建议。

4. 施工勘察

当遇到下列情况之一时,应配合设计、施工单位进行施工勘察。

(1) 对安全等级为一级、二级的建筑物,应进行施工验槽。

(2) 基槽开挖后,岩土条件与原勘察资料不符时,应进行施工勘察。

(3) 在地基处理及深基开挖施工中,宜进行检验和监测工作。

(4) 地基中溶洞或土洞较发育,应查明并提出处理建议。

(5) 施工中出现有边坡失稳危险,应查明原因,进行监测并提出处理建议。

13.3 岩土工程勘察方法

工程地质测绘是在地形图上布置一定数量的观察点和观测线,以便按点和线进行观测和描绘。岩土工程勘察是在工程地质测绘的基础上,为了进一步查明地表以下的工程地质问题,取得深部地质资料而进行的。勘察方法的选用应符合勘察目的和岩土的特性,勘探方法主要有坑探、钻探、地球物理勘探和原位测试等。

13.3.1 坑探

坑探是一种不需要使用专门机具的勘探方法。其优点是探坑的开挖可取得直观资料和原状土样,特别在场地地质条件比较复杂的情况下,坑探能直接观察地层的构成、结构和性质,可以取得大型试样,并进行强度和试样变形等大型现场测试。其缺点是挖掘深度不可能太大,通常达 4~5m,也不可能在拟建的建筑物基础下过深挖掘;从坑探能够进行的范围和深度看,所获得的信息量较钻探、取样和原位测试要少,坑探的局域性也较大。

坑探是一种挖掘探井(槽)的简单勘探方法，如图 13-1(a)所示。探井的平面形状一般采用 1.5m×1.0m 的矩形或直径为 0.8～1.0m 的圆形，其深度视地层的土质和地下水埋藏深度等条件而定，较深的探坑需进行坑壁支护。在探井中取样可按下列步骤进行，如图 13-1(b)所示。先在井底或井壁的指定深度处挖一土柱，土柱的直径必须稍大于取土筒的直径。将土柱顶面削平，放上两端开口的金属筒并削去筒外多余的土，一边削土一边将筒压入，直到筒已完全套入土柱后切断土柱。削平筒两端的土体，盖上筒盖，用熔蜡密封后贴上标签，注明土样的上、下方向，如图 13-1(c)所示。

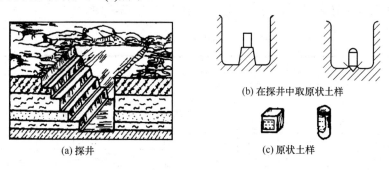

(a) 探井　　　(b) 在探井中取原状土样

(c) 原状土样

图 13-1　坑探示意图

13.3.2　钻探

钻探是岩土工程勘察中最常用的一种方法。工程地质钻探是利用钻进设备在地层中钻孔，以鉴别和划分地层，通过采集岩芯或观察井壁，以探明地下一定深度内的工程地质条件，补充和验证地面测绘资料的勘探工作。工程地质钻探既是获取地表下准确地质资料的重要方法，也是采取地下原状岩土样和进行多种现场试验及长期观测的重要手段。

场地内布置的钻孔，一般分为技术孔和鉴别孔两类。钻进时，仅取扰动土样，用以鉴别土层分布、厚度及状态的钻孔，称为鉴别孔。如在钻进过程中按不同的土层和深度采取原状土样的钻孔，称为技术孔。原状土样的采取常用取土器。

工程地质钻探设备主要包括动力机、钻机、泥浆泵、钻杆、钻头等。钻探方法有多种，根据破碎岩土的方法，可分为冲击钻探、回转钻探、冲击回转钻探、振动钻探等。

1. 冲击钻探

此法采用底部圆环状钻头。钻进时将钻具提升到一定高度，利用钻具自重，迅猛放落，钻具在下落时产生冲击动能，冲击孔底岩土层，使岩土达到破碎的目的而加深钻孔。

2. 回转钻探

此法采用底部嵌焊有硬质合金的圆环状钻头进行钻进。钻进中施加钻压，使钻头在回转中切入岩土层，达到加深钻孔的目的。在土质地层中钻进，有时为有效地、完整地揭露标准地层，还可以采用勺形钻钻头或提土钻钻头进行钻进。

3. 综合式钻探

此法是一种冲击回转综合式的钻进方法。它综合了前两种钻进方法在地层钻进中的优点，以达到提高钻进效率的目的。其工作原理是：在钻进过程中，钻头钻取岩石时，施加一定的动力，对岩石产生冲击作用，使岩石的破碎速度加快，破碎粒度比回转剪切粒度增大。同时，由于冲击力的作用使硬质合金刻入岩石深度增加，在回转中将岩石剪切掉。这样就大大提高了钻进的效率。

4. 振动钻探

此法采用机械动力所产生的振动力，通过连接杆和钻具传到圆筒形钻头周围土中。由于振动器高速振动的结果，圆筒钻头依靠钻具和振动器的重量使得土层更容易被切削而钻进，且钻进速度较快。这种钻进方法主要适用于粉土、砂土、较小粒径的碎石层以及黏性不大的黏性土层。上述各种钻进方法的适用范围列于表 13-9 中。

表 13-9　钻进方法的适用范围

钻进方法		钻进地层					勘察要求		
		黏性土	粉土	砂土	碎石土	岩土	直观鉴别，采用不扰动试样	直观鉴别，采用扰动试样	不要求直观鉴别，不采用试样
回转	螺纹钻探	○	△	△	—	—	○	○	○
	无岩芯钻探	○	○	○	△	○	—	—	○
	岩芯钻探	○	○	○	△	○	○	○	○
冲击	冲击钻探	—	△	○	○	△	—	—	○
	锤击钻探	△	△	△	△	—	△	○	○
振动钻探		○	○	○	△	—	△	○	○

注：○代表适用，△代表部分情况适用，—代表不适用。

13.3.3　岩土取样

试样质量可根据试验目的按表 13-10 分为四个等级。

表 13-10　土试样质量等级划分

级　别	扰动程度	试验内容
I	不扰动	土类定名、含水量、密度、强度试验、固结试验
II	轻微扰动	土类定名、含水量、密度
III	显著扰动	土类定名、含水量
IV	完全扰动	土类定名

注：1. 不扰动是指原位应力状态虽已改变，但土的结构、密度、含水量变化很小，能满足室内试验各项要求。

　　2. 如确无条件采取 I 级土试样，在工程技术要求允许的情况下可以 II 级土试样代用，但宜先对土试样受扰动程度作抽样鉴定，判定用于试验的适宜性，并结合地区经验使用试验成果。

13.3.4　地球物理勘探

物探是地球物理勘探的简称。它是利用岩土间的电学性质、磁性、重力场特征等物理性质的差异探测场区地下工程地质条件的勘探方法的总称。其中，利用岩土间的电学性质差异而进行的勘探称为电法勘探，利用岩土间的磁性变化而进行的勘探称为磁法勘探，利用岩土间的地球引力场特征差异而进行的勘探称为重力勘探，利用岩土间传播弹性波的能力差异而进行的勘探称为地震勘探。此外，还有利用岩土的放射性、热辐射性质差异而进行的地球物理勘探方法。

物探虽然具有速度快、成本低的优点，但由于其仅能对物理性质差异明显的岩土进行辨别，且勘察过程中无法对岩土进行直接观察、取样及其他试验测试，因而，一般岩土工程主要用于特定的工程地质环境中的精度要求较低的早期勘察阶段的大型构造、采空区、地下管线等的探测。

13.4 原 位 测 试

常规的勘探方法是由钻探取样，在实验室测定土的物理力学指标。这样，土样在钻取、包装、运送、拆封及试验过程中很难保持原有的天然结构。为了使勘探工作提供更确切的数据，原位测试方法显得很重要。原位测试是指在建筑物场地实际测定地基土层不同深度处地基土的性质指标。常用的原位测试方法主要有载荷试验、圆锥动力触探试验、标准贯入试验、静力触探试验、十字板剪切试验、旁压试验、波速试验等。十字板剪切试验已在第 5 章中介绍过，载荷试验已在第 7 章中介绍过，本章主要介绍圆锥动力触探试验、标准贯入试验、静力触探试验和波速试验。

13.4.1 圆锥动力触探试验

圆锥动力触探(DPT)是利用一定的锤击动能，将一定规格的圆锥探头打入土中，根据打入土中的阻力大小判别土层的变化，对土层进行力学分层，并确定土层的物理力学性质，对地基土做出工程地质评价。通常以打入土中一定距离所需的锤击数来表示土的阻力。圆锥动力触探的优点是设备简单、操作方便、工效较高、适应性广，并具有连续贯入的特性。对难以取样的砂土、粉土、碎石类土等，对静力触探难以贯入的土层，动力触探是十分有效的勘探测试手段。根据所用穿心锤的重量将其分为轻型、重型及超重型动力触探试验(见表 13-11)。轻型动力触探适用于黏性土和粉土，常用来检测浅基础地基承载力和基坑验槽，重型动力触探适用于砂土和砾卵石，超重型动力触探适用于砾卵石。

表 13-11 圆锥动力触探类型

类 型		轻型	重型	超重型
落锤	锤的质量/kg	10	63.5	120
	落距/cm	50	76	100
探头	mm	40	74	74
	(°)	60	60	60
探杆直径/mm		25	42	50～60
指标		贯入 30cm 的读数 N_{10}	贯入 10cm 的读数 $N_{63.5}$	贯入 10cm 的读数 N_{120}
主要适用岩土		浅部的填土、砂土、粉土、黏性土	砂土、中密以下的碎石土、极软岩	密实和很密实的碎石土、软岩、极软岩

1. 轻便触探试验

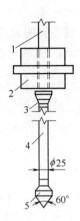

图 13-2　轻型动力触探试验设备示意图
1—穿心杆；2—穿心锤；3—锤垫；
4—触探杆；5—探头

轻便触探试验是利用锤击能将装在钻杆前端的锥形探头打入钻孔孔底土中，测试每贯入 30cm 的锤击数 N_{10}。轻便触探更适用于素填土和淤泥质土。

1) 轻便触探试验设备

轻便触探试验设备由圆锥头、触探杆和穿心锤三部分组成。触探杆是由直径 25.0mm 的金属管制成，每根长 1.0～1.5m，穿心锤质量为 10.0kg(见图 13-2)，落锤升降由人工操纵。

2) 试验步骤

(1) 探头贯入土层之前，先在触探杆上标出从锥尖起向上每 30cm 的位置。

(2) 一人将触探杆垂直扶正，另一人将 10kg 穿心锤从锤垫顶面以上 50cm 处自由落体放下，锤击速度以 15～30 击/min 为宜。

(3) 记录每贯入土层 30cm 的锤击数 N_{10}。

(4) 为避免因土对触探杆的侧壁摩擦而消耗部分锤击能量，应采用分段触探的办法，即贯入一段距离后，将锥尖向上拔，使探孔壁扩径，再将锥尖打入原位置，继续试验，或每贯入 10cm，转动探杆一圈。

(5) 当 $N_{10}>100$ 或贯入 15cm 锤击数超过 50 时，可停止试验。

3) 试验成果的应用

(1) 地基验槽。在地基验槽时，可根据不同位置的 N_{10} 值的变化情况，大致判别地基持力层的均匀程度，查明土洞和软弱土范围。

(2) 确定地基承载力。我国原《建筑地基基础设计规范》(GB J7—1989)曾给出黏性土、素填土的承载力标准值与 N_{10} 的关系，如表 13-12 和表 13-13 所示，但在新的《建筑地基基础设计规范》(GB 50007—2011)中，删去了这些表格，同时地基承载力由特征值取代了标准值。

表 13-12　黏性土承载力标准值 f_k 与 N_{10} 的关系

N_{10}	15	20	25	30
f_k /kPa	105	145	190	230

表 13-13　素填土承载力标准值 f_k 与 N_{10} 的关系

N_{10}	10	20	30	40
f_k /kPa	85	115	135	160

2. 重型重力触探试验

1) 重型动力触探试验设备

重型动力触探试验的设备主要由触探头、触探杆及穿心锤三部分组成，落锤升降由钻机操纵。

2) 试验步骤

(1) 探头贯入土层之前，先测出锥尖到锤垫底面之间的长度，即触探杆长度。

(2) 待锤尖打入预测位置时，从触探杆上标出从地面向上每 10cm 的位置。

(3) 穿心锤自由落距 76cm，记录每贯入土层 10cm 的锤击数 $N'_{63.5}$，锤击速率宜为 15～30 击/min。

(4) 每加上一根触杆时，需记录所加杆的长度，重新统计触探杆长度。

(5) 若土质较松软、探头贯入速度较快时，也可记录锤击 5 次的贯入深度。

(6) 对触探杆侧壁摩擦影响较大的土层，可考虑采用分段触探的办法。

(7) 如 $N'_{63.5}$＞50，连续三次，可停止试验。

3) 试验指标的修正

对杆长的影响存在不同的看法，我国各个领域的规范或规程不尽统一。《岩土工程勘察规范》(GB 50021—2001)，对动力触探试验指标均不进行杆长修正。而有些行业动力触探规程，如《铁路工程地质原位测试规程》(TB 10018—2003)规定对杆长进行修正。当触探杆长度大于 2m 时，需按式(13-1)修正，即

$$N_{63.5} = \alpha N'_{63.5} \tag{13-1}$$

式中：$N_{63.5}$ 为修正后的锤击数；α 为触探杆长度修正系数，查表 13-14。

表 13-14　触探杆长度修正系数 α

L/m	$N_{63.5}$								
	5	10	15	20	25	30	35	40	≥50
≤2	1.0	1.0	1.0	1.0	1.0	1.0	1.0	1.0	
4	0.96	0.95	0.93	0.92	0.90	0.98	0.87	0.86	0.84
6	0.93	0.90	0.88	0.85	0.83	0.81	0.79	0.78	0.75
8	0.90	0.86	0.83	0.80	0.77	0.75	0.73	0.71	0.67
10	0.88	0.83	0.79	0.75	0.72	0.69	0.67	0.64	0.61
12	0.85	0.79	0.75	0.70	0.67	0.64	0.61	0.59	0.55
14	0.82	0.76	0.71	0.66	0.62	0.58	0.56	0.53	0.50
16	0.79	0.73	0.67	0.62	0.57	0.54	0.51	0.48	0.45
18	0.77	0.70	0.63	0.57	0.53	0.49	0.46	0.43	0.40
20	0.75	0.67	0.59	0.53	0.48	0.44	0.41	0.49	0.36

4) 试验成果的应用

动力触探试验适用于强风化、全风化的硬质岩石、各种软质岩石及各类土。其目的有：①定性评价，评定场地土层的均匀性，查明土洞滑动面和软硬土层的界面，确定软弱土层或坚硬土层的分布，检验评估地基土加固与改良的效果；②定量评价，确定砂土的孔隙比、相对密实度、粉土和黏性土的状态、土的强度和变形参数，评定天然地基土承载力和单桩承载力。

(1) 判别土的密实度。《岩土工程勘察规范》(GB 50021—2001)规定，碎石土的密实度可根据重型动力触探锤击数按表 13-15 确定。

表 13-15　碎石土密实度按 $N_{63.5}$ 分类

$N_{63.5}$	≤5	5<$N_{63.5}$≤10	10<$N_{63.5}$≤20	>20
密实度	松散	稍密	中密	密实

注：本表适用于平均粒径小于或等于50mm，且最大粒径不超过100mm的碎石土。对于平均粒径大于50mm，或最大粒径超过100mm的碎石土，可用超重型动力触探或用野外观察鉴别。

(2) 确定地基土承载力。碎石土、砂土的地基承载力与 $N_{63.5}$ 的关系如表 13-16 所示。

表 13-16　碎石土、砂土地基承载力与 $N_{63.5}$ 关系

$N_{63.5}$	3	4	5	6	7	8	9	10	12	14	16	18	20	25	30	35	40
碎石土 f_k/kPa	140	170	200	240	280	320	360	400	470	540	600	660	720	850	930	970	1000
中、粗、砾砂 f_k/kPa	120	150	180	220	260	300	340	380	—	—	—	—	—	—	—	—	—

3. 超重型重力触探试验

密实的卵石层，用重型动力触探，由于其能量小、贯入效率低，甚至贯入不进去，而超重型动力触探则能较好地解决此类底层的勘探问题。超重型重力触探锤重 120kg，落距1m，探头尺寸同重型，其试验方法基本与重型动力触探相同，在试验时应注意以下问题。

(1) 贯入时应使穿心锤自由下落，地面上的触探杆的高度不应过高，以免倾斜和摆动过大。

(2) 贯入过程应尽量连续，锤击速率宜为 15～20 击/min。

(3) 贯入深度一般不宜超过 20m。

卵碎石土的密实度与重型动力触探锤击数如表 13-17 所示。

表 13-17　卵碎石土的密实度与 N_{120} 的关系

N_{120}	3～6	6～10	6～14	14～20
密实度	稍密	中密	密实	极密
土类	卵石或砂夹卵石、圆砾	卵石	卵石	卵石或含少量漂石

13.4.2　标准贯入试验

标准贯入试验(SPT)实际上是一种特殊的动力触探试验，适用于砂土、粉土、一般黏性土及强风化岩等。该试验用质量为 63.5kg 的穿心锤，以 76cm 的自由落距，将一定规格的标准贯入器预先打入土中 0.15cm，然后再打入 0.30cm，记录 0.30cm 的锤击数，称为标准贯入击数 N。标准贯入试验的工程目的如下。

(1) 划分土层类别、采集扰动试样。

(2) 判断砂土的密实度或黏性土及粉土的稠度。

(3) 估测土的强度及变形指标、确定地基土的承载力。

(4) 评价砂土及粉土的振动液化。

(5) 估算单桩承载力及沉桩可能性。

(6) 检验地基加固处理质量。

标准贯入试验的优点在于，操作简便，设备简单，土层的适应性广，而且通过贯入器可以采取扰动土样，对它进行直接鉴别描述和有关的室内土工试验。标准贯入试验 20 世纪 20 年代起源于欧洲，到 20 世纪 40 年代末，Terzaghi 和 Peck 对 20 多年的应用进行总结，提出了一系列与岩土参数相关的经验公式，并制定出相应的设备标准。从此以后，这种试验方法迅速发展普及，先是在欧洲和美国大规模地使用。我国从 20 世纪 70 年代初开始大规模普遍采用 SPT，至今也有 40 余年的历史。目前在国内几乎所有的工程勘察系统，SPT 都已成为一种不可缺少的原位测试手段。

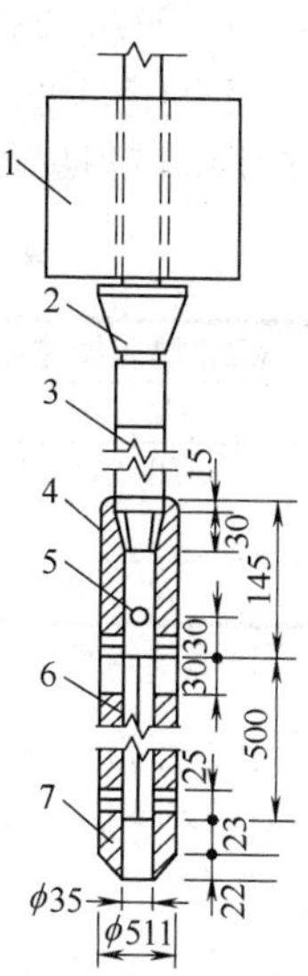

图 13-3　标准贯入试验设备

1—穿心锤；2—锤垫；3—探杆；
4—贯入器；5—出水孔；6—贯入器内壁；
7—贯入器靴

1. 试验设备

标准贯入试验由触探头(又称为贯入器、对开式管筒)、锤垫及导向杆、落锤(质量为 63.5kg 的穿心锤)三部分组成(见图 13-3)。落锤距离由自动脱钩装置控制。

2. 试验步骤

(1) 标准贯入试验孔采用回转钻进，并保持孔内水位略高于地下水位。当孔壁不稳定时，可用泥浆护壁，钻至试验标高以上 15cm 处，清除孔底残土后再进行试验。

(2) 采用自动脱钩的自由落锤法进行锤击，并减小导向杆与锤间的摩阻力，避免锤击时的偏心和侧向晃动，保持贯入器、探杆、导向杆连接后的垂直度，锤击速率应小于 30 击/min。

(3) 贯入器打入土中 15cm 后，开始记录每打入 10cm 的锤击数，累计打入 30cm 的锤击数为标准贯入试验锤击数 N'。当锤击数已达 50 击，而贯入深度未达 30cm 时，可记录 50 击的实际贯入深度，按式(13-2)换算成相当于 30cm 的标准贯入试验锤击数 N'，并终止试验，即

$$N' = \frac{30n}{\Delta s} \tag{13-2}$$

式中：Δs 为对应锤击数的贯入度(cm)；n 为累计锤击数。

3. 资料整理

当探杆长度大于 3m 时，需按式(13-3)修正，即

$$N = \alpha_N N' \tag{13-3}$$

式中：N 为修正后的标准贯入击数；α_N 为杆长修正系数，按表 13-18 确定。

表 13-18　标准贯入试验杆长修正系数 α_N

探杆长度/m	≤3	6	9	12	15	18	21
α_N	1.00	0.92	0.86	0.81	0.77	0.73	0.70

4. 试验成果的应用

标准贯入试验锤击数 N 值，可对砂土、粉土、黏性土的物理状态，土的强度、变形参

数、地基承载力、单桩承载力，砂土和粉土的液化，成桩的可能性等做出评价。

1) 判定砂土的密实度

砂土的密实度可根据标准贯入击数按表 13-19 确定。

表 13-19　标准贯入击数 N 与砂土密实度的关系

标准贯入锤击数 N/击	密 实 度
$N \leqslant 10$	松散
$10 < N \leqslant 15$	稍密
$15 < N \leqslant 30$	中密
$N \geqslant 30$	密实

注：本表引自《建筑地基基础设计规范》(GB 50007—2011)，表中 N 值未加修正。

2) 判定黏性土的稠度状态

黏性土的稠度状态按表 13-20 确定。

表 13-20　黏性土的液性指数 I_L 与 N 的关系

N	<2	2～4	4～7	7～18	18～35	>35
I_L	>1	1～0.75	0.75～0.50	0.50～0.25	0.25～0	<0
稠度状态	流动	软塑	软可塑	硬可塑	硬塑	坚硬

3) 确定地基承载力

与利用动力触探试验成果评价地基土的承载力一样，我国原《建筑地基基础设计规范》(GB J7—1989)也曾规定，可利用 N 确定砂土和黏性土的承载力标准值，如表 13-21、表 13-22 所示。但在《建筑地基基础设计规范》(GB 50007—2011)中，这些表格并未纳入，并不是否认这些经验的使用价值，而是这些经验在全国范围内不具有普遍意义，在参考这些表格时应结合当地实践经验。

表 13-21　砂土承载力标准值与 N 的关系

N	10	15	30	50
中、粗砂/kPa	180	250	340	500
粉、细砂/kPa	140	180	250	340

表 13-22　黏性土承载力标准值与 N 的关系

N	3	5	7	9	11	13	15	17	19	21	23
f_k /kPa	105	145	190	235	280	325	370	430	515	600	680

4) 判别饱和砂土、粉土的液化

《建筑抗震设计规范》(GB 50011—2010)明确规定，对饱和砂土、粉土液化判定应采用标准贯入试验来判别。地面下 15m 深度范围内，液化判别标准贯入试验锤击数临界值可按式(12-22)计算。当土的实测标准贯入试验锤击数小于临界值时，则应判别为液化土；否则为不液化土。具体判别方法见第 12 章有关内容。

5) 地基处理效果检测

标准贯入试验是常用的地基处理效果检测试验手段之一。无论是强夯法、堆载预压法，还是水泥土搅拌法处理软土地基，都可以采用标准贯入试验手段，通过对比地基处理前后

地基土的试验指标,对地基处理效果(质量)及其影响范围做出评定。

小贴士:

国外对于标准贯入试验击数修正包括饱和粉砂和细砂的修正、地下水位修正和上覆压力的修正。国内长期以来不考虑这些修正,而着重考虑杆长的修正。在过去总结的一些经验公式中,有些是采用修正的标准贯入击数统计的,使用这些公式应当采用修正后的击数,而另外一些公式没有修正。考虑到上述情况,《岩土工程勘察规范》(GB 50021—2001)规定在勘察报告中只需给出标准贯入击数实测值,在使用时根据不同情况进行杆长修正。①用经过修正后的 N 值确定地基承载力;②用不修正的 N 值判别液化和判别砂土密实度。

13.4.3　静力触探试验

静力触探试验(CPT)是利用机械装置或液压装置将贴有电阻应变片的金属探头,通过触探杆压入土中,用电阻应变仪测定探头所受的贯入阻力。在贯入过程中,贯入阻力的变化反映了土的物理力学性质的变化。一般来说,同一种土越密实、越硬,探头所受的贯入阻力越大;反之,则小。因此,可以依据探头所受的贯入阻力测定地基土的承载力和其他物理力学性质指标。

与常规的勘探手段相比较,它能快速、连续地探测土层类别和其性质的变化,质量好、效率高、成本低,适用于黏性土、粉土、砂土及含少量碎石的土层,但不适用于大块碎石类地层和岩基。若静力触探能与钻探相结合,效果会更好。

1. 试验设备

静力触探设备的核心部分是触探头,它是土层阻力的传感器。根据触探头的构造和量测贯入阻力的方法分为测定比贯入阻力 p_s 的单桥探头,测试锥尖阻力 q_c 和侧壁摩阻力 f_s 的双桥探头,以及能同时测量孔隙水压力 u 的多用探头,如图13-4所示。

2. 静力触探试验技术要点

(1) 圆锥锥头底面积应采用 10.0cm^2 或 15.0cm^2;双桥探头侧壁面积宜为 150.0～300.0cm^2,单桥探头侧壁高应为 57.0mm 或 70.0mm;锥尖锥角宜为60°。

(2) 探头测力传感器连同仪器、电缆应进行定期标定,室内率定重复性误差、线性误差、滞后误差、温度漂移、归零误差均应小于 1.0%,现场归零误差应小于 3.0%,绝缘电阻不小于 500.0MΩ。

(3) 深度记录误差范围应为±1.0%。

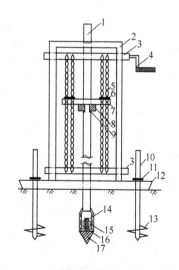

图13-4　手摇式轻型静力触探仪示意图

1—静力触探杆;2—静力触探仪框架;3—转轴;
4—手摇把;5—传力链条;6—链条压传力板长销钉;
7—传力板;8—卡板;9—触探杆凹槽;
10—地锚杆;11—地锚杆压下横梁销钉;
12—触探仪下横梁;13—地锚盘;14—空心柱;
15—应变片;16—顶柱;17—探头锥尖

(4) 探头应垂直、均匀地压入土中，贯入速率为(1.2±0.3)m/min。

(5) 当贯入深度超过50.0m或穿透深厚软土层后再贯入硬土层，应采取措施防止孔斜或断杆，也可配置测斜探头，量测触探孔的偏斜度，校正土的分层界限。

(6) 孔隙水压力探头在贯入前，应在室内保证探头应变腔为排除气泡的液体所饱和，并在现场采取措施，保持探头的饱和状态，直到探头进入地下水位以下为止，在孔隙水压力试验过程中不得提升探头。

(7) 当在预定深度进行孔隙水压力消散试验时，应量测停止贯入后不同时间的孔隙水压力值，计时间隔由密至疏合理控制，试验过程中不得松动触探杆。

3. 资料整理

1) 单桥探头

单桥探头试验时，测得包括探头锥尖阻力和侧壁摩阻力在内的总贯入阻力 P，探头总贯入阻力与探头的截面积 A 的比值，称为比贯入阻力 p_s。

$$p_s = \frac{P}{A} = K\varepsilon \tag{13-4}$$

式中：p_s 为比贯入阻力(kPa)；K 为探头系数；ε 为电阻应变仪量测的微应变读数值。

2) 双桥探头

双桥探头试验时，分别测得锥尖总阻力 Q_c 和侧壁总摩擦阻力 P_s。则锥头阻力 q_c 和侧壁摩阻力 f_s 为

$$q_c = \frac{Q_c}{A} \tag{13-5}$$

$$f_s = \frac{P_s}{A_s} \tag{13-6}$$

式中：A_s 为摩擦筒的总表面积(cm^2)。

地基中某一深度处的摩阻比 n 按式(13-7)计算，即

$$n = \frac{f_s}{q_c} \times 100\% \tag{13-7}$$

绘制比贯入阻力与深度关系曲线、锥头阻力与深度关系曲线、侧壁摩阻力与深度关系曲线、摩阻比与深度关系曲线。

4. 成果应用

根据静力触探资料，利用地区经验可进行力学分层，估算土的塑性状态或密实度、强度、压缩性、地基承载力、单桩承载力、沉桩阻力、进行液化判别等。根据孔压消散曲线可估算土的固结系数和渗透系数。

(1) 土层划分及土类判别。

(2) 测定砂土的相对密实度、内摩擦角。

(3) 测定黏性土的不排水抗剪强度、土的压缩模量、变形模量。

(4) 确定地基承载力、单桩承载力、固结系数、渗透系数及黄土湿陷性系数。

(5) 判别砂土液化。

(6) 检验地基加固处理质量。

13.4.4 波速试验

当固体介质受到外力冲击时,介质受到应力作用而产生应变,在作用于介质的应力消失后,应变和应力失去平衡,应变就在介质中以弹性波的形式由介质中的质点依次向周围传播,这种弹性波成分比较复杂,既有面波又有体波,体波又分为压缩波(P 波)和剪切波(S 波)。在地层表面传播的面波可分为瑞雷波和拉夫波,各种波在介质中传播的特征和速度各不相同。由于土中压缩波受到含水率的影响,不能真实反映土的动力特性,通常以剪切波为主。波速测定的方法主要有跨孔法和单孔法及面波法。

1. 跨孔法

在测试场地上,布置两个钻孔,在同一深度上,一个孔内设置振源,另一孔内放置检波器。用孔间距与到达时间之比计算地层的纵波和横波速度。对于每个测点,震源与检波器应位于同一地层内,钻孔间距的选择应以确保每一个测点能获得同一地层的直达波。

1) 测试要点

(1) 测试场地宜平坦,测试孔宜设置一个振源和两个接收孔,并布置在一条直线上。

(2) 测试孔的间距在土层中宜取 2~5m,在岩层中宜取 8~15m。测试时,应根据工程情况及地质分层,每隔 1~2m 布置一个测点。

(3) 钻孔应垂直,并宜用泥浆护壁或下套管,套管壁与孔壁应紧密接触。

(4) 测试时,振源接收孔内的传感器应设置在同一水平面上。

(5) 当振源采用剪切波锤时,宜采用一次成孔法。

(6) 当振源采用标准贯入试验装置时,宜采用分段测试法。

(7) 当测试深度大于 15m 时,必须对所有测试孔进行倾斜度及倾斜方位的测试,测点间距不应大于 1m。

(8) 当采用一次成孔法测试时,测试工作结束后,应选择部分测点作重复观测,其数量不应少于测点总数的 10%;也可采用振源孔和接收孔互换的方法进行检测。

2) 资料整理

(1) 剪切波速。

测出自剪切波自振发至接收所耗的时间 Δt,根据两个钻孔之间的距离 Δl,计算剪切波在土中的传播速度 v_s,计算公式为

$$v_s = \frac{\Delta l}{\Delta t} \tag{13-8}$$

(2) 动剪切模量。

动剪切模量按式(13-9)计算,即

$$G = \rho v_s^2 \tag{13-9}$$

式中: ρ 为介质的密度(g/cm³)。

(3) 动弹性模量。

$$E = v_s^2 [2(1+\mu)]\rho \tag{13-10}$$

式中: μ 为泊松比,通常黏土取 0.42,粉质黏土取 0.35,砂土取 0.30。

2. 单孔法

单孔波速测定法基本原理与跨孔法波速法相同，所不同的是只设一钻孔，地面激振孔底接收，或孔底激振地面接收，前者称为孔下单孔检波法，后者称为孔顶单孔检波法，所得波速为振源与接收点之间的平均波速。单孔法测试要点如下。

(1) 测试孔应垂直。

(2) 当剪切波振源采用锤击上压重物的木板时，木板的长向中垂线应对准测试孔中心，孔口与木板的距离宜为 1~3m，板上所压重物宜大于 400kg，木板与地面应紧密接触。

(3) 当压缩波振源采用锤击金属板时，金属板距孔口的距离宜为 1~3m。

(4) 测试时，应根据工程情况及地质分层，每隔 1~3m 布置一个测点，并宜自下而上按预定深度进行测试。

(5) 剪切波测试时，传感器应设置在测试孔内预定深度处固定，沿木板纵轴方向分别打击其两端，可记录极性相反的两组剪切波波形。

(6) 压缩波测试时，可锤击金属板，当激振能量不足时，可采用落锤或爆炸产生压缩波。

(7) 测试工作结束后，应选择部分测点作重复观测，其数量不应少于测点总数的 10%。

与跨孔法相比，单孔法不能得到特定土层的波速，只能测得由地表至测点间土层的平均波速。

3. 结果应用

(1) 划分场地土类型、计算场地卓越周期、判别地基土液化的可能性，提供地震反应分析所需的场地土动力参数。

(2) 计算设计动力机器基础和计算结构物与地基土共同作用所需的动力参数。

(3) 判定碎石土的密实度，评价地基土加固处理的效果。

(4) 利用岩体纵波速度与岩石单轴极限抗压强度对比划分围岩类别，确定岩石风化程度，并初步确定基床系数、围岩稳定程度。

13.5　岩土工程勘察报告的编写

岩土工程勘察报告是岩土工程勘察的最终成果，是工程设计和施工的重要依据。报告是否正确反映工程地质条件和岩土工程特点，关系到工程设计和建筑施工能否安全可靠、措施得当、经济合理。当然，不同的工程项目，不同的勘察阶段，报告反映的内容和侧重点有所不同。有关规范、规程对报告的编写也有相应的要求。

岩土工程勘察成果是对岩土工程勘察工作的说明、总结和对勘察区域内的工程地质条件的综合评价及相应图表的总称。它一般由岩土工程勘察报告及附件两部分组成。

13.5.1　岩土工程勘察报告的编写要求

岩土工程勘察报告是岩土工程勘察成果中的文字说明部分，主要对岩土工程勘察工作进行说明和总结，并对勘察区域内的工程地质条件进行综合评价。它应达到以下要求。

(1) 原始资料应进行整理、检查、分析，并确认无误后方可使用。

(2) 内容完整、真实，数据正确，图表清晰，结论有据，建议合理，重点突出，有明确的工程针对性。

(3) 便于使用和长期保存。

13.5.2　岩土工程勘察报告的编写内容

岩土工程勘察报告的内容应根据任务要求、勘察阶段、工程特点和地质条件等具体情况编写，通常包括以下几点。

(1) 勘察目的、任务要求和依据的技术标准。

(2) 拟建工程概况。

(3) 勘察方法和勘察工作布置。

(4) 场地的地形、地貌、地层、地质构造特征，岩土的类别、地下水、不良地质作用的描述和对工程危害程度的评价。

(5) 岩土的物理力学性质指标及地基承载力的建议值。

(6) 地下水埋藏情况、类型和水对工程材料的腐蚀性。

(7) 场地稳定性和适宜性的评价。

(8) 岩土利用、整治和改造方案的分析论证。

(9) 工程施工和使用期间可能发生的岩土工程问题的预测，以及监控和预防措施的建议。

(10) 成果报告应附下列必要的图表：①勘察点平面布置图；②工程地质柱状图；③工程地质剖面图；④原位测试成果图表；⑤室内试验成果图表；⑥岩土利用、整治、改造方案的有关图表；⑦岩土工程计算简图及计算成果图表。

13.5.3　工程地质报告的编写格式

1. 绪论

绪论主要是说明勘察工作的任务、勘察阶段和需要解决的问题、采用的勘察方法及其工作量，以及取得的成果，附以实际材料图。为了明确勘察的任务和意义，应先说明建筑的类型和规模，以及国民经济意义。

2. 通论

通论是阐明工作地区的工程地质条件，所处的区域地质地理环境，以明确各种自然因素，如大地构造、地势、气候等，对该地区工程地质条件形成的意义。通论一般可分为区域自然地理概述，区域地质、地貌、水文地质概述，以及建筑地区工程地质条件。概述等章节的内容，应当既能阐明区域性及地区性工程地质条件的特征及其变化规律，又需紧密联系工程目的，不要泛泛而论。在规划阶段的岩土工程勘察中，通论部分占有重要地位，在以后的阶段中其比重越来越小。

3. 专论

专论一般是工程地质报告书的中心内容，因为它既是结论的依据，又是结论内容选择的标准。专论的内容是对建设中可能遇到的工程地质问题进行分析，并回答设计方面提出的地质问题与要求，对建筑地区做出定性、定量的工程地质评价，作为选定建筑物位置、结构形式和规模的地质依据，并在明确不利的地质条件的基础上，考虑合适的处理措施。专论部分的内容与勘察阶段的关系特别密切，勘察阶段不同，专论涉及的深度和定量评价的精度也有差别。专论还应明确指出遗留的问题，进一步勘察工作的方向。

4. 结论

结论的内容是在专论的基础上对各种具体问题做出简要、明确的回答。态度要明朗，措辞简练，评价要具体，问题不彻底的可以如实说明，但不要含糊其词、模棱两可。

工程地质报告必须与工程地质图一致，互相照应，互为补充，共同达到为工程服务的目的。

13.5.4 岩土工程勘察报告的附件

岩土工程勘察报告的附件主要是指报告附图、附表和照片、图册等。一般包括以下内容。

1. 钻孔柱状图

钻孔柱状图表示该钻孔所穿过的地层面综合成图表。图中表示有地层的地质年代、埋藏深度、厚度，顶、底标高，特征描述，取样和测试的位置、实测标准贯入击数，地下水水位标高和测量日期，以及有关的物理力学指标随钻孔深度的变化曲线等。柱状图的比例尺一般为 1∶100～1∶500。

2. 工程地质剖面图

剖面图反映某一勘探线上地层沿竖向和水平向的分布情况，图上画出该剖面的岩土单元体的分布、地下水位、地质构造、标准贯入试验击数、静力触探曲线等。由于勘探线的布置常与主要地貌单元或地质构造轴线相垂直，或与建筑物的轴线一致，故工程地质剖面图是勘探报告的最基本的图件。

3. 原位测试成果图表

标准贯入试验、静力触探试验、动力触探试验、十字板剪切试验、旁压试验、载荷试验、波速试验等原位测试的成果图表。

4. 岩土试验图表

岩土物理力学性质指标统计表、孔隙比与压力关系曲线、应力与应变的关系曲线、颗粒级配曲线等。

5. 特殊地质条件或为满足特殊需要而绘制的专门图表

软土、基岩或持力层顶板等高线图、风化岩的标准贯入击数等值线图、地下水等水位线图、不良地质现象分布图、特殊土的土工试验图表等。

13.6　地　基　验　槽

当基槽开挖到接近槽底时，应组织建设单位、设计单位、勘察单位、施工单位、监理单位(统称五大责任主体)和质量监督部门等有关人员共同到现场进行检查，鉴定验槽。地基验槽是工程勘察的最后一个环节，也是基础和上部结构施工的第一道工序。通过验槽，可以判别持力层的承载力、地基的均匀程度是否满足设计要求，以防止产生过量的不均匀沉降，有时还需要进行补充勘察，主要内容包括地基是否满足设计、规范等有关要求，是否与地质勘察报告中土质情况相符。

13.6.1　验槽内容

(1) 首先检查基槽开挖的平面位置和尺寸与设计图纸是否相符，其次检查开挖深度、标高是否符合设计要求。

(2) 观察槽壁、槽底的土质类型、均匀程度，是否存在疑问土层，是否与勘察报告一致。

① 槽壁土层。主要观察土层分布及走向。

② 槽底土质。主要判断是否挖至老土层上(地基持力层)。

③ 槽底土色。主要检查颜色是否均匀一致，有无异常过干或过湿。

④ 槽底土软硬。主要检查土是否软硬一致。

⑤ 槽底土虚实。主要检查土是否有振颤现象，有无空穴声音。

(3) 检验基槽中有无旧房基、古井、洞穴、古墓及其他地下掩埋物。

(4) 检查基槽边坡外缘与附近建筑物的距离对建筑物稳定性有无影响。

13.6.2　验槽方法

验槽方法通常主要采用观察法为主，而对于基底以下的土层不可见部位，要先辅以钎探、轻便触探法配合共同完成。

1. 槽壁观察

验槽的重点应选择在柱下、承重墙下、墙角和其他受力较大的部位。首先由施工人员介绍开挖的难易程度和槽底标高，然后直接对槽底和槽壁进行观察，就地取土鉴定。详细观察、描述槽壁、槽底岩土特性验证基槽底的土质与勘察报告是否一致，基槽边坡是否稳定，有无影响边坡稳定的因素，如渗水、坑边堆载过多等。尤其注意不要将素填土与新近沉积的黄土、新近沉积黄土与老土相混淆。若有难以辨认的土质，应配合洛阳铲等手段探至一定深度仔细鉴别。对旧房基、洞穴、掩埋管道和人防设施等应沿其走向进行追索，查明在基槽范围内的延伸方向、深度及宽度。

2. 钎探

钎探是用锤将钢钎打入坑底以下的土层内一定深度，根据锤击次数和入土难易程度来判断土的软硬情况及有无古井、古墓、洞穴、地下掩埋物等。钢钎由直径为 22～25mm 的钢筋制成，钎尖呈 60° 圆锥形，长度以 1.8～2.0m，每 300mm 做一刻度。钎探时，用质量为 4～5kg 的锤，按 500～700mm 的落距将钢钎打进槽底下面的土中，记录每打入 300mm 的锤击数，由锤击数可判别浅部有无坑、穴、井等情况。如当地已积累了实测资料，也可大致估计地基承载力。如采用人工钎探时，应尽可能固定人员、固定锤重、固定落距，及时检查钢钎的损坏情况，避免由于人为因素造成的误差。

钎孔的布置应根据槽宽和地质情况确定。土质均匀时，孔距可取 1～2m，对于较软弱人工填土及软土地基，钎孔间距不应大于 1.5m，发现洞穴等应加密探点，以确定洞穴的分布范围。钎孔的平面布置可采用行列式或梅花形，当条形基槽宽度小于 80cm 时，钎探在中心打一排孔；槽宽大于 80cm 时，可布置两排错开孔，柱基处可布置在基坑的四角和中央。钎探点依次编号，钎探后的孔要用砂灌实。

在整幢建筑物钎探完成后，再对锤击数过少的钎孔附近进行重点检查。对于比较重要或二级以上的建筑物，如通过验槽还存在疑问，或者发现勘察资料误差过大，宜进行施工期间的补充勘察。

3. 洛阳铲

洛阳铲最初由河南洛阳制作，用来探测黄河大堤洞穴隐患，后用于当地探测墓穴，也可用于基坑地基土的检验。洛阳铲下端为半圆形的钢铲头，底部为刀刃，上部装木杆，长5m，在均匀稍湿的黏性土与粉土中，一人操作，每次进深 20cm，提钻一敲，铲头土即脱落，竖直向下继续钻井，若钻头突然大幅度下落，即为洞穴等软弱土层。

4. 轻型动力触探

遇到下列情况之一时，应在基底进行轻型动力触探：①持力层明显不均匀；②浅部有软弱下卧层；③有浅埋的坑穴、古墓、古井等，直接观察难以发现时；④勘察报告或设计文件规定应进行轻型动力触探时。

轻便触探设备简单，操作方便，适用于黏性土和黏性素填土地基的勘探，根据轻便触探锤击数 N_{10}，可确定黏性土和素填土的地基承载力，也可按不同位置的 N_{10} 值的变化情况判别地基持力层的均匀程度。轻型动力触探检验深度及间距如表 13-23 所示。

表 13-23　轻型动力触探检验深度及间距　　　　　　　　单位：m

排列方式	基槽宽度	检验深度	检验间距
中心一排	<0.8	1.2	1.0～1.5m 视地层复杂情况定
两排错开	0.8～2.0	1.5	
梅花形	>2.0	2.1	

5. 验槽注意事项

(1) 天然地基验槽前必须完成钎探，并有详细的钎探记录。不合格的钎探不能作为验槽的依据。必要时对钎探孔深及间距进行抽样检查，核实其真实性。

(2) 基坑(槽)土方开挖完后，应立即组织验槽。

(3) 在特殊情况下，如雨期，要采取排水措施，避免被雨水浸泡。冬期要防止基底土受冻，要及时用保温材料覆盖。

(4) 验槽时要认真仔细查看土质及其分布情况，是否有杂物、碎砖、瓦砾等杂填土，是否已挖到老土等，从而判断是否需进行地基处理。

13.6.3　基槽的局部处理

1. 松土坑、墓坑的处理

当松土坑的面积较小时，可将坑中松软虚土挖除，使坑底及四壁均见天然土为止，然后采用与坑边的天然土层压缩性相近的材料回填。如果坑小，夯实质量不易控制，应选压缩模量大的材料。当天然土为砂土时，用砂或级配砂石回填，回填时应分层夯实，并用平板振捣器振密。若为较坚硬的黏性土，则用 3∶7 灰土分层夯实；若为可塑的黏性土或新近沉积黏性土，多用 1∶9 或 2∶8 灰土分层夯实。当松土坑面积较大，换填较厚(一般大于 3.0m)，局部换土有困难时，可用短桩基础处理，并适当加强基础和上部结构的刚度。

当松土坑的范围较大，且坑底标高不一致时，清除填土后，应先做踏步再分层夯实，也可将基础局部加深，做成 1∶2 踏步，每步高不大于 50cm、长不少于 100cm，踏步数量根据坑深来确定。

2. 橡皮土的处理

橡皮土是指因含水量高于达到规定压实度所需要的含水量而无法压实的黏性土体。

含水率很大，趋于饱和的黏性土地基回填压实时，由于原状土被扰动，颗粒之间的毛细孔遭到破坏，水分不易渗透和散发，当气温较高时夯击或碾压，表面会形成硬壳，更阻止了水分的渗透和散发，埋藏深的土水分散发慢，往往长时间不易消失，形成软塑状的橡皮土，踩上去会有颤动感觉。橡皮土的承载能力低，如不加以处理，今后对建筑物的危害很大。出现橡皮土时，可采取以下方法处理。

1) 翻晒法

施工暂停一段时间，使土内含水率逐步降低，必要时将上层土翻起进行晾槽，也可在上面铺垫一层碎石或碎砖进行夯击，将表土层挤紧、挤密实。这种方法一般适用于橡皮土情况不甚严重或天气比较好的季节，但应注意这时地下水位应低于基槽底。

2) 掺干石灰粉末

将土层翻起并粉碎，均匀掺入磨碎不久的干石灰粉末。干石灰粉末一方面吸收土中的大量水分而熟化，另一方面与其相互作用(干石灰粉末主要化学成分是氧化钙，土的主要化学成分是二氧化硅和三氧化二铝以及少量的三氧化二铁)，形成强度较高的新物质——硅酸钙，改变了土层原来的结构，夯实后就成了通常所说的灰土垫层了。它具有一定的抗压强度和水稳定性。这种方法大多在橡皮土情况比较严重以及气候不利于晾槽的情况下采用。应注意的是，石灰不能消解太早；否则，石灰中的活性氧化钙会因消失较多而降低与土的胶结作用，使降低强度。

3) 换土

挖去橡皮土，重新填好土或级配砂石等。这种方法常用于工程量不大、工期比较紧的工程。

3. 大口井或土井的处理

当基槽中发现砖井时，井内填土已较密实，则应将井的砖圈拆除至槽底以下 1m(或大于 1m)，用 2∶8 或 3∶7 灰土分层夯实至槽底；如井直径大于 1.5m 时，将土井挖至地下水面，每层铺 20cm 粗骨料，分层夯实至槽底，上做钢筋混凝土梁(板)跨越砖井。

若井位于基础的转角处，除用上述方法回填处理外，还应视基础压在井上面的面积大小，采用从两端墙基中伸出挑梁，或将基础沿墙体方向向外延伸，跨越井范围，然后在基础墙内配筋或加钢筋混凝土梁(板)来加强。

4. 局部硬土的处理

当验槽时发现旧墙基、树根和岩石等障碍物时，一般都挖除，回填土情况根据周围土质而定。全部挖除有困难时，可挖除 0.6m，做软垫层，使地基沉降均匀。

5. 管道的处理

在槽底以上设有下水管道，应采取防止漏水的措施，以免漏水浸湿地基造成不均匀沉降。当地基为素填土或有湿陷性的土层时，尤其应该注意。如管道位于槽底以下时，最好拆迁改道，或将基础局部落低、埋深加大；否则需要采取防护措施，避免管道被基础压坏。此外，在管道穿过基础或基础墙时，必须在基础或基础墙上管道的周围特别是上部留出足够的空间，使建筑物沉降后不致引起管道的变形或损坏，以免造成漏水渗入地基引起后患。

思 考 题

13-1 岩土工程勘察的目的是什么？

13-2 岩土工程勘察应查明的工程地质条件有哪些？

13-3 岩土工程勘察如何分级？

13-4 勘察为什么要分阶段进行？详细勘察阶段应完成哪些工作？

13-5 岩土工程勘察的方法有哪些？

13-6 什么是圆锥动力触探试验？简述轻型、重型触探试验的原理、试验步骤及成果的应用。

13-7 简述标准贯入试验的原理、试验步骤及成果的应用。

13-8 简述静力触探试验的原理、试验步骤及成果的应用。

13-9 波速测试有哪些方法？简述其原理、测试要点及成果应用。

13-10 岩土工程勘察报告应包括哪些内容？

13-11 岩土工程勘察报告的附件应包括哪些内容？

13-12 为何要验槽？验槽包括哪些内容？应注意哪些问题？

13-13 验槽后发现不良地质现象，应采取哪些措施或局部处理方法？

参 考 文 献

[1] 建设部综合勘察研究设计院. 岩土工程勘察规范(GB 50021—2001)(2009 版)[S]. 北京：中国建筑工业出版社，2009.

[2] 中国建筑科学研究院. 建筑地基基础设计规范(GB 50007—2011) [S]. 北京：中国建筑工业出版社，2011.

[3] 中国建筑科学研究院. 建筑地基处理技术规范(JGJ 79—2012) [S]. 北京：中国建筑工业出版社，2012.

[4] 北京市勘察设计研究院有限公司等. 建筑桩基技术规范(JGJ 94—2008) [S]. 北京：中国建筑工业出版社，2008.

[5] 中华人民共和国水利部. 土工试验方法标准(GB/T 50123—1999) [S]. 北京：中国计划出版社，1999.

[6] 中华人民共和国城乡建设环境保护部. 膨胀土地区建筑技术规范（GB 50112—2013）[S]. 北京：中国计划出版社，2013.

[7] 陕西省计划委员会. 湿陷性黄土地区建筑规范(GB 50025—2004) [S]. 北京：中国建筑工业出版社，2004.

[8] 上海市建设和管理委员会. 建筑地基基础工程施工质量验收规范(GB 50202—2002) [S]. 北京：中国计划出版社，2002.

[9] 国家林业局. 冻土工程地质勘察规范(GB 50324—2001) [S]. 北京：中国计划出版社，2001.

[10] 中交第二公路勘察设计研究院. 公路路基设计规范(JTGD 30—2004) [S]. 北京：人民交通出版社，2004.

[11] 重庆市设计院. 建筑边坡工程技术规范(GB 50330—2002) [S]. 北京：中国建筑工业出版社，2002.

[12] 中国建筑科学研究院. 高层建筑箱形与筏形基础技术规范(JGJ 6—1999) [S]. 北京：中国建筑工业出版社，1999.

[13] 中国建筑科学研究院. 建筑抗震设计规范(GB 50011—2010) [S]. 北京：中国建筑工业出版社，2010.

[14] 胡森. 土力学与基础工程[M]. 郑州：黄河水利出版社，2008.

[15] 高大钊. 土力学与基础工程[M]. 北京：中国建筑工业出版社，1998.

[16] 卢廷浩. 土力学[M]. 南京：河海大学出版社，2002.

[17] 赵树德. 土力学[M]. 北京：高等教育出版社，2001.

[18] 陈希哲. 土力学地基基础[M]. 4 版. 北京：清华大学出版社，1998.

[19] 杨小平. 土力学[M]. 广州：华南理工大学出版社，2001.

[20] 《地基处理手册》编写委员会. 地基处理手册[M]. 北京：中国建筑工业出版社，1998.

[21] 王保田，张福海. 土力学与地基处理[M]. 南京：河海大学出版社，2005.

[22] 刘福臣，唐业茂. 地基与基础[M]. 2 版. 南京：南京大学出版社，2013.

[23] 刘福臣. 土力学[M]. 北京：中国水利水电出版社，2005.

[24] 刘福臣，张海军，侯广贤. 工程地质与土力学[M]. 2 版. 郑州：黄河水利出版社，2016.

[25] 刘福臣，林世乐，李纪彩等. 地基及基础处理技术与实例[M]. 2 版. 北京：化学工业出版社，2012.

[26] 李念国，蒋红. 地基与基础[M]. 北京：中国水利水电出版社，2007.

[27] 张忠苗. 灌注桩后注浆技术及工程应用[M]. 北京：中国建筑工业出版社，2009.

[28] 陈忠汉. 深基坑工程[M]. 北京：机械工业出版社，2003.

[29] 林宗元. 岩土工程治理手册[M]. 北京：中国建筑工业出版社，2005.

[30] 林宗元. 岩土工程试验监测手册[M]. 沈阳：辽宁科学技术出版社，1994.

[31] 沈保汉. 桩基与深基坑支护技术进展[M]. 北京：知识产权出版社，2006.

[32] 高大钊. 岩土工程勘察与设计[M]. 北京：人民交通出版社，2010.

[33] 高大钊. 土力学与岩土工程师[M]. 北京：人民交通出版社，2008.

[34] 华南理工大学等四院校. 地基与基础[M]. 3 版. 北京：中国建筑工业出版社，1998.

[35] 吴湘兴等. 建筑地基基础[M]. 广州：华南理工大学出版社，1997.